日経 BP 社

絶対わかる!新・ネットワーク超入門

絶對看得懂！超圖解網路技術入門

日經 NETWORK 編著

感謝您購買旗標書,
記得到旗標網站
www.flag.com.tw
更多的加值內容等著您…

- FB 官方粉絲專頁:旗標知識講堂
- 旗標「線上購買」專區:您不用出門就可選購旗標書!
- 如您對本書內容有不明瞭或建議改進之處,請連上旗標網站,點選首頁的 聯絡我們 專區。

  若需線上即時詢問問題,可點選旗標官方粉絲專頁留言詢問,小編客服隨時待命,盡速回覆。

  若是寄信聯絡旗標客服 email, 我們收到您的訊息後,將由專業客服人員為您解答。

  我們所提供的售後服務範圍僅限於書籍本身或內容表達不清楚的地方,至於軟硬體的問題,請直接連絡廠商。

學生團體　訂購專線:(02)2396-3257 轉 362
傳真專線:(02)2321-2545

經銷商　服務專線:(02)2396-3257 轉 331
將派專人拜訪
傳真專線:(02)2321-2545

國家圖書館出版品預行編目資料

絕對看得懂的超圖解網路技術入門:
黃瑋婷 譯 --
臺北市:旗標, 民96　面;　公分

ISBN 957-442-427-6 (平裝)

1. 電腦網路

312.916　　95022659

作　　者/日經 NETWORK
翻譯著作人/旗標科技股份有限公司
發 行 所/旗標科技股份有限公司
台北市杭州南路一段15-1號19樓
電　　話/(02)2396-3257(代表號)
傳　　真/(02)2321-2545
劃撥帳號/1332727-9
帳　　戶/旗標科技股份有限公司
監　　督/陳彥發
執行企劃/黃昕暐
執行編輯/黃昕暐
美術編輯/陳慧如
封面設計/古鴻杰
校　　對/黃昕暐

新台幣售價:450 元
西元 2024 年 4 月初版 21 刷
行政院新聞局核准登記-局版台業字第 4512 號
ISBN 978-957-442-427-6

旗標網路技術學習地圖

網路架設應用

從網路架構、選購、佈線，唯有逐步親手實作，清楚瞭解每個環節，才能真正掌握區域網路！

書名：PCDIY 區域網路 - 有線・無線全面通

搞不懂為甚麼無線網路訊號會中斷？頻寬老是被鄰居佔用？AP 設定又多又繁雜？

書名：無線網路-選購、架設、活用、疑難排解(Vista、XP 全適用)

Windows Vista和Windows XP 總是無法共享資源？使用筆記型電腦上網問題一堆？

書名：精通 Windows Vista 網路實務

網路技術概論

對網路技術有興趣，但厚重的理論書不但內容太深、而且往往閱讀起來枯燥無味？

書名：絕對看得懂！超圖解網路技術入門

網路安全

網頁程式開發之後卻為各種安全漏洞困擾不已？請看資深駭客解析各種安全漏洞與防制對策，破除駭客技倆

書名：網頁程式駭客攻防實戰--以 PHP 為例

無線網路日益普及，危險也就越來越多，請看駭客現身展示防制之道，打造安全的無線網路環境

書名：WiFi Hacking！無線網路駭客現形攻防戰

絕對看得懂

超圖解網路技術入門 CONTENTS

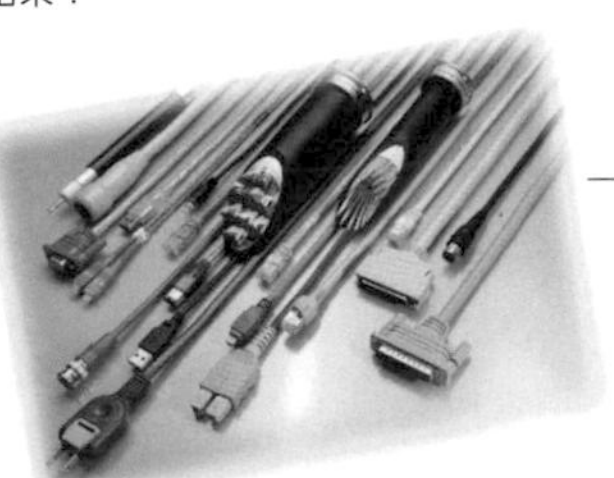

掌握網路基礎之必勝捷徑

Start!

瞭解通訊協定(Protocol)的階層式結構及每一個階層中的通訊協定所扮演的功能

重點

- ▶ 要如何建立通訊呢？
- ▶ 通訊協定在每一個階層中各提供何種功能呢？
- ▶ PC內部是如何處理通訊協定的呢？

參考文章：「用階層(Layer)的方式來瞭解通訊架構」(P.12~31)
「學習TCP、IP、乙太網路的連接結構」 (P.33~49)

5: 應用層	
4: 傳輸層	TCP
3: 網路層	IP
2: 資料鏈結層	乙太網路
1: 實體層	乙太網路

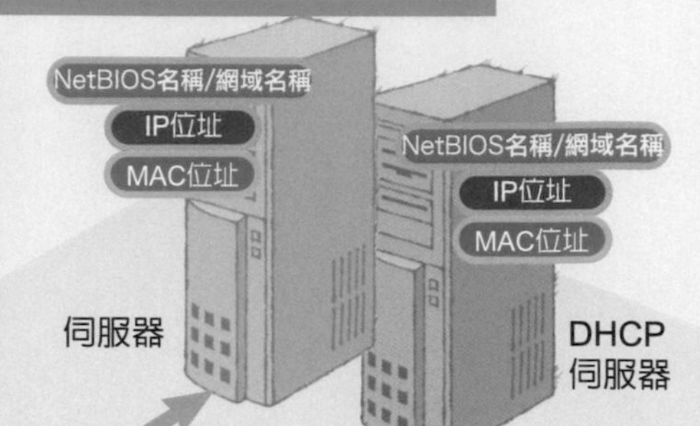

PC

NetBIOS名稱 / IP位址 / MAC位址

LAN (乙太網路)

讓讀者學習2台PC之間要確實處理資料時需具備哪些功能

重點

- ▶ 如何讓纜線載送數位訊號後再傳送出去呢？
- ▶ 如何判斷資料的標頭(Header)部分呢？
- ▶ 一旦傳輸過程中發生錯誤時，要如何檢測呢？

參考文章：初級網路講座「電腦資料被確實送達之前的流程」(p.130~153)第1堂：數位資料是如何被傳出去的？，第2堂：如何判斷資料的起始點？，第3堂：如何發現資料的錯誤？，第4堂：如何修正錯誤的部分？，第5堂：無法重送時應該如何處理？，第6堂：傳送時如何避免造成資料溢出？

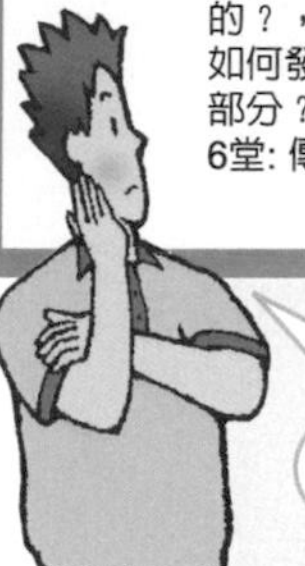

掌握區域網路通訊時所需的存取控制技術

重點

- ▶ 如何利用多台終端裝置進行通訊呢？
- ▶ 乙太網路是使用何種存取控制技術呢？
- ▶ 為什麼只要使用網路交換器就可以擴充乙太網路呢？

參考文章：初級網路講座「使用區域網路的電腦通訊架構」(p.154~177)第1堂：位址與拓樸，第2堂：存取控制的重要性，第3堂：採取先到先贏方式的存取控制，第4堂：採取Token方式的存取控制，第5堂：集中控制方式的存取控制，第6堂：不共用媒介的網路

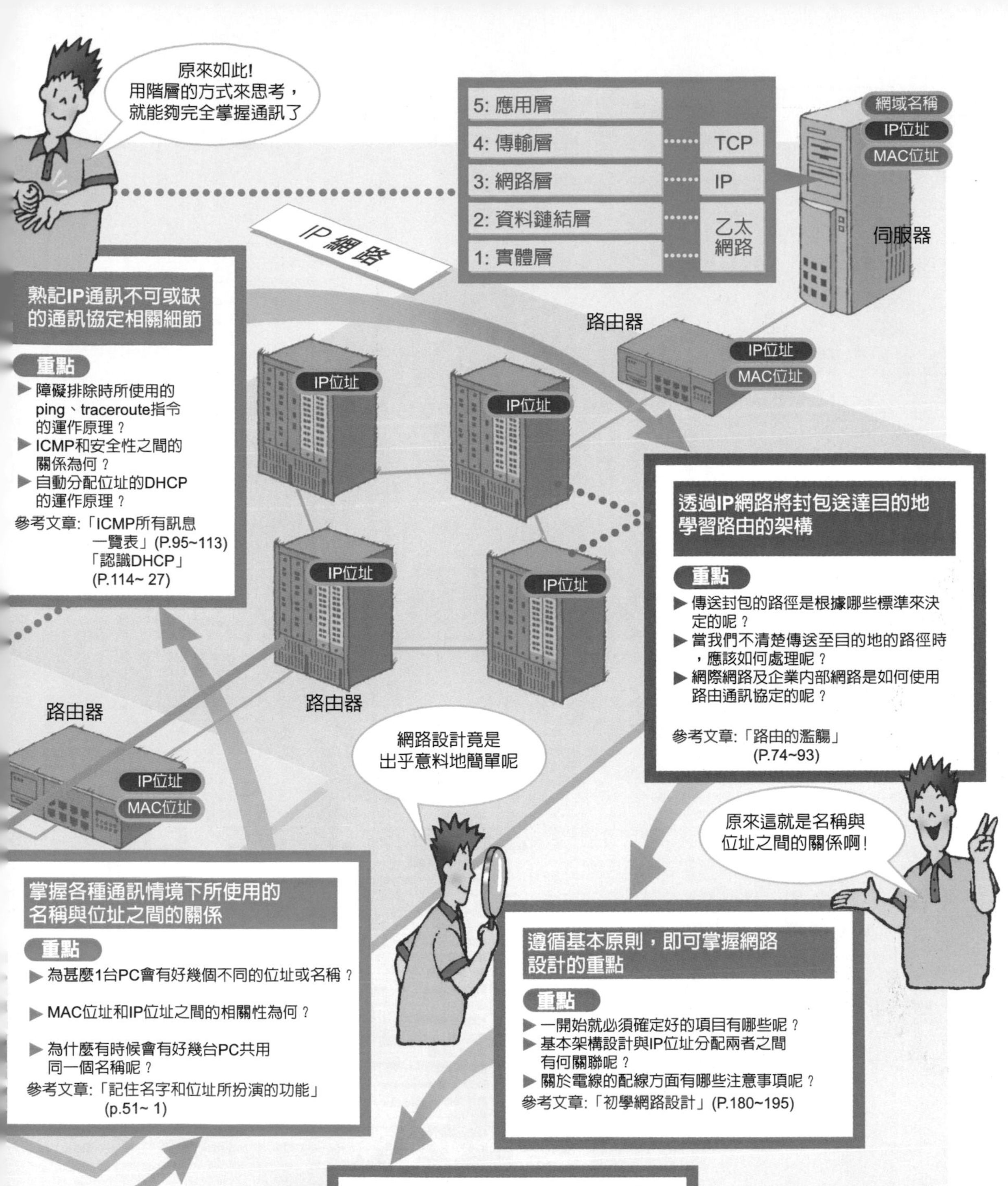

熟記IP通訊不可或缺的通訊協定相關細節

重點

- ▶ 障礙排除時所使用的ping、traceroute指令的運作原理？
- ▶ ICMP和安全性之間的關係為何？
- ▶ 自動分配位址的DHCP的運作原理？

參考文章:「ICMP所有訊息一覽表」(P.95~113)
「認識DHCP」(P.114~ 27)

透過IP網路將封包送達目的地 學習路由的架構

重點

- ▶ 傳送封包的路徑是根據哪些標準來決定的呢？
- ▶ 當我們不清楚傳送至目的地的路徑時，應該如何處理呢？
- ▶ 網際網路及企業內部網路是如何使用路由通訊協定的呢？

參考文章:「路由的濫觴」(P.74~93)

掌握各種通訊情境下所使用的名稱與位址之間的關係

重點

- ▶ 為甚麼1台PC會有好幾個不同的位址或名稱？
- ▶ MAC位址和IP位址之間的相關性為何？
- ▶ 為什麼有時候會有好幾台PC共用同一個名稱呢？

參考文章:「記住名字和位址所扮演的功能」(p.51~ 1)

遵循基本原則，即可掌握網路設計的重點

重點

- ▶ 一開始就必須確定好的項目有哪些呢？
- ▶ 基本架構設計與IP位址分配兩者之間有何關聯呢？
- ▶ 關於電線的配線方面有哪些注意事項呢？

參考文章:「初學網路設計」(P.180~195)

解除網路速度與纜線之間相關的疑問

重點

- ▶ 寬頻路由器型錄上所記載的傳送速度屬於哪一種速度呢？
- ▶ 區域網路、廣域網路、或週邊裝置所使用的纜線具備什麼樣的結構呢？
- ▶ 為何區域網路的纜線要採取對絞的方式呢？

參考文章:「bps」的本質(p.196~209)
「照片明解 電纜線大圖鑑」(p.210~228)

用階層(Layer)的方式來瞭解通訊架構

學會5個階層(Layer)就等於打通任督二脈!

您曾經碰過無論怎麼學習網路相關知識，還是有看沒有懂?或者是就算全部看完了，仍然不知道如何應用呢?關於這些煩人的問題，我們已經為您找到答案了!那就是用「階層(Layer)」架構來掌握整個通訊的技術，精通階層的思考模式後，就能清楚掌握每項技術的定位。(半澤 智)

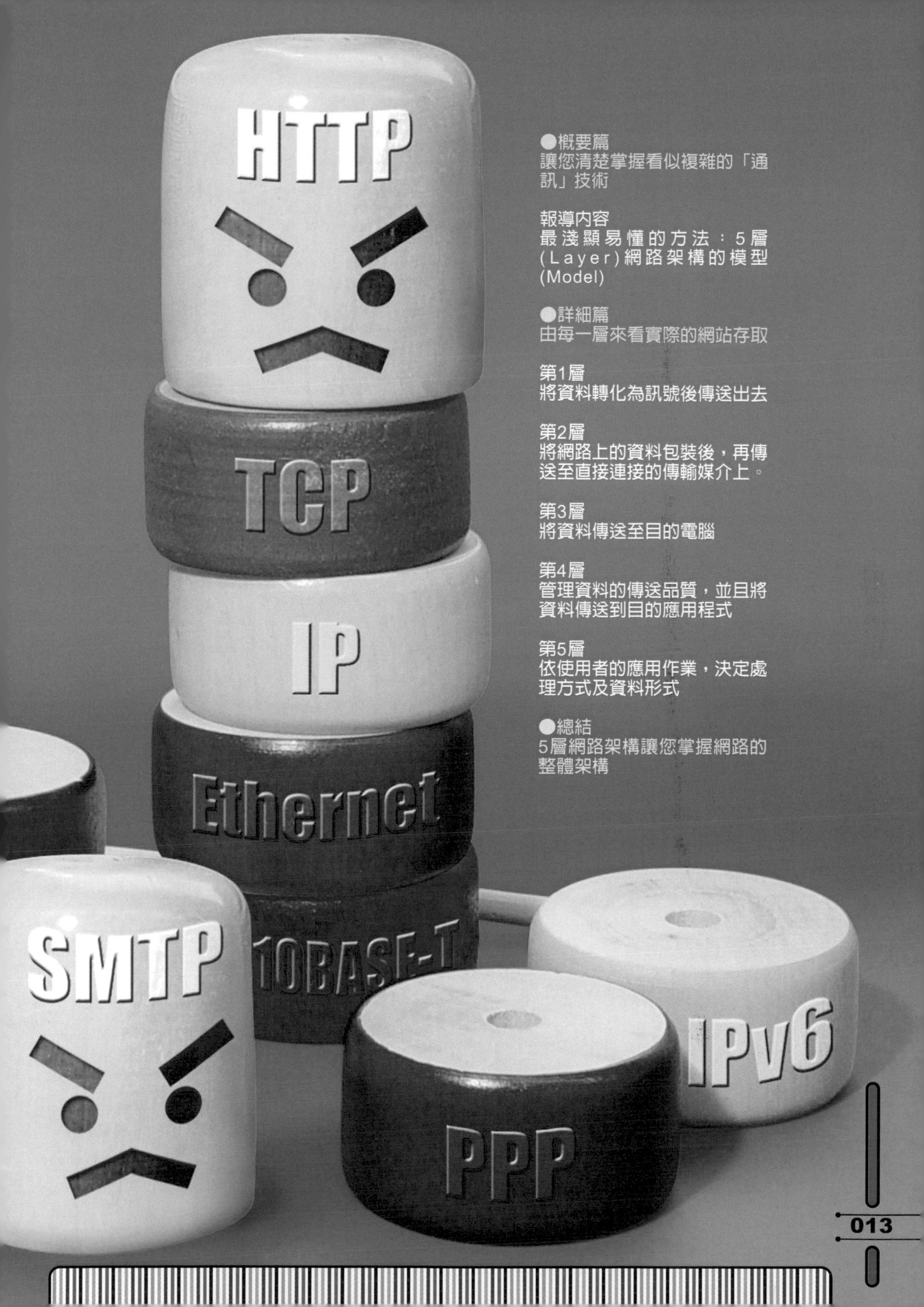

●概要篇
讓您清楚掌握看似複雜的「通訊」技術

報導內容
最淺顯易懂的方法：5層(Layer)網路架構的模型(Model)

●詳細篇
由每一層來看實際的網站存取

第1層
將資料轉化為訊號後傳送出去

第2層
將網路上的資料包裝後，再傳送至直接連接的傳輸媒介上。

第3層
將資料傳送至目的電腦

第4層
管理資料的傳送品質，並且將資料傳送到目的應用程式

第5層
依使用者的應用作業，決定處理方式及資料形式

●總結
5層網路架構讓您掌握網路的整體架構

概要篇

讓您清楚掌握看似複雜的「通訊」技術！

宮本先生是一位新進的網管人員，負責管理所屬部門的網路，今天因爲工作提早完成，於是宮本先生利用下班後的空餘時間，閱讀起剛剛收到最新一期的日經NETWORK雜誌。

佐佐木先生發現宮本先生正在看雜誌，說到佐佐木先生，他是負責宮本先生隔壁部門的資深網管，他已經擔任網管有10年的經驗了，對於宮本先生來說，他可是一位亦師亦友的同事，每當他遇到問題時總是會找佐佐木先生商量對策。

當佐佐木先生看到一向認眞好學的宮本先生，正專心地看著他的雜誌時，於是就趨前和宮本先生聊了幾句。

曾企圖瞭解網路架構，但是仍無法運用在實際工作上

資深網管：佩服佩服！ 今天還是一樣在研讀網路技術嗎?

新進網管：是的，我剛剛正在看日經NETWORK最新一期的雜誌呢!

資深網管：你已經習慣網管的工作了嗎?

新進網管：這個嘛---最近我在工作上有一些挫折感。

資深網管：啊? 怎麼突然會這樣子呢? 這不像平常的你耶!

新進網管：我發現就算努力研讀這些網路知識，可是一去到現場還是全部破功，上一次也是，只不過是發生一個小小的問題而已，結果竟然連原因也找不出來!

資深網管：那，你有確實瞭解日經NETWORK上所刊載的內容嗎?

新進網管：嗯，這個嘛！ 對於每一篇報導的內容，我是有某個程度的瞭解，不過我感覺好像我根本不瞭解他們的基本原理，而且研讀過的內容根本沒辦法用在實際工作面，不知道是不是我的學習方法有錯呢?

雖然研讀過網路相關知識，但是仍然不瞭解基本原理----這是新進網管宮本先生目前最大的煩惱。

和宮本先生有一樣經驗的讀者，是不是也有很多呢?

不過別擔心! 佐佐木先生在傾聽宮本先生敘述他的煩惱時，同時也想到了解決對策。

資深網管：我猜問題可能是出在於你不瞭解整個通訊架構，雖然你瞭解單一技術，但是你並不瞭解這些單一項目在整個通訊架構中的定位為何，不是嗎?

新進網管：所謂整個通訊架構的意思，是不是除了LAN之外，我還需要學習WAN的技術呢?

資深網管：非也非也，我的意思是說當你在思考的時候，你必須先在腦中整理好網路架構之間的相關性，例如，電腦和電腦之間需要哪些功能才能進行通訊， 當你將這些內容融會貫通後，即使再學習新的網路技術時，你也不會再感到困惑。

所以，這時候我們就需要藉助「階層」的模式來思考，一旦掌握網路的「階層」的精髓後，你就能清楚瞭解通訊的架構為何了。

對於曾經學習過網路技術的讀者而言，應該聽過「階層(Layer)」這個名詞才是，像是「第3層(Layer 3)」或是「實體層(Physical Layer)」。

雖然資深網管-佐佐木先生告訴宮本先生，用階層的方式來思考通訊架構的話，就會比較容易掌握網路技術，不過對於新進網管-宮本先生來說，他還是無法瞭解佐佐木先生所言爲何。

找出通訊時必須遵守的「約定事項」

新進網管：我用字典查過了"Layer"這個詞，意思就是地層、或是「層」的意思。

資深網管：嗯，沒錯(笑)。

新進網管：這像在搞笑嗎?

資深網管：不是啦(苦笑)，我建議你在瞭解這個詞的意思之前，不妨也從其他的觀點來思考所謂的"Layer"。

新進網管：嗯。

資深網管：就像現在我們兩個正透過對話的方式互相溝通，那麼，對話成立的原因是什麼?

新進網管：因為語言是傳播工具，所以當然是透過語言的方式來傳達囉，不是嗎?

資深網管：再具體一點來說，也就是因為我們彼此都使用日文來交談，所以如果我只會說俄文的話，那麼我們之間的對話就無法成立了。

不過這還有一個前提，那就是假如我所說的內容無法被傳送到對方的耳朵的話，即使彼此所使用的共同語言都是日文，仍然無法聽到聲音(圖1-1)。

新進網管：這麼說來溝通時負責傳遞聲音的空氣也很重要囉?

資深網管：沒錯，不過還不只如此，比方說，當我提到「會計部的田中小姐」時，你是不是和我一樣會在腦中浮現起田中小姐的影像呢?

圖1-1 通訊(Communication)時必須遵守「約定事項」 我們平常在無意間所進行的「對話」其實必須建立在幾項前提(約定事項)上。

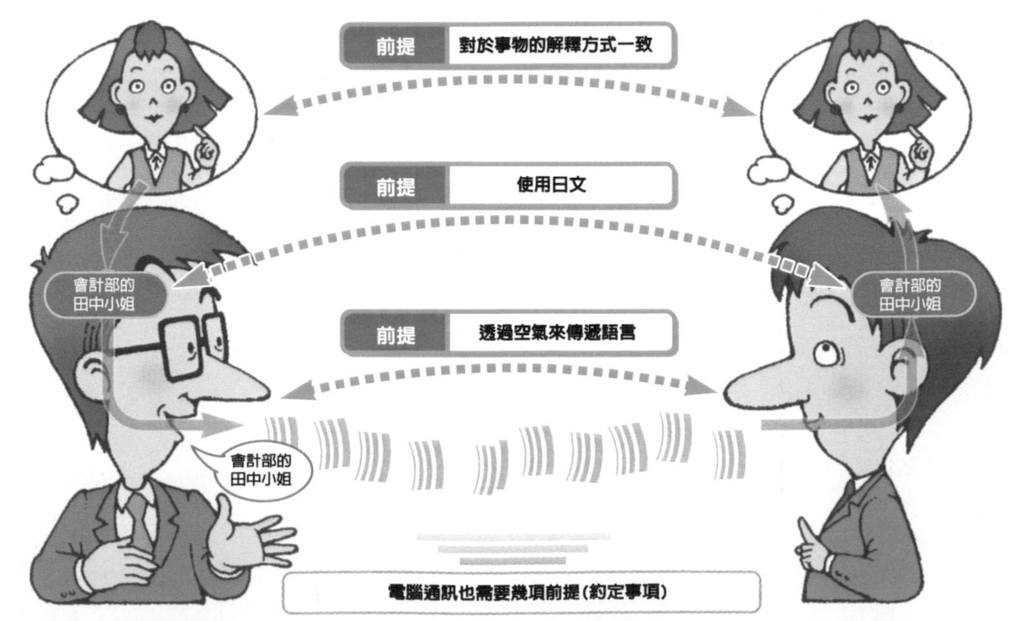

新進網管：是啊！

資深網管：那是因為我們的腦中都同樣浮現出「會計部田中小姐」的影像，因此才就能夠在共同的背景下彼此對話，我剛剛提過的3項要件，缺少任何一項都無法達成溝通的目的。

新進網管：所以，前輩您要告訴我的意思是不是說，就連電腦通訊也和我們人類進行「對話」時是一樣的，兩者必須建立許多前提條件，才能夠達成通訊的目的，是嗎？

資深網管：確實如此，電腦在進行通訊時需要所謂的「約定事項」，而且通訊的雙方之間必須遵守「約定事項」才行。

聽到這裡這位新進網管-宮本先生露出了非常納悶的表情，不過，慶幸的是透過前輩佐佐木先生的費心說明後，他也開始瞭解到，欲進行通訊的雙方都必須遵守一些「約定事項」，才能夠達到通訊的目的。

不過這究竟和"Layer"有什麼樣的關係呢？ 接著，讓我們繼續聽聽看資深網管-佐佐木前輩是怎麼說的。

電腦的通訊協定共有5項

資深網管：剛剛我已經提過電腦在進行通訊時需要遵守「約定事項」，具體來說所謂的「約定事項」指的就是「Protocol(協定)」。

新進網管：可是「協定」有許多不同的種類，所以很難清楚地理出一個頭緒。

資深網管：「協定」的種類確實很多，不過我們還是可以將它整理成5大項「約定事項」。

新進網管：只有5項而已嗎？

資深網管：沒錯，只有5項，只要遵守這5項「協定」，電腦之間就能夠進行通訊，好了，接下來就讓我來告訴你有哪5項「協定」吧！ 首先，請詳細閱讀圖1-2的內容。

新進網管：我看完了，可是我還是不太了解每一個項目的意思耶！

資深網管：別急別急！ 稍後我會詳細地向你解釋每一項「協定」的內容，現在你只要記得「電腦在進行網路通訊時，必須遵守5項「協定」就好了，而且你也可以將這些「協定」視為網路通訊時不可或缺的「功能」的集大成者。

新進網管：嗯，我會記得必要的通訊協定可以被歸納為5項這一點！

資深網管：而且，這5項協定之間環環相扣，怎麼說呢！ 當電腦在進行通訊時，需要有第5層協定，而要實現第5層協定，則必須先有第4層協定，同樣地，實現第4層協定前，必須先建立第3層----如此類推，所以「通訊」就像是這5層通訊協定互動的結果。

圖1-2 電腦在進行網路通訊時的5項協定

各項協定彼此互動後，才能建立通訊，以整體的角度來看，就形成所謂的「階層(Layer)」架構。

分層方式
有時候我們會取「Layer(階層)」的第一個字母"L"，將「第1層」、「第2層」簡稱為「L1」、「L2」等。

SMTP
是Simple mail transfer protocol的縮寫，中文翻譯為「簡單郵件傳輸協定」，屬於傳送電子郵件時所使用的協定。

HTTP
是Hypertext transfer protocol的縮寫，也就是處理WWW 伺服器和Web Client(Web客戶端)之間的網頁內容時所需要的協定，中文直接翻譯為「超文件傳輸協定」。

圖1-3 所謂「協定」就是將「約定事項」具體化。 每層(Layer)各有不同的「協定」，本書將依不同的通訊用途及功能，取其中的5項協定加以說明。

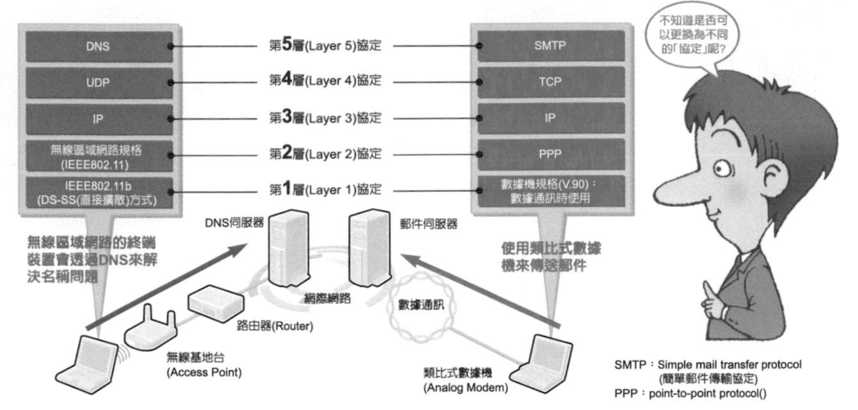

資深網管：不錯喔！你只要知道自己正在學的協定隸屬於第幾層，不就能知道該項協定的定位了嗎？

新進網管：真的耶！

資深網管：接下來要講一個很重要的觀念，那就是每一層所使用的協定，可以依不同的通訊用途或功能加以更換(請參閱圖1-3)，例如，當你要傳送郵件時，第5層會使用SMTP，如果要連接至網站時，則由原來的SMTP更換為HTTP ✎。

新進網管：這麼說，通訊必須建立在這5項層層相疊的功能上才能成立囉！

資深網管：我們如果用地層互相堆疊的概念來想像，就會更容易了解這些「協定」的意義，通常這5項協定又被分類為"Layer 1"、"Layer 2"，或者稱為「第1層」、「第2層」等✎，而且這種使用「協定」的方式來區分整個通訊網路的作法，就稱為所謂的「階層(Layer)結構」。

經過資深網管佐佐木先生的說明後，似乎有愈來愈接近所謂"Layer"核心的感覺了，接下來就讓我們將剛剛提過的重點再一次整理如下。

要建立通訊時，有幾項必要的規定，若將這些規定分爲5類，就形成所謂的「階層(Layer)結構」，第1層和第2層之間、第2層和第3層之間互相影響，唯有這5層之間層層相扣，才能建立網路通訊。

雖說如此，階層(Layer)畢竟屬於概念性質，確實很難單憑想像就立刻了解，因此對於新進網管-宮本先生來說，無法立刻吸收也是可想而知的事，於是，身爲前輩的佐佐木先生接下來就舉出實例，來爲宮本先生說明通訊與階層(Layer)之間的關係。

每項協定分屬於不同的階層

資深網管：我們剛剛提過「協定」這個詞，事實上所有的協定都分屬這5層中的任一層，比方說，之前你曾經學過的「SMTP✎」，就是傳送電子郵件時專用的協定，因為SMTP會負責決定郵件資料的處理形式或是步驟等。

新進網管：這就是第5層的協定是嗎？

新進網管：原來如此，那麼連接至網路的電腦是否也是透過這種方法，來建立各式各樣的通訊型態呢？

資深網管：通訊乍看之下雖然好像很複雜，不過只要能用我告訴你的方式，用階層的概念加以整理後，你就會了解通訊能否建立其實是取決於5項協定。

新進網管：的確，只要隨時想到「階層」的概念，無論先前認為再複雜的通訊架構，都能夠被整理為淺顯易懂的模式了。

資深網管：所以「5層」思考模式也就代表了通訊的整體架構，所以這5項協定缺一不可，因為少了任何一項，通訊皆無法成立。

新進網管：現在的我似乎已經感覺能夠掌握通訊的整體架構了！

OSI
就是Open system interconnection的縮寫，中文翻譯為「開放系統互連」OSI是由國際標準組織(International Standard Organization, ISO)所制定出來的通訊協定體系。

最淺顯易懂的方法：5層(Layer)網路架構的模型

本篇特輯所要為您介紹的是，將通訊功能分為5層(Layer)的思考方式，不過，可能有部份讀者已經聽過了所謂的「OSI ✐7層網路架構」、或是「網路架構(network architecture)」。

那麼此種「階層架構」的思考方式究竟是如何衍生出來的呢？接下來，我們將要帶您回顧歷史，看看OSI以及網路架構，同時利用本篇報導為您說明本書採用5層網路架構的理由。

始於電腦之間互通資訊

此種「階層架構」的思考方式最早出現於1970年帶，其目的在於制定一組功能架構，讓不同廠牌的電腦能彼此進行通訊。

當時網際網路的技術尚未普及，各家電腦廠商紛紛使用獨創的技術來架構網路，以實現網路通訊的目的，因此，不同廠牌的電腦無法互通資訊。

為了解決各種電腦系統的通信問題，一種不受制於不同電腦廠牌，並且能夠讓通訊功能標準化的思考模式於焉形成，於是國際標準組織(International Standard Organization, ISO)便制定出一套準則，稱之為「OSI基本參考模型」，將網路功能分為7個階層，另外還根據此種架構，將各層具體的通訊協定標準化。

圖A 三種「階層架構」之間的差異

「OSI網路架構」分為7層，而「網路架構」則總共有4層，本書所採用的是「5層架構」。

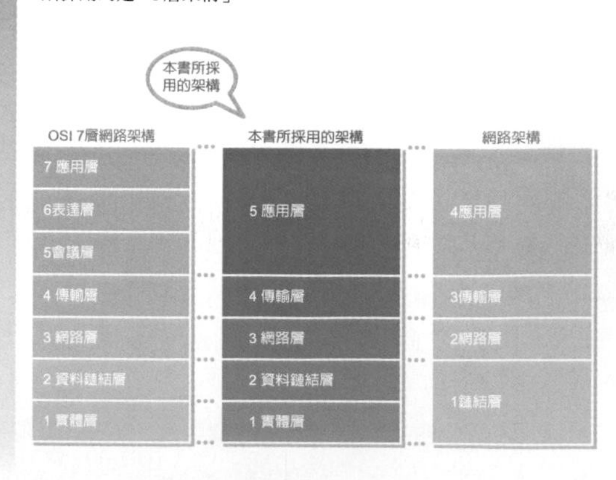

不過，在當時OSI協定並未普及，因為那時候已經出現了一個有別於OSI網路架構並且在業界嶄露頭角的「網際網路」架構，然而，直至今日7層網路架構仍然是思考網路功能時，最有系統的模式，並且仍廣為一般人所使用。

那麼，網際網路的架構又是如何呢？網際網路的基礎就是「TCP/IP」協定，以OSI網路架構來說，TCP位於第4層，而IP則是第3層，然而根據網際網路對於階層架構的規定，只要將2項核心協定，也就是TCP、IP協定確立後，即可服務上一層的軟體，以及下一層的硬體了，所謂的4層架構就是根據前述粗略的思考模式所建立起來的。

「OSI基本參考模型」與「網際網路架構」的差異點在於，模型化時的觀點不同，OSI基本參考模型是一種站在電腦廠商開發人員的觀點來掌握網際網路的模式，OSI基本參考模型將通訊功能細分化，因此可以減少開發各項技術時的負擔，同時更容易了解自己所負責開發的部分，相對地，「網際網路架構」則較趨近於網際網路使用者的觀點。

5層架構是最符合現狀的思考模式

以目前的網際網路而言，「TCP/IP」屬於基本通訊協定，因此，網際網路的4層架構被認為最能符合使用現狀。

不過，本書的作法是，維持OSI的第1層、第2層的原始分類方法，原因在於OSI的第1層是所謂的「實體層(Physical Layer)」，也就是使用者接觸機會最多、而且技術種類也最豐富的一個階層，就光一個乙太網路(Ethernet)就會依同軸纜線、雙絞線、光纖等不同種類的線材，而需要使用各種不同傳輸速度的技術。

因此，建議您在研讀最符合現狀的網際網路架構時，不妨根據網際網路的4層架構為基礎，同時參考OSI基本參考模型，將最下面一層一分為二後，即可清楚掌握整體架構。

以上所為您說明的內容就是本書採用5層架構的原因。

詳細篇

由每一層來看實際的網站存取

新進網管：我已經瞭解了，只要用「階層(Layer)」的方式來思考，就會更容易掌握通訊原理，可是，每一層在具體方面各有什麼樣的功能呢?

資深網管：OK，接下來我就用網站存取為例，分別說明每一層的功能吧。

要瞭解第1~第5層所對應的網路功能，第一步必須先掌握每一層所影響的範圍，我們可以由起點的電腦看到，該台電腦具備第1層~第5層的所有功能(請參閱圖2-1)。

第1層所扮演的功能就是將資料轉化爲訊號後傳送出去，如果由PC的角度來看的話，第1層所涵蓋的範圍包含直接透過纜線連接的網路交換器(LAN SWITCH)。

接下來，第2層的功能是將由0、1所組成的位元訊號包裝爲傳送訊框(Frame)後再進行處理，這項工作主要是由PC的LAN通訊埠來負責處理，第2層所涵蓋的範圍則是包含最近的路由器(Router)。

再來第3~5層的功能則是由軟體來負責執行，當我們在做網站存取時，第3層所使用的通訊協定爲IP，而第4層則是TCP，而Windows、UNIX等OS(操作系統)所內建的TCP/IP處理程式皆具有前述2項功能。

第3層的功能在於將資料傳送至目的電腦，因此由PC到對方電腦的WWW伺服器的這一塊區域就是第3層所涵蓋的範圍。

第4~5層則完全是PC與WWW伺服器的天下，第4層的功能在於區分不同的應用作業並且管理通訊品質，而第5層則能夠提供應用程式中特有的通訊功能。

從下一頁開始我們將分別爲您介紹各層的詳細功能。

圖2-1 **透過實際的網路架構來看各階層涵蓋的範圍** 圖中所示為存取網站時，由PC的觀點來看各階層所負責的範圍

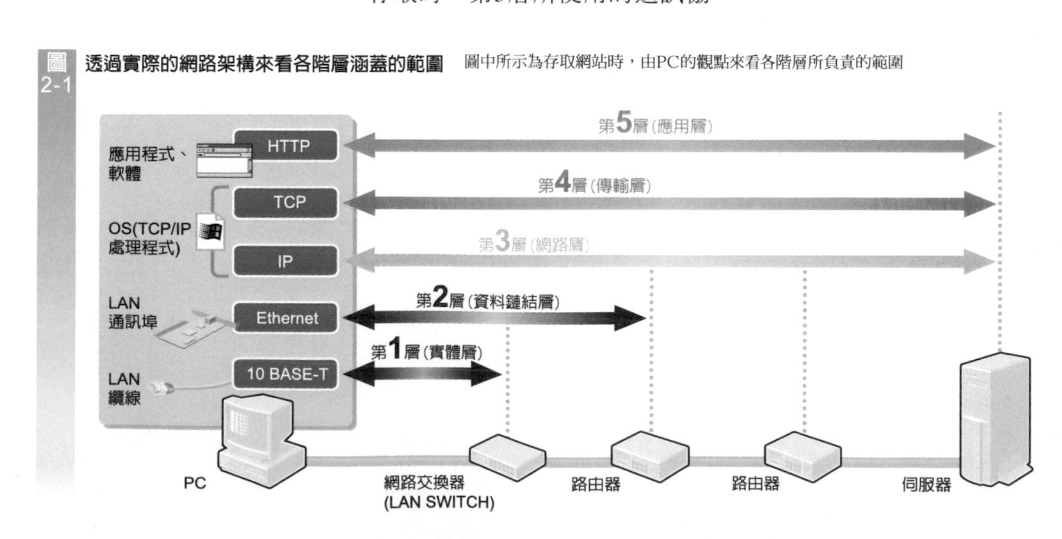

沒辦法使用
欲連接不同類型的2個接頭時，必須使用轉接接頭來轉換，這就是要實現第1層時所需的作業。

26k~1.1MHz
也就是使用 8M ADSL G.992.1的規格時會發生的情況。

第1層(實體層)
將資料轉化為訊號後傳送出去

資深網管：當我們要進行網路存取時，首先要使用纜線來連接2台電腦。
新進網管：那是當然的啊！
資深網管：可別輕忽了這件事喔，因為這可是第1層的功能，同時它也是網路通訊時重要的基礎階層。

透過電腦所處理的資料皆會轉化爲0、1所組成的數位資料，當電腦和電腦之間在進行通訊時，則必須將0、1的數位資料傳送給對方，因此第1層所扮演的角色就是負責完成這項任務。

要將數位資料傳送給對方的前提條件，首先兩台電腦必須透過實體方式互相連接(請參閱圖2-2)，而機器和機器之間最普通的連接方法就是使用纜線，若使用的是雙絞線時，那麼將會透過纜線內部的銅線來連接兩台電腦，因此銅線只要能夠載送訊號並且將訊號傳輸出去即可。

配合不同的訊號編碼方式

反過來說，如果2台電腦並未透過實體的方式來連接，當然也就無法處理數位訊號，比方說，如果纜線的接頭類型和PC端的LAN通訊埠的接頭類型不吻合，就沒辦法使用✐纜線互相連接。

不過，光只有透過纜線連接的話尙嫌不足，第1層的功能在於將代表0、1的訊號傳送給對方，也就是說纜線所傳送的電子訊號及光訊號必須能夠正確地對應爲0或1的位元才行，因此，預先決定好訊號編碼的方式，例如哪種訊號爲「0」？哪種爲「1」等，對於第1層而言則是極爲重要的功能。

接下來就讓我們來看一看具體實例吧！比方說，在第1層的代表性通訊協定中包含數據通訊用的數據機規格以及ADSL規格，ADSL數據機和類比式數據機兩者之間雖然能夠使用電話線互相連接，但是卻無法進行通訊，原因在於兩者訊號的編碼方式不同。

圖2-2 將資料轉化為訊號後傳送給對方(實體層)　少了這一層就無法傳送訊號，因此第1層扮演著通訊基礎的角色。

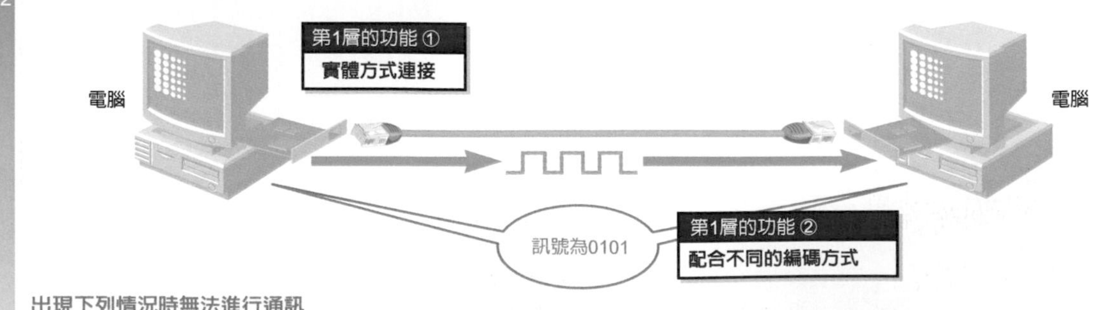

出現下列情況時無法進行通訊

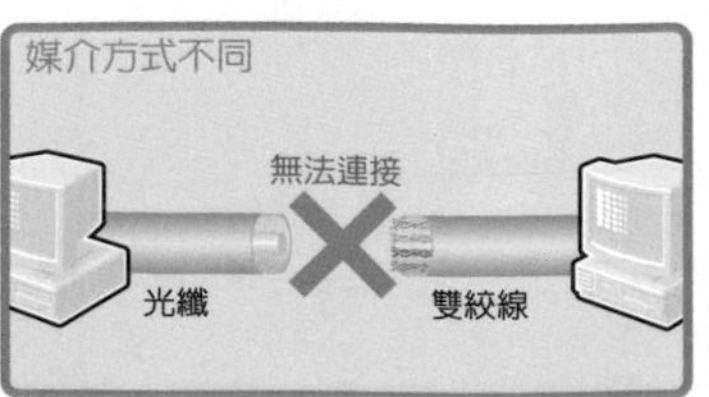

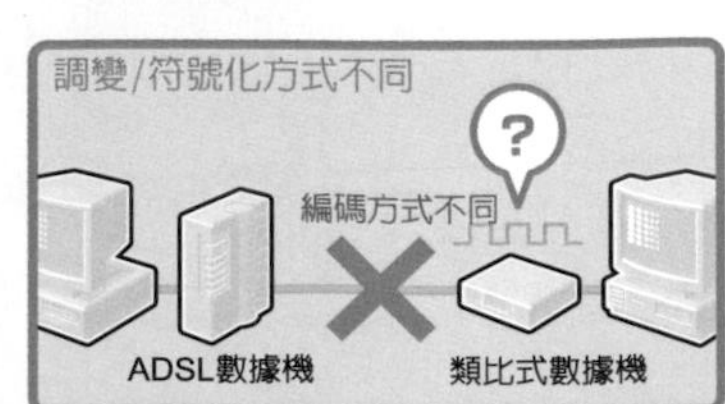

TIA/EIA-568-A
此標準規格的目的在於規範無遮蔽式雙絞線的性能品質。TIA是Telecommunications Industry Association(美國電信工業協會)的縮寫，而EIA則是Electronic Industries Alliance的縮寫，中文翻譯為「電子工業協會」。

RJ-45
RJ就是Registered jack的縮寫，為雙絞線所使用的接頭，必須符合ISO8877的標準。

NS(奈秒：Nanosecond)
1 NS也就10億分之一秒。

曼徹斯特編碼(Manchester Encoding)
也就是10BASE-T所使用的資料編碼方式。由正電位到負電位代表"0"，反之若由負電位到正電位則代表"1"。

FTTH
Fiber to the home的縮寫，中文翻譯為「光纖到戶」，也就是電信公司將光纖電纜佈署到各個家庭，以提供高速網路存取等服務。

類比式數據機使用0.3k~3.4kHz的類比訊號來傳送數位資料，相對地，ADSL使用26k~1.1MHz高頻的類比式訊號來傳送資料，以及將數位資料轉換為類比訊號的調變方式，和類比式數據機所採用的方式完全不同，當然兩者之間無法通訊。

如此一來，第1層除了規範電纜線(Cable)的種類、接頭(Connector)、訊號波形等實體的部分，此外還必須配合現有資料的編碼方式。

實際上第1層是由多個規格所組成

在第1層協定中最具代表性的就是10 BASE-T乙太網路(Ethernet)，接下來我們就透過實際的方式來看看10 BASE-T如何訂定第1層的2大功能。

10 BASE-T所使用的傳輸媒介是雙絞線的電纜線，一般在規格書中都會清楚規定，使用者必須使用規格為TIA/EIA-568-A的LAN纜線。

此外，電纜線兩端的接頭形狀必須為8 Pin的模組接頭，一般我們會選用稱之為RJ-45的接頭類型，而10 BASE-T的規格中，已經針對連接2台電腦的實體部分加以定義，亦即RJ-45的8個Pin當中，負責傳送資料的是No. 1及No.2，而No. 3及No. 6則負責接收資料。

另外在規格書當中，還包含位元"0"及"1"等資料編碼方式的規定，以10 BASE-T來說，2個Pin的電位差為 -1V與+1V的電子訊號就是0和1的表示方式，，而且還規定「以100NS代表1位元」的訊號之傳送時間點，此種編碼方式就稱為曼徹斯特編碼(Manchester Encoding)。

如此一來，使用者只要將這些規格互相搭配，就可以開始在2台裝置之間處理0與1的數位訊號了。

乙太網路除了10 BASE-T外，還有其他種類的規格，像是速度為100M bit/s的 100 BASE-TX、以及1G bit/s的1000 BASE-T等。無論100 BASE-TX或是1000 BASE-T皆屬於能夠傳送及辨識0與1等位元的規格，也就是說這2種規格都具備了第1層的功能。

乙太網路也有各式各樣的規格

不過，100 BASE-TX和1000 BASE-T所採用的資料編碼方式皆不同於10 BASE-T，因此傳送速度一定不一樣，而且傳送的電子訊號類型、或是所使用的雙絞線數量、種類也各有不同，也就是說，10 BASE-T、100 BASE-TX、1000 BASE-T這3種規格雖然同屬於第1層，但是實際的規格卻相異。

當然，如果只是單純使用雙絞線的乙太網路技術並不能算是符合第1層的規格。還有，像是使用電話線來進行數據傳送的數據機、ADSL數據機、以及使用光纖技術的FTTH(光纖到戶)等同樣也屬於第1層的規格，另外，使用無線電波來處理資料的無線區域網路、行動電話等雖然規格皆不相同，不過都隸屬於第1層的規格範圍。

圖2-3 10 BASE-T所規範的內容 10 BASE-T是否成立必須取決於訊號傳送的各種規格，例如：電纜線種類、接頭形狀、通過電纜線的電壓類型等。

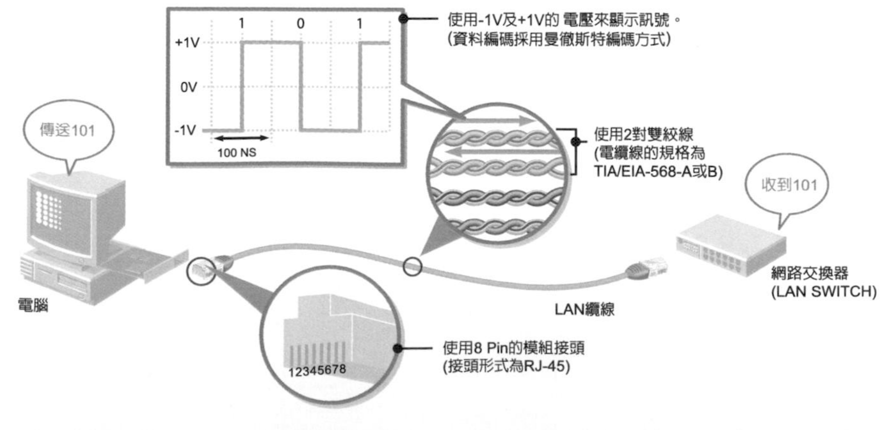

MAC Header(訊框標頭)
MAC Frame(訊框) 為乙太網路的資料傳輸單位，而"MAC Header"就是附加在"MAC Frame"前面的控制資料，MAC Header包含"目的MAC位址"、"來源MAC位址"等資料，而MAC是Media Access Control的縮寫，中文翻譯為「媒體存取控制」。

FCS(錯誤檢查碼)
就是Frame Check Sequence的縮寫，也就是檢測錯誤時所使用的位元串。

HUB(集線器)
亦即區域網路(LAN)的集線裝置，HUB會透過第1層(Layer 1)來轉送訊號(電子訊號或光訊號)

第2層(資料鏈結層)
將資料重新包裝為多個群組後，再傳輸到直接連線的電腦上

資深網管：接下來我要跟你說明的是第2層在資料連接方面的功能。

新進網管：「資料鏈結」這個詞聽起來好像很難的樣子。

資深網管：或許吧，不過當你在思考時，只要從你所熟悉的乙太網路下手，排除第1層的部分，就能夠瞭解第2層的功能包含哪些部份了。

第2層的功能就是「將資料重新包裝爲不同的「群組」，再傳輸到直接連線的電腦上」，對您而言，或許不太容易想像何謂「群組」或是「直接連線」，因此接下來我們將以乙太網路爲實例，爲您實際介紹資料鏈結層的功能。

所謂「群組」其實就是「訊框(Frame)」

首先，請您想像一下2台電腦透過電纜線直接進行1對1連線的畫面吧(請參閱圖2-4的上半部)!

第2層的功能之一「將網路上的資料重新包裝爲不同的「群組」」，其實就是將0與1的數位資料排列後，再將這些資料「訊框化」，當資料被轉化爲訊框的形式後，資料的表頭就會變得更清楚，而那些由0與1所組成的訊號也會被變成有意義的資料。

若您所使用的傳輸媒介是乙太網路時，第2層會將資料分割後在資料前面加上MAC Header，並且在資料的最後面加上錯誤檢查用的位元(FCS)後，再建立MAC Frame。

第1層的功能是將0與1的數位訊號傳送至目的電腦，而第2層則是以前述的數位訊號爲基礎，建立所謂的「訊框」後，再傳送

圖2-4 第2層(資料鏈接層)負責將資料傳送至直接連線的電腦上

第2層的功用在於將訊號重新包裝為不同的位元群組(訊框)，然後將這些訊框正確地傳送至目的地。

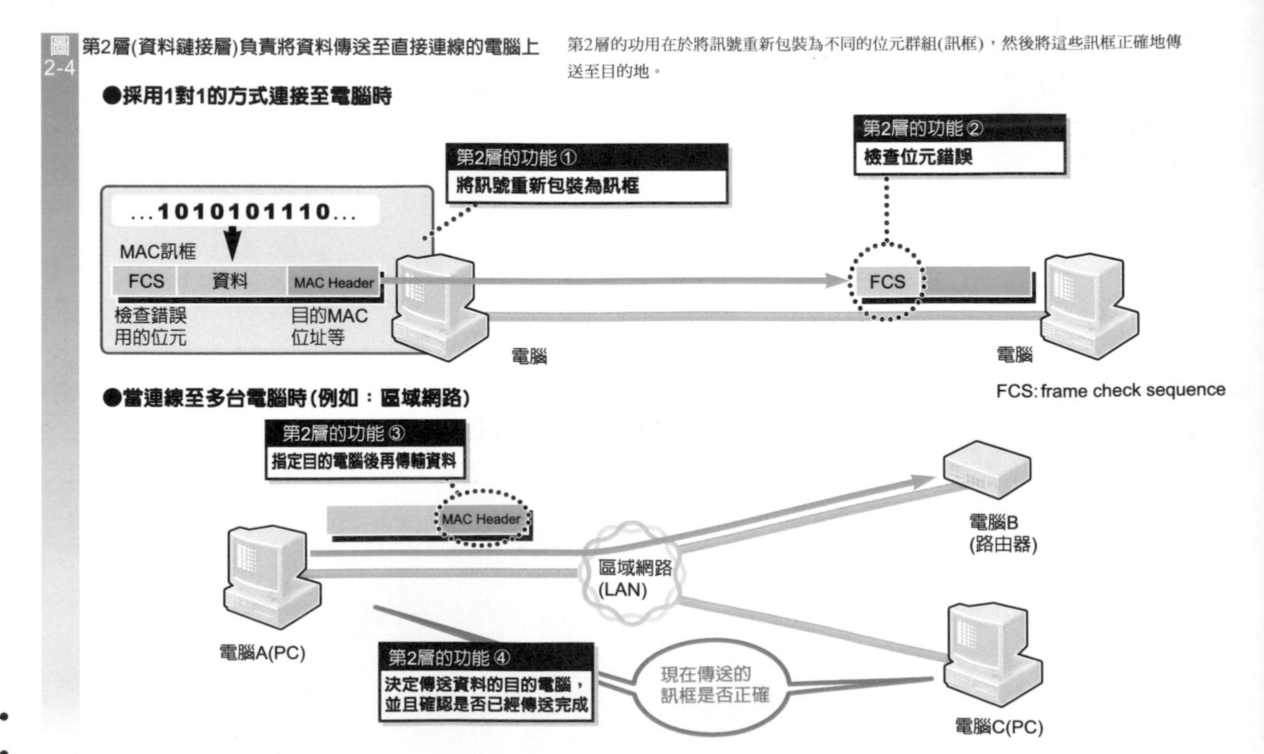

MAC位址
MAC位址是硬體在製造時已經被設定好的48位元的位址資料。

CSMA/CD
Carrier sense multiple access with collision detection的縮寫，中文翻譯為"載波感測多重存取/碰撞偵測，是一種採用乙太網路的資料存取控制方式

控制方式
若使用網路交換器(LAN SWITCH)，可以避免訊框發生衝突的狀況，因此，本身雖然有CSMA/CD的架構，但是卻不需使用。

PPP
point-to-point protocol(點對點通訊協定)的縮寫，就是撥接、專線所使用的第2層協定。

圖2-5 **第2層為區域網路所涵蓋的範圍** 第2層的功能就是將訊框傳送至和本PC直接連線的電腦上，而網路交換器(LAN SWITCH)就是實現這項功能的中繼裝置。

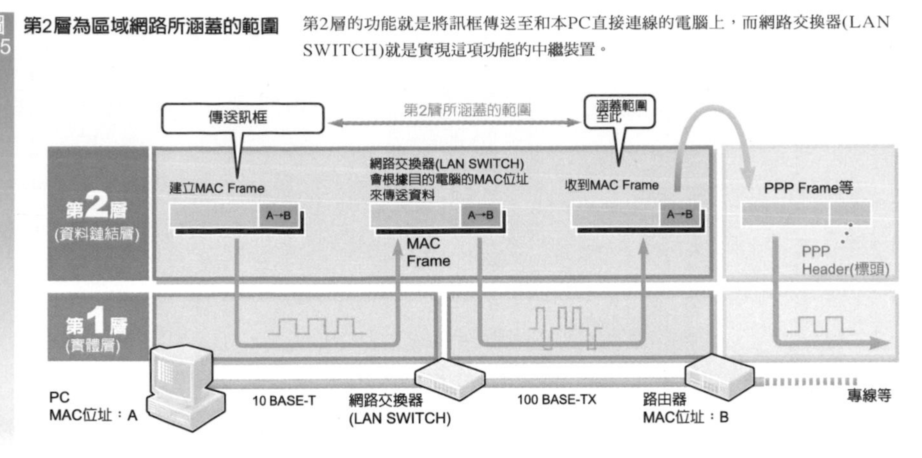

至第1層，而且乙太網路還會透過FCS來檢查已處理過的訊框是否有出現任何錯誤，此外還能夠將資料訊框化後再加以傳送。

第2層為訊框的傳送範圍

如果網路是由2台電腦以1對1的方式所組成的話，則會比較單純。然而在現實生活中並非如此，比方說，假使乙太網路的區域網路(LAN)是以集線器(Hub)為主體所架構而成時，那麼連線至該區域網路(LAN)的所有電腦，都會收到由PC所送出來的訊框(Frame)。如此一來，就會因為在傳送時未根據不同的訊框來區分目的電腦，因而造成資料混亂的情形。因此，當PC在傳送訊框時必須附加目的電腦的相關資訊後才能傳送。

在乙太網路中辨別目的電腦的資訊就稱為MAC位址，來源電腦會在MAC Frame的Header(標頭)指定目的電腦的MAC位址後再開始傳送資料(請參閱圖2-4的下半部)。

而且如果您使用的是由集線器所組成的區域網路時，必須具備一種能夠防止多台電腦在傳送訊框時發生衝突的架構，此種架構就稱為存取控制，在乙太網路中已經配備稱為CSMA/CD的資料存取控制方式。

總之，訊框的傳送範圍也就是代表「直接連線」的意思，第2層所扮演的功能就是，即使直接連線的範圍內存在多台電腦時，仍然能將訊框正確地傳送至目的電腦。

唯有第1層存在，第2層才會成立

接下來就讓我們同時來看第2層和第1層在傳送MAC Frame時的處理流程吧! (請參閱圖2-5)。

首先來源電腦會先建立MAC Frame，接著再將MAC Frame轉換為訊號波形，並且傳送至電纜線上，如此一來，傳送資料的來源電腦就會由第2層進入第1層的處理流程。

負責接收訊號的是網路交換器(LAN SWITCH)，網路交換器(LAN SWITCH)會將電纜線所傳送過來的訊號視為0與1的位元串，然後再重組為MAC Frame，也就是說接收資料和傳送資料的流程剛好相反，接收資料時會由第1層變為第2層的處理流程。

再者，網路交換器(LAN SWITCH)會依MAC Header上的目的MAC位址，將訊號傳送至該MAC位址所連線的通訊埠，因此，就如同上圖所示，接收時的訊號為10 BASE-T，但是傳送時的訊號卻變為100 BASE-TX，如此一來，使用者雖然能夠透過網路交換器來關閉第1層所涵蓋的範圍，但是MAC Frame仍舊會繼續通過網路交換器，也就是說，第2層的範圍是由資料傳送的來源電腦到路由器為止，當路由器另外還連接至專線時，則會透過PPP等不同的第2層架構來傳送Frame。

又，如果僅由第2層的觀點來看的話，電腦似乎只是單純地在進行Frame的處理作業，不過實際上就因為電腦具備一種可以將0與1的資料轉化為訊號後再傳送的架構，所以才得以將該資料重組為Frame，並且傳送至相鄰的電腦。總之，唯有第1層功能的存在，才能讓第2層得以成立。

轉送(Forwarding)
路由器內建能夠對應目的IP位址與轉送目的路由器的路由表(Routing Table)，根據該路由表可以決定IP封包要轉送至哪一台目的電腦。

第3層(網路層)
將資料傳送至目的電腦

新進網管：可是，當我們要進行網路存取時，如果資料的傳送對象是比區域網路更上一層的伺服器，那這時候該怎麼辦呢?

資深網管：嗯，這時候就需要一種架構能夠將通訊資料傳送至目的電腦囉! 這就是第3層的功能，第3層同時也是路由器活動的範圍。

當使用者使用PC在網際網路上的WWW伺服器進行資料存取時，這時候資料會透過數個網路傳送至目的伺服器，因此，找出資料的路徑，並且將資料傳送至目的電腦就成爲第3層(網路層)所需扮演的功能了。

第3層的主角是路由器

在第3層中最具代表性的協定是IP，當我們使用IP將來源電腦的資料傳送至目的電腦時，絕對不可或缺的就是第3層的位址資料，也就是所謂的「IP位址」。

當PC開始和WWW伺服器進行通訊時，會在資料的最前面加上控制資訊(稱爲「IP標頭(IP Header)」)，然後再轉成IP封包(Packet)後傳送出去，而目的IP位址已經被加入IP標頭的資料中了。

路徑上的路由器會由IP封包中的標頭(Header)資訊找出目的IP位址，並且將封包轉送✐至距離目的電腦最近的路由器，幾台路由器之間透過前述作業不斷的重複後，最後終於得以將IP封包傳送至目的電腦，這就是第3層的架構以及其所扮演的角色。

利用下一層的功能

不過，如果只靠第3層的功能，是無法將IP封包由路由器中繼至另一台路由器的，必須先善用第2層的功能，才有可能實現第3層的功能，您只要透過連線至區域網路的PC來看IP封包是如何被傳送至最近的路由器，就不難了解我們剛剛所講的意思了。

這就像PC要連接至網際網路時，必須先輸入IP位址、子網路遮罩(Subnet Mask)位址、預設閘道(Default Gateway)位址等IP位址資訊✐是一樣的道理，因爲設定這些位址的目的在於讓使用者可以使用第2層的功能，並且藉

圖2-6 第3層(網路層) 將資料傳送至目的電腦　透過多個網路將資料傳送至目的電腦，網路上肩負此種傳送任務的就是路由器。

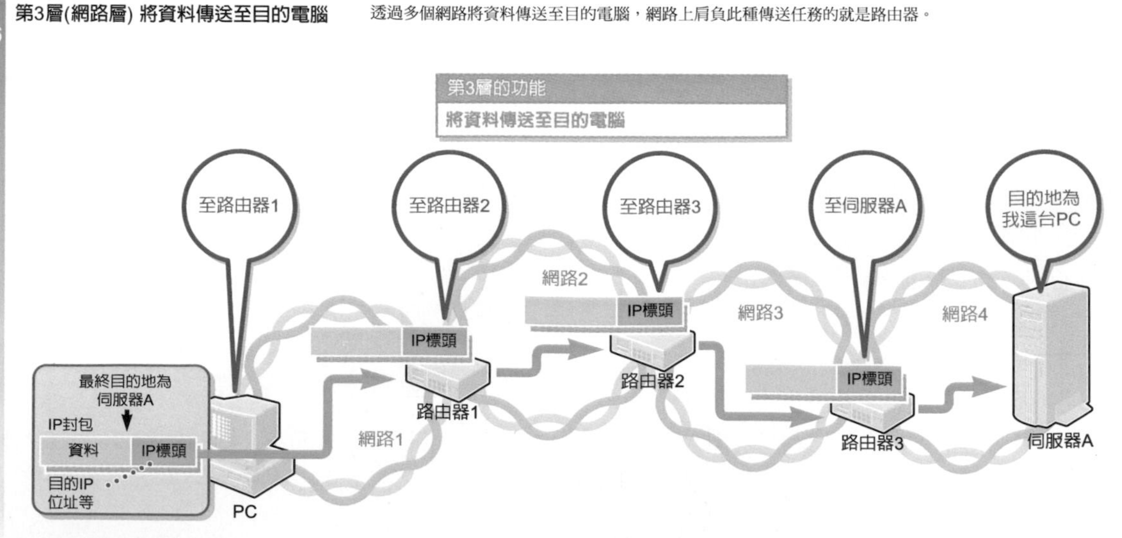

IP位址資訊
子網路遮罩(Subnet Mask)就是表示區域網路(Subnet:子網路)位址範圍的資訊，預設閘道(Default Gateway)就是將IP封包傳送至其他子網路所在的電腦時，提供中繼服務的路由器的位址資訊，通常指的是最近的路由器。

完全相同
實際上IP封包並不是直接被轉送出去的，路由器會將IP標頭的TTL(time to live：存活時間)的值減少1之後再將IP封包轉送出去。

用於識別的位址資訊
乙太網路原本是由1條同軸電纜連接多台電腦所組成的架構，可是在這樣子的架構下，會造成當1台電腦傳送Frame時，同時連線至區域網路的所有電腦也同樣會收到Frame，因此這時候就需要MAC位址來判斷哪些資料是自己這台電腦的，只接收指定目的為自己電腦的資料，並且拒絕接收目的地為其他電腦的資料。

圖2-7 **因為下一層存在，上一層才得以發揮功能** 將資料傳送至目的電腦時，必須有一套能夠在區域網路內正確地傳送資料的架構(第2層)，而要在區域網路內正確地傳送資料，就需要具備一套能夠將訊號傳送至目的電腦的架構(第1層)才行。

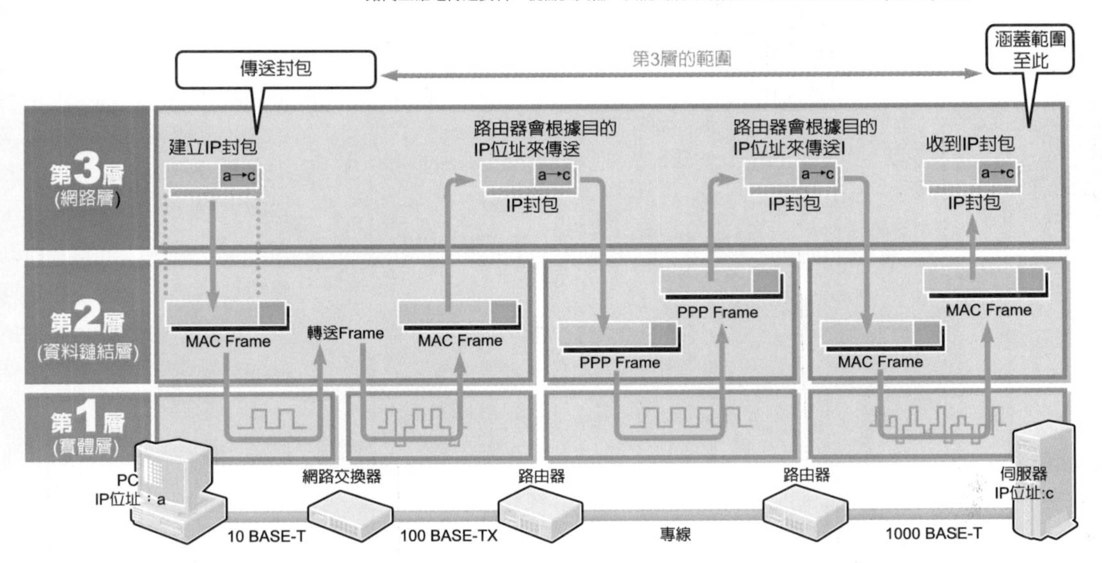

此得以將第3層的封包轉送出去。

PC會根據目的IP位址以及子網路遮罩等，來判斷目的電腦是否位於同一個區域網路的範圍內。若同屬一個區域網路時，只要檢查該電腦的MAC位址，即可透過第2層的架構，將IP封包直接傳送至那台電腦。

若目的電腦並不屬於同一個區域網路時，則會將封包傳送至預設閘道，也就是最近的路由器上。這時候，當然不需要變更IP封包的內容，因爲第2層會將IP封包放在設定了最近路由器目的MAC位址的Frame上，然後再將IP封包傳送出去，這和負責中繼IP封包的路由器所採取的處理方式是完全相同的✎。

如此一來，無論在任何一種情況下，傳送IP封包的方法皆透過第2層的Frame來進行。接著，第2層的Frame又經由第1層的處理作業，以0與1訊號的方式傳送至電纜線，於是資料的傳送端就會由第3層至第2層，然後再由第2層至第1層的順序來進行處理，相對地距離接收端最近的路由器，其處理順序則和前述方式完全相反(請參閱圖2-7)。

第3層和第2層之間有著密不可分的關係，不過雖說如此，並不是非使用第2層的特殊協定不可，只要能夠將第3層的封包確實傳送出去，無論是透過第2層的乙太網路或者是PPP等皆無妨。

網路交換器和路由器不同

目前爲止我們在範例中所介紹的網路交換器，是一種根據第2層的MAC位址來轉送資料的裝置，而在另一方面，路由器則是根據第3層的IP位址來判斷轉送目的後，再將IP封包轉送出去，我們也可以說，網路交換器是爲了實現第2層的功能、而路由器則是爲了實現第3層的功能而存在的裝置。

從功能方面來看的話，我們會發現這2種裝置之間並無太大的相異點，不過，兩者在處理時所使用的位址資訊，其原本設定的使用目的則大異其趣。

IP位址的功能是當作轉送用的位址，目的在於將資料透過多個網路，傳送至目的電腦，屬於事後對應至電腦的位址資訊。

相對地，MAC位址則是爲了由通過區域網路的MAC Frame當中找出目的地爲此台電腦，所使用的識別用的位址資訊✎，當初所設定的用途並非在轉送資料時使用，然而MAC位址卻和IP位址一樣，被網路交換器拿來當作轉送用的位址使用。

第4層(傳送層)

管理資料的傳送品質，並且將資料傳送到目的應用程式

資深網管：接下來我們要把資料傳送電腦裡的目的地囉。

新進網管：啊？ 電腦裡也有目的地啊！

資深網管：沒錯，第1層~第3層的協定在於規範資料傳送至目的電腦，但是從第4層開始所規範的則是資料如何傳送至目的應用程式的部分。

目前爲止我們已經介紹過第1層~第3層的協定，其內容在於規範將資料轉送至目的電腦的部分，相對地，第4層、第5層則爲來源電腦與目的電腦之間1對1的協定。

第4層(傳送層)所被賦予的功能有2項，第1項是根據通訊應用程式所要求的品質來處理資料，另一項則是將資料傳送至目的應用程式(請參閱圖2-8)。

配合應用程式所要求的品質

首先，我們先針對依應用程式所要求的品質來進行通訊這一項功能加以介紹，通常對讀者而言，這個部分是最難想像的，所以我們就用電子郵件和網路上的影片傳送等爲例開始接下來的說明吧！

我們先來思考一下第1個例子，那就是電子郵件所要求的通訊品質，對於電子郵件而言，最重要的就是將資料正確地傳送至收件者，並且不可以出現任何一個錯誤位元，因爲如果任何一個位元出現錯誤時，都會讓文字變形，造成重要資訊在傳遞時出現錯誤。從另一個層面來說，即使電子郵件稍微延遲送達時間，但是只要內容能正確無誤地傳遞的話，就能夠達到電子郵件所要求的通訊品質。

接下來要介紹的第2個例子是網路上的影片傳送，與其確實將資料傳送出去，倒不如能夠連續、不間斷地傳送資料還來得更重要一些，因爲如果資料無法持續傳送出去的話，就會造成影像在中途停止，連帶地聲音也會被切斷，因此即便是資料發生些許錯誤，只要在傳送影像時不要出現間斷的情形，即可達到所謂的「通訊品質」。

爲了符合應用程式所要求的通訊品質，於是第4層提供2種協定，做爲網路處理作業的基準，當某項作業像電子郵件一樣，需

圖2-8 第4層(傳送層)負責管理資料品質　這就是進行通訊的電腦之間所需要的架構，將資料傳送至適當的應用程式，並且檢查資料是否已經確實被送達。

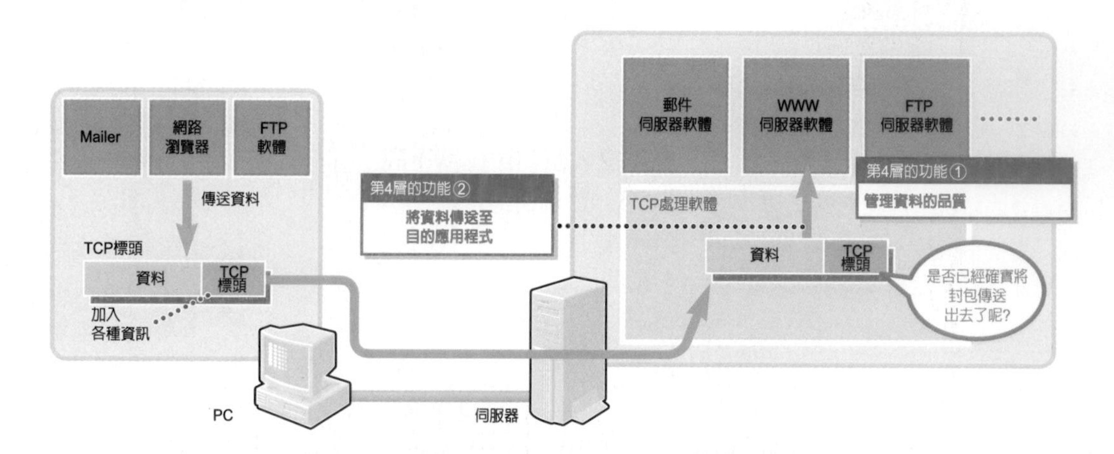

TCP
Transmission control protocol的縮寫，中文翻譯為「傳輸控制協定」，就是網際網路所使用的第4層協定，當應用程式希望確實地將資料傳送出去時會使用本協定(可靠性傳輸)。

UDP
User datagram protocol的縮寫，中文翻譯為「使用者資料段協定」，是網際網路所使用的第4層協定，適用於對可靠度要求不高的應用環境。

在不同的情況下使用
使用者有時候會因為其他的觀點而選擇TCP、UDP，請參閱右側「減少處理負載」的用語說明。

減少處理負載
無論是使用DNS來解決名稱問題或是透過DHCP來取得位址資訊，皆必須確實執行資料處理，但此時通常會選擇使用UDP，原因在於所有處理作業都集中在1台伺服器進行，為了減少伺服器的負載，因而使用UDP。

圖2-9 **標頭(Header)資訊就是為了實現各階層的功能而存在的記號。** 資料的傳送端會將資料附加標頭後，再傳送至下一層，接收端即可讀取到該項標頭資訊，執行TCP通訊時，為了能夠確實將資料送達，因此會在標頭裡加上許多資訊。

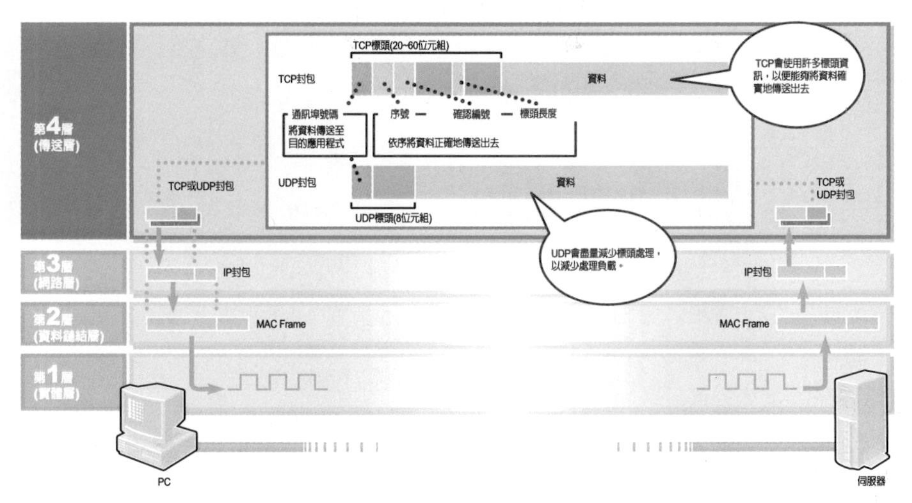

要的是「高正確性的通訊品質」時，必須遵循的是TCP ✎，若是像影片傳送一樣，需要的是「即時(Real Time)的通訊品質」時，則必須遵循UDP ✎ 的規範 ✎。

將資料傳送至目的應用程式

第4層還有另外一項功能，那就是確實將資料傳送至目的應用程式。倘若只是將資料傳送至目的電腦的話，還不能算是已經完成通訊，因爲終究還是要由電腦內部的應用程式來負責編輯、或是接收資料。

不過，電腦內部可能同時會有許多不同種類的程式正在動作。比方說，使用電子郵件軟體所編輯出來的資料即使已經確實被傳送至伺服器了，但是這些資料的最終目的地並不是WWW伺服器軟體，必須要被傳送至郵件伺服器軟體，通訊作業才算成立。因此，這時候就需要一個能夠將資料傳送至目的應用程式的架構了。

將所有的資訊寫入標頭

爲了實現第4層的2大功能，因此我們所必須做的就是使用TCP或是UDP的標頭資訊，與通訊品質相關的資訊或是應用程式的目的地等所有資訊，皆必須被寫入標頭中。

接下來，就讓我們一起來了解一下TCP和UDP的標頭資訊吧(請參閱圖2-9)。

TCP標頭和UDP標頭的最大差異點在於，TCP標頭是爲了確認所收到的資料是否正確而存在的資訊，因此要達到這項功能，TCP標頭必須包含序號、確認編號、標頭長度等資訊，只要透過這些資訊，即可確實進行資料處理。

而在另一方面，UDP的標頭資訊則遠不及TCP來得多，我們會發現UDP刻意減少標頭資訊的數量，目的在於減少伺服器的處理負載 ✎。

扮演應用程式的中介角色

最後我們要從其他的階層來看第4層的功能。第4層和第1~3層的功能，也就是所謂「資料傳送部分」完全無關，對於第4層而言，無論第1~3層使用何種方式來傳送資料，只要能夠將TCP或是UDP所建立的封包傳送至目的電腦，就算是完成任務了。

另外，第4層並不會確認資料本身的內容，它的職責就是由應用程式接收資料，然後再將資料轉送至目的應用程式，至於進一步要「如何處理資料」這個問題，就交給下一層也就是第5層來處理。

因此，我們可以說第4層所扮演的其實就是網際網路和應用程式之間的中介角色。

第5層(應用層)

依使用者的應用作業，決定處理方式及資料形式

新進網管：終於要談到最後一層了，這一層我們是不是會看到網頁瀏覽器呢?

資深網管：沒錯，第5層所具備的功能就是執行網頁瀏覽器或是電子郵件軟體等通訊應用作業，對於通訊來說，第5層扮演著不可或缺的角色。

第5層的協定其實已經包含在應用軟體當中，那是因爲第5層的功能大多爲應用程式專用的關係。

第5層(應用層)的功能有3項，也就是決定資料處理的①內容②步驟③形式，並且讓應用程式之間能夠彼此互相通訊(圖2-10)。

接下來就讓我們分別來看看這些功能吧!

處理內容與步驟是絕對不可或缺的

首先要進行通訊前，如果不事先決定好應用程式必須負責處理何種內容的資料，則無法開始通訊作業。例如，郵件軟體負責處理的項目包含郵件標題、本文、附件檔案、收件者地址---等，如果是網頁瀏覽器的話，除了文字、圖片外，還需要版面配置或是URL等相關資訊。

因此，所處理的資料內容會依不同的應用程式種類而截然不同，於是，接收端與傳送端必須事先決定好希望處理的資料內容。

而且，如果無法先確定好要根據何種步驟來處理這些資料的話，那麼通訊作業就無法成立。

對於每項應用程式而言，都會有一些適用於該應用程式的步驟。比方說，傳送影片時，只要將大量的資料朝向同一個方向傳輸即可，如果是傳送電子郵件的話，首先第1個步驟是指定收件者地址，確實將收件者地址傳送至伺服器後，再開始傳送郵件的本文。因此，承上所述，決定資料要根據何種步驟來處理等控制作業，同樣也是第5層所肩負的功能。

將資料轉換為既定的格式

接下來，還有一件必須事先決定好的項目，那就是希望處理的資料格式或是形式。

圖 2-10 **第5層(應用層) 決定處理步驟及資料形式**　決定資料處理步驟及資料形式，確定後應用程式之間即可開始互相通訊。

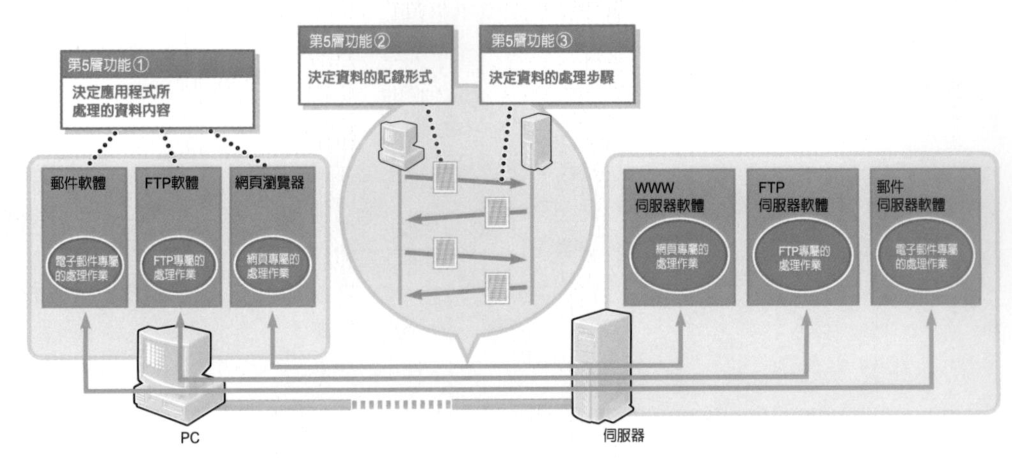

MIME
Multipurpose internet mail extensions的縮寫，一般翻譯為「多媒體傳送模式」是一種網際網路電子郵件編碼的通訊協定，代表電子郵件的本文、附件檔案的訊息格式。

轉換格式
相同的資料會依使用的裝置不同而被解釋為不同的意思，因此第5層還有一項功能，那就是負責將資料轉換為適當的表現形式，實際上顯示在電子郵件軟體或是網頁瀏覽器的文字，有可能因為部分文字消失而造成無法判讀的情形，會出現此種問題的原因在於資料的表現形式不符合的關係。

圖2-11 實現第5層功能的是應用軟體 實際上網頁瀏覽器和WWW伺服器軟體具備處理及解釋資料的功能，也就是第5層的功能。

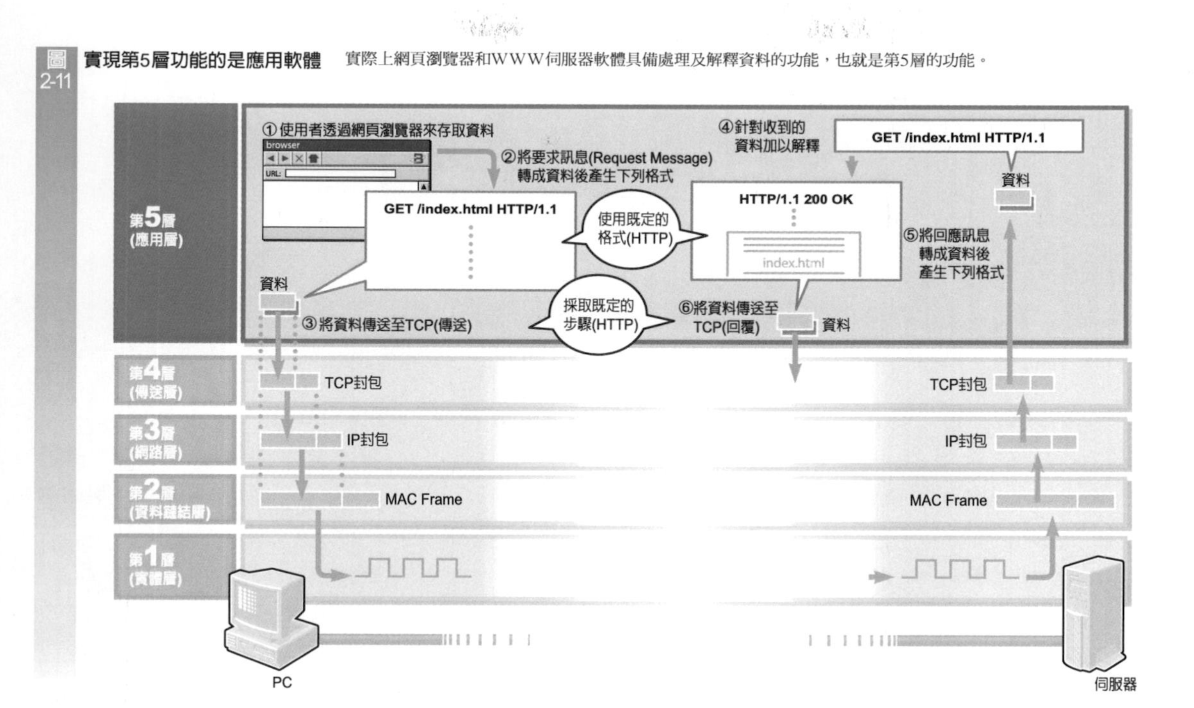

所謂資料格式，就是傳送資料時的表現方法(格式，Format)，當電腦在進行通訊時，會將資料轉化爲應用程式較容易處理的格式，例如傳送及接收郵件時，應用程式會將本文或標題等資料轉換爲所謂"MIME"的格式後再加以處理。

如果要用人與人之間的對話來比擬第5層的3大功能，就好比是彼此之間的談話順序(順序)、使用語言(形式)、主題(內容)等，只要能夠根據這3項重點來交談的話，就能夠完成一場符合主旨目的的對話了。

根據HTTP的網頁存取作業來確認

接下來，就讓我們實際上來看看HTTP在處理時的部分作業，也就是網頁在存取資料時所使用的應用程式通訊協定(請參閱圖2-11)。

首先，假設使用者在網頁瀏覽器的URL輸入欄中，輸入某個網站的URL，並且按下畫面上的「移至」鍵①，於是這時候，網頁瀏覽器就是開始建立(②)以「GET/index.html HTTP/1.1」的格式爲起始的要求訊息(Request Message)，接著，這項訊息就會被當作資料，並且傳送至PC的TCP處理軟體(③)。

所送出的資料會透過TCP的功能，確實被傳送到目的伺服器的WWW伺服器軟體上，於是WWW伺服器軟體就會將這項資料解釋爲「GET/index.html HTTP/1.1」的訊息(④)，之所以檔案的要求訊息會被解釋爲"index.html"的原因在於訊息的格式已經變成了HTTP的格式了。

再者，HTTP已經確立了一項規則，那就是「收到要求訊息，必須回覆適當的回應訊息(Response Message)」。

接下來，就由WWW伺服器軟體負責建立回應訊息，回應訊息是以「HTTP/1.1 200 OK」的格式爲起始，然後在前面加上index.html的資料後即可完成(⑤)。接著，該訊息會被當作回應資料傳送至TCP(⑥)，當然，前述的訊息格式同樣需要遵照HTTP所規定的格式才行。

承上所述，使用者只要在網頁瀏覽器上輸入URL後，畫面上就會顯示您所想要瀏覽的頁面，而應用程式所處理的資料內容不外乎就是已經確認完成的網頁內容(Contents)資料。

總結

5層網路架構讓您掌握網路的整體架構

聽完佐佐木前輩的說明後，新進網管-宮本先生總算對於5層結構有更深一層的了解了。

不過，是否真的就像佐佐木前輩所言，只要學會階層的思考模式，就能順利地掌握網路技術，並且增強問題解決的功力?

更能清楚掌握通訊流程

資深網管：你是不是比較能夠了解階層結構的思考模式、以及每一個階層的功能了呢?

新進網管：是的，所謂"通訊"看起來好像很複雜，不過只要能夠用5層來分別認識他們的功能，學習起來就會比較輕鬆。不過，這種階層思考模式要怎麼樣才能運用在實際的學習以及工作層面呢?

資深網管：好吧，那我們就將階層結構套入剛剛已經介紹過的網頁存取流程，實際來看看會產生什麼樣的效果吧(請參閱圖3-1)!

新進網管：我們是不是要將網路上某一台裝置用階層結構來表示呢?

資深網管：沒錯，首先請注意到實線的箭頭部分! 這就是資料的處理流程，

新進網管：這樣一來，資料到底經過哪些處理後才被傳送出去，馬上就一目瞭然了，而且也更能夠掌握通訊的整體架構。

資深網管：還有一個要注意的地方，那就是虛線的部分。

新進網管：虛線的部分表示每一台裝置所代表的階層分別向左右連接。

資深網管：那就是所謂的「通訊協定」，重點在於相鄰的裝置會使用相同的通訊協定。

新進網管：真的耶! 這樣子我就能清楚地了解通訊的架構了!

如圖所示，我們可以了解10BASE-T的技術適用於PC和區域網路連線，相對地，HTTP則是PC及伺服器之間所使用的通訊協定。

想要深入掌握網路技術，必須先學習各種不同的規格或是通訊協定，不過，即使我們碰到完全不了解的協定時，只要確切知道

圖3-1 從每個階層來看網頁的存取流程

使用階層結構，即可清楚看出資料的處理流程，同時也能掌握裝置之間是否使用相同的協定在進行溝通，以及彼此之間的關係。

第1~3層的部分
必須確認的狀況如下，例如，以第1層而言，是否將電纜線由接頭拔出，第2層的話，則是區域網路交換器「100M」、「10M」的LED顯示燈是否亮燈，第3層必須確認的是IP位址的設定是否正確等。

SNMP
Simple network management protocol的縮寫，中文翻譯為「簡易網路管理協定」，也就是利用IP網路來管理網路的協定。

相關技術
例如ADSL通訊時所使用的通訊協定PPPOE(PPP over Ethernet)，這是一種將PPP Frame加入乙太網路的MAC Frame中一起傳送的技術，使用者可以透過此一協定，直接由乙太網路來使用PPP，原本PPP和乙太網路同屬於第2層的技術，而PPP利用階層結構的特徵，也就是「可替代性」、「可上下堆疊」的特性，來實現這些功能。

該協定是屬於哪一個階層的，如此一來就可以找到該協定在通訊作業中的定位了。

同時有助於您學習新的通訊協定或是故障排除

資深網管：當我們到現場進行故障排除時，只要回想一下前面所講過的通訊流程，就算是「故障排除」也能輕輕鬆鬆地完成。

新進網管：不過實際要開始做的時候，會發現不但掌握網路架構是一件難事，而且網路上所使用的通訊協定又分為許多不同的種類，我沒有把握可以辦得到耶!

資深網管：沒問題啦，你有沒有用過ping這項功能來進行故障排除呢?

新進網管：嗯，有啊! 不過最後我還是不知道到底問題出在哪裡。

資深網管：所謂"ping"就是檢查IP封包是否已經被傳送到目的裝置的一種指令，也就是瞭解第3層所發生的狀況。

新進網管：這樣子喔! 如果封包已經被傳送到目的裝置了，是不是代表到第3層為止都OK，也就是說故障的原因可能是來自於靠近應用程式的第4層~第5層之間呢?

資深網管：假設封包沒有被傳送出去的話，只要針對發生故障的PC，檢查其第1層~第3層的部分✐就可以了。

新進網管：原來如此。

資深網管：而且我們還可以因此瞭解到第3層交換器(Layer 3 Switch)和一般的區域網路交換器有哪些不同的部分。

新進網管：第3層交換器是不是除了第2層的功能外，同時還兼具第3層的功能呢?

資深網管：沒錯，當我們要執行第3層的通訊時，必須透過第2層的架構，換句話說，第3層交換器本身內建MAC位址，所以會判斷該MAC Frame的傳送目的地是不是自己，於是就能夠在下一個階段完成第3層的處理了。

新進網管：這麼說來，一般的區域網路交換器不需要內建MAC位址也OK囉?

資深網管：是啊! 而且具備可使用SNMP管理功能的區域網路交換器，同樣也具備第3層的架構，所謂"SNMP✐"是屬於在IP及UDP上動作的第5層協定，當然，第3層的架構仍然是不可或缺的，所以SNMP同樣也有內建MAC位址。

新進網管：原來是這樣子啊! 看起來只要瞭解階層結構後，就能夠更進一步掌握其他網路的相關技術✐了，前輩，真是感謝你的指導。

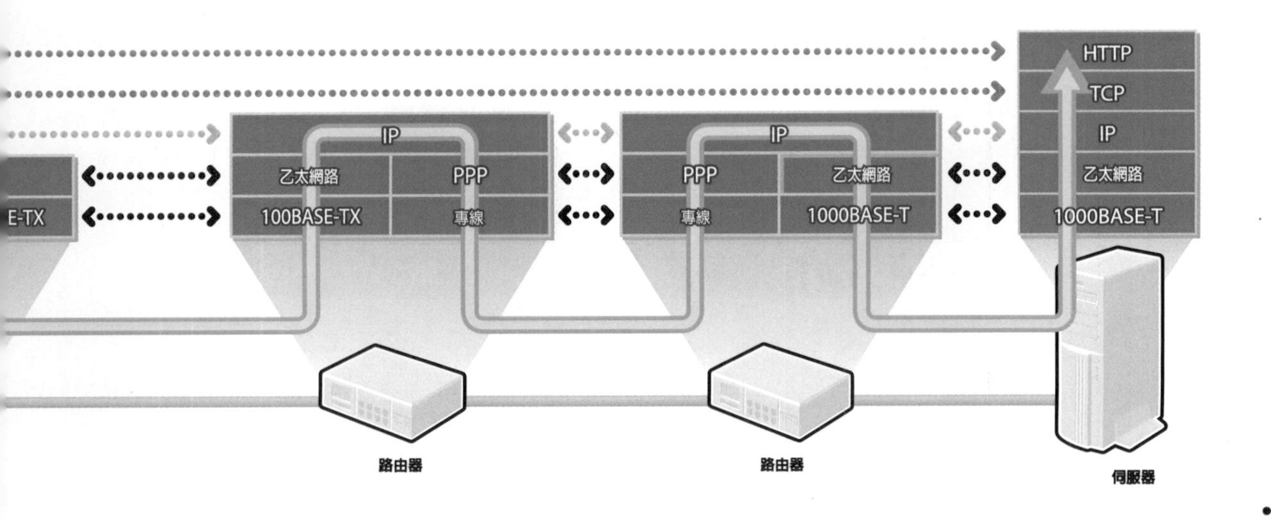

超基本問題！

不好意思問的第一個問題

「封包」和「訊框」是一樣的嗎？

透過網路傳送的資料有2種，相信各位讀者應該也很熟悉，那就是所謂「封包」以及「訊框(Frame)」。不過，相信您也曾經猶豫過，不知道這兩者分別用在哪些情況。或許您覺得這2者之間似乎沒有太大的差異，然而，事實果眞如此嗎?

依階層不同而有不同的名稱

無論「訊框」或是「封包」，其代表的意思皆爲網路上傳輸資料的單位，因此若從這個意義來看的話，兩者之間並無任何差異。

當網路在處理資料時，會將資料切割爲較小的單位後再逐一傳送出去。不過，並不是只要單純地將資料切割後就可以開始傳送，還必須根據既定的方式來排列資料，否則電腦之間就無法正確地處理資料。換句話說，就是必須依據通訊協定來決定資料的傳送單位，資料傳送單位的正式名稱就稱之爲「PDU(Protocol Data Unit，協定資料單元)」，而「訊框」和「封包」皆爲PDU的另外一種稱呼。

那麼，PDU的稱呼是不是在不同的通訊協定中會完全不同呢? 答案是否定的，只要是同一層在進行通訊時所使用資料單位，他們的稱呼就會大致相同。

「訊框(Frame)」是第2層在進行通訊時所使用的PDU名稱，雖然第2層的通訊協定包含了乙太網路、PPP(Point to point protocol)、HDLC(High Level Datalink，高階資料鏈結控制)等，不過這些協定所使用的資料單位，全部都被稱爲「訊框」。乙太網路的資料單位爲MAC Frame，PPP的話是PPP Frame，而HDLC則被稱爲HDLC Frame。

另一方面，像「封包」這樣的稱呼，則是被用在第3層的通訊作業上。事實上因爲IP是第3層的通訊協定，因此若在第3層時，就被稱爲「IP封包」，「封包(Packet)」一詞從字面上來看具有「包裹」的意思，「封包」一詞本來的意思就是將希望傳送的資訊打包起來，然後再加上目的地以及來源裝置的資訊後再加以傳送。

還有另一種稱呼，那就是「區段(Segment)」

除了「訊框」、「封包」外，另外還有一種稱呼，那就是「區段」，這就是TCP、UDP等在進行第4層通訊時所使用的資料稱呼。例如，當TCP執行通訊時所處理的資料就被稱爲「TCP區段」。

理論上來說，這些資料單位應該會依所在的階層不同，而有大致類型的稱呼，不過事實上並非如此，這些資料單位的稱呼並未被嚴密地加以區分，通常我們會將「封包」用來當作傳送及接收資料的總稱。

比方說，我們也常會將TCP區段稱爲「TCP封包」，另外，那些負責收集區域網路所傳送的資料，然後再將內容加以顯示的軟體，雖然被稱之爲「封包擷取軟體(Capture software)」，但是事實上，這樣子的軟體除了顯示IP封包的內容外，同時也會顯示MAC Frame或是TCP區段等內容，因此，這時候所謂的「封包」其實是泛指所有傳送及接收資料。

雖說如此，我們很少將「訊框」稱之爲「封包」，例如，幾乎很少人會將MAC Frame稱爲「MAC封包」，所以雖然聽起來好像有一點混亂，不過我們只要記得一個簡單的分類方式，那就是第2層的資料稱爲「訊框」，第2層以上的資料則被稱之爲「封包」，就不會覺得無所適從了。記住這一點後，相信從此之後， 就不會再因爲究竟要使用「訊框」還是「封包」而感到茫然。

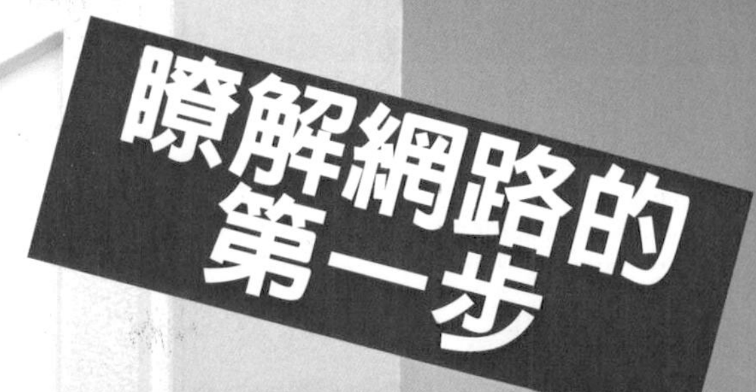

學習TCP、IP、乙太網路的連結架構

TCP、IP、乙太網路都是我們平常耳熟能詳的網路技術，這3種技術缺一不可，否則就無法建立網路通訊，因此要瞭解通訊架構前，最重要的就是必須掌握這3項技術如何發揮他們的功能，以及彼此連結呢，就讓我們透過PC的動作，深入瞭解整個網路架構吧！

(半澤智)

Part 1 前言
瞭解PC內部的處理動作，
就能掌握網路的整體架構

Part 2 功能及關係
連結這3項功能
同時完成各項作業
第1步： 將資料切割為適當的大小
第2步： 分配傳送至目的地的路徑
第3步： 查詢區域網路上的目的MAC位址
第4步： 將資料傳送至傳送路徑
第5步： 將已接收的資料傳送至應用程式

Part 3 總結
透過5個步驟來確認整個
網路的流程

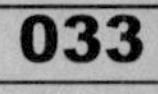

減少IP功能的處理負載。
除此之外，還有其他的目的那就是提昇資料的傳輸速度，因為如果重組的大小較大的話，處理資料時就可以將封包或訊框中內建控制資訊的比例縮小。

MTU
為Maximum transfer unit的縮寫，中文翻譯為「最大傳輸單元」意思就是MAC Frame最大的資料量

MSS
為Maximum segment size的縮寫，中文翻譯為「最大區段大小」意思就是最大的TCP區段的資料量。

MAC Frame
就是乙太網路在進行處理作業時的資料單位。

Step 1 將資料切割為適當的大小

透過乙太網路或是IP取得資訊，最後由TCP決定適合的資料量

當PC在傳送資料時，首先登場的就是TCP功能，接下來就讓我們一起來看看TCP是如何和其他功能互相連結，並且執行處理作業的呢？

重組為中途不會再被切割的大小

當應用程式在編輯傳送資料時，首先會由TCP功能開始處理該項資料，這項工作的目的在於將資料切割爲適當的大小。然而，所謂的切割並不是毫無章法的作業，TCP必須向IP、乙太網路功能詢問他們所能夠處理的資料量，接著，再將資料切割爲不會在傳送過程中被切割、可傳送的最大資料量(請參閱圖2-3)。

爲何要重組爲不會被切割的大小呢？目的是爲了減少IP功能的處理負載✐。

事實上，將封包切割爲適當的大小，並不是TCP的專屬工作，IP也具備這項功能，尤其是像路由器等裝置，路由器內部的IP功能會依據目的地裝置的線路所預設的資料量來切割封包。

不過，封包的切割作業會造成PC相當大的負載，而且，IP除了需要判斷傳送路徑外，還必須檢查區域網路內部的傳送目的地，以及忙於其他的工作(詳細內容請參閱接下來幾頁對於第2步及第3步的說明)。因此「TCP功能」就是將資料切割爲不需要經由IP切割即可傳輸的大小，以減少IP的負載。

與通訊目的地交換資料量的資訊

接下來，就讓我們透過實際的方式來看看，TCP功能是用何種方式來決定資料切割的大小呢(請參閱圖2-4)？

基本上來說最大的資料量乃是取決於電線的種類，因此TCP會先檢查自己的PC所能夠傳送最大的資料量(MTU) ✐，而乙太網路負責收集MTU大小的相關資訊，因此TCP會向乙太網路詢問MTU大小(請參閱圖2-4的①)，通常乙太網路的MTU大小爲1500位元組。

TCP所能切割的最大的資料量(或者說是MSS ✐)，可以透過MTU計算出來(同②)，而PC最後傳送至傳送路徑的MAC Frame ✐資料，其中除了實際的資料外，還包含IP標頭(Header)以及TCP標頭等，換句話說，MSS就是將MTU扣除IP標頭以及TCP標頭大小後所得到的數值。因爲IP標頭或是TCP標頭通常爲20位元組，由此我們可以計算出MSS的值爲1460位元組(1500-40=1460)。

如此一來我們就會知道自己的PC所能傳送的最大傳輸單元是多少，不過，有時候該資料量並不見得會被通訊目的地所接受，因此，PC必須告知目的端自己的MSS大小(同③)，於是，目的端就會向PC回覆自己的MSS值(同④)，而TCP會在比較兩者的MSS值後，採用數值較小者(同⑤)。

決定資料量的處理作業會在實際傳送及接收應用程式的資料前就開始執行，因此TCP會在傳送及接收資料前，先和通訊目的地交換資訊✐。

圖2-3 TCP功能會將資料切割為適當的資料量

PC會先向乙太網路、IP詢問後，再決定傳輸過程中無法再將封包切割的最大資料量為何。

交換資訊
交換資訊大小的動作會在TCP所負責的一項重要功能，也就是確立連線時執行，此項處理作業同時攸關IP或是乙太網路。

送出一個錯誤訊息的通知
當路由器無法切割封包時，路由器會使用ICMP(Internet control message protol)通訊協定，將錯誤訊息通知傳送端，該訊息已經寫好前端線路所能夠處理的MTU大小，而針對路徑上的MTU大小進行查詢的處理作業，就稱為「路徑MTU探索」，Windows 2000/XP等作業系統已經自動將本項功能預設為啓動(ON)。

指定為不可以任意切割
將1設定於IP標頭中的禁止切割(DF)區域後再傳送出去。

由IP告知傳輸媒介的MTU大小

根據上述方法，PC已經確定自己所能夠送出，而且通訊目的地也能接收的最大資料量。然而，這個資料量充其量不過考量到自己的PC以及通訊目的地罷了，我們並不知道這個數值是否也適用於網路所經過的路徑。換句話說，即使我們根據最先決定的資料量來進行資料處理，不過仍然有可能因爲資料量對於中途所經過的線路而言過大，而發生無法處理的情形。

於是IP功能大展身手的時刻到了！ 也就是說，TCP必須和IP連結，並且考量傳輸過程中所經過的線路後，再來變更資料大小，接下來就讓我們以Windows爲例，一起來看看這一連串的流程吧(圖2-5)！

當我們實際將資料傳送出去時，TCP會先將資料切割爲能夠和通訊目的地進行資料交換的資料量(MTU： 1500、MSS： 1460)，接著再將資料轉交給IP，再由IP傳給乙太網路，並且傳送至傳送路徑上。

於是資料就會被傳送到傳送路徑上的某一個路由器了。接下來，我們假設一個狀況，那就是路由器前端所連接線路的MTU大小爲1000位元組，小於乙太網路的MTU大小1500位元組，那麼這時候應該如何處理呢？

傳送路徑上的路由器會負責告知資料量

這時候，傳送路徑上的路由器會向傳送端送出一個錯誤訊息的通知✎：「接下來所傳送的MTU必須爲1000位元組」(I)，這時候雖然路由器也會將資料加以切割，不過由於Windows PC的初始設定，已經指定在傳送資料時，不可以於傳送路徑中任意切割✎，因此才會出現這樣的錯誤通知。

而IP功能在接收該通知訊息後，必須向TCP功能報告MTU大小(1000位元組)(II)，於是TCP就會知道傳送路徑中的MTU大小了。

當TCP功能接收到傳送路徑中MTU大小的資訊後，就會根據該MTU大小，重新計算MSS值，計算方法和前面所述的一樣，最後我們可以得到MSS大小爲960位元組(1000-40=960)(III)。

接下來，TCP會根據前述方法所變更的MSS大小來切割資料，傳送資料時只要遵循該MSS大小，資料就不會在傳送路徑中再次被切割。

因此，TCP功能會透過和IP、乙太網路功能互相合作的方式，訂出不需要切割資料也能夠傳送的最大資料量，然後再根據該數值來切割資料。

圖2-4 由TCP功能來決定資料切割大小的架構

TCP會由乙太網路的最大傳輸單元(MTU)求出自己所能傳送資料的最大區段大小(MSS)，再和目的端交換該項數值的資訊，接著將這2項數值互相比較後，即可決定自己和目的端所能處理的最大資料量。

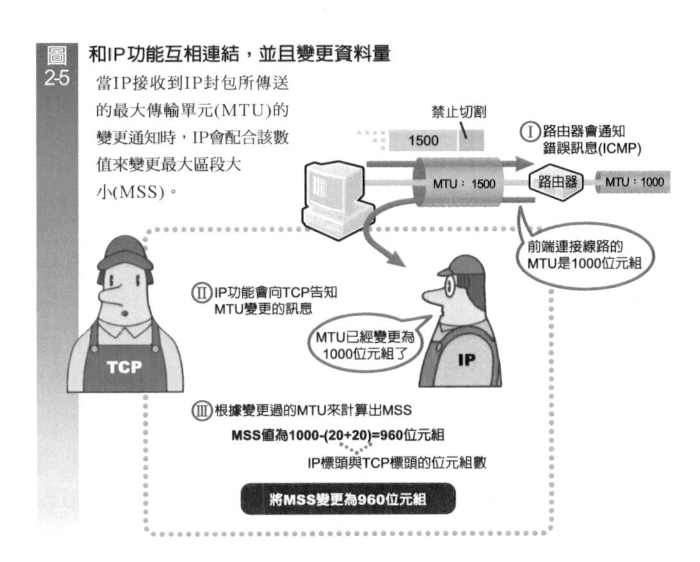

圖2-5 和IP功能互相連結，並且變更資料量

當IP接收到IP封包所傳送的最大傳輸單元(MTU)的變更通知時，IP會配合該數值來變更最大區段大小(MSS)。

以表格管理路徑資訊

如果是透過IP的話，每當要傳送資料時就必須計算區域網路的範圍，此種作法非常麻煩，因此嘗試著自我解讀看看！

接下來我們會看到第1欄寫著「Network Destination」的項目，解目的端和本PC是否位於相同的區域網路，並且判斷傳送至目的端的路徑。

判斷
路由器會判斷區域網路前端的路徑，然後再由下一台路由器負責判斷前一台路由器前端的路徑，透過此種流程，最後便能將資料傳送給通訊對象。

子網路遮罩
決定IP位址範圍(子網路)用的數字資訊，和IP位址採用同樣的標示方式，例如255.255.255.0等。

邏輯且(Logic AND)
採用2進制的方式來標示數字，然後再將每個位數作AND運算，即是所謂的「邏輯且(Logic AND)」。

Step 3 檢查區域網路上的目的MAC位址

IP功能會要求ARP搜集乙太網路的相關資訊

根據前面的敘述我們已經瞭解，從第1~2步驟判斷傳送的目的地是在區域網路上或者是最近的路由器，只要鎖定目的地，接下來的就是將資料傳送至該目的地就行了，不過，光只有這些資料還是不夠，傳送時還需要MAC位址，才能讓乙太網路將資料傳送至區域網路上的目的地，因此就讓我們透過第3步來看看找出MAC位址的流程。

IP位址已知

當乙太網路傳送資料後，必須知道傳送端以及目的地的MAC位址才行，那是因爲乙太網路本身不具備傳送資料的功能，因此IP必須取得區域網路上的目的端，也就是網路裝置(或距離目的端最近的一台路由器)的MAC位址。

不過，IP功能所負責管理的位址充其量不過是IP位址罷了，MAC位址完全不在其管轄範圍內，因此，IP會使用所謂「ARP✐協定」來檢查MAC位址，換句話說，就是IP只下指令，實際上找出MAC位址的工作則是由ARP來負責進行。

當IP委由ARP來取得MAC位址時，會提供相關資訊，也就是區域網路上目的裝置的IP位址，IP雖然不知道MAC位址，但是卻握有IP位址，而且也將最近路由器的IP位址，當作預設閘道登錄至IP設定欄中。

因此IP會要求ARP針對特定IP位址的裝置，找出其MAC位址，這時候ARP就會根據IP所下的指令來檢查MAC位址，並且向IP報告檢查結果。

ARP的架構十分簡單，只要存在ARP要求以及ARP回應等一來一往的處理作業即可成立(圖2-8)。

使用ARP來搜尋區域網路上的所有裝置

首先，ARP會將稱之爲「ARP要求封包」傳送至整個區域網路，而這個「ARP要求封包」中，包含了即將要檢查的裝置的IP位址，也就是說，「如果有裝置的IP位址爲○○○的話，請告知MAC位址」的訊息會被傳送至區域網路上的所有裝置。

「ARP要求封包」是以乙太網路的廣播訊框(Broadcast Frame)✐傳送出去，換句話說，ARP會要求乙太網路來執行廣播ARP封包的作業。

而接收到ARP要求的裝置會判斷這項ARP要求的目的地IP位址是否爲自己，假如不是，這項ARP要求就會被忽略。

當ARP要求的位址和自己的IP位址一致時，就會傳回一個「ARP回應封包」給送出ARP要求的PC，並將自己的MAC位址寫入「ARP回應封包」中，換句話說，接收到ARP要求的裝置會傳回一個訊息：「我的IP位址是○○○，我的MAC位址是XXX」。

如此一來，ARP即可符合IP指示，順利取得MAC位址的資訊，然後再將該資訊回傳IP。

圖2-8 IP會要求ARP檢查區域網路上目的端的MAC位址

IP會檢查乙太網路所使用的MAC位址，此時，IP會委由ARP來執行檢查作業。

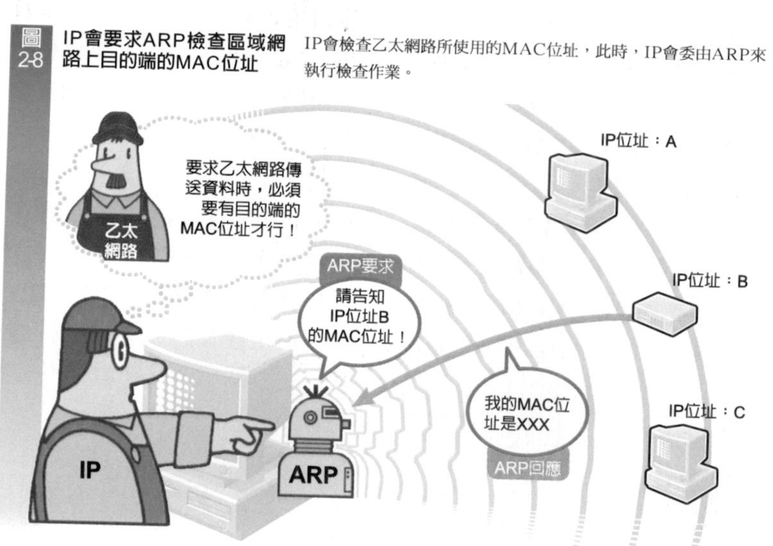

ARP
就是Address resolution protocol的縮寫，中文翻譯為「位址解析通訊協定」，本協定可以檢查IP位址所對應的MAC位址。

廣播訊框(Broadcast Frame)
就是將區域網路上的所有電腦都當作是目的端的訊框，目的端的MAC位址會變成FF-FF-FF-FF-FF-FF。

圖2-9 ARP架構會檢查IP位址所對應的MAC位址　ARP會找出IP位址所對應的MAC位址，第一項工作就是搜尋ARP資料表(Table)，如果未發現符合的資訊時，就會開始廣播(Broadcast)ARP要求封包。

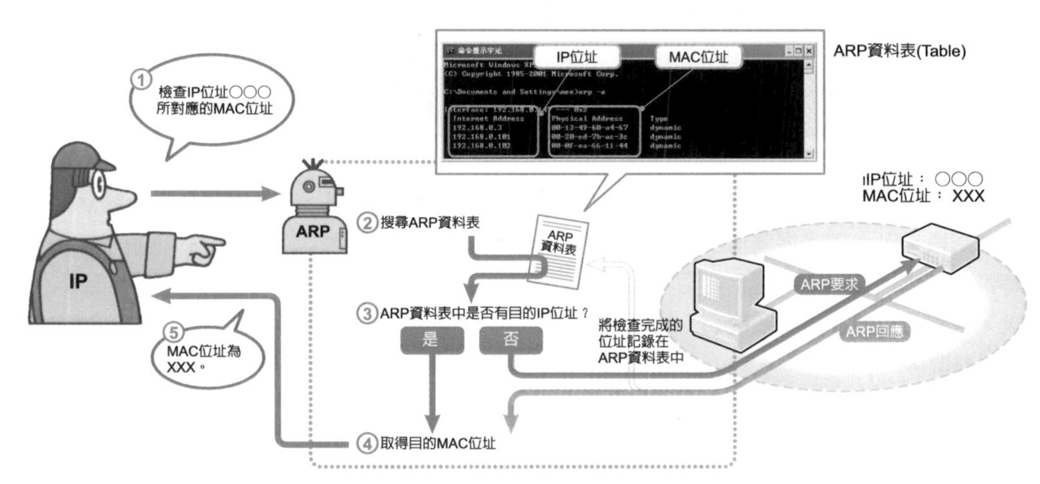

記錄曾經取得的位址

接下來讓我們透過更深入的方式來看看PC內部的實際動作，首先就從IP要求ARP取得MAC位址的這項作業開始吧(圖2-9的第①項)！

我們可能會以爲接收到IP要求指令的ARP，一定會將ARP要求封包傳送到區域網路上，事實上並非如此，ARP會先檢查「ARP資料表」的資訊(同第② 項)，所謂「ARP資料表」就是IP位址與MAC位址的對應表，當PC和相同的目的端進行通訊時，如果每次都必須傳送ARP封包，那麼就容易產生通訊效率不佳的情形，因此只要是檢查過的資訊就會被記錄在ARP資料表中。

因此，ARP會先檢查ARP資料表，一旦發現目的IP位址時，就會將該IP位址所對應的MAC位址傳送回來，不過，如果在ARP資料表中找不到目的IP位址時，ARP就會將ARP要求封包送到區域網路上，以取得IP位址所對應的MAC位址(同第③ 項)。

當ARP知道MAC位址後(同第④ 項)，接著就會將MAC位址告訴IP(同第⑤ 項)。

刪除舊資訊

由於ARP資料表被儲存在PC的記憶體中，因此您也可以隨時透過PC來確認，當您要叫出ARP資料表時，請進入「命令提示字元」模式，然後鍵入

```
arp -a
```

的指令即可，接著IP位址及MAC位址會以成對的方式出現在畫面上。

每當經過一段時間之後，ARP資料表的內容就會消失。如果您使用的OS是Windows2000/XP的話，資訊會被登錄至ARP資料表，並且在2分鐘後自動消失，一旦資訊消失後，您可以使用「ARP要求」及「ARP回應」功能來找出MAC位址。

不過，假如您希望在這2分鐘內再次使用相同的資訊的話，可以重新設定使用時間，那麼使用時間就會再增加2分鐘，按照這樣的方法，最長可以維持相同的資訊達10分鐘之久，不過只要經過10分鐘後，該位址就會被系統無條件刪除了。

爲何會出現上述的情形呢？原因在於系統希望ARP資料表的資訊隨時保持在最新的狀態，因爲區域網路上裝置的IP位址會改變，或是當我們插入網路交換器時也會造成MAC位址改變，甚至裝置的電源被關閉時，也會使得狀態隨時產生變化，所以如果ARP資料表內所儲存的資訊經常是舊資料的話，則會導致系統無法進行正常的通訊，因此，資料表會採用2分鐘一次，最長爲10分鐘一次等在較短的期間內刪除資料的方式，以便能夠隨時更新ARP資料表的資訊。

只是將接收到的資料加以重組後，再轉換爲訊號，不過實際上還負責達成區域網路通訊的工

情形，這時候乙太網路就必須監控自己所送出來的訊號會不會造成衝突，一旦乙太網路判斷無法正確地傳送資料時，則必須經過

料還會配合區別1或0的時間點，然後再根據最後「---11」的部分瞭解從下一個位元組開始就是MAC訊框。

3個區塊
適用於所謂「DIX規格」的乙太網路II的MAC訊框，除此之外，還有IEEE802.3的規格，Windows的預設值為使用乙太網路II的訊框。

取得
若使用的OS為Windows時，由網路交換器所取得的MAC位址會被登錄至Registry(儲存系統設定資料等資訊的資料庫)，IP在執行作業時會參考Registry的登錄值。

UDP
User datagram protocol的縮寫，中文翻譯為「使用者資料段協定」，雖然資料負載較TCP低，但是由於不需要在送達資料時進行確認，因此相對地可靠度也較低。

丟棄訊框
封包擷取軟體(Packet Capture Software)會在網路卡所謂「保證模式」下動作，這時候，乙太網路不會將目的地不是本PC的MAC訊框以及MAC標頭丟棄，而會轉交給上一層的通訊協定。

Step 5 將已接收的資料傳送至應用程式

檢查資料是否毀損，然後再以「記號」的形式轉交下一個裝置

最後一個步驟就是接收資料的流程，接下來就讓我們一起來看看PC所接收到的資料，如何和IP、乙太網路等各項功能互相連結，並且傳送至應用程式呢？

將資料傳送至正確的目的地

傳收資料時，透過TCP、IP、乙太網路這3者的協助可以將應用程式所建立的資料傳送出去，對於接收端而言也是一樣，必須經由這3項功能才能將資料傳送給應用程式(圖2-12)。

不過，PC內部除了這3項協定外，還有各式各樣的通訊協定在運作，像是ARP、UDP✐等，而且執行中的應用程式也不見得僅有一個，因此必須透過PC內部的各種通訊協定或是應用程式，負責找到正確的目的地，並傳送資料。

接收端PC的處理流程和傳送端剛好相反，這裡所謂的流程指的就是乙太網路、IP、TCP等流程，對於乙太網路而言必須做的就是，將接收到的資料轉交給IP，同樣地IP必須再將資料交給TCP，位於最後一環的TCP，則需要由PC內部正在執行的諸多應用程式當中，選出最適當的一個應用程式，並且將資料轉交給該程式。

寫下資料的目的地

接下來，就讓我們來看看PC內部接收資料的流程吧(圖2-13)！

最先負責接收資料的就是乙太網路，當訊號由電纜線傳送過來後，乙太網路就會開始計算接收該訊號的時間，接著讀取訊號，並且返回由1與0所組成的位元組串等數位資料，然後只要收集這些數位資料後，即可完成MAC訊框。

不過，電纜線同時也會將目的地不是本PC的訊號接收進來，因此乙太網路必須根據MAC標頭的目的MAC位址來判斷傳送的目的地是否爲本PC，假使目的地不是本PC時，就丟棄該訊框✐，只有當目的地爲本PC時才會繼續進入下一項處理作業。

MAC訊框的目的地如果是本PC的話，乙太網路就會判斷MAC訊框中包含那些類型的資料，判斷的基礎就是所謂MAC標頭的「類型」，代表不同資料種類的數值會被寫入MAC標頭中，乙太網路只要根據該數值，即可判斷要選擇哪一種通訊協定來傳送資料了。

假設MAC訊框中被寫入一個16進位的數值-「0800」，這就代表資料的種類爲IP封包，這時候乙太網路會將MAC訊框的標頭以及FCS的區塊刪除，然後再將資料部分(IP封包)轉交給IP功能。

接下來IP就要開始進行處理作業了，IP也會針對接收到的資料類型加以檢查，而這些資料同樣地會被寫入IP封包的標頭中，這就是所謂通訊協定編號的區塊。

當IP封包的資料部分爲TCP封包時，通訊協定的編號就是6，IP在看到這個數值後，就會立刻知道只要將資料部分轉交給TCP功能即可。

圖2-12 將接收到的資料轉送給正確的軟體
根據不同的資料判斷不同的轉送目的地，最後再將資料轉交至目的應用程式。

通訊埠編號
也就是TCP標頭中所記錄的資訊，TCP會為了區分不同的應用程式而使用本編號，16位元(0~65535)以內的值皆可採用，通訊埠編號也可以用於UDP。

應用程式
假設您所使用的應用程式是像網頁瀏覽器等用戶端應用程式(Client Application)時，啓動程式時並不需要向程式預約一個等待用的通訊埠編號，只有當您要求TCP傳送要求資料(Request Data)時，才需要預約一個通訊埠編號，以便接收「回應封包」。

檢查碼(Check Sum)
本項資訊的目的在於檢測資料錯誤，檢查碼會將每一個區塊內的資料數字化後再全部加總起來，接收端也會用同樣的方式來計算，並且再加以檢查。

流水編號
也就是TCP標頭中被稱為「序列編號(Sequence No.)」的資訊，當接收封包的順序異動時，TCP會根據該編號來重新編排資料，同時也會檢查資料是否有出現缺損的情形。

圖2-13 根據「記號」來判斷轉交給接收端的資料

資料的種類會被寫入標頭中像是「類型」或是「通訊協定編號」等欄位，乙太網路會根據這些資訊，將資料轉交至正確的目的地，同時也會檢查這些被送出去的資料是否出現毀損。

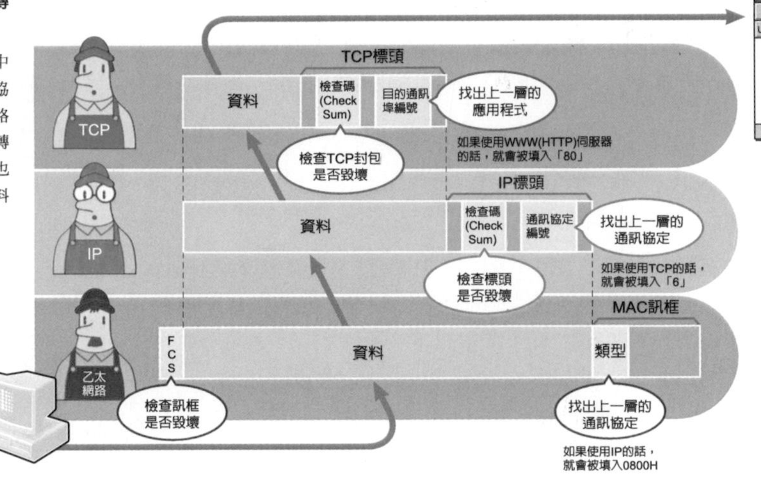

資料會被轉送到TCP，而TCP的處理作業也和IP相同，TCP會檢查TCP標頭，並且針對應用程式加以判斷，代表應用程式的資訊已經包含在記錄於TCP標頭的目的通訊埠編號✎。

比方說，像WWW伺服器或是軟體等應用程式✎會在啓動時將本PC等候中的通訊埠編號送給TCP，而TCP會將該編號記錄下來並且加以分類。

還需要確認資料是否毀損

當乙太網路在執行接收處理的作業時，同時也會檢查收到的資料是否已經毀損，這項檢查的作業會由乙太網路、IP、TCP等所有功能來共同執行。

乙太網路功能會利用MAC訊框最後所附加的「錯誤檢查碼(FCS)」來檢查標頭以及資料部分是否毀損，一旦發現有毀損的情形時，乙太網路就會直接將MAC訊框丟棄，而不會再轉交給IP。

IP功能則會根據IP標頭中「檢查碼(Check Sum)✎」的區塊值來檢查標頭部分是否毀損，同樣地，一旦發現標頭部分有毀損的情形時，IP功能就會直接將這個IP封包丟棄。

TCP功能一樣也會根據TCP標頭中的「檢查碼(Check Sum)」來檢查標頭及資料部分是否毀損，不過當TCP發現有毀損的資料時，則會要求傳送端將該資料重新再傳送一次。

因此在確認接收到的資料是否毀損方面，無論是TCP、IP或是乙太網路皆採取一致的作法，不過一旦發現資料毀損時，乙太網路和IP會直接將資料丟棄，但是TCP則是會要求傳送端重新再傳送一次資料。

由TCP負責檢查被丟棄的資料

接下來，就讓我們來看看那些被乙太網路或是IP丟棄的資料，會被如何處理呢？

在此種情況下，這些資料必須重新傳送，才能完成通訊，因此，TCP就會為這些被丟棄的資料進行善後處理。

TCP功能會在TCP標頭附加流水編號✎後再進行處理，然後再根據這些編號，將接收到的資料重新更換為正確的傳送順序，換句話說，即使資料被乙太網路或IP丟棄，到了TCP這個步驟仍然可以發現資料有哪些缺損，並且要求傳送端重新傳送缺損的部分，總而言之，即便乙太網路或是IP隨性地將毀損的資料丟棄，TCP還是能夠找出這項事實。

您或許會認為乙太網路及IP將資料丟棄的處理方式似乎毫無章法，不過對於應用程式而言，最終只要能夠獲得正確的資料，中間的過程都不在考量的範圍內，因為乙太網路和IP會交由TCP來負責進行檢查的工作。

Part 3 總結
透過5個步驟來確認整個網路的流程

我們在Part 2中，已經透過5個步驟介紹過TCP、IP、乙太網路等3項功能在處理時是如何在PC內部動作，透過這樣的過程，只要您掌握住每個步驟所扮演的角色以及彼此之間的關係，一定能夠掌握網路的整體架構，最後我們針對前面所談過的內容加以歸納，並且試著將5個步驟對應至整個網路。

透過整個網路的模式來思考

接下來就讓我們透過右圖的網路，逐項來討論資料的處理流程吧！右圖的架構是由區域網路上的PC透過路由器連接至WWW伺服器等所組成的，PC內部的網頁瀏覽器會將資料傳送到由伺服器所驅動的網頁伺服器軟體。

首先PC內部會由第1步~第4步依序進行處理。當PC內部的網頁瀏覽器提出存取的要求時，網頁瀏覽器就會建立一個要求資料(Request Data)並且委由TCP功能來進行處理。

接著TCP會將該資料切割為適當的大小後再轉交給IP功能(第1步)。

接收到資料的IP會判斷由PC至WWW伺服器，也就是接收端之間所會經過的路徑(第2步)，結果發現WWW伺服器和PC並不屬於相同的區域網路，也就是說，WWW伺服器必須將資料轉交給路由器才行。

這時候，IP會使用ARP協定來檢查路由器的MAC位址(第3步)，然後再將資料以及MAC位址等資訊傳送給乙太網路功能。

乙太網路會根據IP所傳送過來的資料或是位址資訊，將MAC訊框重組，接著再將1與0的位元串轉換為訊號，然後送到電纜線上(第4步)。

路由器的動作和PC相同

被轉換為訊號，而且傳送到區域網路電纜線的資料，最後會被送到區域網路上的目的地，也就是路由器，於是，接下來就要進入第5步的處理了！

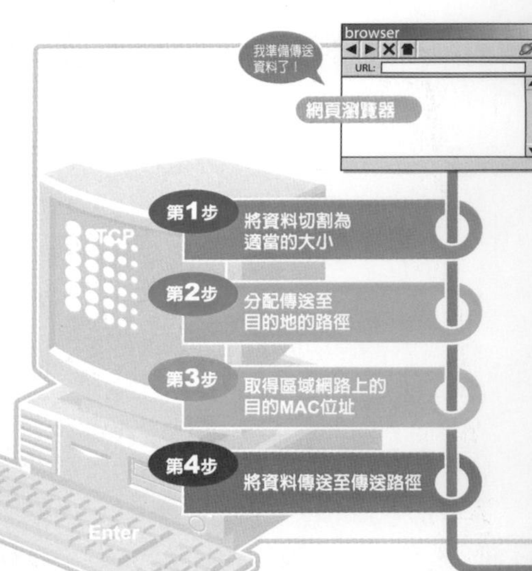

路由器內部的動作也可以採用和上述相同的說明方式，首先，乙太網路會將資料轉交給IP(第5步)，接著IP會針對已經接收到的IP封包，檢查其目的IP位址，這時候，IP會將接收端WWW伺服器的IP位址寫入，同時IP也會檢查WWW伺服器是否和PC本身在相同的區域網路(第2步)。

接著，路由器在通訊埠所連線的區域網路中發現WWW伺服器的存在，換句話說，區域網路的目的地也就是接收端的WWW伺服器就位於區域網路中，這時

不需要TCP
目前為止我們一直將重點鎖定在IP封包的路由(Routing)上，事實上，即使是路由器也常常會遇到TCP動作的情況，比方說，大多數的寬頻路由器已經可以透過網頁伺服器來設定了，具備此種功能的路由器由於WWW伺服器軟體會動作，因此TCP功能也會隨之動作。

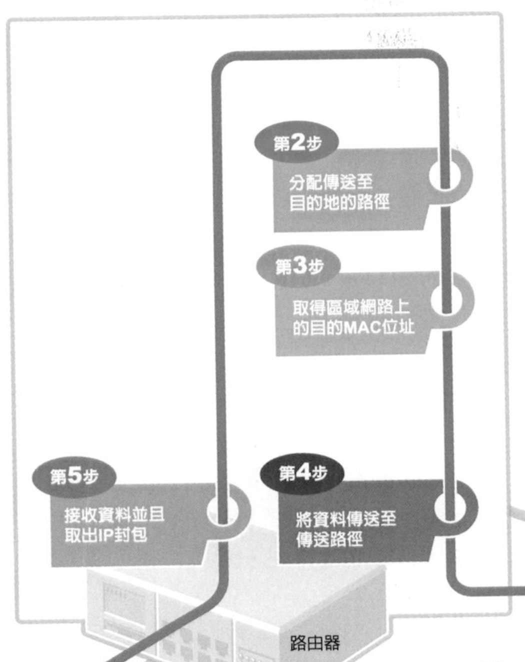

候，IP會使用ARP協定來取得WWW伺服器的MAC位址(第3步)。

當IP知道目的MAC位址後，僅剩下唯一一項工作，那就是傳送資料，乙太網路會將資料轉換爲訊號，然後再將訊號傳送至WWW伺服器所在的區域網路上的區域網路電纜線(第4步)。

目前爲止我們所談到的都是路由器的動作，而且您一定會發現這些和PC內部的動作幾乎沒什麼兩樣，路由器和PC之間不同之處在於路由器的TCP並未動作，由於路由器無法驅動應用程式，因此並不需要TCP ✎ 。

路由器將訊號傳送至區域網路後，該訊號會被傳送到接收端的WWW伺服器，然後乙太網路、IP、TCP只要將接收到的資料送到WWW伺服器軟體即可(第5步)。

當乙太網路收到資料後，會根據MAC標頭中代表類型的數值，將資料轉交給IP，同樣地IP也會根據IP標頭中的通訊協定編號，將資料轉交給TCP，最後TCP就會根據TCP標頭中的目的通訊埠編號來判斷應該將資料轉交給哪一個應用程式，這時候，目的通訊埠編號是「80」， TCP就會將資料轉交給WWW伺服器軟體。

網際網路也是同樣的架構

經過上述作業，最後資料終於送達WWW伺服器軟體了，也就是說，網路內部的處理流程完全可以透過Part 2所介紹過的5項步驟加以說明。

不過，當對象延伸到像網際網路一樣的大型網路時，處理流程也是如出一轍，不同的只不過是網際網路的路由器數量比較多而已，換句話說，我們只要能夠瞭解網路的處理流程，同樣地，像網際網路這種大型網路的架構在作法上也是殊途同歸。

當您看過上面的網路架構圖後，必定就會瞭解TCP、IP及網際網路所扮演的角色，TCP活動的範圍是在傳送資料的PC與接收端的伺服器之間，然後分別和不同的應用程式互相連結，以便能夠確實地進行資料處理，IP的活動範圍是在PC或是路由器之間，並且判斷到接收端之間所經過的路徑，乙太網路的動作範圍則是在區域網路內處理訊號的部分。

讀到這裡，想必各位讀者也會油然而生一種感想吧！那就是唯有TCP、IP、乙太網路等各項功能確實各司其職，才能夠建立通訊作業。

URL
Uniform resource locator的縮寫，中文翻譯為「一致資源定址器」。所使用的通訊協定名稱(Protocol Name)及網域名稱(Domain name)會依據實際需要，將通訊埠編號或是密碼等全部匯整後再加以標示的方法，本章所採用的網域名稱僅為URL的一部分而已。

從衆多名稱當中選擇接收端時所使用的4種名稱

電腦網路會將確定進行通訊的接收端指定名稱或位址後，再將資料傳送出去，當PC在傳送電子郵件時，會使用像是nnw@nikkeibp.co.jp等型態的郵件位址，若進行網頁存取時，會使用像是http://nnw.nikkeibp.co.jp的URL ✎，另外，Windows網路則是使用接收端PC所內建的NetBIOS(「網路基本輸入輸出系統」)名稱 ✎。

當您使用Windows系統的PC時，請試著開啓「命令提示字元」視窗，並且鍵入「ipconfig /all」的指令，就會在畫面上看到許多項目，例如：實體位址(Physical Address)、IP位址 ✎、子網路遮罩(Subnet Mask)、預設閘道(Default Gateway)等(圖1-1a)。

選擇特定接收端時所使用的4種名稱

雖說如此，預設閘道、子網路遮罩等所指的並非電腦本身的名稱，就連郵件位址也是一樣，即便PC已經指定好郵件伺服器的郵件信箱，這時候仍然不知道接收端的電腦在那裡。

本節只會針對選擇特定接收端電腦時所使用的名稱及位址等加以說明，所謂名稱及位址包含IP位址、MAC位址 ✎(圖1-1a中的實體位址(Physical Address))、網域名稱 ✎、以及NetBIOS名稱等4種。

座號也屬於位址的一種

談到這裡，您可能會在腦海中浮現一個簡單的問題，那就是既然名稱和位址存在的目的在於識別接收端，那麼當我們指定1台電腦時，理論上只要1種名稱就夠了，不是嗎？不過，實際上則會出現好幾個不同的名稱及位址。

這種情形並不是只會出現在電腦網路而已。

比方說，有一位小學生叫做「鈴木太朗」，鈴木小朋友目前就讀於日經BP小學，雖然他的名字叫做「鈴木太朗」，但是學校爲了處理學務的相關事項，因此給了鈴木小朋友一個學號：「10038」，或者也可以用班級編號及座號的組合-3年1班10號加以識別，另外，鈴木小朋友的朋友還會稱呼他的小名：「小朗」(圖1-1b)。

倘若我們用識別每一個獨立個體的觀點來思考的話，就會發現每一個人其實都擁有一個以上的識別符號，而實際的電腦世界也是如此。

名稱或是位址都屬於同樣的概念

看到這裡或許有些讀者還是覺得非常納悶，謎團就在於名稱和位址到底相不相同呢？

的確，我們的住址(地址)和姓名並不見得相同，實際上，當我們用英文表達「address」這個詞時，完全不具有「姓名」的意義，因此位址和姓名不正是兩個不同的東西嗎？

電腦和人類世界的不同之處，就在於這一點，無論是「MAC位址」以及「IP位址」雖然都是配置給電腦的，但是卻不是被用來配置爲電腦所在的某個「位置」，另外，還有「網域名稱」或是「NetBIOS名稱」也是配置給電腦的，這兩個項目和識別電腦用的IP位址皆具有相同的目的，結果就像是人類社會中爲了識別每一個人而取不同的名稱一樣，在電腦的世界中爲了識別特定電腦，因此也存在著不同的名稱及位址。

NetBIOS名稱
NetBIOS就是network basic input/output system的縮寫，也就是建置於Windows系統中的名稱，也可以稱為電腦名稱或是主機名稱。

IP位址
在TCP/IP環境中指定傳送端與目的端電腦時所使用的位址，因為被網際網路所採用而普及。

MAC位址
MAC是medium access control的縮寫，中文翻譯為「媒體存取控制」，MAC位址並非電腦本身的位址，而是配置給電腦上所安裝的網路卡的位址。

網域名稱
又稱為DNS(Domain Name System: 網域名稱系統)名稱，就是圖1-1a中的「完整電腦名稱」，假設電腦名稱為nnw.nikkeibp.co.jp時，有時候會將nikkei.co.jp標示為「網域名稱」，並將nnw標示為主機名稱，不過本節乃將nnw.nikkeibp.co.jp稱為「網域名稱」。

本篇將爲您匯整先前所提過的MAC位址、IP位址、網域名稱、NetBIOS名稱等4個名稱，這些名稱各有哪些特徵？如何區分他們的用途？他們之間存在著什麼樣的關係？另外，擁有眾多名稱及位址對我們在使用上有何方便之處呢？接下來我們將從上述觀點爲您進一步介紹。

圖1-1 PC有好幾個不同的名稱或位址　在人類世界中也是一樣，除了本名外，還可以藉由學號或是暱稱等來選擇某個特定人員。

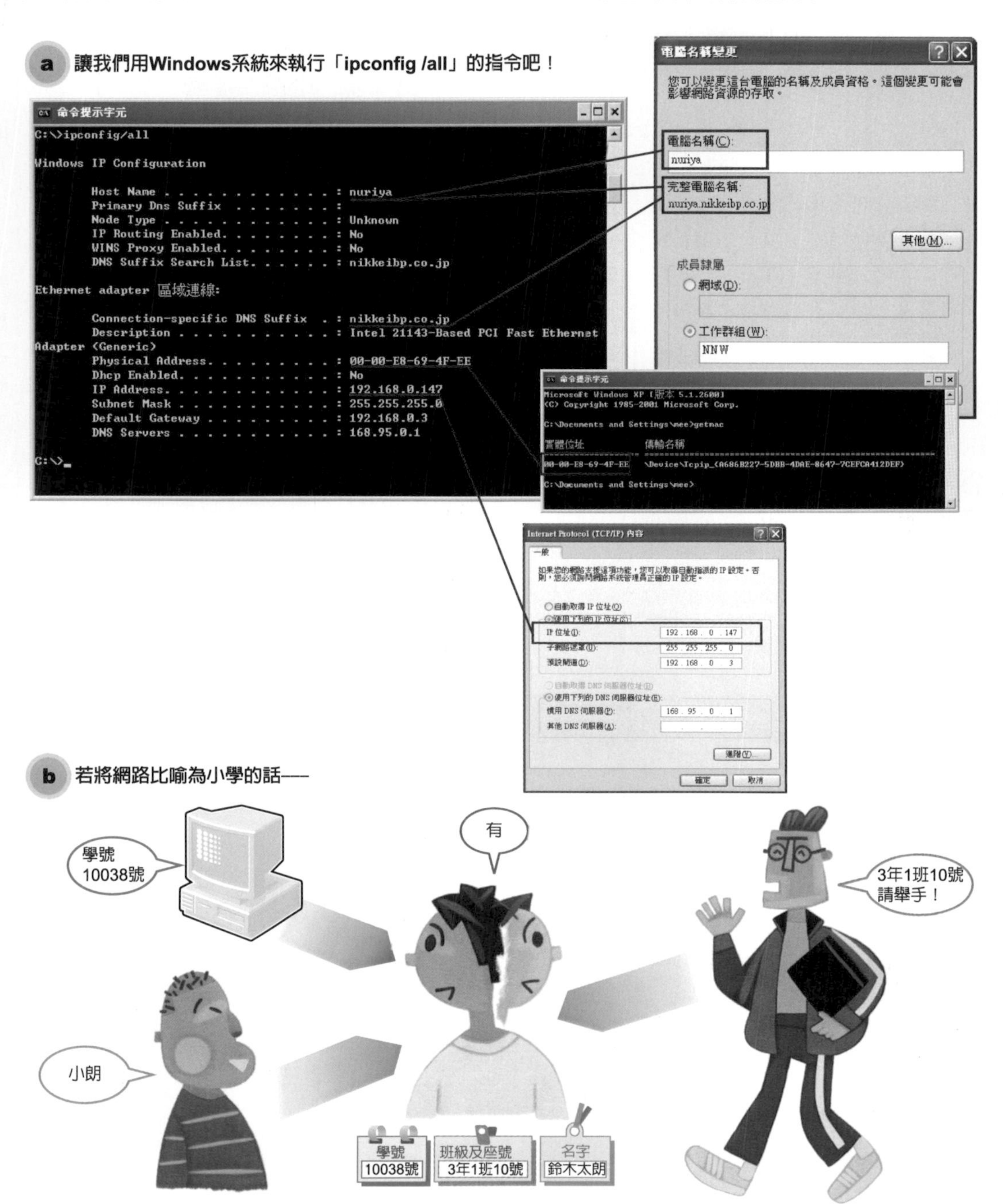

名稱是給人看的 位址則是給電腦看的

在電腦網路中會依不同的場合使用MAC位址、IP位址、網域名稱、NetBIOS名稱等各種名稱，為何在實際使用時，只會使用其中的某一種名稱呢？原因在於每一種名稱在功能方面存在著些微的差異，因此用途也各有不同，我們將在第2小時為您介紹各項名稱及位址各有哪些特色。

MAC位址代表網路卡的生產序號

首先要談的是MAC位址，像網路卡或是路由器等市售的乙太網路卡一定都已經內建好所謂的「MAC位址」，而且當廠商在配置MAC位址時會考慮到避免在其他網路卡出現重複的MAC位址。

MAC位址的長度為48位元，也就是由48個0與1所構成的，不過如果直接以0與1表示，會造成48個0與1連續排列為一長串，非常難以判讀，因此通常會將MAC位址切割為4個位元一組的資料(共12組)，然後再分別以16進位來表示，例如00E018FA04CD ✎。

MAC位址就是網路卡的廠商在製造時所配置的位址，因此在48個位元當中，除了前面2個位元 ✎ 外，前半部的22個位元代表廠商的識別編號，美國的標準化機構IEEE ✎ (美國電子電機工程師學會)已經為各家廠商分別配置好不同的編號了。

後半部的24個位元則是各家廠商為公司所生產的產品所配置的編號，而且這些編號均不得重複，基本上來說，使用者是無法自行改寫 ✎ MAC位址的。

總而言之，MAC位址就好比是網路卡的生產序號一樣。

圖2-1 只要有MAC位址就能連接至實體層

MAC位址就像是內建於所有乙太網路卡的生產序號一樣，只要有了MAC位址就能建立通訊，不過比較不容易用於大型網路。

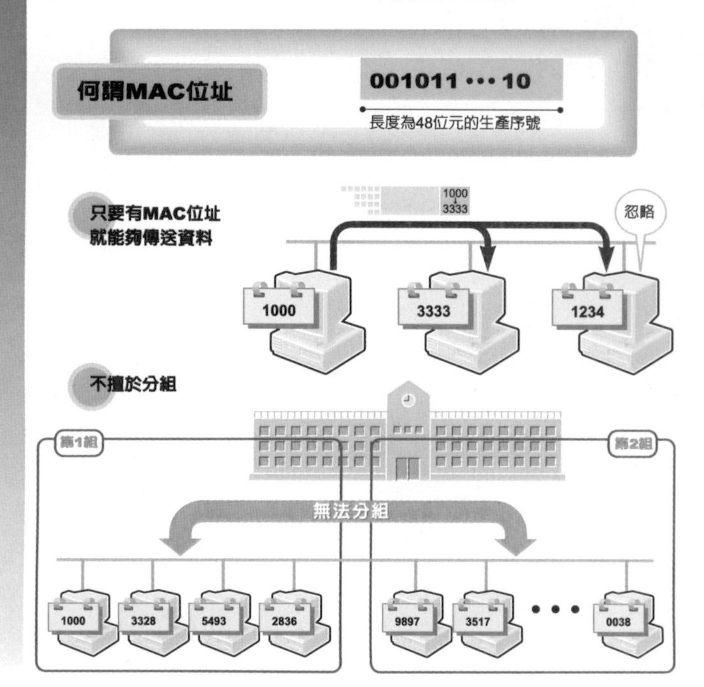

乙太網路乃是透過MAC位址進行通訊

當乙太網路要建立通訊時，必須透過MAC位址才能執行，原因在於區域網路可以指定每一台特定PC，而且因為使用於乙太網路中的所有網路卡在生產時已經配置好MAC位址了，因此裝置和裝置之間只要用電纜線連接即可互相進行通訊。

00E018FA04CD
通常會被標示為像00-E0-18-FA-04-CD的形式。

最前面的2個位元
第1個位元是用來指定接收端為1個或是數個，而第2個位元則是用來指定是否根據規則來配置，一般而言，這兩個位元大多為0。

IEEE
就是 Institute of Electrical and Electronics Engineers 的縮寫，中文翻譯為「美國電子電機工程師學會」，IEEE負責擬定電子電機技術的相關規格。

無法改寫
事實上使用者有可能透過編輯OS(作業系統)設定資訊的方式來改寫被寫入封包中的MAC位址。

在電腦網路中，會將希望傳送的資料打包爲封包後再加以傳送，只要在前面的部分寫入傳送端及接收端的名稱、位址，即可將資料傳送到目的地，乙太網路將資料傳送至接收端時，會使用所謂的「MAC位址」。

接下來，就讓我們一起來思考一下當MAC位址爲No.1000的網路設備要和MAC位址爲No.3333的網路設備通訊時，會發生什麼樣的狀況呢(圖2-1)?首先編號爲No.1000的網路設備會將封包傳送至目的地，也就是No.3333，於是，該封包就會抵達電纜線所連接的所有網路設備。

接著，當MAC位址被配置爲No.3333的網路設備判斷封包的目的地爲本身時，就會接受該封包，不過，當所收到的封包其目的MAC位址和本身的MAC位址相異時，該網路設備就會忽略該封包，並且將該封包丟棄，以上就是區域網路的基本通訊方法。

換句話說，MAC位址對於區域網路的通訊而言，實在是不可或缺的一個項目。

圖2-2 PC您可以將IP位址分組　使用者（管理員(Administrator)）可以透過作業系統來設定IP位址，使用者可以依個人使用狀況，依公司或是部門為單位來分組。

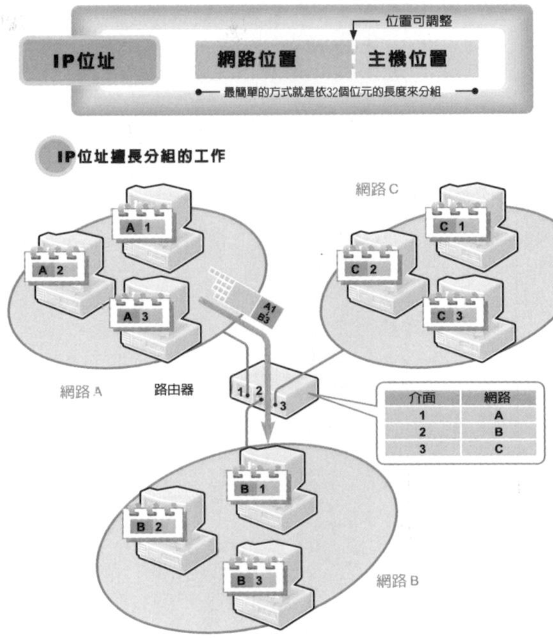

跨越區域網路需要有IP位址

然而，MAC位址卻無法指定區域網路外的目的地，因此MAC位址的適用範圍僅限於電纜線所連接的區域網路。

這時候就必須換IP位址上場了，只要使用IP位址，即可在網際網路等全球性的網路當中使用。

IP位址和MAC位址不一樣，並不是一開始就已經確定好的，而是由使用者或是管理員(Administrator)負責配置，IP位址是由32個0與1的位元所組成，爲了能夠讓使用者更容易判讀IP位址，因此會將其切割爲每組8個位元，然後再分別用10進位的方式來顯示，組和組之間則是以句點 (.) 來加以標示，例如: 192.168.0.1。

以分組為前提的架構

IP位址可以被分爲兩個部分，一個是網路位址的部分，另一個則是主機位址的部分(圖2-2)。網路位址的部分位於IP位址的前半部，表示配置IP位址的電腦其所屬的「網路位址」，後半部「主機位址」的部分則是針對已經切割好的網路，指定網路上的每一台電腦。

兩者之間的分野不僅止於「句點」的部分而已，還可以藉由32位元當中的任一個位元加以區別，決定兩者分界的方法就是設定於PC內部的子網路遮罩(請參閱複習1「何謂子網路遮罩的功能」)。

爲何會將IP位址設定爲這樣的結構呢，原因就在於考量到分割網路，然後再將網路群組化等事項。

像我們如果要將網際網路等大型網路分割爲較小的網路時，則每一個網路所屬的電腦IP位址會配置相同的網路位址。

圖2-3 MAC位址就好比是連續的學號而IP位址則是班級和座號

學校為了處理學務的相關手續，除了使用學號來識別每一位學童外，另外還有一項依實際的分班來編號的「座號」，MAC位址和IP位址之間的差異，就類似學校裡學號和座號的差別。

學號	39536	39537	39538	39539	•••	43278	43279
班級和座位	3年1班 12號	3年3班 26號	3年2班 10號	3年1班 21號	•••	2年3班 15號	2年1班 4號

複習1: 何謂子網路遮罩的功能

IP位址中網路位址和主機位址的分界點取決於子網路遮罩。

子網路遮罩和IP位址的長度同為32位元，前半部是1，後半部是0。1的部分是網路位址，而0的部分則是主機位址，由1變成0的部分也就是兩者之間的分界點

因此，即使PC被配置了一個「192.168.40.1」 的IP位址，只要是子網路遮罩的數值不同，網路位址也會跟著改變，例如，子網路遮罩如果是255.255.0.0 (第16位元以前皆為1)，那麼網路位址會變為192.168.0.0。不過，假設子網路遮罩是255.255.240.0的話，這時候網路位址就會變成192.168.32.0。

然而我們必須要注意一點就是，如果只有IP位址的話，還是無法在同一個網路內進行通訊，因為如果要在同一個網路內傳送實際的資料時，必須透過乙太網路才能完成，因此，這時候就需要透過我們已經在前面提到過的MAC位址才行。

不過，如果要在不同的網路之間建立通訊時，IP位址就扮演了十分重要的角色，路由器會根據IP位址的網路位址來轉送封包，原因在於路由器會記住目的地、本PC所連接的介面編號和網路位址之間的對應關係。

總之，只要是屬於同一個網路的電腦，他們的網路位址也會相同，這就是IP位址配置方法的基本原則。

IP位址相當於班級和座號

MAC位址和IP位址之間的差異，我們如果要用比較容易瞭解的方式來形容的話，就像是學校裡學號和座號之間的不同一樣(圖2-3)。

學號是書面資料上用來區分學童的方法，因此每一個被分配到的號碼只要不重複即可，這樣的概念就相當於MAC位址。

不過，當學童轉班級或是轉校時，就不再屬於原來所被分配到的組別了，所以每一位學童在班上還會被賦予一個編號，而這些編號之間不能互相重複。

於是，最後就形成了一個由班級和座號所構成的組合，像是3年3班18號等，此種組合方式就等於是所謂的「IP位址」。

名字是給人用的

雖然像0BA64C3A87F3或192.168.0.1等已經被人類透過許多方式簡化爲容易判讀的標示方式了，不過即便是這樣，仍然不易瞭解。

對一般人而言，所謂簡單明瞭的名稱，必須具備像是「鈴木一朗」這樣的形式，以人之常情來判斷的話，至少必須使用有意義的英文字母，所以「鈴木一朗」小朋友應該也會希望自己的「電腦名稱」是suzuki-pc才是。

基於前述目的，於是前人就創造了NetBIOS名稱以及網域名稱，所謂NetBIOS名稱就是當我們透過「網路芳鄰」來顯示連接至網路的所有Windows電腦時所使用的名稱(圖2-4)，您也可以使用空白以外的英文字母或符號，當然同一個網路的範圍內，絕不可出現NetBIOS名稱相同的Windows電腦。

網域名稱的角色就像是網際網路世界中的NetBIOS名稱一樣，我們在本章所使用的範例名稱為「(您喜歡的名稱.hoge.co.jp」、或者是「(您喜歡的名稱.hoge.ne.jp」等，名稱後半部必須向經過授權的代理登錄廠商進行登錄，所以在作法上有一些麻煩，不過如此一來，當我們將網域名稱分組管理時，看起來就會比NetBIOS名稱容易瞭解得多了。

依不同的用途來使用名稱及位址

對於人類而言，像網域名稱、NetBIOS名稱等長度不固定的自由文字會比較容易處理。

另一方面，由於MAC位址或IP位址的長度已經確定，而且位置也已經固定好了，所以對於電腦而言也會比較容易處理，因為假如位址長度不同的話，電腦就不容易找出重要的資訊所在的位址。

於是最後我們可以得到一個結論，那就是名稱是給人看的，位址則是給電腦看的，前提就是這4種名稱或是位址可以依使用的立場、情況不同來區分用途。

雖然MAC位址原本是配置給網路卡用的，只要用電纜線連接起來即可建立通訊，不過MAC位址卻無法進行分組，相對地，IP位址可以讓使用者用更自由的方式來變更以及分組，可是，兩種位址對於人類而言，都不是那麼容易瞭解。

對於人類來說，最容易處理的就是使用英文字母來標示的NetBIOS名稱以及網域名稱，不過之於電腦而言，可就不那麼擅長處理這兩種名稱了！

圖2-4 具「親和力」的網域名稱及NetBIOS名稱

只要網域名稱及NetBIOS名稱不重複的話，使用者皆可使用任意的英文字母來取名，因此使用者在處理上會比較方便，然而，因為使用者可以自由使用任何長度的文字列，所以從電腦的觀點來看的話，處理時就會非常麻煩。

鈴木小朋友的電腦如果能標示為suzuki-pc的話會最容易瞭解

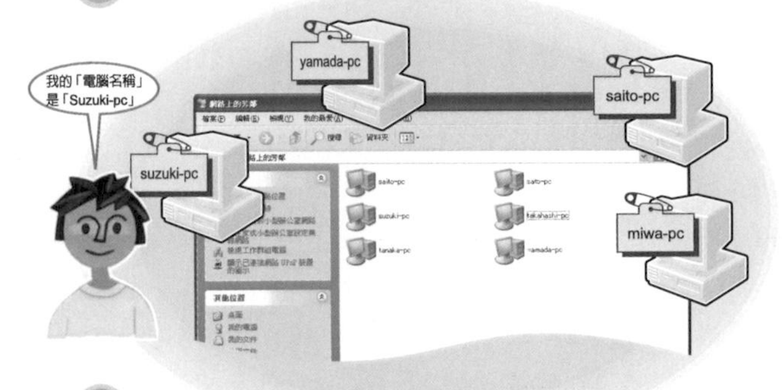

如果名稱和位址的長度不一致的話，電腦就不容易處理

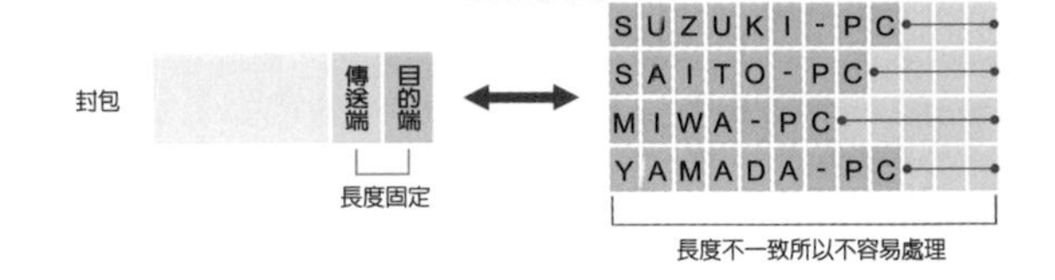

圖2-5

暱稱
NETBIOS名稱
網域名稱
・對使用者而言較容易瞭解
・對電腦而言較不容易處理
本名
IP位址
・使用者可以自由配置及分組
・必須設定好才能使用
班級、座號
MAC位址
・一開始已經配置好了，不需要設定也能使用
・無法分組，基本上使用者無法自行變更
學號

根據對應表來轉換名稱及位址

使用者必須依照不同的使用背景及狀況來區分所使用的名稱及位址，不過如果不知道每一項名稱及位址之間的關係，就無法建立實際的通訊，換句話說，當我們在進行通訊時，必須要有一套能夠連接各項名稱與位址，並且互相轉換的架構。

在實際的網路中，最常被使用的3種架構包含: 1. 連接MAC位址與IP位址的架構，目的在於使用4種名稱及位址。 2. 連接IP位址與NetBIOS名稱的架構。3. 連接IP位址與網域名稱的架構。在第3小時的課程中，我們將和各位一起逐步來驗證這些架構。

首先就讓我們先來看看第一個架構，也就是連接IP位址與網域名稱的架構吧！

DNS

當我們使用網頁瀏覽器來瀏覽網站時，通常使用者會在位址欄內鍵入URL，或者是直接點擊網頁上的連結，不管您使用哪一種方法，相信連結的目的地 (伺服器電腦) 都是像「www.hoge.co.jp」的網域名稱。

不過，光只有網域名稱，仍然無法連接到網際網路上的目的地，原因在於網際網路會使用IP位址來識別目的端的特定電腦，而網域名稱原本設置的目的是因爲IP位址對於人類而言並不容易瞭解，因此才設置了比較容易判讀的「網域名稱」，電腦如果沒有IP位址的話，將無法進行通訊，於是就需要一個能夠由網域名稱查詢出IP位址的架構了，這就稱之爲「DNS ✎ (網域名稱系統)」。

DNS基本架構所使用的方法就是事先向內建網域名稱與IP位址對應表的電腦詢問網域名稱，然後再要求電腦告知所對應的IP位址(圖3-1)，而內建對應表，並且能夠針對詢問提出適當回覆的電腦就稱爲「DNS伺服器」。

接下來，就讓我們更進一步來看看DNS的每一項流程吧！

圖3-1 連接網域名稱與IP位址的DNS　人類較容易瞭解的網域名稱(Domain Name)和電腦較容易處理的IP位址之間的對應關係必須透過「解決DNS名稱」的方法來連結，於是就會產生一個向具備兩者之間對應表的DNS伺服器詢問的形式。

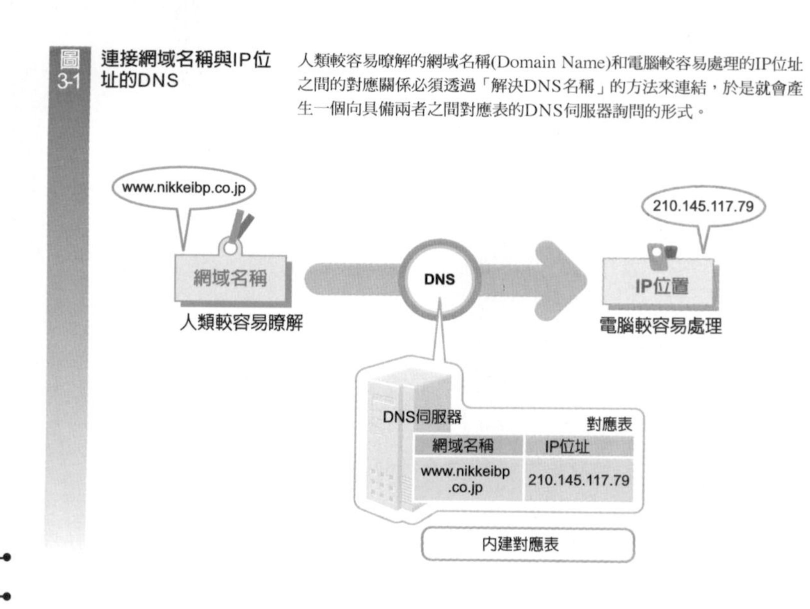

PC只要詢問DNS即可

當PC透過網頁瀏覽器來指定希望存取的目的端的網域名稱 (例如: nnw.nikkei.co.jp) 時 (請參閱圖3-2之 ①)，PC會向DNS伺服器傳送「要求封包」(同第 ② 項)，以便獲得對應至該網域名稱的IP位址，DNS伺服器的IP位址本來就已經由使用者自行在PC的IP設定項目指定完成，一般而

DNS
就是Domain Name System的縮寫，RFC1034與1035皆有相關規定。

言，我們所使用的DNS伺服器大多是由企業或是ISP所提供的。

當DNS伺服器收到詢問的訊息時，就會將回覆送回給PC(同第③項)，

DNS伺服器擅於執行各種處理作業，而且還會檢查WWW伺服器的IP位址，關於這方面的詳細內容，我們會在稍後爲各位做更詳盡的說明。

無論如何，當PC向已經登錄過的DNS伺服器傳送詢問用的「要求封包」時，DNS伺服器就會將回覆訊息送回給PC (同第④項)，而PC在接到回覆時，則會使用相同的IP位址，向目的端的WWW伺服器進行存取。

伺服器會持續尋找的動作

接下來就讓我們一起來看看剛剛先略過的DNS伺服器端的處理作業吧！ 由於PC和負責檢查網域名稱和IP位址對應的架構並無直接的關係，所以當各位在閱讀本章時跳過此部分也無妨，您可以在時間充裕的時候，再仔細詳讀即可。

雖然DNS伺服器會收到PC所傳送過來的詢問訊息，不過它並未具備網際網路上所有的對應表，換句話說，DNS伺服器有時能夠立刻回答，有時也會出現無法回答的情形。

當然，如果DNS伺服器能夠回答的話，它會立刻回覆PC，不過如果遇到無法回答的情況時，DNS伺服器會向其他伺服器進行存取，以便尋求答案。

DNS伺服器首先詢問的對象是世界上有13台所謂的「Root DNS伺服器」，Root DNS伺服器的IP位址一開始就已經被登錄在DNS伺服器中了，因此，DNS伺服器會向這13台伺服器中的某一台詢問本PC所收到的問題，那就是網域名稱對應的IP位址爲何 (同第③a項)。

不過，Root DNS伺服器常常

圖3-2 **欲解決DNS名稱時，必須詢問DNS伺服器**

當我們不瞭解對方的相關資訊時，可以使用的方法之一就是洽詢瞭解該資訊的人士，解決DNS名稱時，就是採用此種作法來查詢目的端IP位址。

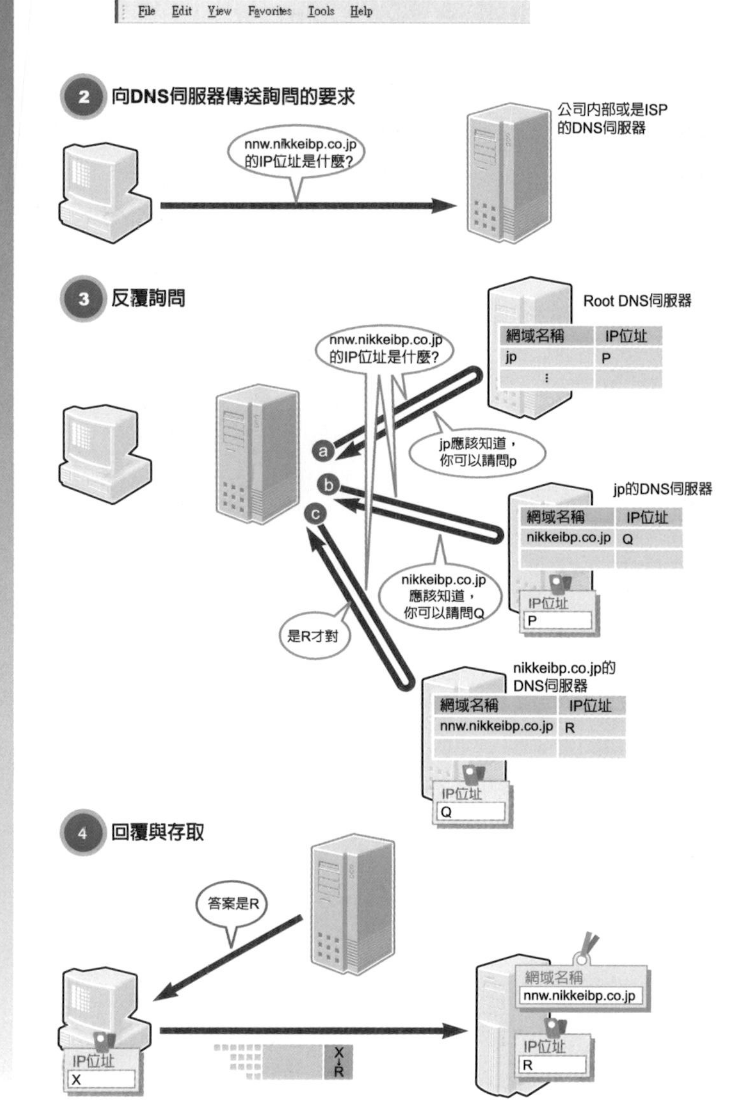

ARP
就是Address resolution protocol的縮寫，中文翻譯為「位址解析通訊協定」，其定義於RFC826，除了MAC位址和IP位址外，ARP還能夠為各種不同的位址建立對應關係。

會出現無法提供完整答案的情形，這時候，會由所詢問的nnw.nikkeibp.co.jp當中，僅得到配置co.jp或是or.jp對應表的伺服器 (管理jp網域名稱的DNS伺服器)IP位址 (圖3-2的P)。

因此，ISP的DNS伺服器會和圖3-2中 ③ a一樣在相同的時點，重新向回覆的DNS伺服器P傳送詢問的訊息。

在DNS伺服器P中已經登錄好管理nikkeibp.co.jp的DNS伺服器IP位址 (圖3-2的Q)了，所以這時候伺服器P就會回覆一個位址Q (同第 ③ b)。

當ISP的DNS伺服器接收到這個位址時，會向伺服器Q傳送第三次相同的詢問，於是，伺服器Q 就 會 送 回 一 個 nnw.nikkeibp.co.jp的IP位址(R)，經過這些步驟，最後PC終於能夠如願獲得它所要求的網域名稱的對應IP位址 (同第 ③ c)。

由IP位址查詢MAC位址

接下來讓我們一起來看看由IP位址查詢MAC位址的架構吧！

如同我們曾經在第2小時的課程當中告訴過各位的一樣，光只有IP位址的話，是無法在區域網路中執行通訊作業的，如果要透過乙太網路傳送IP封包時，乙太網路必須配置MAC位址。

因此，當我們要開始實際的通訊作業前，PC必須由目的端的IP位址來查詢MAC位址才行，此種架構需要透過ARP ✐ 通訊協定始得以建立。ARP通訊協定的目的就在於針對擁有指定IP位址的PC查詢其MAC位址，然後再建立IP位址與MAC位址的對應表(圖3-3)。

ARP會呼叫網路上所有電腦

接下來就讓我們來看看PC是藉由何種方式來查詢MAC位址的?

假設有一台PC的IP位址是「X」，而MAC位址是 「3344」，那麼這台PC所要查詢的是另一台擁有IP位址 「A」 的PC的MAC位址。

在ARP剛開始的階段，希望查詢MAC位址的那台PC只會知道目的端電腦的IP位址，接著PC會向區域網路上的所有PC提出這樣子的詢問內容: 「我的MAC位址是 「3344」，IP位址是 「X」，不知道有沒有IP位址是 「A」 的PC呢?」(圖3-4的 ①)，這就稱為「ARP要求」。

像ARP要求這樣，向網路上所有的電腦傳送封包的作法稱之為「廣播(Broadcast)」，各位不妨用電視訊號傳播的概念來想像，網路上的「廣播」就像是電視台向所有的電視天線 (姑且不論是否收到) 傳送電波一樣。

「廣播封包 (Broadcast Pocket)」 會被傳送到區域網路上連接至傳送端的所有PC，所有的PC會暫且將這個 「廣播封包」 當作是傳送給自己的資訊，接著再確認封包的內容，如果該PC的IP位址被設定為 「A」 的話，就會向X傳送一個回覆封包，以便告知該PC的MAC位址，這就稱為「ARP回應」(同第 ② 項)，由於PC 「X」 所擁有的MAC位址已經被寫入第 ① 項的詢問訊息中了，所以回覆時就比較簡單。

假設該PC的IP位址不是 「A」 的話，這時候這台PC就不會針對接收到的廣播封包進行任何回覆。

圖3-3 ARP的功能就是連接MAC位址與IP位址

MAC位址與IP位址之間的關係可以透過ARP通訊協定來查詢，然後再利用對應表互相連結。

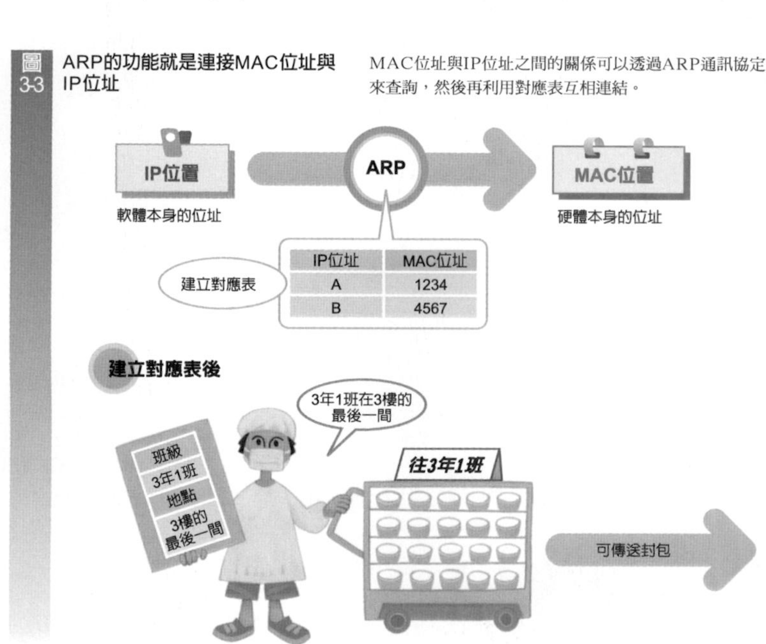

網路芳鄰
在網路芳鄰中所顯示的NetBIOS名稱並未包含IP位址等資訊，因為區域網路內的特定PC (稱為Master Browser)只會收集NetBIOS名稱。

查詢並且記錄下來

當PC「X」接收到ARP回應訊息後，即可得知目的端的MAC位址，接著就能夠開始建立實際的通訊作業了(同第③項)。又，PC「X」會建立IP位址與所獲得的MAC位址的對應表，並且在接下來的通訊作業當中，參考該對應表，總之，從第二次通訊作業開始後，PC就不會再傳送ARP要求了。

不過，經過某段固定的時間(幾分鐘左右)後，IP位址與MAC位址的對應表就會消失，當對應表消失後，還希望執行通訊作業時，則PC會再傳送ARP要求封包後重新進行通訊。

透過此種方式，PC可以隨時將最新的IP位址與MAC位址記錄下來，這麼做的目的就是爲了當目的端換插不同的網路卡時，造成MAC位址變更，或者是變更IP位址等情況下，皆能夠隨時因應。

ARP會在使用者未曾發現到的場合自動執行作業，如果您想要知道自己的PC存在哪些對應表時，只要進入「命令提示字元」視窗，並且鍵入「arp -a」後，畫面上即可顯示這些對應表 (參閱圖3-4下方)。

圖3-4 ARP會詢問區域網路上的所有電腦　當我們不知道對象是誰的時候，有時候會使用一種方法，就是不假思索大聲地呼叫群組內的成員，ARP就是使用此種方法

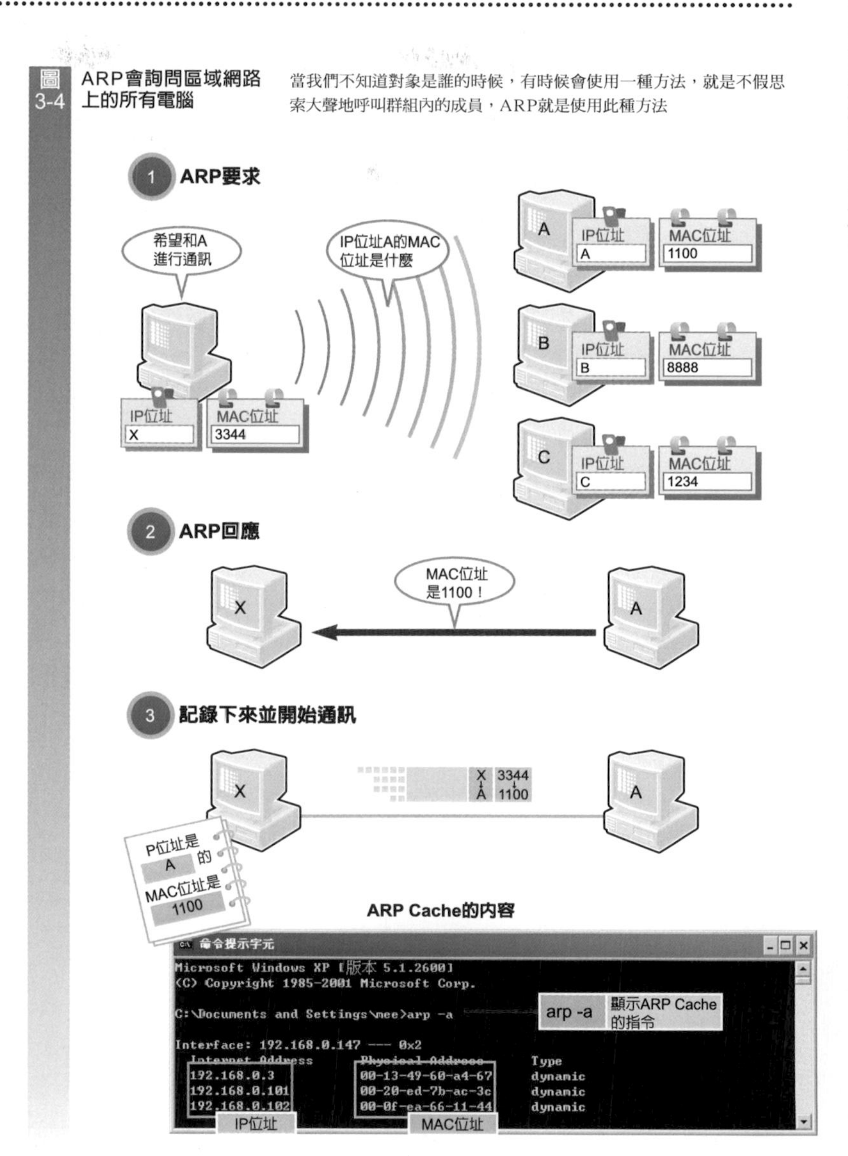

NetBIOS名稱也能夠廣播

最後讓我們來看看由NetBIOS名稱來查詢IP位址的架構吧！當我們由Windows的網路芳鄰 ✎ 所顯示的電腦一覽表中，點擊包含希望通訊的目的端電腦名稱的圖示(Icon)時，PC就會開始查詢目的端的IP位址，此時的動作架構就稱之爲「解析NetBIOS名稱」。

此種架構和ARP非常類似，換句話說，向整個區域網路查詢的做法就是「解析NetBIOS名稱」的基本原則。

例如，假設有一台NetBIOS名稱爲「natsu」的PC，準備和NetBIOS名稱爲「suika」的PC進行通訊，於是「natsu」會使用「廣播」的功能，向區域網路上的所有PC，提出這樣的詢問:「我是natus，IP位址是X，不知道有沒有哪一台PC叫suika呢?」。

這時候，只有名稱爲「suika」的PC才會向「natsu」進行這樣的回覆:「我是 suika」，IP位址

WINS
Windows internet name service的縮寫，只有像Windows 2000 Server等伺服器專用作業系統才可成為WINS伺服器。

NETBEUI
是由美國微軟公司所開發出來的通訊協定，NETBEUI是NetBIOS extended user interface的簡稱，意思就是擴充NetBIOS所建立的通訊協定，標準作法並不會安裝NETBEUI，使用者可以透過網路設定畫面來追加NETBEUI。

是「B」(圖3-5)，而其他的PC則不會對該項詢問採取任何回應，如此一來，natsu即可得到希望進行通訊的目的端，也就是suika的IP位址，接著，natsu就會將這個位址記錄在內部的對應表中。

當我們在解析NetBIOS名稱時，還可以使用另一種方法，那就是和DNS一樣，向伺服器詢問的方法，此種伺服器就稱爲「WINS 伺服器」。Windows電腦本來就已經登錄好WINS伺服器的IP位址了，因此Windows電腦只要向WINS伺服器詢問NETBIOS名稱所對應的IP位址即可，不過Windows電腦會在啓動時，自動地將本身的NetBIOS名稱及IP位址登錄至WINS伺服器，所以不需要像DNS伺服器一樣，必須由管理員透過手動方式來建立對應表。

然而，最近Windows網路使用WINS伺服器的機會則是愈來愈少。

再廣播一次

根據上述做法，natsu便能夠獲知suika的IP位址，不過就如同我們先前所告訴過各位的一樣，光只有IP位址的話，仍然無法建立通訊。

因此接下來，natsu必須再次使用ARP通訊協定，針對擁有IP位址「B」的PC (suika) 查詢其MAC位址，根據目前主流的廣播方式，如果要解析NeTBIOS名稱以及使用ARP的組合時，必須要進行2次廣播。

您或許會認爲此種方法造成重複作業，不過實際上這麼做的理由，確實在Windows網路上有其歷史性的背景。

以前NetBIOS名稱屬於NETBEUI 通訊協定的一部分，該通訊協定不需要透過TCP/IP，即可直接將NetBIOS名稱與MAC位址互相連結，將兩者互相連結時所採用的方法乃是和ARP相同的廣播方式。

不過，像NETBEUI這種通訊協定僅適用於未加入任何路由器的小型區域網路，到了現在這個時代，即使公司內部網路存在路由器也不足爲奇，所以不幸地，NETBEUI的地位就被使用路由器的TCP/IP所取代了，結果現在變成即使使用者採用一般安裝的方式來安裝Windows，系統也只會安裝TCP/IP而已。

呼叫或是詢問知道的電腦

經過上述說明，相信各位已經能夠掌握住這3項足以連結4種名稱與位址的架構概要了。

雖說有3種架構，不過事實上思考模式只有2種，那就是同時詢問網路上的所有電腦或者是詢問那些早已經知道名稱之間對應關係的伺服器。

上述方法就和我們要從某個我

圖3-5 **廣播NetBIOS名稱並且取得IP位址** 當Windows在指定目的端PC時，雖然會使用NetBIOS名稱，不過實際在進行通訊時則需要IP位址，所以Windows必須傳送包含NetBIOS名稱的「廣播封包」，並且接受目的端所回覆的IP位址。

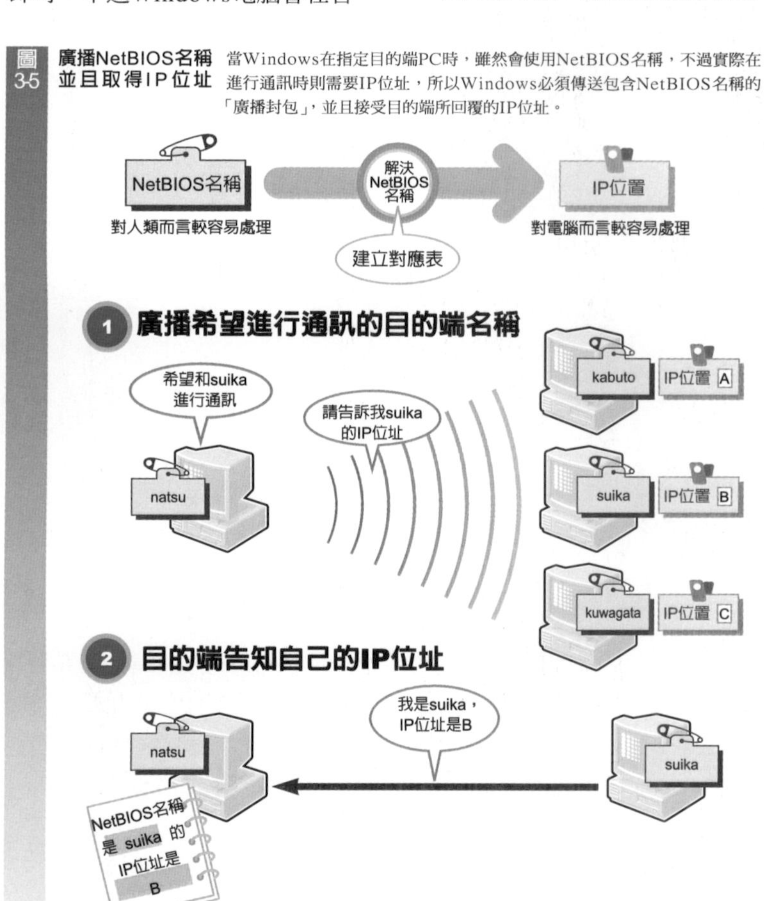

通訊埠編號
即應用程式與網路溝通時所走的通道，以16個位元長度記錄通道的編號（即為通訊埠編號）。每個應用程式所使用的通訊埠不一定相同，當電腦接到TCP/IP封包時，會根據目的通訊埠編號，將資料轉交給對應的應用程式。

TCP、UDP
TCP是transmission control protocol的縮寫，而UDP則是user datagram protocol的縮寫。TCP負責確認傳送端與目的端是否已經準備好傳送及接收資料，然後再調整傳送速度。而UDP的傳送端送出資料後並不理會目的端是否收到。TCP與UDP兩者各有不同的用途。

複習2: 通訊埠編號也屬於位址的一種

本處雖然將重點鎖定在特定電腦的名稱及位址上，不過光只有這樣做的話，仍然無法順利地開始通訊作業，因為電腦內部同時會有1個以上的程式在動作，因此造成我們不知道究竟要將資料傳送給哪一個程式才好，這時候所指定的「位址」就是通訊埠編號 ✎。

經由區域網路來傳送或接收的封包，也就是已經寫入目的端與傳送端MAC位址的「乙太網路訊框(Ethernet Frame)」，其中還包含已經寫入傳送端與接收端IP位址的IP封包，當我們透過上述方式將目的端PC設定為特定電腦後，就能夠無誤地將封包傳送至目的端電腦了。

再者，IP封包還包含TCP、UDP ✎ 封包，而通訊埠編號會被寫入這些封包中，於是，這時候目的端電腦就會知道究竟要將資料轉交給哪一個程式才好(圖A)。

通訊埠編號的長度是16個位元，通常是用0~65535之間的10進制數字來表示，並且不會加以切割，其中，0~1023的數字是為了特定種類的程式而設置的，這些數字大部分是伺服器程式專用的，例如，Port 25是傳送郵件伺服器(SMTP)專用，Port 80是WWW伺服器專用，而Port 111則為接收郵件伺服器(POP3)專用。

圖A **通訊埠編號代表電腦程式的位址** 已寫入IP位址的IP封包當中包含TCP、UDP封包，而且連通訊埠編號也已經被寫入了，通訊埠編號所代表的就是指定IP位址的電腦內部的程式。

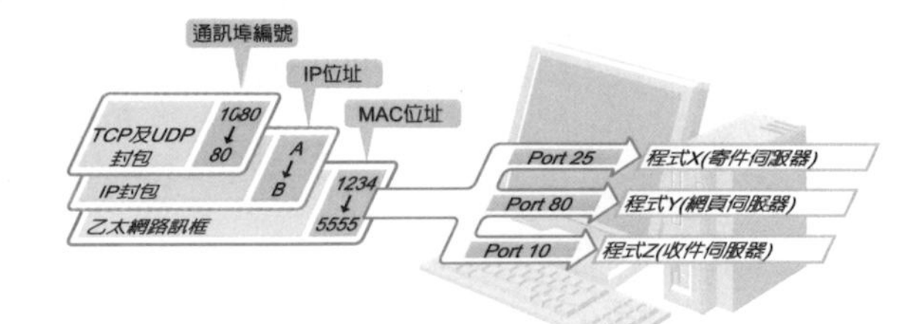

們不熟識的群組當中找到特定人士的做法是相同的，當我們要和未曾謀面的A先生(小姐)交談時，我們會向A先生所在群組的所有成員大聲呼喊:「A先生在不在這裡?」，這就是ARP或解析NetBIOS名稱時所使用的「廣播(Broadcast)」方法，還有另一種方法就是，向認識A先生的人詢問A先生所在位址，這就是DNS、WINS所使用的詢問伺服器的手法(圖3-6)。

而連結不同種類的名稱或位址的方法更是簡單，只有1項重點，那就是建立對應表，以連結名稱或位址為目的的架構雖然是建立在2種思考模式上，不過直接連結時只需要建立對應表即可，透過此種思考方式，相信各位必定能夠瞭解這些架構都是非常簡單的。

圖3-6 **查詢目的端的方法有2種** 當我們和不熟識的對象進行通訊時，可以使用2種方法，第一種是大聲地詢問所有成員，第2種則是詢問知道這個對象所在位置的人，這就像是「廣播」以及詢問伺服器等方法。

廣播

A小姐在不在這裡?

我就是

A小姐

詢問伺服器

請問A小姐在哪裡呢?

A小姐坐在3年3班靠窗的最前面位置

實際介紹資料在區域網路及網際網路中傳送的狀態

在第2與第3小時的課程中，我們已經介紹過在實際的通訊作業中是如何使用名稱及位址，接下來第4小時的課程，我們會將前面談過的內容加以彙整，並且透過區域網路及網際網路為案例，和各位讀者一起逐步確認！

區域網路

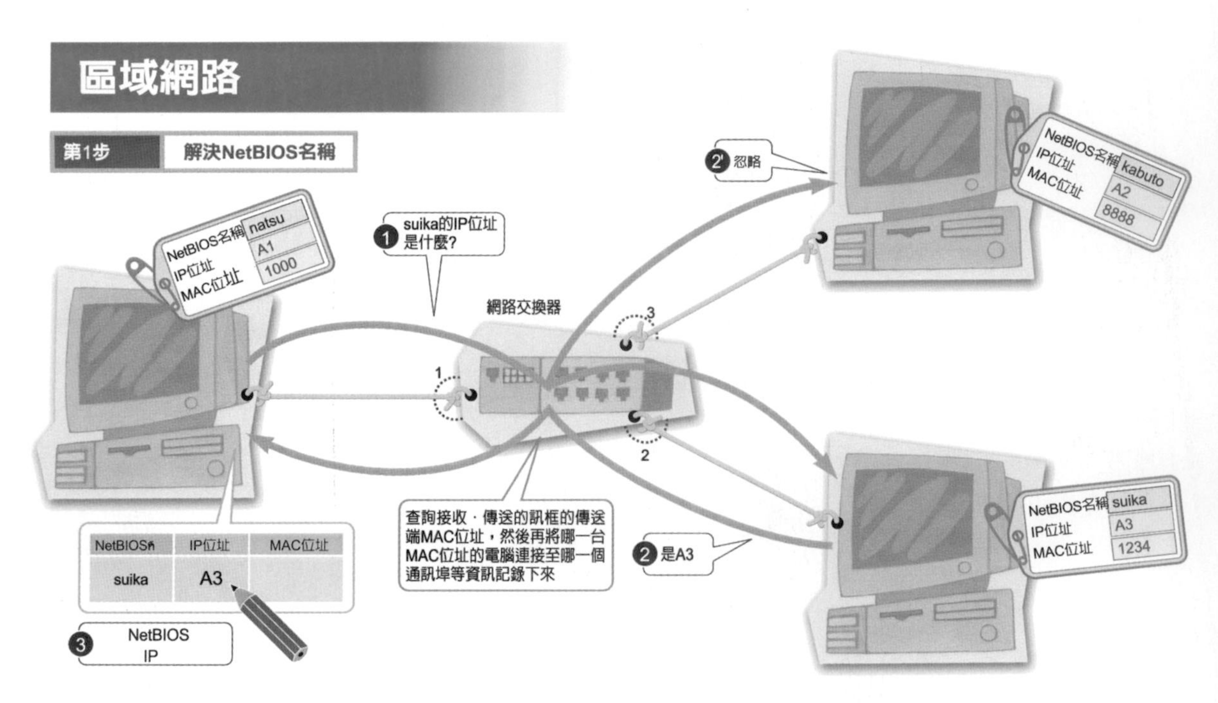

首先讓我們以區域網路爲例，一起來看看資料傳送的流程吧！

目前大多數的區域網路都是透過電纜線來連接網路交換器和PC，並且採取星狀配線的方式，接下來，就讓我們來看看，假設有一台Windows PC的NetBIOS名稱是「natsu」，準備對區域網路上某一台名稱爲「suika」的PC的共用資料夾進行存取時的流程吧！

第1步

首先，natsu要做的第一件事就是利用「廣播」方式來解決NetBIOS名稱，查詢「suika」這台PC的IP位址，PC「natsu」首先必須傳送「廣播封包」，然後再向區域網路上的所有電腦詢問suika的IP位址(①)。

這時候，網路交換器就會將「廣播封包」轉送到接收通訊埠以外的所有通訊埠，於是區域網路上的所有終端電腦就會接收到這個封包。

當PC「suika」收到這個封包時，就會向「natsu」回覆自己

記錄
換句話說，就是讀取natsu送來的廣播封包以及suika送來的回應封包後，便能得知natsu所連接的Port 1和No.100的MAC位址互相連接，而suika所連接的Port 2則是和No. 1234的MAC位址互相連接，這些內容同時也會被顯示在對應表上。

廣播
廣播封包的目的端MAC位址、IP位址皆為1，也就是分別顯示為「FFFFFFFFFFFF」、「255.255.255.255」。

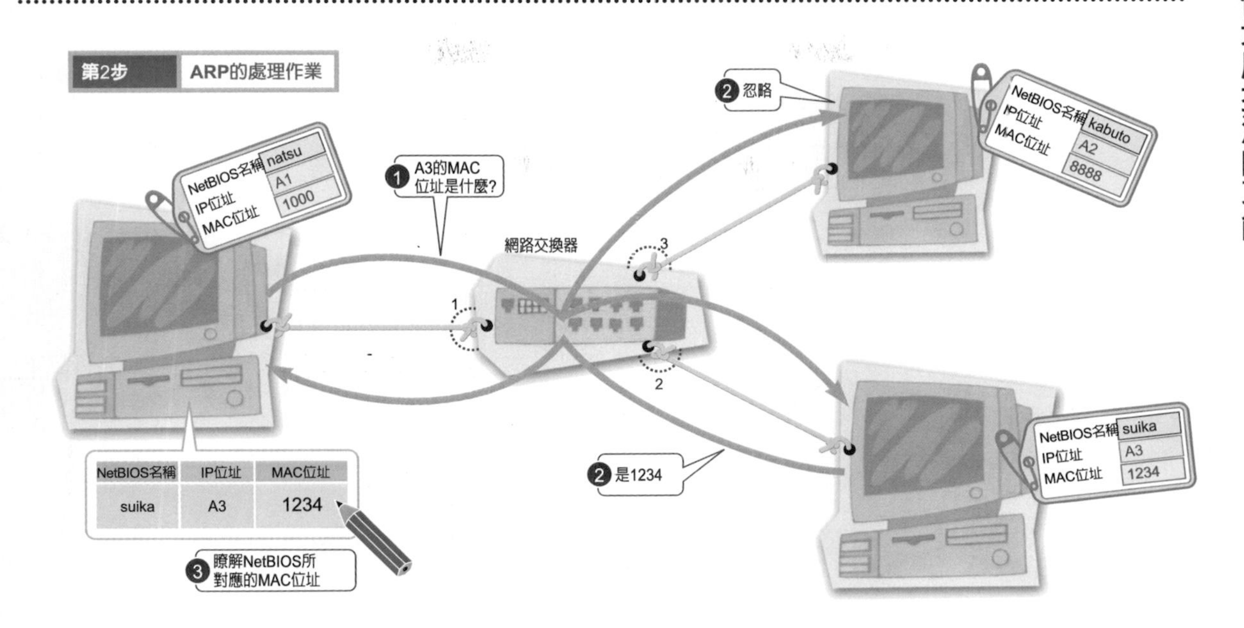

的IP位址是A3這個訊息(②)，對於suika以外的PC而言，因爲和自己無關，所以即使收到「廣播封包」，也會忽略該封包(②)。

事實上，當PC在進行通訊處理時，網路交換器會讀取所通過的封包的傳送端MAC位址，然後再將收到的通訊埠編號及MAC位址記錄✎在由網路交換器自行管理的對應表中(③)。

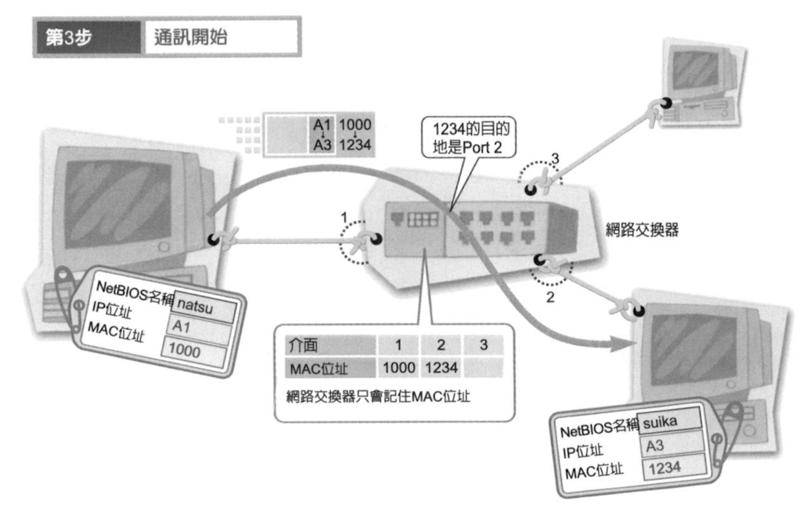

第2步

不過，natsu尚未獲知suika的MAC位址。

這時候，natsu會透過ARP通訊協定來查詢suika的MAC位址，也就是natsu透過「廣播」的方式查詢IP位址爲A3的PC(suika)的MAC位址(①)。

接下來，suika就會回覆一個本身MAC位址的訊息(②)，而其他的PC即使收到廣播封包時，也會忽略該封包。

經過上述程序，natsu終於如願獲得和suika進行通訊所需的所有資訊(③)。

第3步

當natsu開始和suika進行通訊時，傳送封包則和先前我們所提過的「廣播✎」方式不同，suika的IP位址與MAC位址會被寫入目的端。

當natsu傳送一個目的地爲suika的封包，並且由網路交換器負責處理時，網路交換器就會讀取到一個MAC位址: 1234，而且只會將該封包轉送到Port 2，同樣地，由suika回覆natsu的回應封包也只會被轉送到Port 1而已，其他的通訊埠則不會收到封包。

接下來，就讓我們以網際網路爲例，一起來看看網域名稱「nnw.nikkeibp.co.jp」在WWW伺服器進行資料存取前的所有流程吧！ 我們假設圖中的PC和DNS伺服器屬於相同的區域網路，而DNS伺服器與預設閘道位址 ✎ 的IP位址已經設定在PC中。

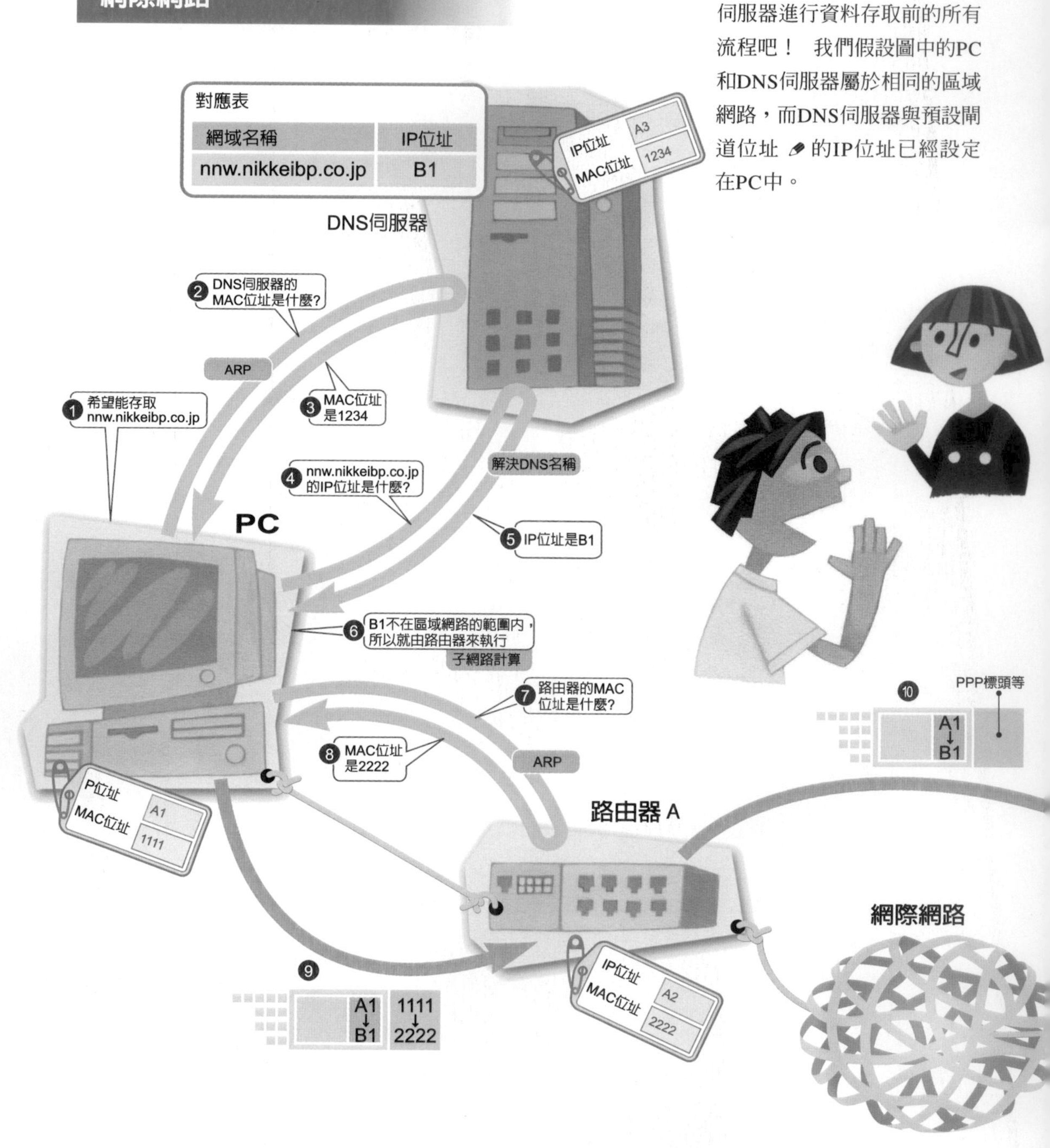

預設閘道
此設備扮演著本PC所屬的網路與外部網路之間出入口的功能，一般是由路由器來完成這項功能，路由器可以將目的地為外部網路的封包轉交給閘道，再由閘道負責轉送該封包。

判斷
PC會根據自己的子網路遮罩與目的端的IP位址來計算網路位址，當計算出來的結果和自己的網路位址不同時，PC會因此判斷目的端所在位置為本PC所屬的網路以外的範圍，這就稱為「子網路計算」。又，網路位址的計算方法就是將IP位址以及子網路遮罩標示為2進位的方式，然後再將每一個位數互乘。

第一步先從ARP開始

首先，使用者必須利用PC的網頁瀏覽器輸入URL，URL包含希望存取的目的端的網域名稱①，這時候，PC如果要從網路名稱查詢到目的端IP位址的話，必須傳送一個封包詢問DNS伺服器。

不過，PC只知道DNS伺服器的IP位址，所以，PC必須向自己所在的區域網路「廣播」ARP要求封包，並且查詢DNS伺服器的MAC位址②、③，總之，我們必須透過ARP來執行通訊處理。

當PC獲知DNS伺服器的MAC位址後，PC會向DNS伺服器傳送一個要求封包，以便詢問nnw.nikkeibp.co.jp的IP位址(4)，一旦DNS伺服器獲得目的端IP位址後，就會立刻回覆，如果不知道IP位址的話，就會採用我們在第三小時的課程中如圖3-2③ (P.59)所介紹過的方法，也就是詢問其他的DNS伺服器，然後再向PC回覆目的端網域名稱所對應的IP位址(B1)⑤。

MAC會依地點而改變

當PC獲得DNS伺服器的回覆後，會根據遮罩 (Mask) 及目的端IP位址來判斷 ✎，B1和本PC位於不同的網路⑥。

接著，PC會嘗試將要求存取的封包傳送到預設閘道(路由器A)，不過，這時候PC只知道路由器A的IP位址，所以仍然必須使用ARP來執行作業(7)、(8)。

當PC獲知路由器A的MAC位址後，接著就會將封包傳送至路由器A，這時候，希望各位讀者注意一點，那就是，IP封包的目的地雖然是B1，但是MAC位址卻是停留在路由器上⑨，透過路由器A可以將IP封包和目前爲止所使用的MAC位址切割開來。

於是，當封包到達ISP之前，會被裝載在PPP封包後轉送出去，接下來封包同樣會在乙太網路訊框、PPP封包之間轉載，然後到達B1所屬網路的聯絡站，也就是路由器B⑩。

目的IP位址始終相同

當封包抵達路由器B時，路由器B會根據「接收封包」的目的IP位址來判斷該封包的傳送目的地是同一網路內的電腦 (也就是WWW伺服器)。

接著，路由器B爲了透過乙太網路將「接收封包」傳送到WWW伺服器，因此就會使用ARP來查詢WWW伺服器的MAC位址⑪、⑫，能夠傳送ARP要求的設備不光只有PC而已。

當路由器B知道WWW伺服器的MAC位址後，就會建立一個以WWW伺服器的MAC位址爲目的地的封包，同時乘載A1所傳送過來的IP封包後再加以傳送⑬，如此一來，由PC所傳送的第一個要求存取的封包終於得以傳送到WWW伺服器了⑭。

經過這一連串的流程，我們可以得到一個結論，那就是雖然目的MAC位址會依地點而改變，但是目的IP位址則完全不變。

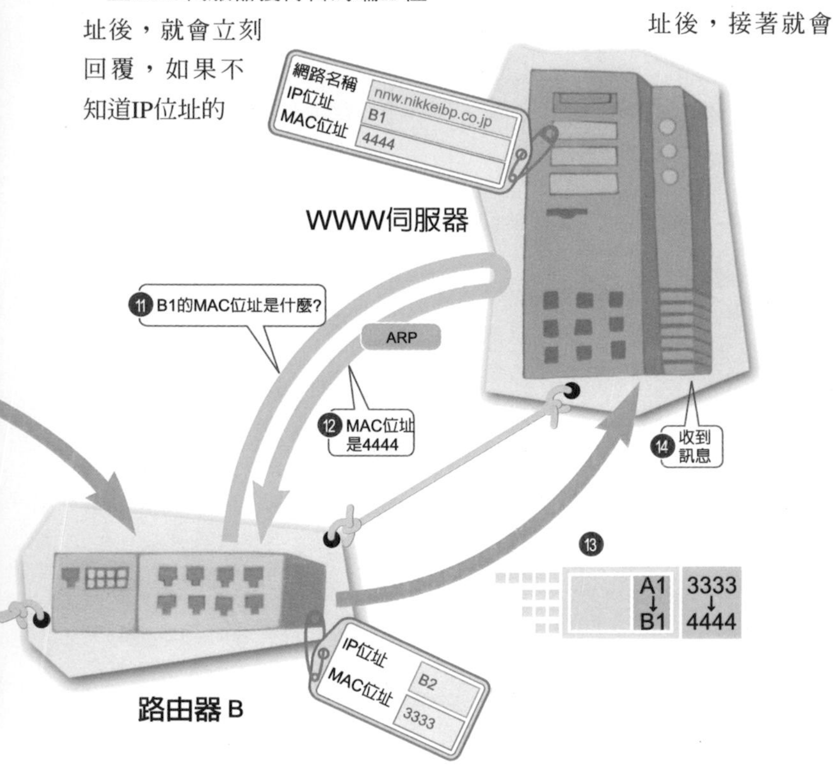

1台電腦擁有數個名稱或是數台電腦共用一個名稱

事實上，名稱和位址之間的關係不一定必須是一對一的關係，一對二或是一對三都無妨，如果配置得當的話，1台電腦可以有數個名稱或位址，相反地，數台電腦也能夠共用1個名稱，如此一來，使用者在架構網路時就會更有彈性，在第5小時的課程，我們將以名稱與位址應用篇的型態，為各位介紹相關的使用技巧。

多用途目的的電腦擁有數個網域名稱

1台伺服器可以擁有數個網域名稱，如此一來，1台伺服器就能夠偽裝成好幾台伺服器(圖5-1)。

要達到這個目標時，只要更換DNS伺服器上IP位址與網域名稱的對應表即可，使用者可以在DNS伺服器上，針對1個IP位址登錄數個網域名稱。

例如，當您希望將「otousan.hoge.ne.jp」和「okasan.hoge.ne.jp」設定為相同的IP位址時，只要在WWW伺服器的位址欄中輸入「otousan.hoge.ne.jp」，或者是輸入「okasan.hoge.ne.jp」，那麼DNS伺服器所回覆的IP位址就會相同，這時候，您也就可以在同一個伺服器進行存取的動作了。

當我們為1台伺服器設定數個網域名稱時，會因此獲得好幾項好處，例如，網站管理員(Administrator)會為伺服器設定一個比較容易管理的名稱：「www11.nikkeibp.co.jp」(代表第11台WWW伺服器的意思)，另一方面，還可以用部門名稱像是「nnw.nikkeibp.co.jp」來設定網域名稱，如此就會讓使用者更容易瞭解。

如果您希望使用同一台伺服器，同時讓WWW伺服器與FTP ✐ 伺服器等服務內容相異的伺服器軟體(通訊協定)同時動作的話，請將網域名稱變更成像「www.hoge.co.jp」以及「ftp.hoge.co.jp」。您也可以依不同的用途來區分所使用的網域名稱。

圖5-1 **為1台伺服器設定數個網域名稱** 將網域名稱與IP位址的對應表寫入DNS伺服器時，1個IP位址就能夠對應至數個網域名稱。

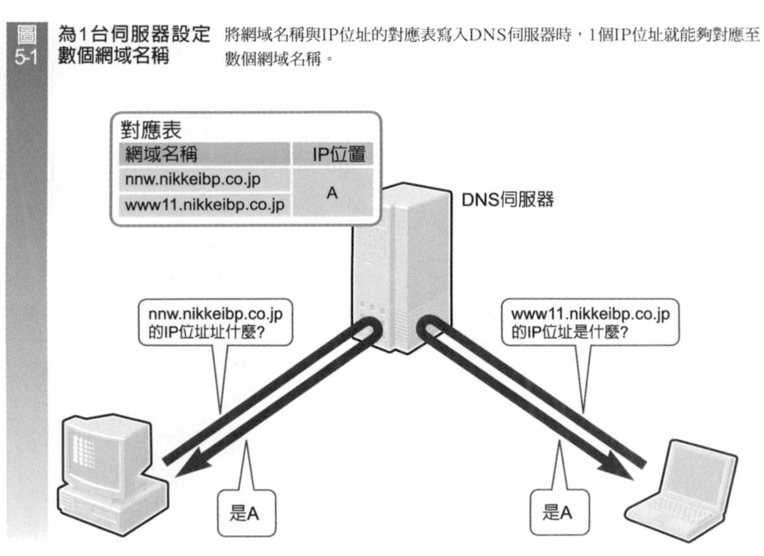

配置數個IP位址

使用者可以在1台電腦上配置數個IP位址，換句話說，這時候就需要將IP位址與網路卡所內建的MAC位址設定為2對1或者是多對1的技巧了。

當使用者需要將數台伺服器整合為1台時，此種作法不需要變更IP位址會是最方便的作法，同時，您也可以讓配置於1台電腦的數個IP位址，分別具備WWW

FTP
就是File transfer protocol的縮寫，中文翻譯為「檔案傳輸協定」，意思就是當電腦之間要傳送檔案時所使用的通訊協定

圖5-2 **為1台伺服器設定數個網域名稱**

在Windows Server/XP的環境下，1台PC不需要插入數個網路卡也能夠配置數個IP位址。

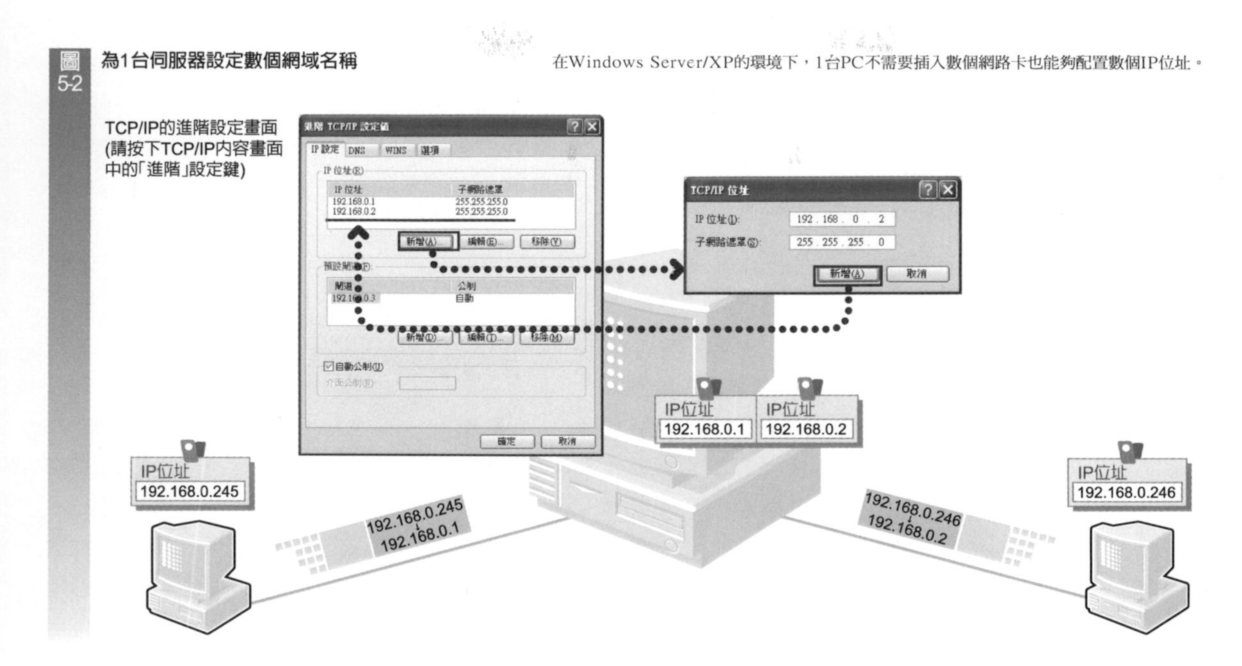

伺服器或是檔案伺服器等不同的功能，另外還可以依用途來區分所使用的IP位址。

您也可以在1台伺服器上經營數個網站，透過此種方式，雖然只有1台電腦，但是卻能夠讓使用者看到數台電腦。

在Windows Server/XP等環境下，則能夠用更輕鬆的方式爲1台電腦配置數個IP位址，網路卡也只要使用1張就夠用了，接下來就讓我們來介紹一下實際的作業程序吧！

首先，先開啓TCP/IP的設定畫面，請由「控制台」雙按「網路連線」的圖示，即可開啓新的畫面，接著請在「區域連線」的圖示上方按右鍵，並選擇「內容」的項目，如此就能夠開啓「區域連線的內容」視窗。

接下來，請由「這個連線使用下列項目」的項目中選擇「Internet Protocol(TCP/IP)」，並且按下下方的「內容」鈕，於是TCP/IP內容的設定畫面就會出現。

請在該畫面中選擇「使用下列的IP位址」，然後再輸入第1個IP位址及子網路遮罩的值，接著，請按最下方的「進階」鈕。

此時將會開啓圖5-2左方的畫面，假設您按下「IP位址」欄下方的「新增」鈕時，就會出現一個像圖5-2右方的視窗，這時候只要輸入欲新增的IP位址與子網路遮罩即可，然後，請再按下「新增」鈕，則IP位址就會新增至PC上。

我們可以由圖5-2的範例發現「192.168.0.1」以及「192.168.0.2」等IP位址乃是配置到同一台PC，此時，同一個區域網路內的其他PC向192.168.0.1送出ARP要求，或者是向192.168.0.2送出ARP要求，都會得到相同的MAC位址值(圖5-3)。

圖5-3 **IP位址雖然不同，但是MAC位址卻相同**

如果由外部的PC來看和圖5-2設定內容相同的PC時，就會看到2台PC，不過，如果從ARP對應表來看的話，您就會發現這2台PC的MAC位址其實是一樣的。

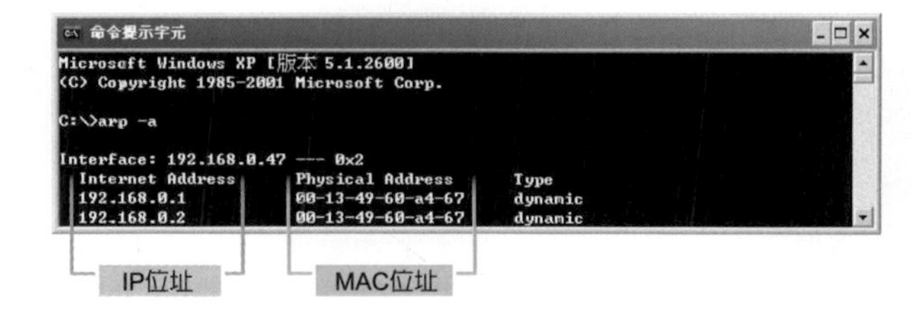

Round Robin(循環分配)
所謂「Round Robin (循環分配)」原本是「循環賽」的意思，在本書中具有「輪替」或者是「依序循環」等意思。

數台電腦使用1個名稱以分散負載

接下來，我們要介紹的是相反的情況，也就是為數台電腦設定1個位址的範例。

此種設定方式大多用於資料存取量極大的伺服器、或是處理動畫等大容量的資料時，為了減輕電腦為網路造成重大的負載時而使用。

其中最簡單的一種方法就是稱之為「DNS Round Robin ✎(循環分配)」的手法，DNS伺服器的管理員會使用此種方法，預先在1個網域名稱上登錄數個IP位址。

許多DNS伺服器程式，像是Windows Server所附的DNS伺服器程式等，均配備前述功能，如果您使用的是Windows Server 的DNS伺服器軟體的話，只要在圖5-4的設定畫面中選取「啓動循環分配」的核取方塊即可。當設定完成後，每當DNS伺服器收到詢問時，就會將已登錄的數個IP位址的順序重新編排後再加以回覆(圖5-5)。

例如，當A、B、C等3個IP位址被登錄在www.hoge.co.jp的網域名稱後，這時候DNS伺服器會依「A、B、C」的順序來回覆第一個收到的詢問訊息，也就是「www.hoge.co.jp的IP位址是什麼?」，接著，當收到下一個詢問時，則會將順序變更為「B、C、A」後再將回覆送回。

通常當用戶端(Client)的PC接收到此種回覆時，就會開始對第一個IP位址進行存取，所以如果將每1台伺服器被存取的次數用單純的方式來計算的話，應該是1/3左右。

不過，實際上當我們使用DNS循環分配時，有時候會發現PC加諸於伺服器的負載其實並不僅只有1/3，那是因為當用戶端(Client)向DNS伺服器送出詢問，並獲得DNS伺服器的回覆後，會在極短的時間內維持該項資訊。

因此，我們就會發現一個現象，那就是特定的用戶端會向同一個IP位址的伺服器進行存取的動作，於是，一旦存取的次數持續集中在某個用戶端的話，那麼就會造成處理負載只集中在某一台伺服器上。

圖5-4 DNS循環分配的設定

在Windows Server附的DNS伺服器中備有DNS循環分配設定的功能，可讓使用者輕鬆設定，使用者只要在設定畫面中選取「啟動DNS循環分配」的核取方塊即可。

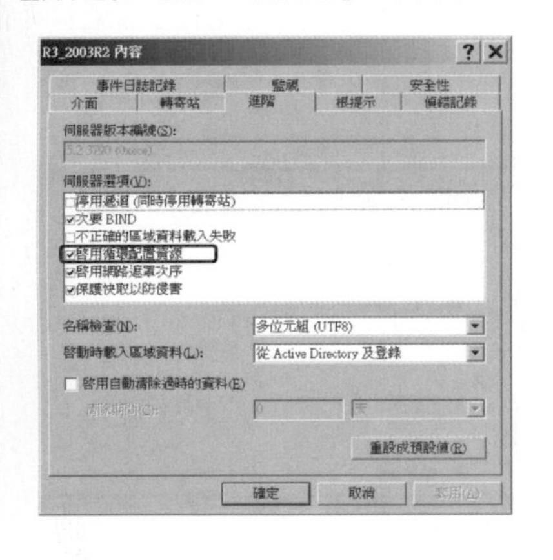

圖5-5 針對1個網域名稱設定數台電腦(IP位址)

只要事先將數個IP位址登錄於1個網域名稱，於是每當PC收到詢問時，就會透過常用的「DNS循環分配」方式來變更欲回覆的IP位址的順序。

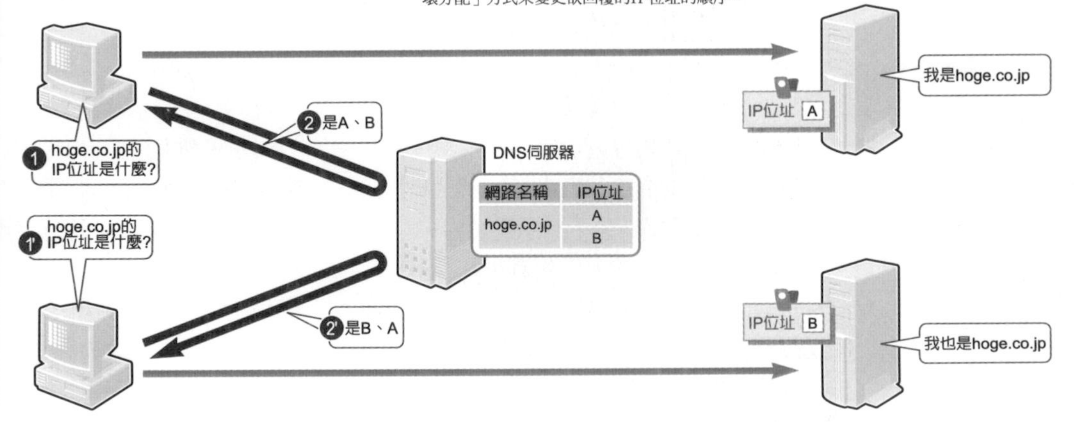

SLB
就是」Server Load Balancer「的縮寫，中文翻譯為「伺服器負載平衡器」，有時候會被稱為」「B」。

Proxy
具有「代理」的意思，Proxy的功能就是接受用戶端的存取動作，並且代替用戶端在伺服器上進行存取，然後再將存取的結果回覆用戶端。

位址轉換
當轉換位址時，並不會改變傳送端的IP位址，所以，如果將用戶端設定為「X」的話，位址轉換式SLB就會將X傳送給A1的封包，轉換為X傳送給B2、B3、B4等各伺服器的封包，此時，該電腦就會採取不同於Proxy伺服器的作法，而是和用戶端及伺服器直接進行通訊。

除了DNS循環分配的方法外，另外還有一種就是將數台電腦配置為同一個位址，以便減輕伺服器負載的方法，此種方法就是將所謂的「SLB ✐(伺服器負載平衡器)」設置於數台伺服器的前端，完全由該設備負責接收伺服器的存取動作，接著再由該設備將封包分配給數台伺服器(圖5-6)，此種設備又被稱為「Load Balancer (負載平衡器)」。

圖5-6 使用SLB，將數台電腦配置為1個IP位址

另外有一種方法是採取不同於DNS伺服器的作法，來代替伺服器接受存取的動作，也就是設置所謂的SLB（伺服器負載平衡器），將封包分配給數台伺服器。

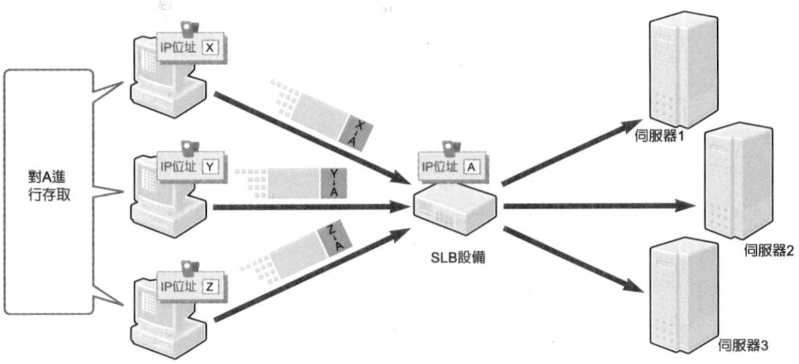

SLB(伺服器負載平衡器)的必要條件

SLB只要配置一個用戶端專用的IP位址即可，接著在該設備後方連接數台伺服器，如此一來，SLB便能夠完全接收來自伺服器的存取動作後，再將封包分配給伺服器。

平衡負載的方法有好幾種，假設SLB向外部用戶端公開的IP位址是A，而內部專用的IP位址是B1，那麼伺服器就會被配置像B2、B3、B4等IP位址。

接下來，假設用戶端在進行資料存取時，B1會依B2、B3、B4的順序分別存取，相對地當進行回覆時，會由B1暫時接受所有的存取動作，如果從外部的角度來看的話，則是由SLB的IP位址A負責回覆，此種方法就是將SLB視為Proxy ✐ 伺服器，也就是當作代理回應的設備來使用。

還有一種非常類似的型態，那就是執行位址轉換 ✐ 設備，此種設備只會針對目的IP位址自動加以配置。

另外，還有其他的處理方式就是不將IP位址配置給各台伺服器，而是直接對應各伺服器所擁有的MAC位址以及SLB所擁有的IP位址，這時候，使用者不需要轉換IP位址，只要將SLB所收到的IP封包直接轉送到伺服器，同時再由SLB直接回覆來自伺服器的回應即可。

無論您採取的是何種方式，都是將同一個IP位址配置給數台伺服器，如果從外部用戶端的角度來看的話，就像是由SLB來回應PC的詢問一樣。

另外，如果從封包如何分配至各台伺服器的觀點來看的話，一樣有許多不同的方法。

其中一種方法就是單純將收到的IP封包依序分配（稱之為「循環分配(Round Robin)」），基本上此種方法就是只要讓1台伺服器負責回覆即可，一旦該台伺服器的負載超過某個限度時，就會將存取的負載分配給下一台伺服器。

如果您使用的是高功能的SLB的話，該設備所採用的手法就是經常監控伺服器的狀態，優先回覆該時點連接數最少的伺服器，或者是回應速度最快的伺服器。

◆ ◆ ◆

如果名稱或位址的種類大於一個的時候，看起來就會比較複雜，不過此種作法的優點就是不需要受到設備的限制，可以隨心所欲架構網路。

而且，雖然架構看起來很複雜，但是處理時，只不過是單純地重複相同的程序罷了，其實每一個架構並不是想像中那麼困難。

超基本問題！

不好意思問的第一個問題

終端機、主機、節點(Node)都代表一樣的意思嗎？

當您在閱讀網路相關的書籍或雜誌時，一定會常常看到主機、終端機、節點(Node)、用戶端(Client)等用語，在大多數的情況下這些措詞所代表的意思多半是 「一般使用者所操作的PC」，當我們在使用時幾乎不會將這些詞加以分類，不過他們原本的意思還是有些微的差異，而且其所代表的網路設備之間也會出現一些微妙的不同。

位於網路的某一端所以被稱爲「終端機」

「終端機」這個用語就如同字面上所呈現出來的意思，具有「位於某一端」的意義，一般指的是使用者在網路上所操作的PC，若要嚴格定義的話，其實當我們提到「終端機」時，並不包含網路交換器或是路由器等中繼設備。

接下來，讓我們來談談「主機 (Host)」這個用語吧！ 「Host」這個英文單字本身具有 「服務提供者」 的意思，所以當我們提到 「主機電腦」時，指的就是提供終端機服務的電腦之意。

不過，一旦到了網際網路的世界，意思會變得有所不同，在網際網路中，將組成網路的所有PC稱爲「主機(Host)」，原因是當初網際網路在被開發的時候，那時候連接至網路的電腦，只有類似mini computer(小型機)的大型電腦，因此，此種稱呼方式一直被保留至今，而擁有IP位址的所有電腦皆可稱爲「主機」

目前，已經愈來愈少人採用多人共用大型電腦的方式了，相對地，在網路上設置數台PC，並且將各種處理作業採取平均負載的型態已經蔚爲主流。

這時候，就出現了所謂「用戶端(Client)」以及「伺服器(Server)」等用語，當電腦處理用戶端的要求，並且進行回覆時，該電腦就稱之爲「伺服器(Server)」，「用戶端(Client)」這個英文單字本身就具有「委託人」的意思。

目前的網路所採用的類型就是用戶端與伺服器互相搭配後所架構而成的網路，於是使用者所操作的PC就變成所謂的「用戶端」，而且還會向WWW伺服器、DNS伺服器等數台伺服器提出處理要求。

網路設備也包含 「節點(Node)」

最後我們要說明的是 「節點(Node)」這個用語，當我們在描繪網路的實體結構圖時，可以用點和連接線(傳送路徑)來標示，當我們畫出此種類型的網路結構圖時所使用的點就稱之爲「節點」，而連接線則被稱爲「連結」，因此，一般提到「節點(Node)」一詞時，所代表的就是網路上所有的設備。

然而實際上，如果從該用語的實例來看的話，其實他們所指的設備是不同的，例如，提供WAN(廣域網路)服務的ISP在網路中繼點所設置的交換機就稱爲「節點(Node)」，另外，如果談到TCP/IP節點的話，這時候所指的是擁有IP位址的裝置。

所有的用語均有一項共通點，那就是包含一般使用者所操作的電腦，所以，當我們使用這些用詞時，指的就是使用者所操作的電腦。

Part2

瞭解IP通訊的基礎技術

路由的濫觴

了解連結世界的原理

指定IP位址後，就能夠將資料傳送到世界上任何一台電腦，即使傳送路徑中的線路被切斷，一樣會自行透過迂迴的方式來傳送，在網際網路的世界，不可或缺的就是「路由(Routing)」，雖然我們很容易就認為路由隨時正確地動作是理所當然的一件事，不過這可是累積衆多前人的努力才得以竟功，本章將針對路由技術的精髓，和各位一窺資訊先知們的智慧吧！ (半沢 智)

路由的動作原理

入門篇

封包為何能夠傳送至目的地呢？

平常我們不會特別去思考所使用的網際網路，因為只要指定IP位址，就能輕易地連接到數萬公里外、地球另一端的伺服器。

您或許會覺得「稀鬆平常」，然而若要計算的話，網際網路上至少有數萬台路由器正在動作，且到達目的地的路徑不勝枚舉，如此複雜的網際網路，轉送封包時只要指定目的地，就能夠由這些路徑當中找到最佳路徑，並確實地將封包傳送給對方，而數台路由器會透過Bucket Relay的方式，依序將封包轉送出去。

為了做實驗，筆者從自家連線到日經BP社的網路伺服器，發現竟然會經過10台路由器 ✐(Router)(圖1-1)，路由器何其多，為何選擇這10台並且依照此種順序來連線呢？仔細思考後，您一定會覺得相當不可思議！

路由就是「路徑選擇」

要實現上述動作，必須透過「路由(Routing)」也就是本次的主題。

「路由」的意思，根據網際網路的基本協定，就是IP規格RFC791所定義 ✐ 的「選擇轉送路徑」，原本「Route」這個英文單字是道路、路徑的意思，而路由(Routing)就代表「路徑選擇」的意思，因此「選擇路徑的人(或裝置)」被稱為路由器(Router)，

總而言之，路由器會在選擇路徑後，將封包傳送至目的地。

至此，相信各位一定會發現「路由」是一項非常重要的網路技術。

圖1-1 拜路由之賜，封包得以被轉送至目的地

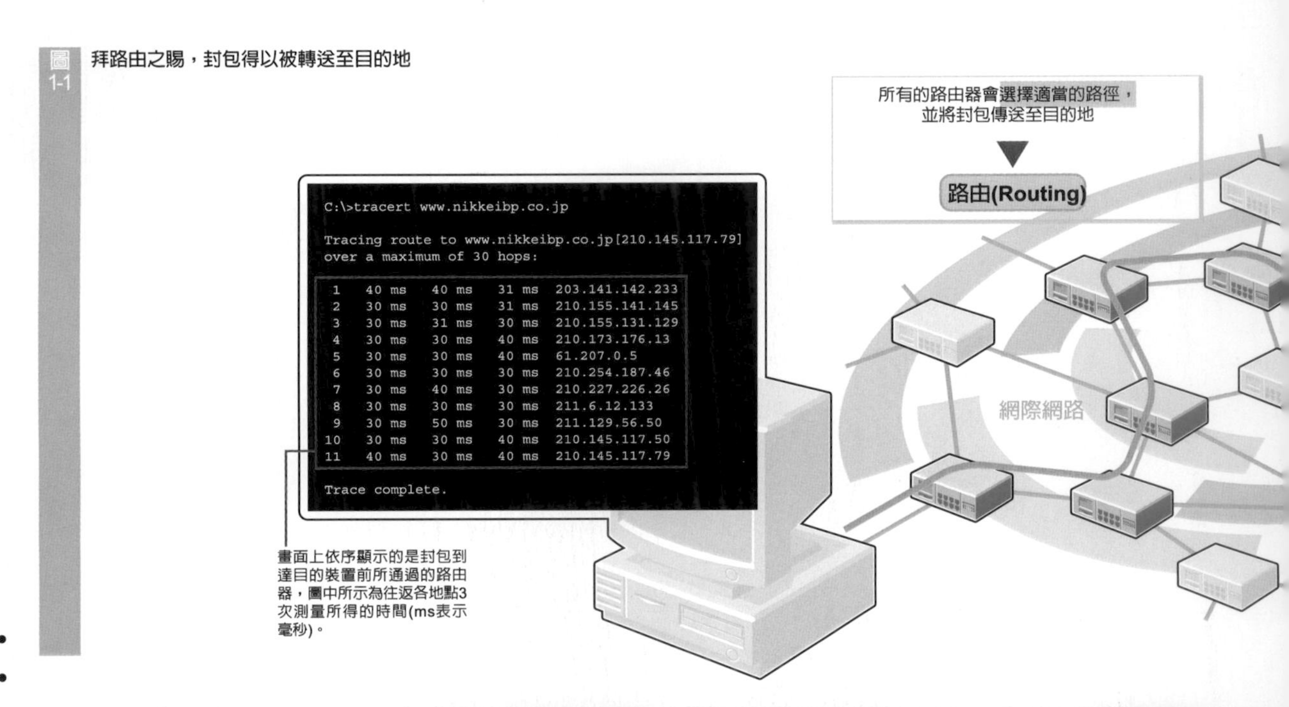

10台路由器
透過Windows裝置的Command Prompt啓動「tracert」的指令，即可獲得本項資訊

定義
RFC791記載著 "The selection of path for transmission is called routing" (選擇轉送路徑的動作就稱為「路由」)，然而雖然在本項規格中也同時定義了閘道(路由器)，但是並未具體敘述如何決定路徑的方法。

RIP
Routing information protocol (路由資訊協定)的縮寫。

OSPF
open shortest path first(開放最短路徑優先協定)的縮寫。

BGP-4
Border gateway protocol(邊界閘道通訊協定)Ver. 4的縮寫。

從1台路由器入門

要了解路由的原理，究竟該從何處開始著手呢？因爲我們不但無法將路由拿到手邊研究，而且也很難透過簡單的方式來進行實驗，您或許會認爲「像網際網路這樣的龐大架構根本無從著手」。

然而，以目前的網際網路而言，若將路由器增加爲1台、2台、3台，不過是變成目前整個龐大網路的一部分而已，事實上，我們只要將路由器增加至3台，就能夠完全了解「路由」的核心所在了。

接下來在這個入門篇當中，我們將依序增加路由器的台數由1台、2台到3台，再爲各位詳細說明「路由」的基本技術，相信在閱讀過入門篇後，就會瞭解「路由器選擇路徑的原則」、「當目的地未知時該如何處理？」「出現數個路徑時該如何處理？」等路由的基本原理，其中 您還可以學習到3個關鍵詞，那就是「路由表(Routing Table)」、「預設路徑(Default Route)」以及「度量(Metric)」。

瞭解精髓即可

換句話說，因爲「路由」的原理莫測高深，如果要瞭解路由架構如何在實際網路中動作，除了基本原理外，最好能夠再增加「路由協定(Routing Protocol)」的知識，所謂「路由協定」就是路由器之間交換資訊的架構，種類有RIP ✎、OSPF ✎、BGP-4 ✎ 等，對於企業網路、網際網路服務供應商(Service Provider)的管理者、或是路由器的電信商(Operator)而言，則是耳熟能詳的技術。

然而，實際上需要精通路由協定細節的只有使用及管理路由器的專業電信商而已，身爲網路技術人員只要將重點放在瞭解「爲何需要此種架構？」、「理想的架構爲何？」「適用的網路種類爲何？」等精髓知識即可。

如果各位能夠瞭解這些精髓，不但能夠和路由器的管理者、ISP的承辦人員站在對等地位溝通，而且也不會被一些不瞭解其所以然的專業用語搞得一頭霧水了。

另外在本書後半部的實務篇中，我們將會介紹使用路由協定的意義，同時和各位確認各種協定的特徵及架構。

接著讓我們重新整理思緒，同時在腦中對照「路由器如何將封包傳送至目的地？」這個問題後再翻開下一頁，相信您在閱讀完本篇後，對於處於無形的路由架構一定會有更深一層的認識才是。

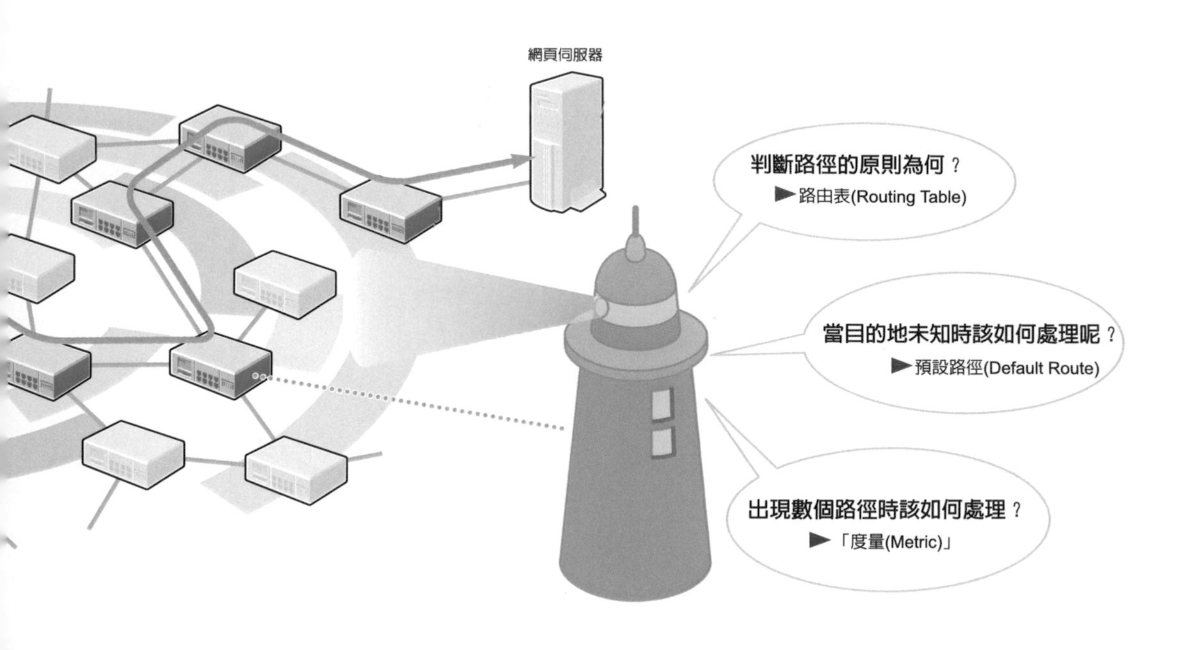

寫入
管理者可以事先利用手動方式將資訊寫入路由表，或是藉由和其他路由器互相通訊的方式更新資訊，詳細內容請參閱P.84以後實際篇的說明。

使用1台路由器時
路徑選擇的基準為何？

無論何種路由器皆會有路由表

首先，讓我們來看看若使用1台路由器時，該路由器如何動作呢？由這個觀點可以瞭解路由器選擇適當路徑的判斷基礎就是「路由表」。

存放在路由器記憶體的資訊

接著讓我們來介紹一個範例，子網路A、B、C分別連接至路由器上的3個通訊埠(圖1-2)，所謂子網路(Subnet)就是由Hub或LAN Switch所架構而成的LAN，也就是不須透過路由器即可直接通訊的範圍。

此時，子網路A的PC送出要傳送至子網路B中伺服器的封包，接著，該封包就會被傳送到路由器子網路A側的通訊埠(圖中所示爲通訊埠1)。

如果能夠順利地將該「接收封包」轉送至子網路，也就是轉送到配備伺服器的子網路B側的通訊埠2時，則PC所送出的封包就會被轉送至伺服器，但是路由器如何判斷是否轉送至通訊埠2才是最好的呢？事實上，路由器的判斷基礎就是路由表。

所謂路由表就是目的地子網路與輸出通訊埠(Output Port)的對應表，路由表的資料已經事先被寫入✎路由器的記憶體了，至於資料是如何被寫入的呢，我們會在後半部的實務篇詳細地爲各位介紹，在此我們只談到資料被寫入記憶體的部分。

資料會如圖1-2所示的方式，將目的地子網路所對應的輸出通訊埠寫入路由表中。例如「目的地子網路A爲通訊埠1、目的地子網路B爲通訊埠2」，而路由器則會參考路由表，將接收封包轉送至適當的通訊埠。

實際呈現的是IP位址

圖1-2是將路由表簡化後加以

圖1-2 路由器會根據路由表，將封包轉送至適當的通訊埠。

路由表所記錄的是接收端的子網路與接收端通訊埠的配對資料。路由表會根據這些資訊，將封包轉送至適當的通訊埠。

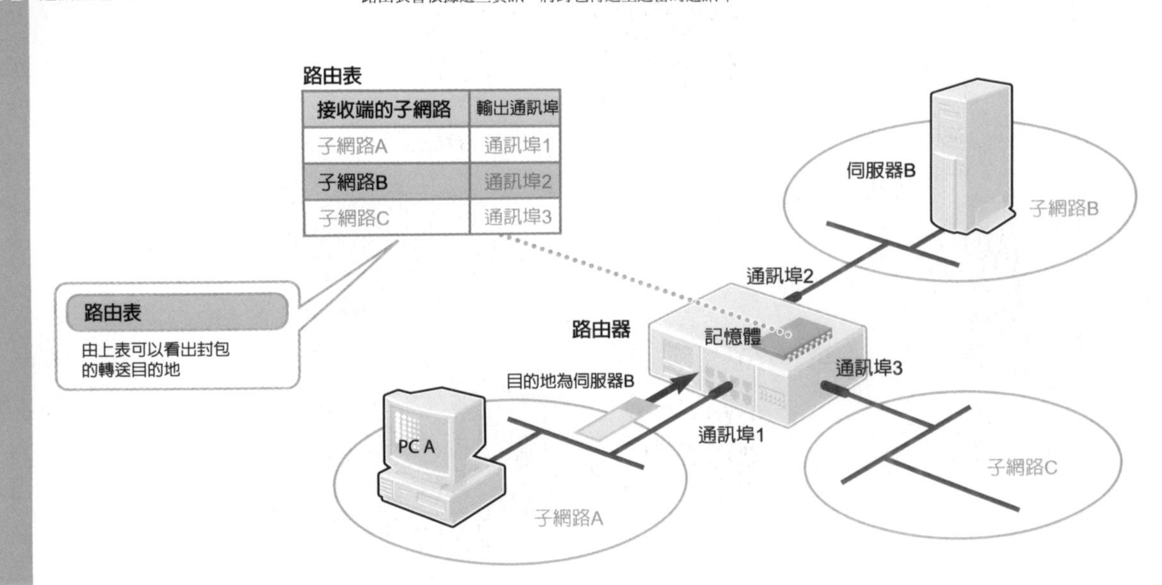

5個項目
路由器會依機型不同而有不同的路由表管理方法，因此在項目的數量上也會有所差異，本書中所提到的5個項目不但是路由表不可或缺的基本資訊，同時也是所有路由器皆必須具備的項目。

網路位址
也就是識別子網路用的IP位址，若和子網路遮罩搭配使用，即可掌握所有連線電腦的位址範圍。

eth2
eth是Ethernet(乙太網路)的縮寫，而「eth2」指的就是路由器所配備的第2個乙太網路通訊埠的意思，這一類的名稱會依路由器的品牌或是機型而異。

表示，和實際路由器所登錄的路由表有些微差異，實際的路由表是以IP位址的形式寫成的，因此，接下來讓我們透過實際的路由表一起來做驗證。

企業使用的一般路由器是透過Telnet和路由器連線，或是利用序列纜線直接和PC連線，當您輸入專用指令時，就會出現如圖1-3所示的路由表，本路由表是結合圖1-2的網路架構而成。

瀏覽路由表時，您會發現Destination、Mask、Gateway、Interface、Metric等文字並排在第1行，這5個項目 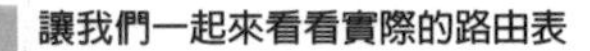 代表對應至1個子網路的資訊，若使用1台路由器時，請特別注意其中Destination、Mask、Interface等3個項目。

記錄IP位址的共有3行，第2行是目的地子網路B的資訊，代表子網路B的網路位址 ✐ 192.168.2.0會被寫入Destination，而代表子網路遮罩的255.255.255.0則會被寫入Mask中，根據這2項資訊我們可以瞭解子網路B範圍內PC的IP位址會落在192.168.2.0~192.168.2.255的範圍內。

接著請看路由表的第4項Interface，代表封包的輸出通訊埠資訊，由於路由器的通訊埠2已經被定義爲「eth2 ✐」的名稱，因此eth2的字樣會被寫入Interface的項目中。

至此接收端的子網路資訊與輸出對象通訊埠的資訊已經齊全，路由器會根據接收封包的目的IP位址與路由表互相比對，於是就會發現目的地就是子網路B，因此會由eth2，也就是由負責轉送的輸出通訊埠送出封包。

相信各位已經瞭解對於「路由」這個動作而言，路由表扮演著相當重要的角色。

路由與轉送(Forwarding)

順帶一提的就是在詳細說明路由技術以及路由器的書籍中，除了「路由」外，還會出現轉送(Forwarding)這個名詞，若要嚴格區分他們的不同之處，就是路由代表「選擇路徑」，而Forwarding的意思則是將「封包」轉送至路由表所選擇的路徑，總而言之，路由器不僅只有路由表，也是一台能執行Forwarding(轉送)的裝置。

圖1-3 **讓我們一起來看看實際的路由表**

我們可以由目的地網路位址以及子網路遮罩瞭解目的地是哪一個子網路，另外，您還可以透過Interface瞭解封包的輸出通訊埠。

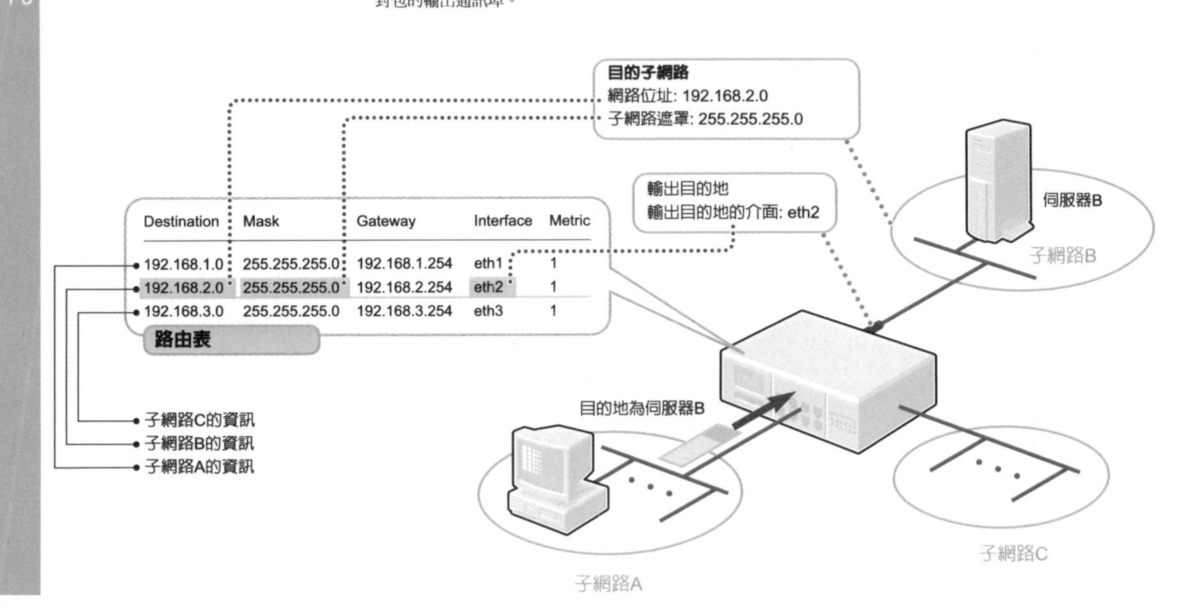

使用2台路由器

若不知道目的地時，該如何處理？

使用預設路徑 並交由其他路由器負責轉送

接下來要介紹的是和2台路由器連線時的架構，這是我們第一次提到本機以外的路由器，透過這2頁的說明，我們可以得到「如果路由器的路由表未登錄目的地時該如何處理？」這個問題的答案，關鍵就在於「預設路徑」。

是否需要登錄所有的路徑？

如果要透過路由器接收路由表未登錄目的地的封包時，應該如何處理呢？結論就是禁止路由器將接收封包轉送至任何目的地，必須立刻丟棄該封包，並且向傳送端通知封包已經被丟棄的訊息，否則若不知道轉送目的地，就將封包轉送至所有的通訊埠，那麼網路就會被塞滿目的地未知的封包。

那麼，我們是不是要先將世界上所有的目的地資訊登錄至路由表呢？其實並不見得，有一個方法能夠有效率地登錄路由表，那就是所謂「預設路徑 ✎」的思考模式。

特別位址-「0000」

為了瞭解預設路徑的思考模式，讓我們試著用2台路由器所連線的網路來加以思考(圖1-4)，3組網路(子網路A、B、C)分別連線至路由器A的3個通訊埠，截至目前為止，都和使用1台路由器的情況完全相同，不同之處是有另一台路由器B連線至子網路B，而且路由器B所管理的目的地會擴展為其他網路。

此時，路由器A的路由表和使用1台路由器時的情況相同，也就是已經登錄好子網路A、B、C所各自對應的輸出通訊埠，因此目的地子網路A、B、C的封包會透過路由器A來判斷轉送目的地。

然而，路由器A並不知道傳送至其他子網路的路徑，因此除了子網路A、B、C外，其他均為路由器B管理的目的地。

圖1-4 若不知道目的地時會交由其他路由器負責轉送　若收到不知道目的地子網路的封包時，路由器會交由其他路由器來轉送，這就是所謂的「預設路徑」。

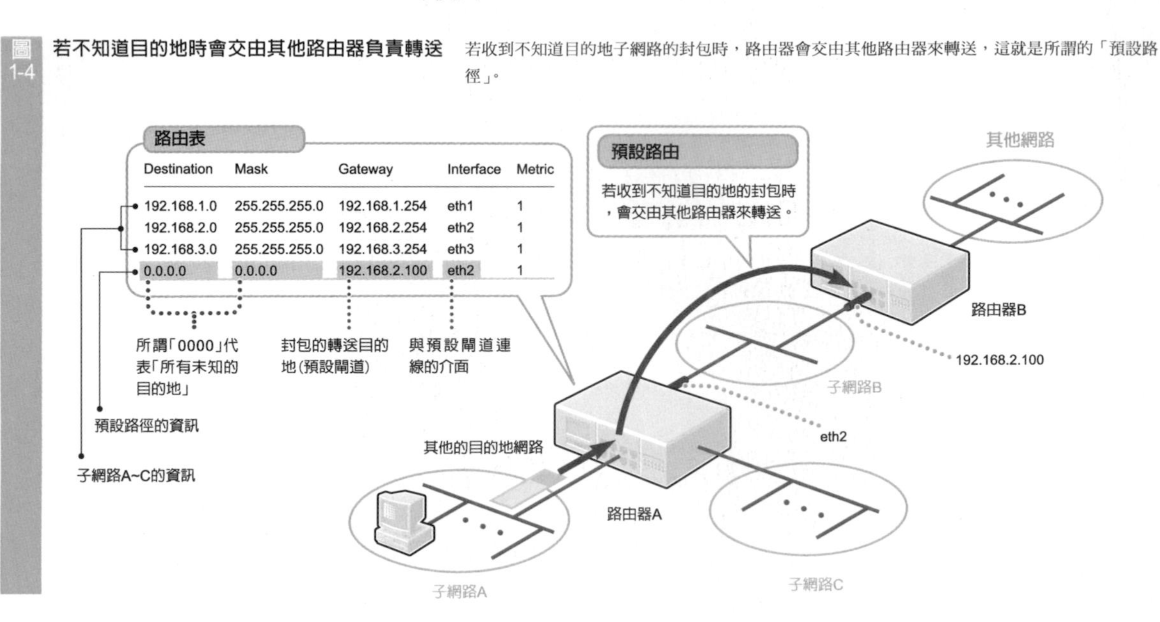

預設路徑(Default Route)
所謂預設(Default)在電腦用語中表示「初始設定」的意思，因此用「暫時路徑」來思考預設路徑(Default Route)的話，會更容易想像。

企業網路
家用網路通常會在連接至網路供應商(ISP)的線路上設置寬頻路由器，因此寬頻路由器的預設路徑就是網路供應商(ISP)的目的地路由器，因此，目的地不是家中區域網路(LAN)的封包會被轉送至網路供應商的路由器，而網路供應商的路由器會找到到達網路上目的地裝置的路徑後再加以轉送。

圖1-5 上層路由器所擁有的路徑資訊較多

若收到未知目的地子網路的封包時，會交由上層路由器來決定，如此一來即可減少路由表所記錄的資訊，但是最上層的路由器必須知道所有的路徑。

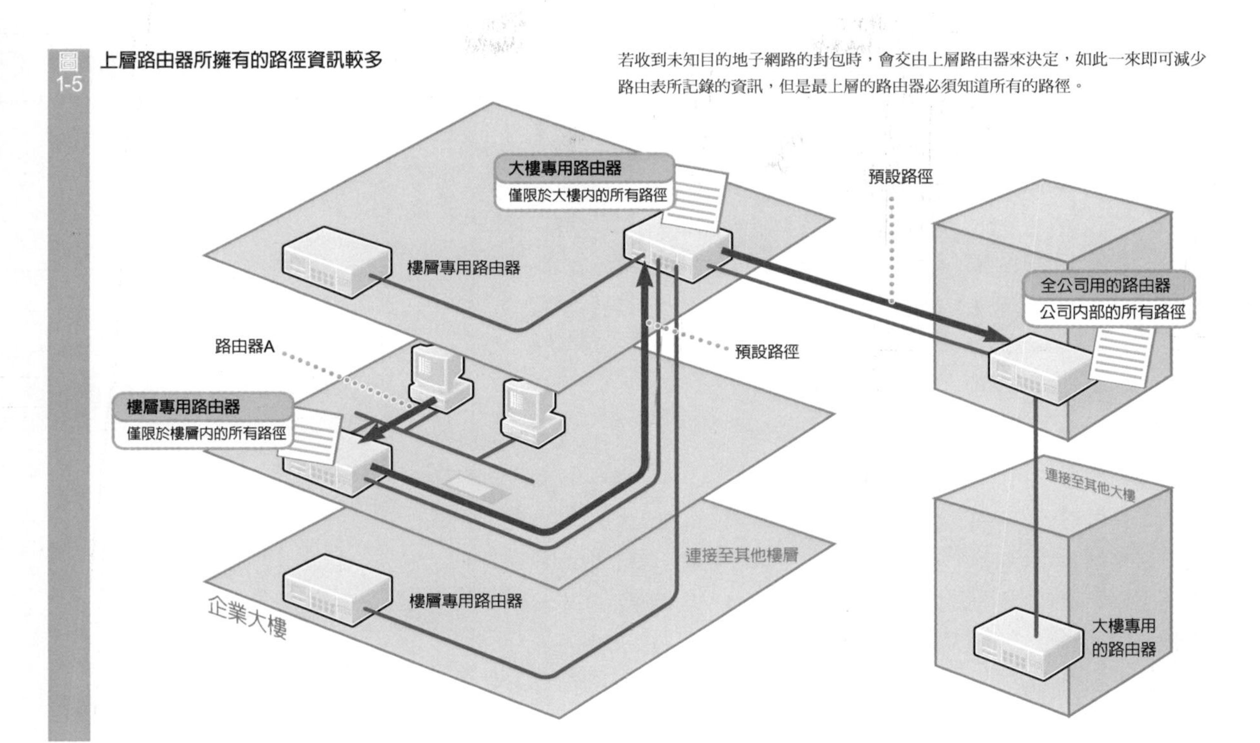

若收到目的地子網路A、B、C以外的封包時，封包會被轉送至路由器B，而接下來的路徑選擇將由路由器B來決定，這就是所謂「預設路徑」的思考模式。

當然預設路徑也會被登錄在路由表中，被登錄爲預設路徑的該行和其他資料會有些許不同，Destination與Mask等項目皆會變爲「0000」(圖1-4的右側)，意思就是「所有未知的目的地」。

又，在該行的Gateway項目中已經登錄了路由器B的IP位址(192.168.2.100)，也就是顯示接收封包的轉送目的地路由器資訊，總而言之，該行所顯示的資訊就是「將目的地未知的封包轉送至路由器B」。

又，預設路徑所指定的路由器就稱爲「預設閘道」。

網路就是預設路徑的結合

接下來讓我們一起來思考適用於企業網路 ✐ 預設路徑之使用範例。

如果由企業網路來看的話，我們會發現這樣的階層結構，就是每個樓層有樓層專用路由器，而樓層專用路由器會被匯整爲大樓專用路由器，匯整數個大樓專用路由器後就會形成全公司用的路由器(圖1-5)。

此時，若加入預設路徑的思考模式時，就能夠將各個路由器的路由表加以簡化，具體來說，就是將樓層專用路由器的預設路徑指定爲上層的大樓專用路由器，而大樓專用路由器必須將全公司用路由器指定爲預設路徑。

如此一來，樓層專用路由器只要知道該樓層的目的地子網路的路徑即可，因爲其他的目的地(其他樓層或其他大樓)可以交由大樓專用路由器來決定，同樣地，大樓專用路由器只要登錄大樓內部的路徑即可，目的地爲其他大樓的封包則交由全公司用的路由器來決定。

但是，由於全公司用的路由器位於最上層的位置，沒有轉送對象，因此無法指定預設路徑，而且使用者還必須登錄企業內部所有的子網路資訊。

「不知道路徑時則交由其他路由器來決定」乍聽之下似乎是不負責任的想法，但是對於路由器而言，則是非常重要的思考模式。

考量
詳細內容請參閱實務篇的解說。

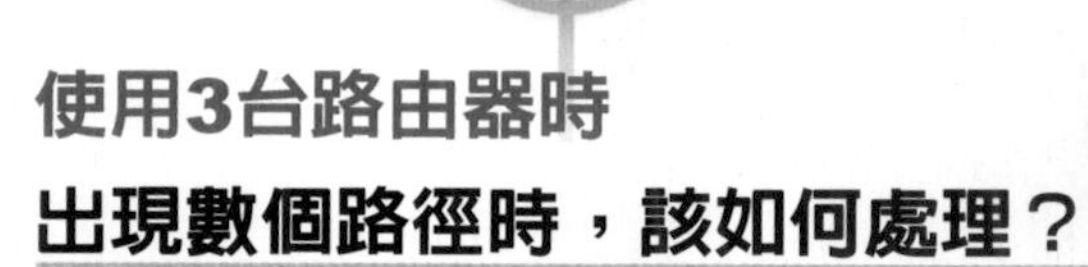

使用3台路由器時
出現數個路徑時，該如何處理？

根據代表到達目的地優先順序的度量(Metric)來判斷

最後讓我們一起來思考當3台路由器連接爲三角形架構時的情況，本頁所要表達的主題就是，將封包轉送至目的地時，如果有數個路徑，應該根據何種原則來選擇其中一條路徑呢，我們只要瞭解「度量(Metric)」這個關鍵詞後，就能夠找到問題的答案了。

路由表也包含「距離」的資訊

讓我們從圖1-6所示的網路中，一起來思考由路由器A所連線的子網路A至路由器B所連線的子網路X的路徑，若由路由器A的角度來看，到達目的地子網路X的路徑有2條，意即經過路由器A→C→B的路徑、以及路由器A→B的路徑。

那麼，路由器A的路由表會產生什麼樣的變化呢？目的地子網路X的資訊有2項，由上往下第4行以及第5行，這2行的Destination皆爲192.168.5.0，而Mask也一樣是255.255.255.0。

需要特別注意的是度量(Metric)這個項目，度量就是顯示路徑優先順序的資訊，例如到達目的地子網路的「距離」等，路由器倘若知道數個路徑時，會選擇度量所登錄的數值中較小者。

在本範例中，分爲度量爲2以及3的路徑，路由器A選擇度量較小者-2的路徑，也就是選擇路由表中第4行的路徑，其中閘道(Gateway)登錄爲192.168.2.100，因此目的地子網路X的封包會被轉送至路由器B，簡言之，「以哪一條路徑爲優先」的資訊就是所謂的度量。

又，基本上來說度量是由路由器管理者來決定的，當管理者未設定度量時，路由器就會自動做決定，度量的基準並不僅止於「距離」，管理者可以自行決定要設定何種數值，一般會根據到達目的地前的路由器數量或是線路速度等來考量✎。

圖1-6 請選擇可以到達目的地的較近路徑

路由表包含優先順序基準的資料，例如到達目的地的「距離」等，亦即所謂的「度量」。

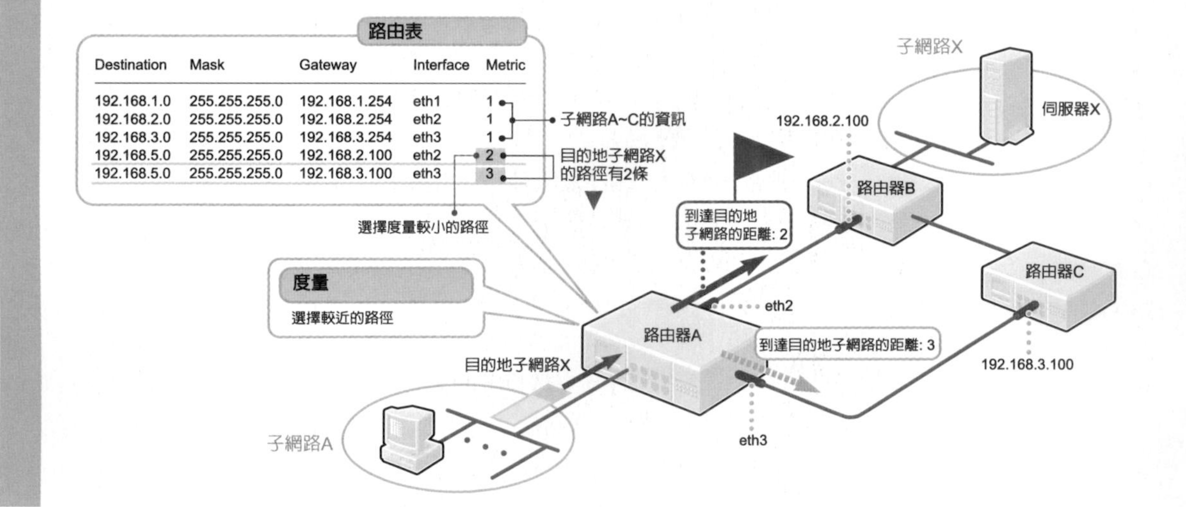

路由表

Destination	Mask	Gateway	Interface	Metric
192.168.1.0	255.255.255.0	192.168.1.254	eth1	1
192.168.2.0	255.255.255.0	192.168.2.254	eth2	1
192.168.3.0	255.255.255.0	192.168.3.254	eth3	1
192.168.5.0	255.255.255.0	192.168.2.100	eth2	2
192.168.5.0	255.255.255.0	192.168.3.100	eth3	3

複習 使用自己的PC來確認

讓我們一起來解讀Windows的路由表吧！

不僅只有路由器才會有路由表，事實上我們平常所使用的PC也有，在此我們一面將路由器增加爲1台、2台、3台，同時重新確認路由的核心所在，接著讓我們由PC的路由表來加以解讀。

IP設定會直接顯示在路由表上

要在Windows系統顯示路由表時，請由Command Prompt輸入以下命令即可(圖1-7)

```
route print
```

我們可以從路由表由上往下數的第3行獲得和PC連線的子網路資訊，其網路位址(Network Destination)爲192.168.2.0，而子網路遮罩(Netmask)爲255.255.255.0，也就是說，這1行所顯示的是目的地爲192.168.2.0~192.168.2.255的資訊。

另外，由該行我們可以看到閘道(Gateway)爲192.168.2.1，這就是本機LAN通訊埠的IP位址，因此我們知道只要將目的地爲192.168.2.0~192.168.2.255的封包轉送至本機的LAN通訊埠即可。

事實上該資訊就是PC的IP設定，以這台PC爲例，IP位址設定爲192.168.2.1，而子網路遮罩爲255.255.255.0(圖1-7上方的視窗)。

另一方面，位於路由表第1行的資訊「0.0.0.0」代表預設路徑，預設路徑的閘道(Gateway)爲192.168.2.254，因此所有目的地未知的封包則會被轉送至192.168.2.254，這項資訊代表透過Windows IP設定所輸入的預設閘道IP位址。

我們平常所進行的Windows IP設定也就是一項製作路由表的作業。

圖1-7 PC也有路由表
IP設定的資訊會變成路由表，也可以使用指令新增路由表的內容。

路由通訊協定

自動更新資料表 依網路的規模區分使用類型

目前為止我們所介紹的內容，乃是偏重於路由的定義:「選擇適當的路徑」，雖然這樣子的陳述並無任何錯誤，不過事實上路由還包含另外一個部份，那就是「如何建立路由表(Routing Table)」。

要瞭解這個部分，最重要的就是掌握「路由通訊協定(Routing Protocol)」的架構，也就是路由器如何和其他的路由器交換資訊，並且自動地建立路由表，當各位理解這一點後，想必就能夠感受到「路由」在實際網路中所扮演的角色了。

接下來就讓我們透過實務篇，一起來看看路由通訊協定的精髓吧！

手動設定的限制

在介紹路由通訊協定前，先讓我們來瞭解一下如何用最簡單的方法來建立路由表(Routing Table)吧！ 這個方法就是由管理員(Administrator)將資訊寫入路由器中，也就是登入路由器後鍵入指令，然後再將資訊逐項登錄的方法，此種方法就稱為「靜態路由(Static Routing)」

路由器會接受人類所告知的資訊，所以管理員可以依個人的想法來操控路由器，不過，「靜態路由(Static Routing)」還是有操作上的限制，當網路的結構發生變化的時候，我們就必須更新所有路由器的路由表。

例如，當我們在某個路由器的通訊埠新增一個子網路時，這時候，網管人員就必須更新網路上

圖2-1 當使用者透過手動方式來設定路徑時，會出現一些限制

當使用者使用「靜態路由(Static Routing)」來追加子網路時，必須以手動方式為所有的路由器設定路由表，不過當網路的規模愈來愈大，而且路由器的台數增加時，本項方法就會出現不勝管理的情況。

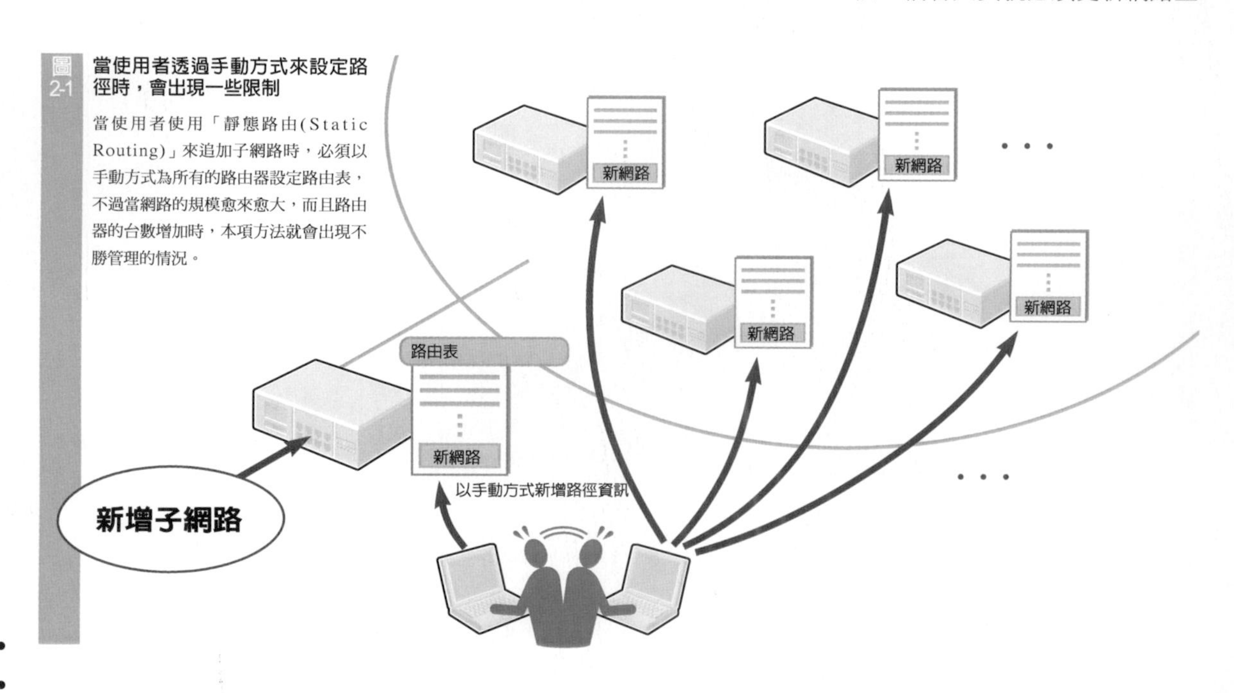

選擇其他路徑
即使管理者使用的是動態路由，仍然可以事先指定好替代路徑，不過當網路的規模愈來愈大時，就會出現設定困難的情況。

所有路由器的路由表了，如果路由器只有10台的話，在處理作業上或許還能夠負荷，不過路由器高達數10台以上時，就會出現不勝管理的情形(圖2-1)。

資訊會像謠言一樣散播開來

人類不易執行的事，就交由機器透過自動化的方式來完成，這就是「動態路由(Dynamic Routing)」的概念，「路由」就是一種自動建立路由表的方法。

透過「動態路由」方式，當網路上的某一個路由器新增或是刪除子網路時，路由器就會自動地將該資訊傳遞給其他的路由器，接收到該資訊的路由器會將資訊再次傳送給其他的路由器，經過此種反覆的傳送作業，即可將資訊傳遞給網路上所有的路由器了(圖2-2)，這不就像是謠言經過口耳相傳而散播開來嗎？

又，使用「動態路由」還有一項優點，那就是假如通訊線路等發生故障，因而造成路徑被切斷時，路由器會偵測到該項故障資訊，將經過該線路的路徑由路由表中刪除，然後再自動地選擇其他路徑 ✎，接著，該項路徑已經不存在的資訊同時也會被傳送至其他的路由器。

由於通訊路徑被切斷，也算是網路架構改變的變數之一，因此您只要仔細思考後，就會發現這是理所當然的一件事，不過，對於我們來說，如何建立一個發生故障時，也不會中斷的網路，就成爲「動態路由」非常重要的一項優點了，所以，對於企業網路或是網際網路而言，「動態路由」確實不可或缺。

路徑處理和封包轉送是兩回事

使用「動態路由」時，路由器會將資訊傳送給其他的路由器，以便更新路由表，另外，我們在入門篇的時候，也向各位介紹過，路由器會將收到的封包轉送至適當的路徑，雖然路由器能夠稱職地完成前述兩項工作，不過因爲一般人很容易對路由器的工作產生混淆，所以我們將利用本篇稍微爲各位加以整理。

首先，我們必須掌握一點，那就是路由器爲了建立路由表所進行的資訊處理作業，以及路由器將收到的封包轉送出去的作業是完全不同的工作，終歸一句話，「動態路由」就是一項建立路由表的作業，而路由器則會根據路由表來判斷封包的轉送目的地。

例如，如果您只是將路由器A

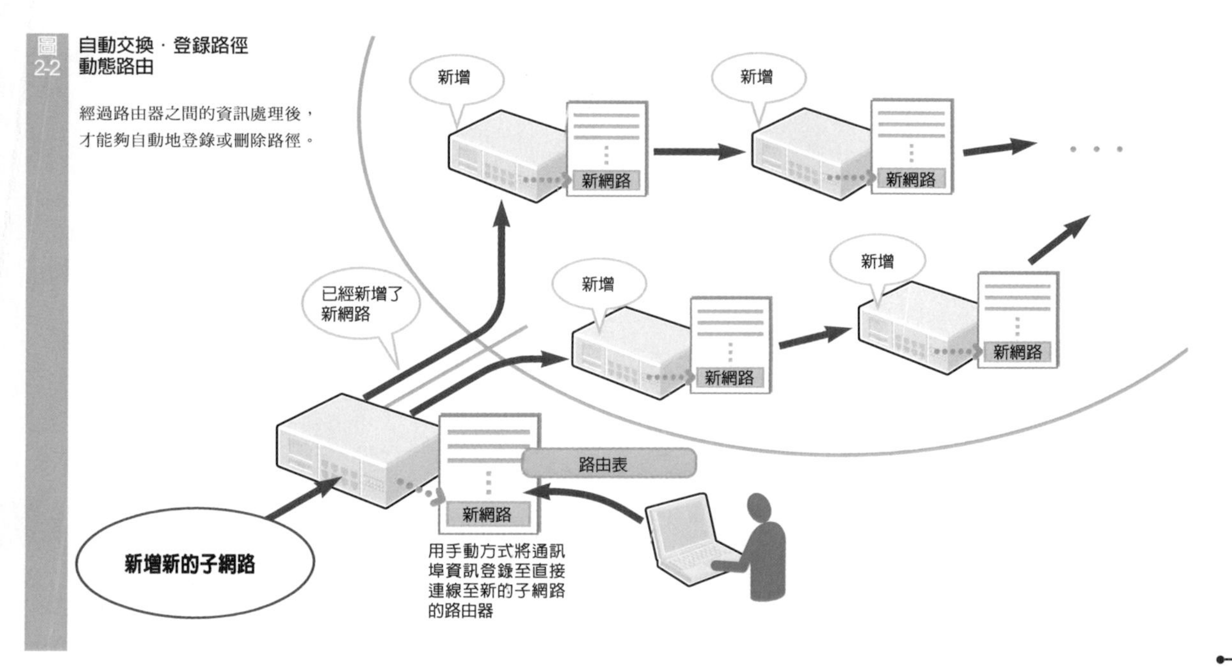

圖2-2 自動交換·登錄路徑 動態路由

經過路由器之間的資訊處理後，才能夠自動地登錄或刪除路徑。

和路由器B這2台路由器單純地連接起來，A不但不知道B的目的子網路，相對地B也無法知道A的子網路，路由器A會將「本路由器和子網路X已連線」的資訊傳送給B，這時候路由器B首度了解路由器A所在的子網路X，接著，路由器B才會將目的地爲子網路X的封包轉送到路由器A。

總之，當我們透過「動態路由」將資訊從某一台路由器傳送至另一台後，傳送目的地的路由器就可以將封包送達，這就是「動態路由」和封包轉送之間的關係。

適用・不適用的路由方式

就像「動態路由」一樣，當路由器之間要進行資訊處理時，必須決定好希望處理的資訊格式或步驟，而決定處理規則的就是「路由通訊協定」。

路由通訊協定有好幾種不同的種類，目前網路上最常被使用，並且具代表性的有3項，RIP、OSPF、BGP-4，而且，每一項通訊協定在資訊的傳遞方法與最佳路徑的選擇方法上各有不同，因此，支援RIP的路由器，無法直接處理OSPF、BGP-4所支援的路由器。

如果有需要交換資訊時，則必須配備一台能夠互相轉換通訊協定的路由器，實際上，目前像網際網路這一類型的網路充斥著數個路由通訊協定，而且已經設置好能夠互相轉換這些通訊協定的路由器。

爲何要依不同的用途來區分這些通訊協定呢？因爲不同的網路規模、用途，會造成通訊協定產生適用與不適用的結果。

圖2-3就是一個現實生活中網路的典型範例，當家庭或是企業網路連接至ISP時，ISP只要再和其他的ISP連線，就會構成一個大型網路。

「靜態路由(Static Routing)」必須透過手動方式來設定路由表，通常會被用在家庭或是SOHO等規模較小型的網路，原因就如同我們在前面幾頁介紹過的一樣，「靜態路由(Static Routing)」必須由管理員親手來更新路由表。

大樓內RIP、WAN專用的OSPF

當網路規模愈來愈大，而且大樓數量增多時，就是「動態路由」大展身手的時候了。

當網路的規模較小時，通常人們會選擇RIP作爲路由通訊協定，例如，在同一個大樓內透過乙太網路來連接數個子網路時，RIP就適用於此種中小型的網路。

如果某家公司所使用的是廣域網路，必須透過專線等WAN(廣域網路)線路來連接東京總公司、大阪分公司、以及名古屋分公司等不同據點的網路時，在這種情況下通常會選擇OSPF，假設我們要將封包傳送到相同的據點，可是同時存在2種線路，一條是128k bit/秒的ISDN線路，另一條則是1.5M bit/秒的專線，一般應該會選用頻寬較大的專線才是，如果使用OSPF的話，系統就會

圖2-3 路由通訊協定必須適才適所

根據不同的網路規模，選用適合的路由通訊協定。

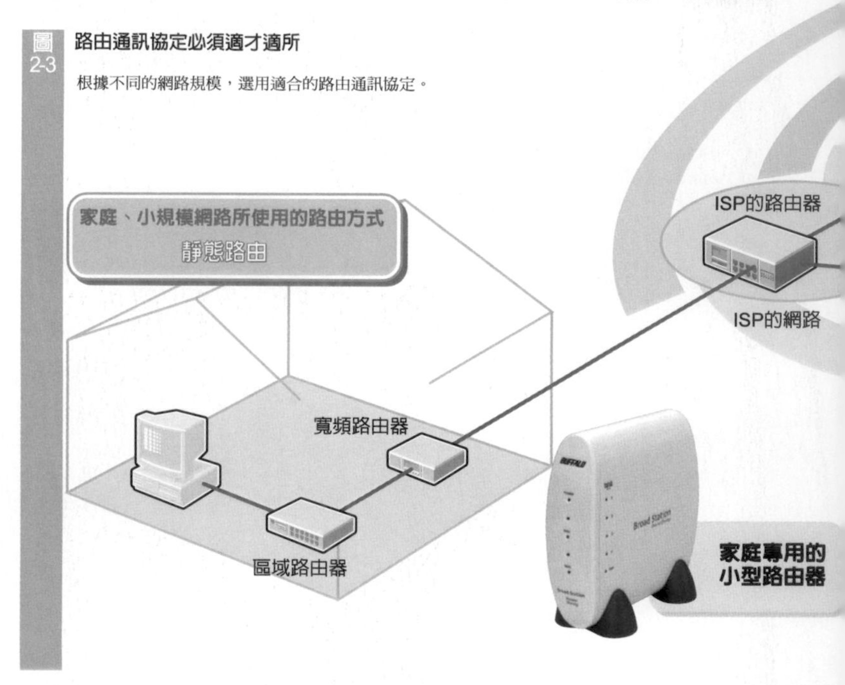

自動地選擇頻寬較大的路徑。

「BGP-4」用於ISP之間的資訊交換

接下來，我們要介紹的是，除了剛剛所提到的OSPF外，像網際網路這種大型網路的核心部分，究竟使用哪一種路由通訊協定呢？

和網際網路連線的子網路數量，甚至有可能是以億爲單位，就因爲子網路的數量如此龐大，因此如何能夠有效率地處理資訊，就成爲必須優先考量的問題了。

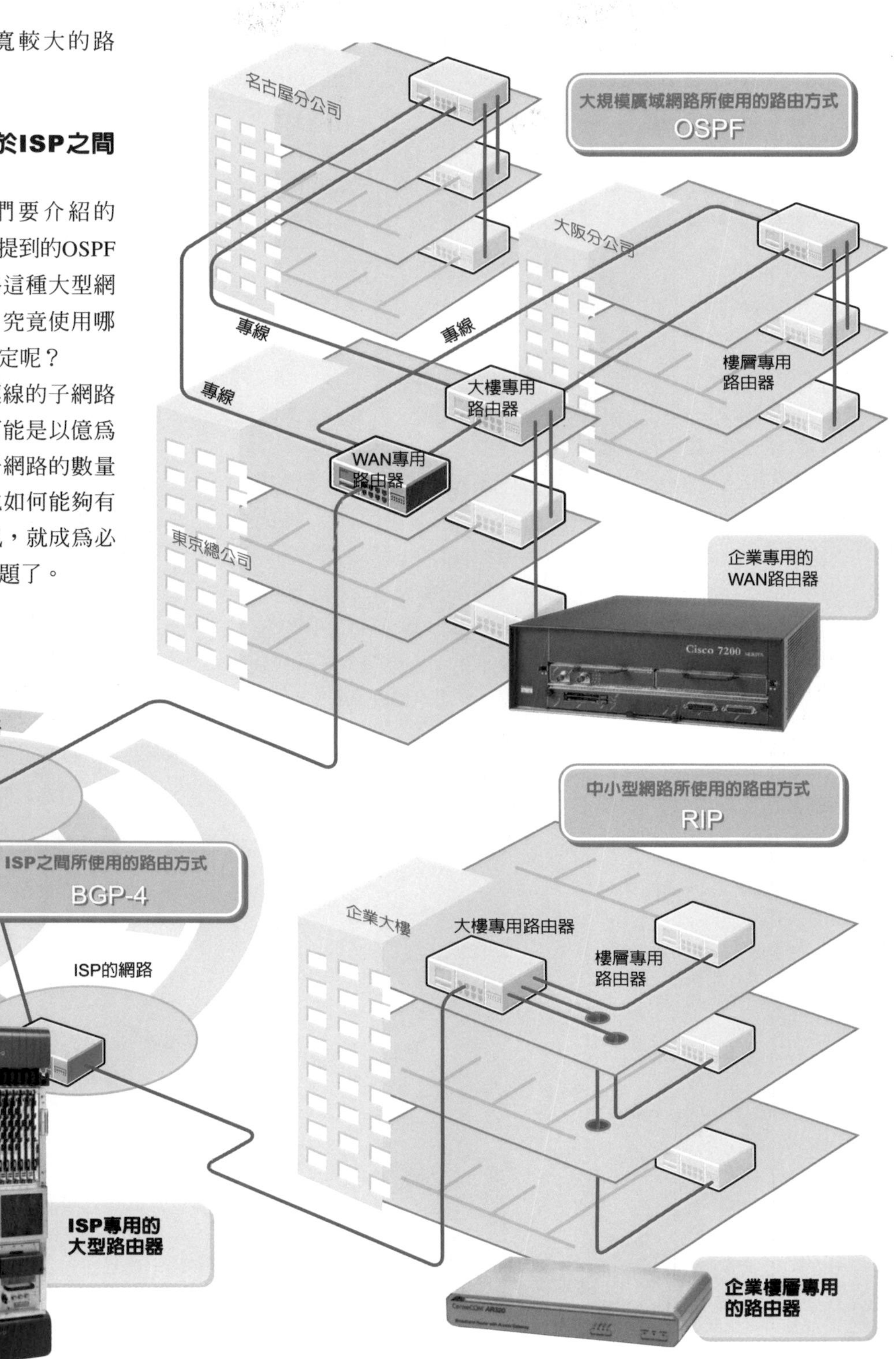

中小型網路 RIP

透過廣播方式執行通訊處理 根據路由器的數量來判斷距離

接下來就讓我們一起來看看在現實生活中，企業經常使用的3項路由通訊協定，不過，我們並不打算和各位探討通訊協定的細節，只希望將重點鎖定在「如何傳送資訊？」、「如何從已經建立的路由表中選出最佳路徑？」等2大精髓上，讀者只要掌握這2點，就能夠更具體地描繪出每一項路由通訊協定的特徵了。

接下來，就先從適合規模較小型的網路，也就是RIP開始說明吧！

透過廣播方式逐步傳遞資訊

在所有的路由通訊協定當中，RIP屬於動作最單純也最容易了解的一項協定，首先，讓我們一起來看看RIP的資料傳送方式吧！

圖2-4所呈現的是透過所有的路由器來啓動RIP的一個網路，因爲該公司成立新的部門，所以會有好幾台PC連接至同一個Hub(集線器)、網路交換器，該公司將重新整理過新的子網路A連接至路由器A(圖2-4之①)，接著路由器A會將「目前本路由器正和子網路A連線」的訊息，傳送給自己所在的區域網路上的所有裝置(廣播)(同②)。

當路由器B接收到路由器A所傳送過來的資訊時，會向自己所在的區域網路廣播「子網路A在本路由器的前方」的訊息(同③)，而收到該訊息的路由器C，同樣地會再將「子網路A在本路由器的前方」的訊息廣播出去(同④)，此種網路架構就是透過前述反覆的廣播過程，在不知不覺當中將資訊傳送給網路上的所有路由器。

每隔30秒會傳送一次所有的資訊

如果將重點放在一台路由器，並且更深入觀察它的動作的話，就會發現路由器隨時在監控內含許多資訊的RIP ✐ 封包，當RIP封包送達時，路由器就會根據該封包的內容，更新本身的路由表，接著再將自己所擁有的資訊寫入RIP封包後，再進行廣播。

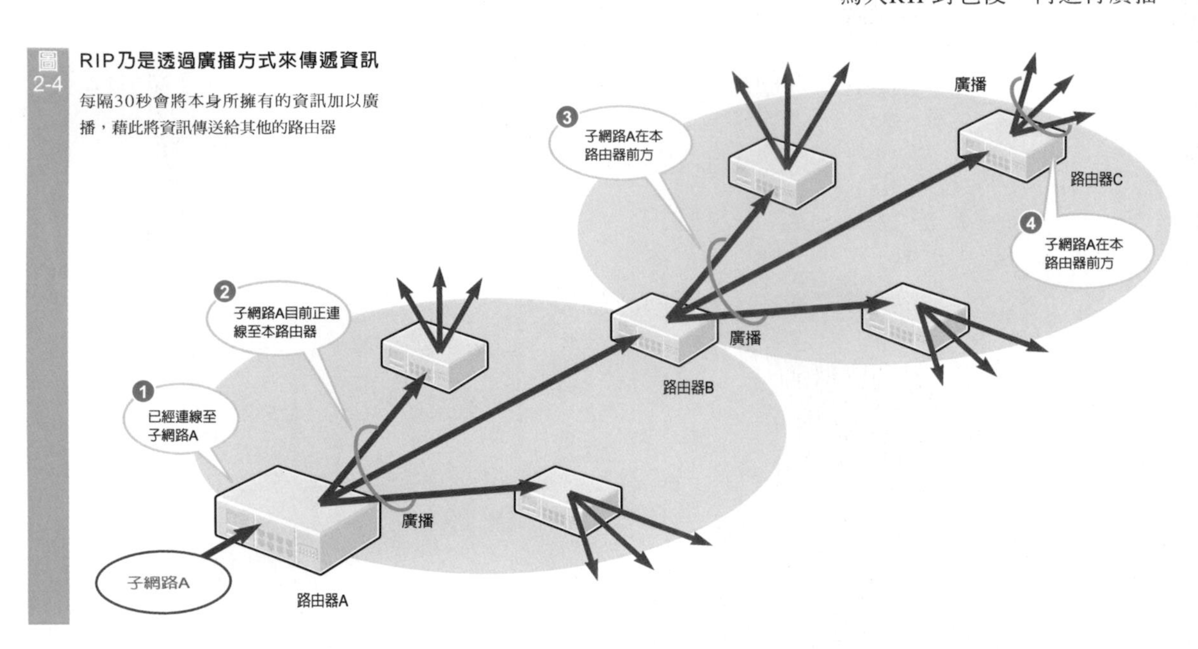

圖2-4 RIP乃是透過廣播方式來傳遞資訊

每隔30秒會將本身所擁有的資訊加以廣播，藉此將資訊傳送給其他的路由器

RIP封包
使用UDP封包，通訊埠編號為 520

所有資訊
實際上，當路由器收到資訊後，並不會送回相同的資訊，此種處理方式就稱為「水平分割(Split Horizon)」。

16
在RIP通訊協定中，當Metric(度量)值為16時，代表「無限遠」的意思，該項路徑資訊會在20秒之後被刪除。

不過，廣播的時間點並不一定要在路由表更新之後再進行，因爲路由器本身配備計時器，所以每隔30秒會傳送一次資訊，即使路由表未被變更，路由器仍然會進行廣播，如此一來，就能夠隨時將最新的資訊告知其他的路由器了。

又，RIP所負責傳送的資訊爲路由器本身所擁有的所有資訊，除了已經變更的部分外，就連尚未變更的部分也會被傳送出去，深入探討的話，我們會發現其中還是有一些相異之處，不過其實路由器所傳送的資訊，大致和入門篇提到的路由表中的資訊幾乎一致。

選擇路由器數量較少的路徑

接下來，讓我們一起來看看，當路由器希望到達RIP已知的子網路時，應如何選擇路徑呢？

在RIP所傳送的資訊當中，還包含了Metric值，以表示到達目的子網路的距離，因此，當到達目的地的路徑有數個時，Metric值較小的路徑就會成爲最佳路徑，這項基本原則，適用於所有的路由通訊協定，不同的是決定Metric值的方式而已。

RIP的Metric值就是到達目的子網路前，會經過的路由器數量。

以圖2-5的網路爲例，路由器Z在到達子網路A之前有2條路徑，一條是經過路由器X，另一條則是經過路由器Y，當我們比較這2條路徑的Metric值後，就會發現路由器X所經過的路徑爲6，而路由器Y所經過的路徑爲4，由於路由器Z選擇Metric值較小者當作最佳路徑，所以路由器Z判斷如果要將封包傳送到子網路A時，最好轉送到路由器Y比較好。

為何適合小型網路呢？

最後我們必須確認的一點是，爲何RIP適用於大樓內部的小型網路呢？

其中一項理由就是可傳送資訊的路由器數量以15台爲限，因爲根據Metric的相關規定，所使用的數值必須在1~16之間，因此，當該網路屬於會有16台以上的路由器經過的大型網路時，就無法使用RIP了。

另外一項理由就是如果將廣播方式使用在資訊傳遞的話，並不適合大型網路，因爲以WAN線路爲媒介的大型網路，有可能因爲RIP在傳送廣播封包時，會對頻寬較窄的WAN線路造成壓迫。

此外，還有一項理由就是Metric值的決定方式也不適合那些使用WAN線路的大型網路，接下來我們將針對此點和OSPF互相比較，同時爲各位做進一步的說明。

圖2-5 RIP會以較少路由器通過的路徑為優先選擇

除了子網路資訊外，RIP還會傳送「子網路前方還有幾個路由器？」的詢問資訊，如果到達目的地前會經過數個路徑的話，則會選擇路徑中路由器數量較少的路徑。

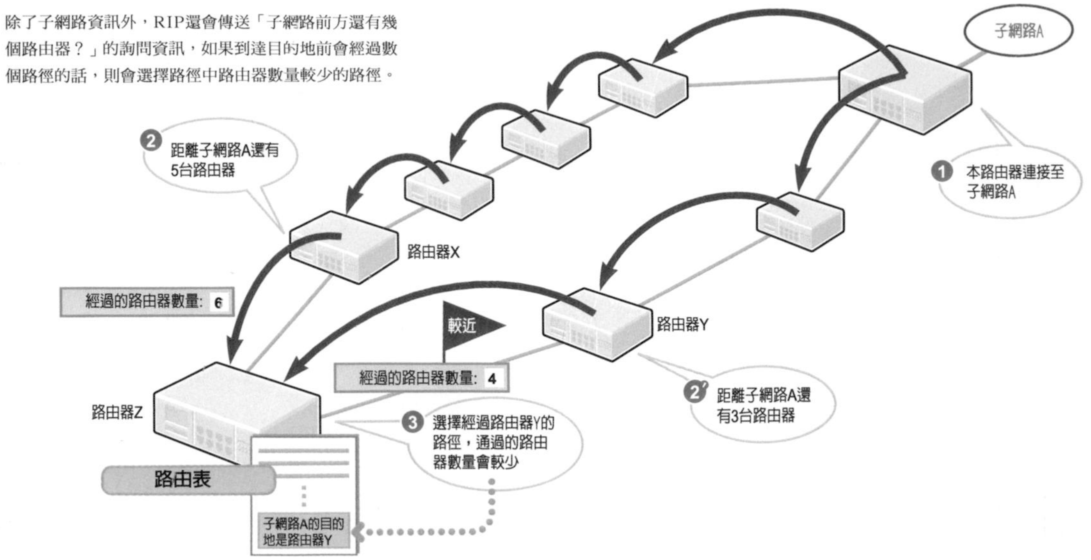

廣域．大型網路OSPF

選出各區域網路的主要路由器 選擇高速線路的路徑

本節我們將為各位介紹適用於大型網路的OSPF，OSPF不同於RIP，是一種會考量線路速度慢，像是WAN線路等因素的路由通訊協定，接下來，就讓我們一起來看看OSPF的精髓吧！

路由器具有主從關係

當我們使用OSPF來處理資訊時，必須將區域網路的區段(Segment)當作一個基本範圍，區域網路的區段就是使用集線器(Hub)或是網路交換器所建立出來的範圍，同時也是不需要經過路由器即可直接進行通訊的範圍。

OSPF會從連接至區域網路區段的所有路由器當中，選出1台當作特別的路由器 ✎，這一台特別的路由器就稱之為「代表性路由器」或是「指定路由器」等，代表性路由器除了在區域網路的區段中扮演著重要的角色外，還必須將資訊傳送給其他的路由器，換句話說，路由器可以使用OSPF來建立主從關係。

接著，就讓我們一面確認圖2-6的網路，同時了解資訊的實際傳送流程，首先，我們會看到2個區域網路區段-LAN1和LAN2，LAN1的代表性路由器為路由器B，而LAN2的代表性路由器則是路由器D。

此時，管理員將子網路A新增在路由器A(圖2-6的①)，於是，路由器A會立刻將新增子網路A的訊息傳送給LAN1的代表性路由器，也就是路由器B(同②)，接著，當代表性路由器接收到該項通知時，就會將該訊息傳送給所在的區域網路上的所有路由器(同③)。

上述步驟皆屬於同一個流程，倘若子網路A所擁有的資訊發生變化時，它會將該項訊息傳送給代表性路由器，然後再由代表性路由器告知 ✎ 區域網路上的所有路由器。

子網路A的資訊同時也會被傳送至路由器C，這時候，請特別注意LAN2，由於路由器C已經獲得最新的資訊了，所以會將該資訊傳送給LAN2的代表性路由器，也就是路由器D(④)。接著，路由器D會再將該資訊傳送給LAN2的所有路由器(⑤)，如

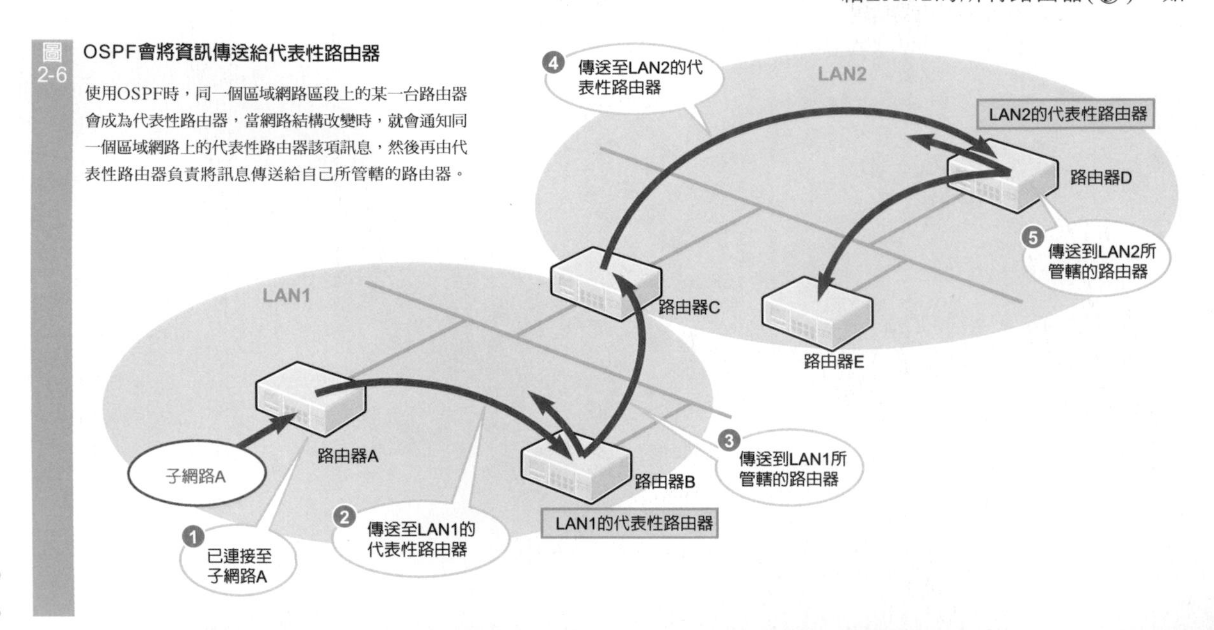

圖2-6 OSPF會將資訊傳送給代表性路由器

使用OSPF時，同一個區域網路區段上的某一台路由器會成為代表性路由器，當網路結構改變時，就會通知同一個區域網路上的代表性路由器該項訊息，然後再由代表性路由器負責將訊息傳送給自己所管轄的路由器。

特別的路由器
選擇方法除了由管理員明白指定外，還有一種方法就是自動選擇IP位址最大的路由器、或是區域網路上最先啓動的路由器等，選擇方法會依路由器的機型而異。

告知
路由器傳送至目的代表性路由器時所使用的是224.0.0.6，而代表性路由器傳送至目的管轄路由器時所使用的是224.0.0.5，這些就是所謂群體廣播位址(Multicast Address)。

執行資訊處理作業
該項資訊被稱為LSA(link state advertisement)，中文翻譯為「鏈路狀態公告」。

出現變化時
事實上會每隔30分鐘更新一次。

設定
通常會設定為路由器通訊埠連線的線路速度(bit/秒)除以100M bit/秒後所得出的值。

圖2-7 **選擇最佳路徑的方法會在考量線路速度等「成本」因素後決定**
OSPF會根據路由器通訊埠連線線路的速度來設定成本及標示值，最佳路徑就是所經過的線路當中成本總和最小者。

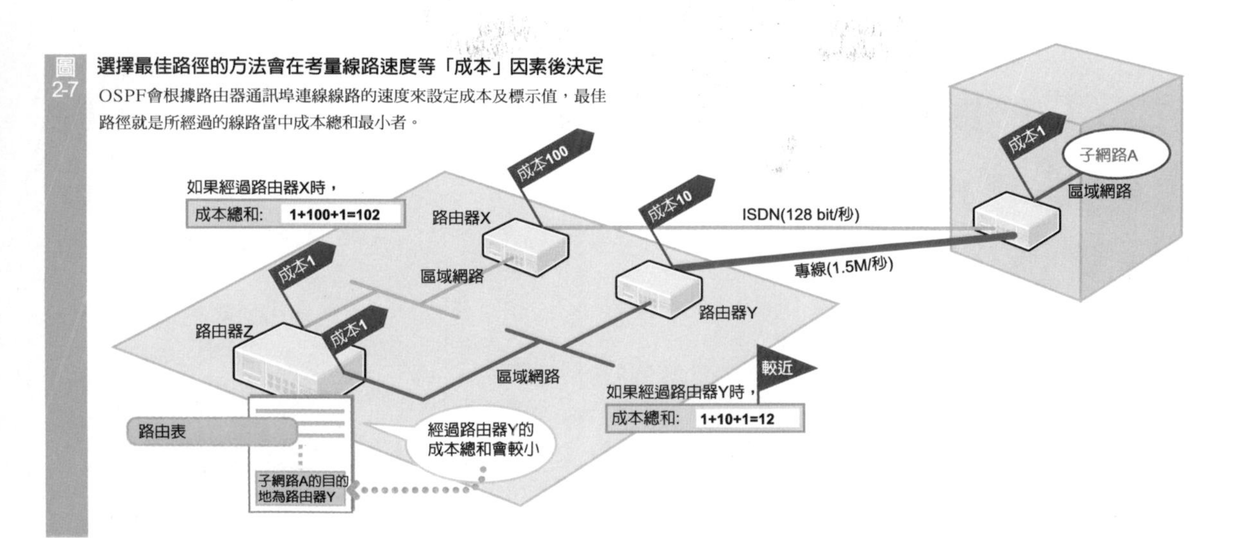

此一來，新增路由器A的這項資訊就會被傳送給網路上的所有路由器。

只有出現變化時才執行資訊處理作業

OSPF和RIP的相異之處在於只有更新網路時，才會執行資訊處理作業 ✎，所有的路由器會在路由器啓動時處理路由器通訊埠的IP位址或是連接至該位址的子網路資訊，然後建立網路結構圖(拓樸圖)，並且維護相關資訊，只有當自己所擁有的資訊出現變化 ✎ 時，才會將該資訊傳送給其他的路由器。

透過前述方法來建立網路結構圖，並且根據拓樸圖選出最佳路徑的方法就稱爲「連線狀態型」，其思考模式就是讓使用者能夠獲知每一個裝置的連線(連結)狀態，並且掌握整個網路架構。

相對地，RIP被稱爲是「距離向量型」路由通訊協定，因爲RIP所必須負責處理的是目的子網路和任何一台路由器(方向)相差幾台的距離(路由器的台數:距離)等資訊。

選擇路徑時必須考量線路速度

OSPF的判斷方法乃是由數條路徑當中選出最佳路徑，這一點也和RIP完全不同，OSPF所採用的架構就是優先使用傳送速度較快的線路，因此OSPF適用於以WAN爲中介的大型網路。

在路徑選擇的指標方面則和RIP相同，皆根據所謂「Metric值」，不同的是OSPF決定Metric值的方式會考量線路速度等因素後，再做最後的取捨，通常，使用OSPF的路由器已經在各通訊埠設定好「成本」的數值了，當然管理員也可以自行設定成本值，不過如果未輸入任何設定的話，當線路速度愈快，路由器本身就會將Metric設定 ✎ 爲愈小的數值，而且，Metric值所代表的意思是通過目的子網路的路由器通訊埠的成本值總和。

因此，如果透過高速線路來傳送的話，Metric值就會變得愈小，而且還會被選爲最佳路徑。

以圖2-7的網路爲例，由路由器Z到子網路A之間的路徑有2條，一條是128 bit/秒的ISDN線路，另一條則是1.5M bit/秒的專線。

我們將連接至ISDN線路通訊埠的成本值設定爲100，而接至專線通訊埠的成本值則設定爲10，而乙太網路通訊埠的成本則皆設定爲1。

接下來，讓我們根據此種狀況，一起來思考從路由器Z到子網路A的成本總和(Metric值)吧！透過ISDN線路時的成本總和爲102(1+100+1)，另一方面，透過專線時的總和則爲12(1+10+1)，因爲透過專線的成本總和較小，所以傳送至子網路A的封包必須透過專線再轉送到路由器Y，才是最經濟的作法。

網際網路 BGP-4
忽略繁雜的子網路 以ISP爲管理單位

最後，我們要介紹的是在網際網路的核心負責資訊處理的路由通訊協定-BGP-4，一般當我們談到大型ISP所使用的通訊協定的話，通常會讓人感覺很困難，不過事實上在動作方面不但十分類似RIP而且非常地單純。最重要的就是，您只要掌握整個架構，就能夠了解封包爲何能夠傳送到世界上其他的地方。

只處理粗略的資訊

網際網路乃是透過ISP的網路互相連結所構成的，單單在日本國內就有超過1000家以上的ISP，而每一家ISP又分別擁有數百~數萬個子網路，如果要將所有的子網路資訊一一登錄至路由器的話，路由器光是執行資訊更新作業，就已經超過負載了，更何況路由表的數量繁多，終將浪費許多時間在尋找最佳路徑上。

因此，網際網路的核心路由器必須忽略這些煩雜的子網路，並且只要負責處理 ✐ 粗略的資訊，這也就是BGP-4的工作所在。

將ISP視為一個網路

RIP或OSPF會將每一個子網路的資訊寫入路由表中，不過，BGP-4在處理資訊時，則會將ISP視爲一個單位，例如「此IP位址的範圍隸屬於哪一個ISP」。

BGP-4的處理單位-ISP的網路，又被稱爲「AS ✐」，每一個AS都配有一組在全世界都不會發生重複情形的識別編號，AS就相當於RIP、OSPF的子網路一樣，您只要掌握AS，相信一定能夠精通BGP-4，其餘的部分則和RIP沒什麼太大的差別。

接下來，讓我們一面瀏覽圖2-8，同時來確認上述內容。假設ISP A包含連續IP位址的範圍爲AAA~BBB的子網路X，以及CCC~DDD的子網路Y、EEE~FFF的子網路Z，根據目前網際網路的規則，要求ISP必須

圖2-8 BGP-4負責ISP之間的資訊交換　將配置給ISP的IP位址區塊統合管理，並且由ISP之間互相交換資訊。

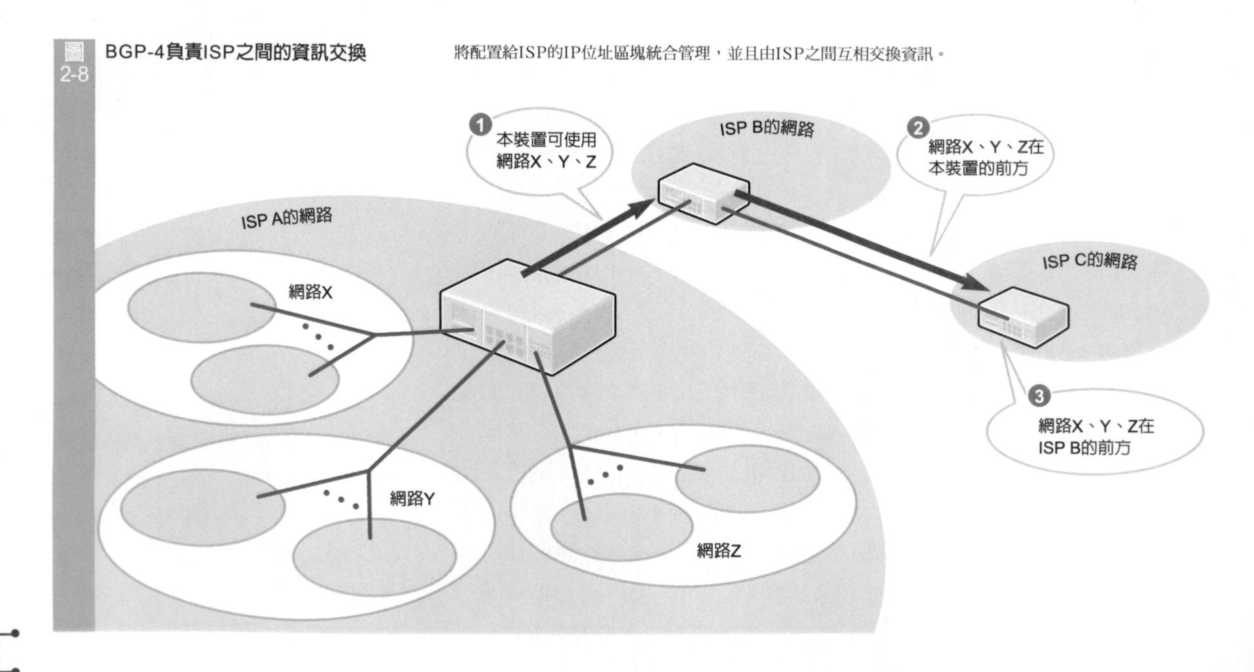

處理
嚴格來說，負責ISP之間資訊處理的通訊協定稱為「EBGP」，而在ISP內部進行資訊處理的則稱為「IBGP」，本書所採用的說法是「EBGP」。

AS
就是Autonomous system的縮寫，中文翻譯為「自治系統」，「Autonomous」這個英文單字本身就具有「自治性」的意思，意思就是網際網路上擁有自主權的ISP．AS編號目前是由IANA組織所負責管理，國內的AS編號是由TWNIC(台灣網路資訊中心)來管理，詳細資訊請參閱http://www.twnic.net.tw。

盡量將IP位址配置爲連續的範圍，在圖2-8的範例中，連續的範圍(區塊: Block)有3個，也就是網路X、Y、Z等。

實際上，網路X的IP位址應該可以再被分割，然後再依不同的用途分割爲企業或個人用等，不過BGP-4則忽略這些繁瑣的部分。

這時候，ISP A的路由器會將「本裝置所負責管理的網路爲X、Y、Z」的資訊傳送給ISP B的路由器(①)，於是，ISP B的路由器就會知道，只要將目的地爲網路X、Y、Z的封包轉送至ISP A即可，同時也會將該項資訊寫入路由表中。

接著，ISP B的路由器也會將該資訊傳送給ISP C的路由器②，於是，ISP C的路由器就會知道，只要透過ISP B，即可讓目的地爲網路X、Y、Z的封包到達目的地(③)。

換句話說，BGP-4並不需要判斷應該將資訊轉送給哪一台路由器才恰當，必須判斷的是應該轉送給哪一個ISP才是，而且，當封包到達目的ISP後，接下來的處理作業就交由ISP來負責，這就是BGP-4的作法。

根據通過的ISP數量來判斷距離

那麼，如果有數條路徑時，應該如何來判斷最佳路徑呢？這和RIP所使用的方法差不多，也就是根據通過的ISP數量，而不是通過的路由器數量來判斷距離，或許各位透過簡短的一句話，就能夠想像出實際的判斷方法了，不過爲了讓您能夠做更進一步的確認，接下來就讓我們一起來看看整個流程吧！

透過BGP-4所傳送的資訊當中，除了網路的存取資訊外，還包含稱爲「AS Pass」的資訊，也就是能夠顯示通過的ISP的資訊。

在圖2-9的範例中，ISP A的路由器乃是由路由器X及路由器Y接收到ISP C的資訊。

我們如果觀察這2個封包的AS Pass的話，就會發現由ISP A直接傳送的資訊的AS Pass，已經寫入ISP C的AS編號「10」了(①)，另一方面，ISP B所傳送過來的資訊的AS Pass爲「20 10」，表示將ISP B的AS編號「20」也寫入AS Pass(②)，這就表示BGP-4的封包乃是由ISP C透過ISP B所傳送的。

比較之後，如果由ISP C所傳送過來，AS Pass包含的AS編號個數較少，所以ISP A的路由器會選擇該路徑作爲最佳路徑(③)。

於是，我們會發現BGP-4的動作非常類似RIP，而且BGP-4雖然扮演著網際網路核心的角色，不過動作卻十分單純。

圖2-9 根據通過的ISP數量來決定最佳路徑

BGP-4使用稱為「AS Pass」的資訊，而且會選擇所經過的ISP數較少的路徑。

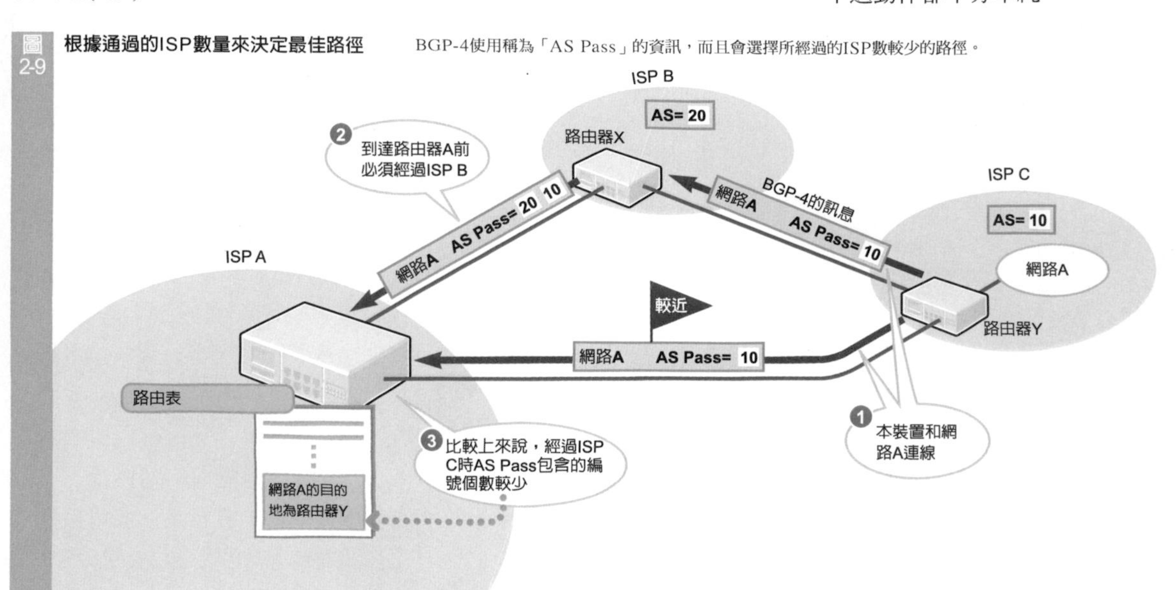

超基本問題！

不好意思問的第一個問題

基本問題：何謂「通訊埠」呢？

當我們閱讀網路相關的雜誌或書籍時，經常會看到「通訊埠(Port)」這個用語，不過，這個用語會依所使用的場合不同，所代表的意思也將不同，「連接至通訊埠」的措辭，經常會用在進行電纜線配線的時候，而當我們談到「關閉連接埠」時，則表示目前正在討論安全性的話題，這些用詞所代表的意義不盡相同。

就硬體上而言，代表插入電纜線的入口

當我們在網路的世界中提到「通訊埠(Port)」時，通常適用於2種狀況，一種是由硬體的角度來看，代表實體的通訊埠，另一種則是由軟體的角度來看，代表虛擬的通訊埠。

首先，就讓我們一起來確認一下有形的，也就是硬體的通訊埠吧！所謂「硬體的通訊埠」就是連接電纜線專用的連接區，您不妨用網路交換器、集線器等來想像，在網路交換器或是集線器等機箱上都配有插入電纜線專用的連接口，上面一個一個的洞就是所謂的「通訊埠」，例如，某一個網路交換器如果有8個連接口的話，一般我們就稱爲「8 Port型」。

PC本體也配有各式各樣的介面，這些介面包含像是「列印埠(Print Port)」或是「數據機埠(Modem Port)」，這2種通訊埠是用來連接印表機纜線、電話纜線的插入口，換句話說，從實體面來看，連接裝置與裝置之間的連接區，從硬體的角度來看就是所謂的「通訊埠」。

如果我們用字典查詢「Port」這個英文單字就會看到「港口」或是「窗口」等意思，無論港口或是窗口皆代表由內部世界連接到外部世界的出入口的意義，網路世界中所使用的「Port」也是同樣的道理，您只要將代表電纜線連接口的通訊埠，想成是裝置和其他裝置之間處理資訊專用的出入口，就會比較容易了解其眞正的意思了。

軟體也需要資料的出入口

接下來，讓我們轉換話題，改從軟體的角度來看通訊埠所代表的意義吧！

使用網路的應用程式需要有處理資料用的出入口，這個出入口就像是硬體上的插入口一樣，所以同樣被稱爲「Port」。

當PC連接至網路時，會將傳送路徑所傳送過來的資料轉交給軟體的通訊埠，由於PC內部同時會有好幾個不同的軟體正在動作，因此PC必須判斷應該將接收資料轉交給哪一個軟體的通訊埠比較適當，於是爲了區分通訊埠的用途，通訊埠會被加上編號，這就稱爲「通訊埠編號」。

網路應用程式會根據服務的種類來決定通訊埠的編號，例如，執行網站的通訊作業時會使用Port 80，並且將通訊埠編號:80，當作是目的地寫入TCP封包，如此一來，PC就能夠將接收資料轉交給對應的軟體了。

又，當我們希望停止或是允許特定的通訊作業時，則會使用「關閉通訊埠」或是「開啓通訊埠」等說法，例如，當我們希望禁止網站執行通訊作業時，就會使用「關閉Port 80」的措辭，反之，當我們希望允許網站的通訊作業時，則會使用「開啓Port 80」的措辭，此種說法就類似「窗口」一詞，而不是「港口」，因爲開窗的時候就可以接收資料，關窗時則收不到任何資料。

綜合上面所述，我們會發現「Port」這個用語包含2個意思，一個是插入電纜線的連接口，另一個則是軟體的資料出入口，無論從硬體及軟體的角度來看，都具有資料出入口的意思。

(半沢 智)

網際網路的支柱 關於ICMP

IP網路的傳信鴿---，負責通知傳送端在通訊過程中所發生的錯誤，或者是確認目的端的狀況，扮演傳信鴿角色的正是控制用的通訊協定-ICMP，雖然ICMP是一項既方便又重要的通訊協定，但是平常我們幾乎不會注意到它的存在，本章將從ICMP的基礎、實作範例、安全性等關係開始學習，讓您完全掌握ICMP的架構。

(齊藤 榮太郎)

基礎篇

傳信鴿負責將控制資訊傳送給IP封包的傳送端

「隔壁村往返的交通要橋已經被大雨沖走，於是平常經常使用這座橋的A先生，透過飛鴿傳書的方式，通知即將來訪的B先生這個消息」。

對於通訊協定而言，必須具備檢測是否有通訊錯誤發生，以及能夠彼此通知，就像是「傳信鴿」一樣的架構，因爲如果通訊協定無法掌握通訊過程中出現資料遺失，或者是目的端不存在等訊息的話，就會造成通訊作業無法順利進行的情況。

對於IP而言扮演相當於「傳信鴿」角色的通訊協定就是ICMP(Internet control message protocol: 網際網路控制訊息通訊協定)，本章的目標就是經由4個部分的解說，能夠讓各位完全了解ICMP。

首先在「基礎篇」當中，您必須了解ICMP的角色與通訊協定的架構，接下來到了「實作篇」，我們將一起來看看在實際的IP通訊作業中是如何使用ICMP的，再來是「運用篇」，我們將爲各位剖析ICMP與安全性之間的關係，最後是「資料篇」，本篇將提供您ICMP所使用的所有訊息等相關參考資料。

首先，我們就先從基礎篇開始吧！

具備IP所不可或缺的功能

實際當我們在進行IP通訊作業時，經常會發生已經傳送的封包無法送達目的端，原因在於通訊路徑中的某個路由器無法完全處理封包，所以將部分封包丟棄，或者是，雖然已經將封包傳送到目的地了，但是搞錯通訊埠編號 ✎ 所以造成伺服器軟體無法接收該封包。

爲了讓發生錯誤的現場將訊息傳送出來，這時候就輪到傳信鴿-ICMP封包上場了(圖1-1)，IP網路上的封包被丟棄的訊息以及原因等控制用資訊會被傳送到傳送端。

ICMP就是爲了協助IP通訊，並且以處理各種控制資訊爲目的所建立的通訊協定，其基本

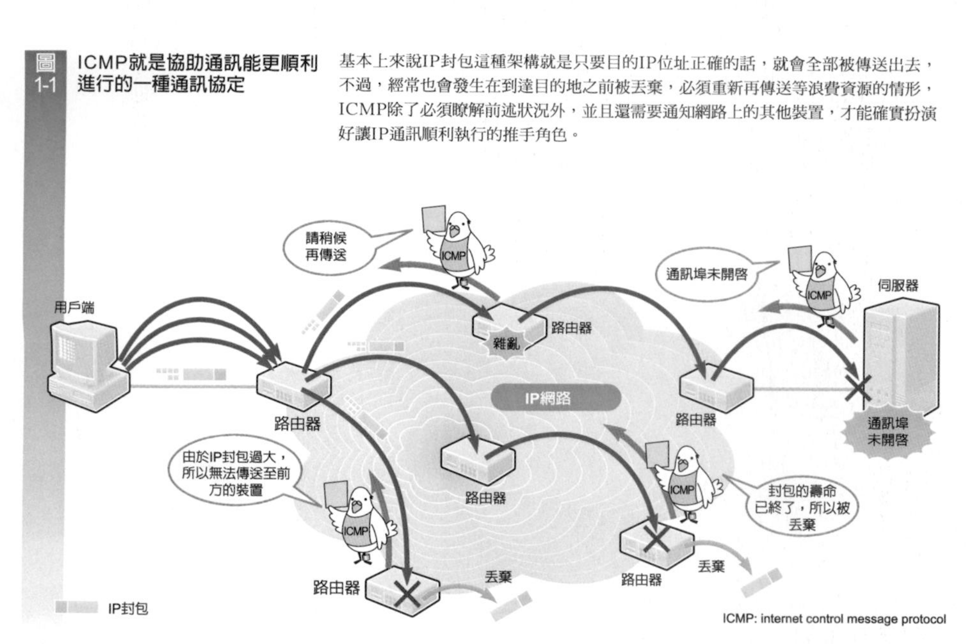

圖1-1 ICMP就是協助通訊能更順利進行的一種通訊協定

基本上來說IP封包這種架構就是只要目的IP位址正確的話，就會全部被傳送出去，不過，經常也會發生在到達目的地之前被丟棄，必須重新再傳送等浪費資源的情形，ICMP除了必須瞭解前述狀況外，並且還需要通知網路上的其他裝置，才能確實扮演好讓IP通訊順利執行的推手角色。

通訊埠編號
也就是使用IP來動作的TCP與UDP，為了區分在同一台電腦中動作的應用程式而使用的編號，PC會根據接收到的封包的通訊埠編號，來決定轉交至哪一個應用程式比較恰當。

IETF與RFC792
IETF就是Internet Engineering Task Force的縮寫，中文翻譯為「網際網路工程工作小組」，負責發行網際網路規格的標準文書RFC，RFC是request for comments的縮寫，就是IETN所制定的網際網路的標準技術文件。

只不過是準備工具
事實上，繼RFC792之後所制定的幾項RFC，均有提到ICMP的處理方法，不過大部分都還沒走到要如何運用在應用程式的實際階段。

ping與traceroute
ping就是確認目的端在IP Level是否連線時所使用的網路指令(Network Command)，而traceroute是為了查詢IP封包在到達目的端之前所經過的路由器時所使用的網路指令。

規格是由負責制定網際網路標準規格的IETF在1981年匯整爲RFC792 ✎。

在RFC792的一開始就已經開宗明義寫道:「ICMP爲IP不可或缺的一部分，ICMP必須設置於所有的IP軟體」，換句話說，ICMP這項通訊協定就是爲了分擔部分IP功能而制定的。

讓IP封包得以順利傳遞的工具

不過，像ICMP這種通訊協定幾乎不會走到幕前，相信有很多讀者雖然瞭解TCP、UDP、存取web的HTTP通訊協定，但是卻從來不曾聽過ICMP這一類的通訊協定。

原因在於RFC792所制定的規格，RFC單純地認爲「控制IP通訊時應該需要哪些訊息」，所以只記載了ICMP在處理時所需要的各種控制訊息，但卻沒有包含「哪台裝置在什麼時間點必須進行哪一類的控制」等規定，換句話說，RFC只不過是準備「工具」✎，讓IP通訊得以順利進行罷了。

如果用上一頁我們所提過的「飛鴿傳書」爲例的話，爲了將「橋已經被沖走」的訊息傳送出去，如果只是讓傳信鴿飛出去的話根本毫無意義，最重要的是必須有一個人(應用程式)負責收取傳信鴿送到的信、讀取訊息，然後尋求其他路徑，並且指示改走其他路徑。

ICMP就是OS(作業系統)爲了讓IP通訊能夠順利執行作業時所使用的控制架構，而且在固定的網路指令，也就是在ping、traceroute ✎ 等背後加以動作，雖然ICMP也能夠單獨動作，但是主要是在各種功能的背後動作的通訊協定。

用途在於通知錯誤及詢問資訊

接下來，我們將爲您一步一步地揭開平常難得一見的ICMP的神秘面紗，就讓我們從RFC所制定的ICMP的規格開始吧！

首先，我們要先介紹ICMP的使用方法，在RFC的規格中，將ICMP的用法大致分爲2類，那就是 ① 向傳送端送出錯誤通知。② 與傳送端互相對照資訊(圖1-2)。

① 向傳送端送出錯誤通知，適用於當目的電腦在處理IP封包的過程中，發生任何錯誤的情況，通知的目的並不僅止於傳送錯誤發生的事實而已，同時還需要向傳送端傳送錯誤發生的原因等訊息。

另一項使用方法，也就是 ② 與傳送端互相對照資訊，當傳送端的PC希望向其他網路裝置詢問時必須使用本方法，詢問的內容十分多樣，從目的IP位址存在任何裝置等基本確認項目，到調查本網路所擁有的子網路遮罩等資訊、甚至還包含取得目的裝置所擁有的時間資訊等。

動作時扮演IP上層通訊協定的角色

那麼，當我們利用ICMP來執行錯誤通知、資訊對照等作業時，網路上必須處理哪些資訊呢？ 接下來，就讓我們來看看RFC所制定的ICMP的封包格式及訊息內容吧！

圖1-2 ICMP的使用類型可分為2大類 在進行一般IP通訊的過程中發生錯誤時，目的端會將「錯誤通知」傳送過來，另一種用法是將ICMP要求封包送給目的端，相對地在接到ICMP應答封包時，也會進行「資訊比對」的作業。

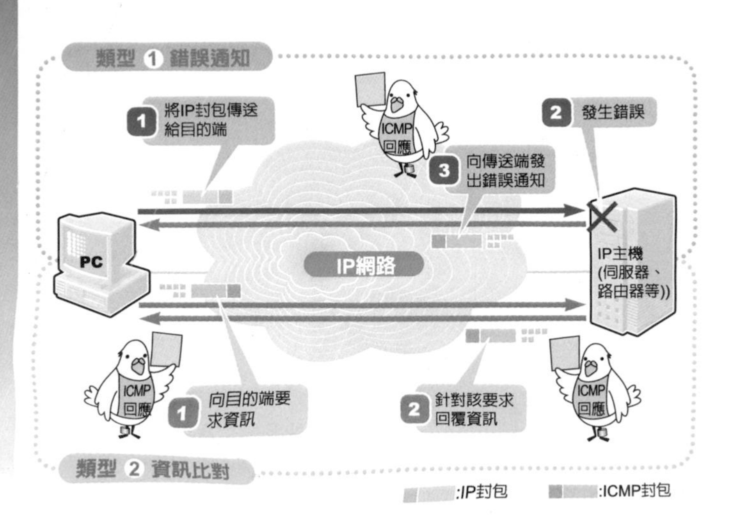

被視為同一層的通訊協定
在IP控制通訊協定的功能方面，ICMP不像TCP、UDP一樣能夠扮演傳送應用程式資料的功能，因此無法被歸類為傳輸層通訊協定(Transport Protocol)。

TTL
time to live的縮寫，中文翻譯為「存活時間」，也就是IP封包可以在系統內存活的時間，當IP封包被賦予TTL值也就是0~255之間的數值之後，就會開始進行計時，每當IP封包經過路由器時數值就會減少1，如果TTL值到達0時，表示存活時間已經到了，於是該IP封包就會被丟棄。

定義
因為類型和代碼分別為8位元的值，所以理論上來說，各自可以被定義為至多256個數值，根據RFC792及RFC950等2項規格的定義為15種類型。

圖1-3 **瞭解ICMP的封包格式** ICMP的資訊包含於IP封包資料的部分，訊息種類乃是以ICMP資料部分的「類型」與「代碼」來顯示。

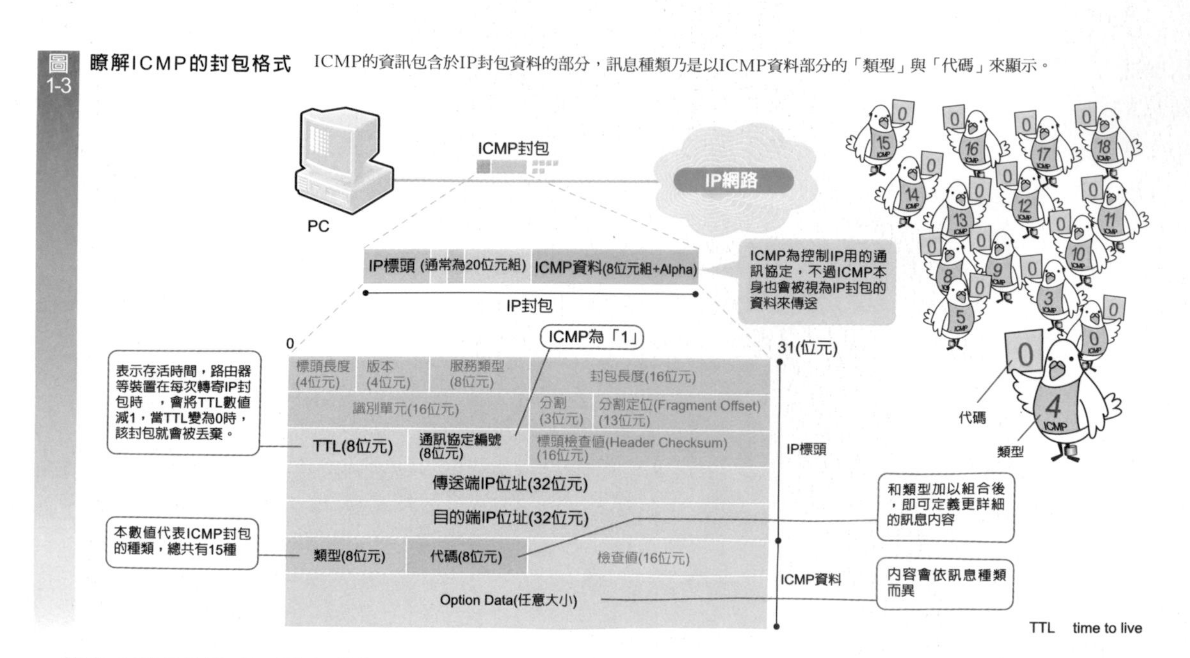

首先希望各位注意一點，那就是ICMP資訊會被放入IP封包的資料部分來處理(圖1-3)，所以，如果以封包格式的角度來看，ICMP會被定位成IP上層的通訊協定，不過，由於ICMP資訊也會被寫入RFC，ICMP必須扮演IP的部分功能，所以ICMP和IP會被視爲同一層的通訊協定✎。

接下來，讓我們更進一步來看看封包格式吧！如圖1-3所示，負責傳送ICMP訊息的IP封包，實際上包含了許多欄位，可是，當我們眞正了解ICMP後就會發現，其實相關的欄位只有7個，具體來說，IP標頭中的欄位共有4種，分別爲：① 通訊協定編號 ② 傳送端IP位址 ③ 目的端IP位址 ④ TTL✎(存活時間)

而ICMP資料部分所包含的欄位共有3個，⑤ 類型 ⑥ 代碼 ⑦ Option Data等共有7種。

其中，依照規定① 的通訊協定編號必須爲「1」，而② 和③ 爲處理ICMP封包時的必要欄位，所以並無特別意義，④ 的TTL則爲使用ICMP時的相關欄位，詳細內容請參閱下一頁「實作篇」的說明。

利用15種類型將功能大分類

總之，當我們了解ICMP後，就會發現其實重要的欄位只有⑤～⑦ 項等3項，其中尤其以⑤ 的類型及⑥ 的代碼等，堪稱是ICMP的核心，也就是最重要的欄位。

使用ICMP來處理錯誤通知、或是資料比對等訊息時，則ICMP會將所有的類型與代碼組合後再加以顯示，在RFC的規格中，已經定義✎了15個類型，無論是「訊息無法被傳送到目的端」等錯誤，或是「將錯誤送回」等資料比對作業，乃是以類型的數值來顯示。

ICMP封包乃是以「類型」的方式來表現訊息大略的意思，當您需要傳送更詳細的資訊時，ICMP就會根據代碼來進行分類，而且，如果您必須將資訊傳送到傳送端時，則該資訊會被儲存至⑦ 的Option Data後再傳送出去。

各位不需要背誦這15類型的資料，關於類型及代碼組合而成的訊息一覽表可在p112~113的「資料篇」當中找到，各位只要參考該篇的說明即可。

RFC所規範的內容就是目前爲止我們所介紹過的所有架構，不過，當我們實際上在進行IP通訊時，究竟是如何使用ICMP的呢？光靠前面所說明過的內容，您可能還無法了解，因此，我們將透過下一章的「實作篇」，爲各位詳細說明ICMP是如何運用於實際的IP通訊作業中。

委由
不過，以RFC792以後的RFC規格而言，像是訂定IP終端裝置規格的RFC1122當中，也包含了詳細規定ICMP處理等方針類文件。

實作篇

實作範例之一就是各位所熟悉的 ping 掌握RFC所缺少的「動作」

很多使用者一旦遇到無法對目的端進行存取的情況時，就會使用ping指令來確認連線狀況，ping指令其實是一項方便使用的網路指令，其所建置的ICMP架構，同時也是實作的範例之一。

就如同我們在基礎篇中所介紹過的一樣，RFC792只不過是制定ICMP的基本規格罷了，實際上應該如何發揮ICMP的功能，則是委由✎OS(作業系統)、TCP/IP軟體、以及應用程式的實作作業來決定(圖2-1)。

因此，如果各位希望了解ICMP如何運用在實際的網路當中，掌握OS、應用程式的實作作業是絕對不可或缺的。

在使用的過程中展現各種不同的功能

ICMP除了ping這一類可以讓使用者實際感受到並且操作的指令外，另外還在使用者所不曾發現到的場合大展身手，例如像Windows等OS，一旦收到目的地為本PC的ICMP錯誤通知時，就會透過自動變更TCP/IP設定等處理方式來控制IP通訊。

ICMP的實作方法有很多種，例如，當OS、TCP/IP軟體接收到「需要控制資料傳送」等錯誤通知時，就會立刻執行減少封包傳送的處理作業，此種作業可以說是直接使用RFC定義的實作範例。

另外，還有像是traceroute指令等複雜的實作方法，無法讓使用者透過一目瞭然的方式，立即掌握ICMP使用狀況，為了讓各位更進一步了解ICMP，因此我們必須深入介紹這一類的實作範例才行。

在接下來的實作篇當中，我們將為您舉出4種代表性的實作範例，並且和各位一起深入掌握ICMP的架構，這4種範例包含①Windows的ICMP處理②ping指令③traceroute指令④通訊埠掃瞄(Port Scan)等。

圖2-1 看過實作案例後才首度了解ICMP的架構　RFC792只不過是制定ICMP的基本規格罷了，欲了解ICMP的實際動作，則必須透過免費軟體、網路指令等實作範例。

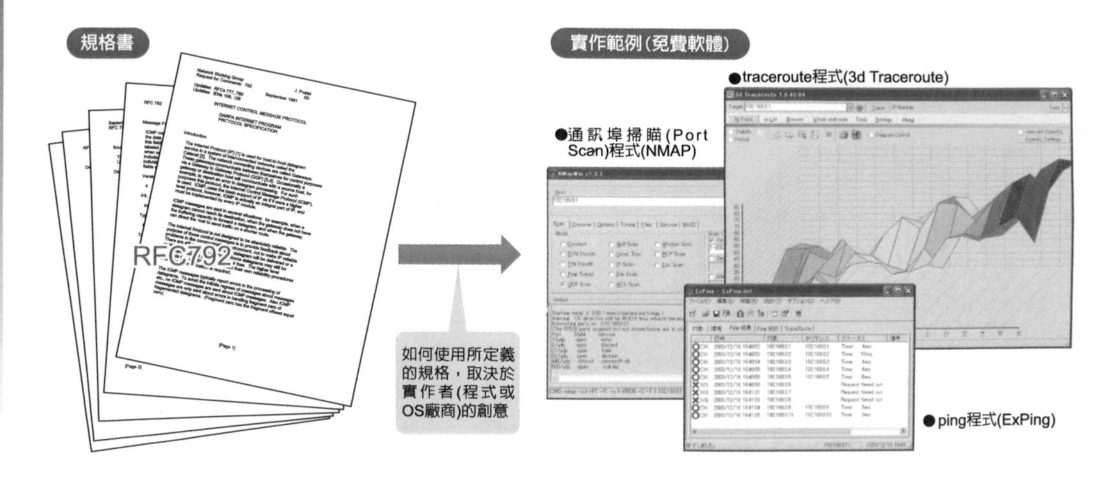

MTU
就是Maximum transfer unit的縮寫，中文翻譯為「最大傳輸單元」，意思就是PC上的資料能夠一次被傳送到線路上的最大資料值，例如，當我們使用乙太網路時，只要將MAC Frame的最大值(1518位元組)減去標頭等資料，則1500位元組就是您可設定的MTU最大值。

架構
我們之所以需要探索路徑MTU，原因在於當我們希望透過路徑當中的路由器來分割IP封包時，會因為通訊效率低落，因而造成負責分割封包的路由器過大的負載。

PPPoE
就是Point to point protocol over Ethernet的縮寫，中文翻譯為「點對點通訊協定」，意思就是透過乙太網路等媒介和ISP等進行PPP通訊用的協定，主要用在ADSL服務方面。

DF
don't fragment的縮寫，中文翻譯為「禁止分割」，是IP標頭中的一個欄位。

Windows的ICMP處理

收到錯誤訊息時會自動變更設定

首先就從我們所熟悉的Windows為例，從使用者所未曾發現的部分，帶您一窺OS、TCP/IP軟體處理ICMP時的狀態，接下來，我們要先為各位介紹3種代表性的處理方式，首先，第一種架構就是「探索路徑MTU ✎」。

設定為禁止分割後再傳送

所謂「探索路徑MTU」的架構 ✎就是找出和接收端之間不需要分割IP封包也能夠加以處理的MTU大小，所謂MTU大小就是將PC每次可傳送的最大資料量，顯示為數值，基本上而言，MTU大小取決於線路的種類，例如，當我們使用乙太網路時，通常為1500位元，像是使用PPPoE ✎的ADSL的話，一般其MTU大小約為1492位元。

當您希望「探索路徑MTU」時，必須使用ICMP，接下來就讓我們參考流程圖，並且透過Windows一起來看看實際上應該如何來「探索路徑MTU」呢(圖2-2)？

「探索路徑MTU」的架構本身其實非常地單純，首先當Windows將IP封包傳送給接收端時，會在IP封包當中加上一個禁止分割(DF ✎)後，再將封包傳送出去(圖2-2的①)，這就是「探索路徑MTU」的原理所在，假設Windows PC希望送出一個超過1000位元組的IP封包，不過，當我們看過圖2-2後就會發現，通訊路徑上的MTU大小到了某些位置會由1500位元組轉換為1000位元組，於是，路徑上的路由器就不會讓超出1000位元組的IP封包直接通過同一條線路。

路由器會將IP封包切割後再試著通過路徑，然而，因為IP封包已經被設定了DF Fragment，所以路由器無法將該封包加以分割，結果就會造成路由器在丟棄封包的同時，必須使用ICMP通知傳送端「本裝置雖然試著分割封包，但是卻無法分割」的訊息(同②)。

此時，路由器所傳送的是類型為「3」、代碼為「4」的ICMP封包，意思 ✎就是「雖然本封包需要分割，但是因為不能分割，所以無法被傳送到目的端」，又，

圖2-2 **探索路徑MTU的架構** 本架構就是透過IP封包中的DF及ICMP的錯誤訊息，查詢IP封包實際上在通訊路徑上不需要分割，即可通過的最大封包資料量(MTU)。

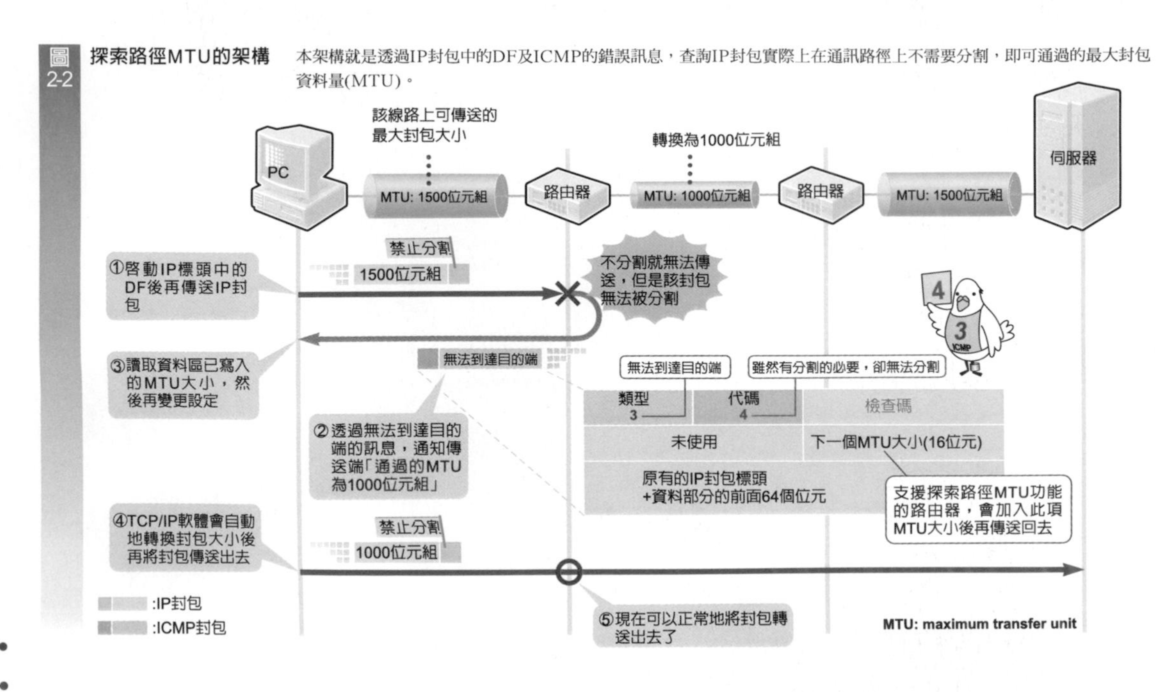

意思
類型「3」所代表的是「無法到達目的地」的意思，而代碼「4」所顯示的則為其原因，也就是「雖然需要切割，但是卻無法切割」。

預設閘道(Default Gateway)
也就是路徑資訊中雖然未設定，但是卻負責轉送目的封包的路由器，預設閘道已經被登錄於PC的TCP/IP基本設定中了。

流程控制
就是為了避免網路上所處理的資料遭到丟棄，因而調整通訊速度的一種架構，除了IP的上層通訊協定-TCP外，許多通訊協定均配備本功能，例如乙太網路或是IEEE802.3X皆有流程控制的相關規定。

即將出現溢位(Overflow)的情形
實際上要判斷必須在緩衝區出現溢位的情形後再通知來源端，或者是發生溢位的前一個階段就通知來源端，則是取決於路由器的實際作業或設定。

大多數的路由器在遇到這種情況時，會將不需分割即可通過路徑的MTU崁入ICMP封包的Option Data中。

當Windows收到ICMP封包時，就會知道不需要切割即可傳送的IP封包大小，所以會暫時轉換爲MTU大小後(同③)，再繼續進行IP通訊(同④)。

將路由器變更的訊息傳送至傳送端

接下來讓我們來看看Windows第2項基本ICMP處理作業，也就是「改變傳輸路徑(Redirect)」，所謂「改變傳輸路徑(Redirect)」就是由路由器等裝置要求來源端的PC變更路徑的一種架構(圖2-3上方)，「改變傳輸路徑(Redirect)」大多用於區域網路中有數個路由器的情況。

PC會根據本身的路徑資訊(路由表)來決定封包的轉送目的地，如果不知道目的地時，就會將該封包傳送到預設閘道 ✐所設定的路由器上，當預設閘道所指定的路由器，根據收到的封包判斷如果將封包傳送到區域網路上的某一個路由器會比較近，那麼該路由器就會透過ICMP向來源端通知這項訊息。

此種情況下所使用的就是類型爲「5」、代碼爲「1」的ICMP Redirect訊息，在Option Data的部分中已經包含了來源端所必須傳送IP封包的路由器IP位址。

當Windows收到此項訊息時，會更新路由表，透過每隔一段時間就送出指令的路由器，以便與目的IP位址進行通訊。

委由傳送端來調整速度

ICMP所進行的第3項的處理作業就是來源抑制(流程控制 ✐)。

當IP封包被集中於路由器再傳送出去時，就會發生封包處理不及，以致於必須將封包丟棄的情形，在此種情況下，路由器就會傳送一個ICMP來源抑制訊息給傳送端，目的在於抑制封包的傳送(圖2-3下方)。

讓我們透過簡單的方式來了解一下來源抑制流程吧！ 當路由器發現負責處理送達封包的緩衝區(Buffer)即將出現溢位(Overflow)的情形 ✐時，就會使用ICMP來傳送訊息，此時所使用的是類型爲「4」、代碼爲「0」的ICMP來源抑制訊息。

當Windows收到來自路由器的來源抑制訊息時，就會自動地加長傳送IP封包的時間間距，以便降低通訊速度，而且，會在訊息被送達的過程中繼續該項處理作業，如此一來，就能夠避免路由器陷入持續將無法處理的封包丟棄的狀況了。

圖2-3 Windows內部執行ICMP處理的範例　Windows除了探索路徑MTU外，還能夠處理ICMP訊息，以下將為您介紹2項代表性的範例，不過，是否用於實際的通訊作業，則依OS版本及使用者設定而異。

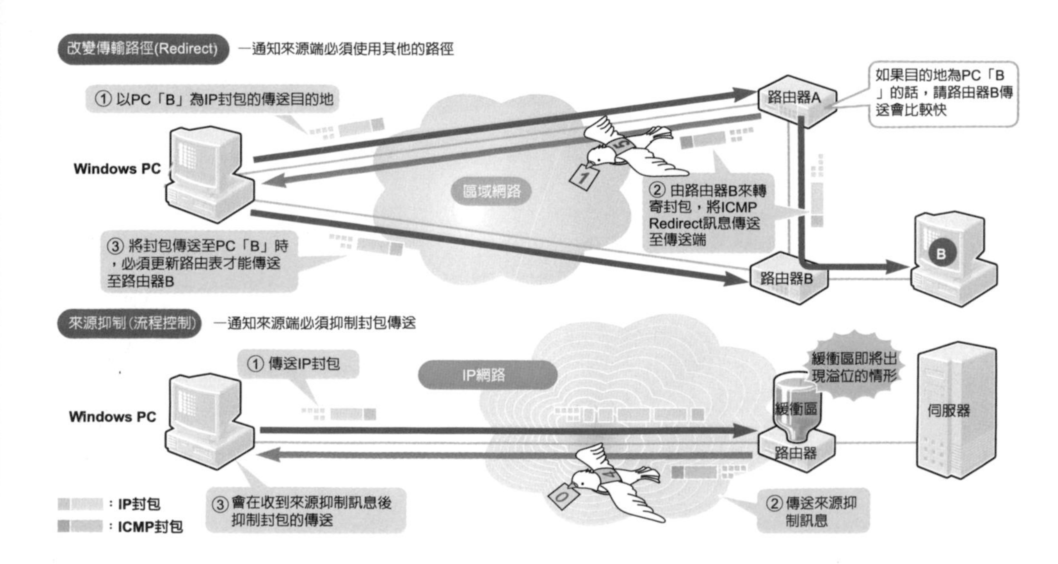

y Data)
當您使用的OS是Windows時，「abcdefg---」等字母排列單純的虛擬資料就會被寫入Windows中，如果是Windows附屬應用程式中的ping指令時，標準作法是寫入32位元的虛擬資料後再將資料傳送出去。

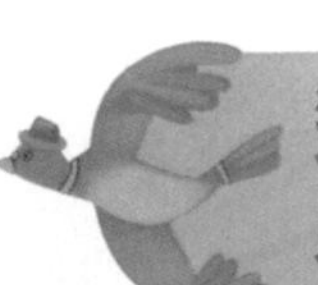

ping指令

透過回應要求(Echo Request)與回應以確認目的端的通訊狀態

接下來，我們要介紹幾個使用者經常使用的ICMP實作範例，首先就先從網路指令中最最典型的ping指令來談談吧！

Ping這項指令除了從IP Level來確認本PC和所指定的裝置是否已經連線外，還能夠查詢封包往返需要耗費多少時間，ping通常會使用2項ICMP訊息來建置本架構(圖2-4)。

傳送回應要求(Echo Request)至目的伺服器

那麼，就讓我們來看看Windows PC在執行ping指令時的步驟吧！ 執行ping指令時(圖2-4之①)，首先必須將ICMP的「回應要求(Echo Request)」(類型爲「8」、代碼爲「0」的訊息)傳送至目的伺服器(同②)，該項「回應要求(Echo Request)」訊息除了類型及代碼外，還會加入「識別號碼」及「序號(Sequence No.)」等2項數值。

「識別號碼」及「序號(Sequence No.)」會分別採用16個位元的數值，當ping指令在傳送回應要求(Echo Request)訊息時，會寫入任意值作爲這2個項目的數值後再傳送出去，「識別號碼」會在執行ping指令時，針對即將傳送的所有封包寫入相同的數值，另外，「序號(Sequence No.)」則會因爲網路每送出一個封包，因而使得數字隨之增加。

又，當我們執行「回應要求(Echo Request)」時，虛擬資料✐就會被儲存至Option Data區，當我們使用ping指令來調整所處理的封包大小時，就必須使用所謂的「虛擬資料」。

依樣畫葫蘆送回「回應答覆(Echo Reply)」

當PC送出的ICMP 回應要求(Echo Request)送達目的伺服器時，爲了回應該項要求，伺服器就會向來源端PC傳送一個「回應答覆(Echo Reply)」(類型爲「0」、代碼爲「0」)的訊息(同③)。

如果從IP封包的角度來看的話，前述的ICMP 回應答覆(Echo Reply)訊息和PC所送出的ICMP回應要求(Echo Request)訊息幾乎相同，不同的部分只有2點而已，第1點是來源端、目的端IP位址被更改了，另一點則是類型值變更爲代表回應答覆(Echo Reply)的「0」，總之，如果由來源端PC的角度來看的話，自己所送出的ICMP封包彷彿依樣畫葫蘆般地，再次從目的伺服器被傳送回來。

當來源端PC收到回應答覆(Echo Reply)後，即可開始確認目的伺服器是否正在動作，而且，還會記下傳送回應要求(Echo Request)封包的時間，接著再和回應答覆(Echo Reply)封包被送回的時間互相比較後，即可計算出封包在往返目的地所需花費的時間了(同④)。

不過，如果來源端PC只能檢視接收到的ICMP 回應答覆(Echo Reply)的類型及代碼，那麼就無法判斷該項回應是否確實是針對本PC所傳送的回應要求(Echo Request)而來，於是剛剛我們所介紹過的「識別號碼」及「序號(Sequence No.)」就派得上用場了，我們只要將這2個數值和接收到的回應答覆(Echo Reply)訊息中的數值相較後，就能夠輕鬆地檢查出被傳送到來源端PC的回應答覆(Echo Reply)是否正確了。

當您執行ping指令來查詢時，如果沒有特別意外的狀況，目的IP位址、資料大小、以及封包往返所需的時間等結果就會出現在畫面上(圖2-4的左下方)。

無法確認連線的原因分為3種類型

然而，回應答覆(Echo Reply)並不是每一次都會被傳送回來，例如，有時候會出現像是「Request timed out」的訊息(圖2-4的右下方)。

當您無法使用ping指令來確認和目的端之間的連線狀態時，其原因主要分爲3大類，① 目的伺服器並不存在 ② 處理封包時耗費過長的時間，以致ping指令判

負載平衡裝置
又稱為負載平衡器(Load Balancer)，像第4層的交換器以及第7層的交換器等網路裝置就是最具代表性的負載平衡裝置。

分配
負載平衡裝置除了用於ping架構外，還會使用各種資訊作為負載平衡的判斷材料，例如伺服器的CPU負載等。

斷回應逾時(time out)③ 目的伺服器並不支援ping指令等。

其中，如果無法確認的原因為第② 項時，請使用ping指令的選項(Option)來延長等待回應的時間，如此一來畫面上就會顯示正確的結果了，另外，如果原因為① 和③ 時，這時候我們就無法單靠ping指令的結果來判斷是哪一項，雖說如此，ping指令也不一定就無法確認目的端是否不存在，此點請各位讀者務必牢記在心。

Ping指令也適用於負載平衡

目前為止我們所介紹過的ping架構，除了被運用在使用者所主動使用的ping指令外，還適用於其他用途，最典型的例子就是負載平衡裝置，使用者可以準備數個伺服器，以便分攤來自於用戶端的存取動作。

當負載平衡裝置✐被分配給數個伺服器使用時，每一台伺服器必須分別判斷本身忙碌的程度，同時伺服器也必須瞭解所連線的線路是否發生塞車的狀況，盡量將處理作業交給比較不忙碌，線路比較空閒的伺服器來執行，因為透過此種方式即可避免負載集中在某些伺服器，造成效能低落的情形。

因此，負載平衡裝置會定期地向每一台伺服器傳送ICMP要求，並且測量回應答覆(Echo Reply)需要多少時間才會被傳送回來，此種架構本身就和ping指令完全相同，負載平衡裝置乃是查詢回應要求(Echo Request)被送回之前的時間變化，藉此了解線路的塞車狀況以及伺服器的負載，然後再根據這些判斷基準分配✐來自用戶端的存取量。

圖 2-4 **ping指令的架構**

Ping就是解決網路問題時所使用的典型網路指令，ping指令會從IP Level的角度來確認PC與伺服器是否連線，同時還能夠用於測量封包送達的時間，以及網路塞車的狀態等用途，ping指令會透過回應要求(Echo Request)及回應答覆(Echo Reply)等2種ICMP封包來達成前述任務。

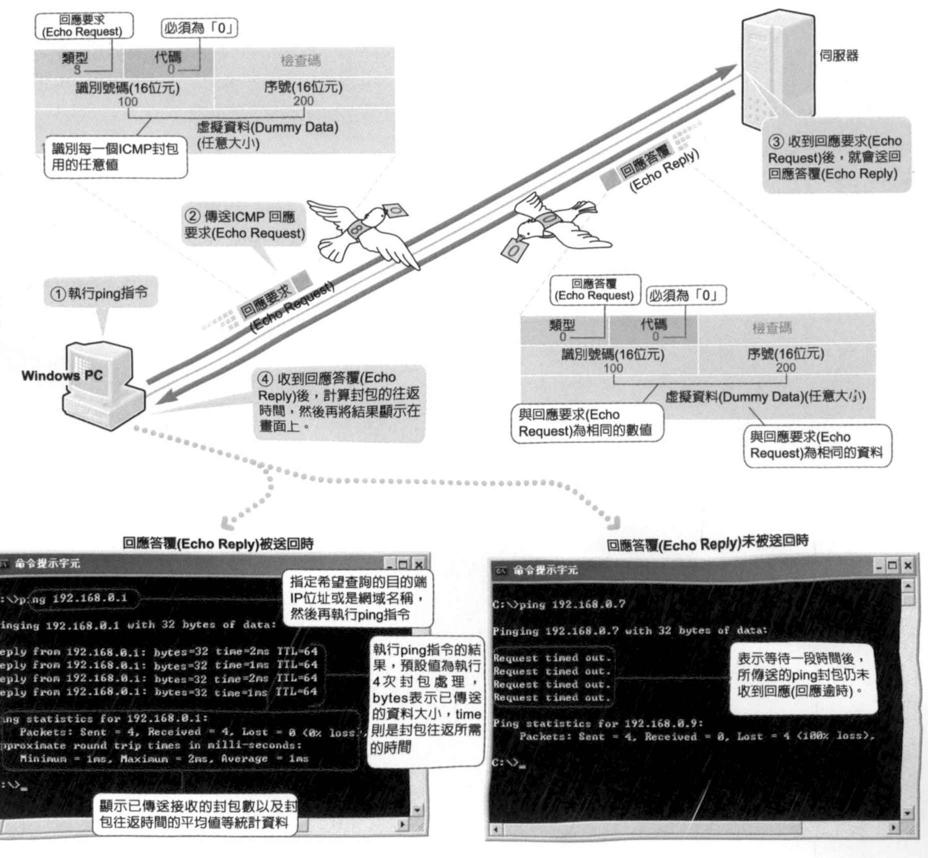

以traceroute指令為例
當我們使用Windows時，實際上輸入的指令並不是「traceroute」幾個字，而是「tracert」。

一開始就已經被設定為「1」
在正常的通訊作業中，傳送時會使用的TTL數值有64、128、255等。

traceroute指令

善用回應逾時的錯誤以查詢到達目的地的路徑

當您希望查詢到達目的地前所會經過的路徑時，請使用traceroute指令，traceroute和ping同屬於典型的網路指令，traceroute同時也是ICMP具代表性的實作範例之一，接下來就讓我們以Windows附屬的traceroute指令爲例 ✐，從PC內部一窺ICMP是如何運作的。

刻意切斷存活時間

Traceroute指令是一種十分方便的指令，traceroute會指定好目的主機名稱或IP位址，並且在執行指令時，查詢路徑當中所經過的路由器名稱或IP位址等所有資訊，然後再回報給PC(圖2-5)，究竟traceroute是如何使用ICMP架構以達成前述的任務呢，接下來就讓我們逐步來看看每一項流程吧！

當Windows在執行tracert指令時，首先PC會向目的伺服器傳送IP封包，如果您使用的OS是Windows時，那麼PC所送出的IP封包和使用ping指令時一樣會傳送ICMP 回應要求(Echo Request)封包，不過，只有一點和一般的回應要求(Echo Request)封包不同，那就是IP封包標頭中的TTL(存活時間)參數值，一開始就已經被設定爲「1」了 ✐(圖2-6之①)。

每當路由器在轉寄IP封包時，TTL值就會減少1，根據規定當TTL變爲0時，該封包就會被丟棄，建議您不妨用「通行證張數」的概念來思考TTL，這樣就會更容易了解TTL的概念了，換句話說重要的是可通過路徑的路由器數，而不是「時間」。

只要PC所送出的封包並未和目的伺服器相同的區域網路連線時，必定會透過某個路由器來轉寄封包，此時，假設ICMP 回應要求(Echo Request)封包的TTL是「1」的話，當路由器完成處理作業後，TTL會變成「0」，之後該路由器就會將封包丟棄(同②)。

通知來源端逾時傳輸(Time Exceeded for a Datagram)的訊息

路由器在丟棄封包的同時，還會使用ICMP來通知來源端這項錯誤訊息，此時所使用的訊息爲類型「11」、代碼「0」的ICMP逾時傳輸(Time Exceeded for a Datagram)訊息，另外，ICMP的Option Data還包含原本回應要求(Echo Request)封包中的IP標頭(通常爲20位元組)，以及ICMP資料部分的前面64位元(8 位元組)的資料。

如同我們在前面ping指令單元所介紹過的一樣，ICMP 回應要求(Echo Request)訊息的前面64個位元包含了識別單元及序號，因此來源端PC只要根據ICMP逾時傳輸(Time Exceeded for a Datagram)資訊，即可判斷本PC所送出的ICMP 回應要求(Echo Request)封包出現錯誤。

當PC從第1個封包接收到ICMP逾時傳輸(Time Exceeded for a Datagram)的訊息時，接著就會將TTL值增加1，傳送TTL=2的ICMP 回應要求 (Echo Request)(同③)，這時候，當訊

圖2-5 執行指令的範例(Windows附屬的tracer指令)

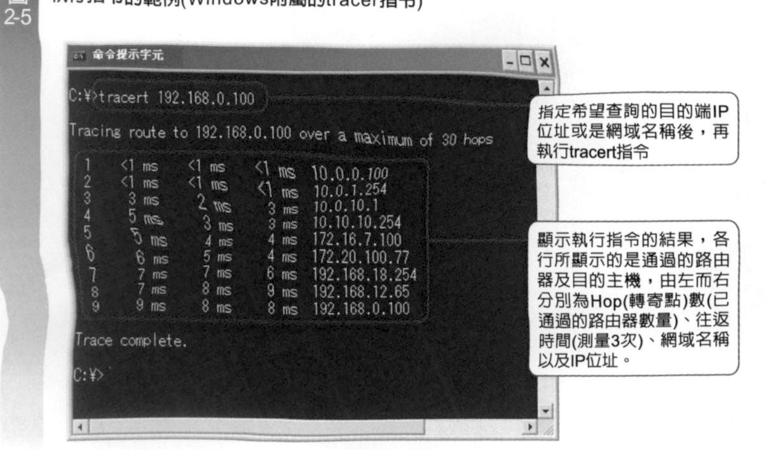

送回錯誤訊息
當traceroute指令使用UDP時，會指定平常伺服器軟體所未使用的極大數值通訊埠編號，目的在於主動將錯誤訊息送回。

圖2-6 traceroute指令的動作原理

當路由器在轉寄IP封包時，如果TTL(存活時間)變成「0」，路由器就會將封包丟棄，並且利用ICMP逾時傳輸(Time Exceeded for a Datagram)的訊息，通知來源端PC錯誤訊息，traceroute就是利用這樣的架構。

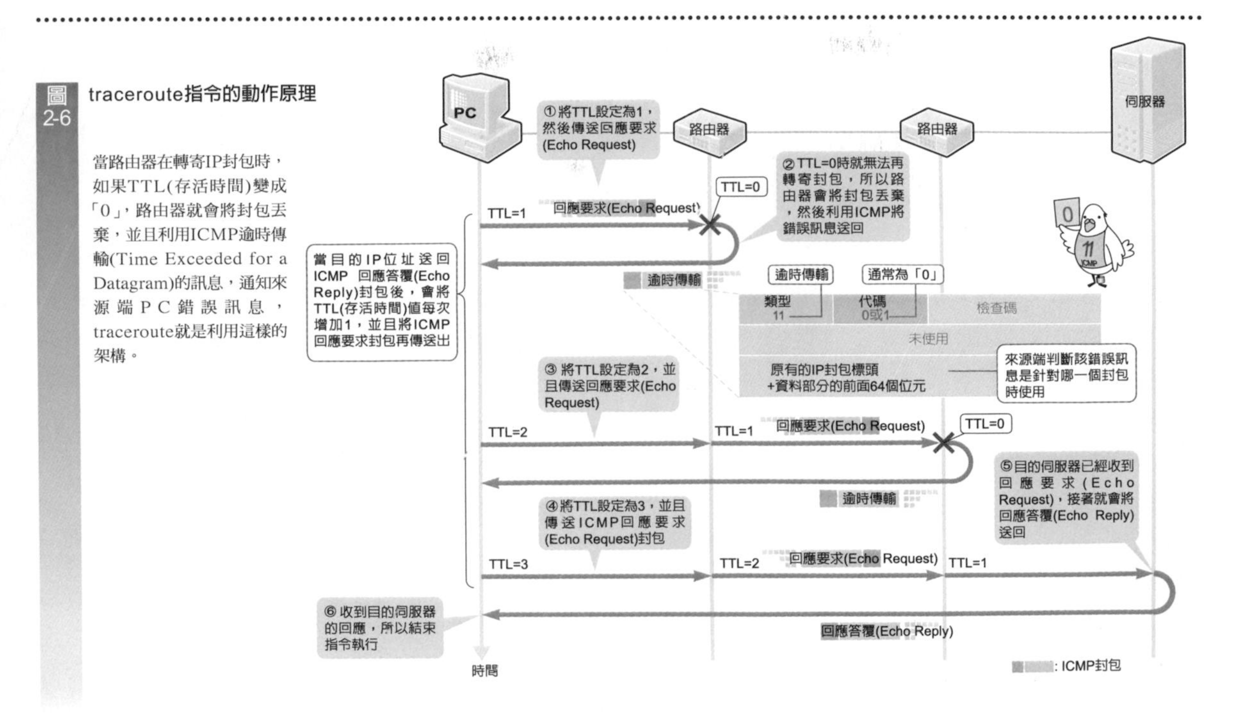

息通過第1台路由器時，TTL值會變爲「1」，接著再被傳到第2台路由器。

不過，由於第2台路由器就像先前的第1台路由器一樣，TTL值會變爲「0」，所以無法再繼續轉寄封包，接著，第2台路由器同樣地會將封包丟棄，並且將ICMP逾時傳輸(Time Exceeded for a Datagram)的訊息傳送至來源端，當PC接收到錯誤訊息時，就會重複每次TTL增加「1」的處理作業(同④)。

只有目的伺服器出現不同的反應

如上圖所示，當TTL值每次增加1時，經過某段時間後ICMP 回應要求(Echo Request)封包就會到達目的伺服器。此時，只有目的伺服器不會將ICMP溢時傳輸訊息送回，這種作法和路徑當中其他路由器的處理方式不同，原因在於即使目的伺服器收到TTL=1的封包，仍然不會發生逾時傳輸的錯誤。

相對地，伺服器會針對來源端PC所送出來的ICMP 回應要求(Echo Request)，送回ICMP 回應答覆(Echo Reply)訊息，換句話說，來源端PC與目的伺服器之間，在執行ping指令這一點是完全相同的(同⑤)。

當來源端收到ICMP 回應答覆(Echo Reply)時，便能夠掌握路徑調查是否已經抵達目的伺服器，接著才會結束tracert指令的執行(同⑥)，再來PC會將路徑上的路由器所送回的錯誤訊息加以列表，如此一來即可了解是由哪些路由器構成到達目的地之前的路徑。

實作方法會依OS而有微妙的差異

我們剛剛所介紹過的範例是Windows附屬的tracert指令的架構，不過如果您使用的是其他的OS，那麼traceroute指令在架構方面就會出現些微的差異。

具體來說在實際作業當中，PC有時候會將UDP封包傳送至目的端，而不是ICMP 回應要求(Echo Request)。

雖然傳送的是UDP封包，不過路徑當中的路由器處理作業仍舊和圖2-6所示的Windows範例完全相同，不同之處只有最後UDP封包會被送達目的地一項而已。

當目的端的PC突然收到尚未建立通訊關係的UDP封包時，會透過ICMP送回錯誤訊息 ✎，所以該PC會根據回應封包來判斷指令的執行已經結束了。

3-Way Handshake
就是使用TCP作為和目的端進行通訊時的連線步驟，當PC處理和目的端之間的3個IP封包後，即可確立虛擬的連線狀態(Connection)，透過TCP進行通訊的終端裝置，彼此必須遵守本連線步驟的規定，才能夠建立通訊作業。

訊息
以類型「3」、代碼「3」的方式顯示。

不見得處於開啓狀態
有時會因為安全方面的考量，造成伺服器不處理ICMP的情形，關於ICMP與安全性之間的關係，我們將在「使用篇」當中為各位做詳盡的說明。

通訊埠掃描(Port Scan)

送出UDP封包 查詢未使用的通訊埠編號

最後一個出場的是通訊埠掃描(Port Scan)，所謂「通訊埠掃描(Port Scan)」就是檢查伺服器是否開啓不必要的通訊埠，使用「通訊埠掃描(Port Scan)」可以讓伺服器管理員檢查本身的伺服器是否出現安全性的漏洞，「通訊埠掃描(Port Scan)」不同於ping、traceroute等OS附屬的指令，而是透過網路應用程式工具(Utility Tool)來執行。

使用UDP封包來啓動錯誤訊息

「通訊埠掃描(Port Scan)」可以分爲「TCP的通訊埠掃描」以及「UDP的通訊埠掃描」等2大類，其中和ICMP相關的就是UDP，當您使用TCP來執行通訊作業時，必須在建立通訊前，和目的端共同遵守3-Way Handshake ✎ 的連線步驟，所以，只要輪流使用不同的通訊埠編號，同時利用TCP來測試連線，即可確認通訊埠處於開啓或關閉的狀態，因此這時候我們就不再需要ICMP了。

相對地，由於UDP不需要像TCP一樣的連線步驟，因此必須耗費一些功夫在檢查已經開啓的通訊埠上，這時候PC使用的是ICMP，根據ICMP的規格，當UDP封包的傳送目的地爲伺服器不存在的通訊埠時，伺服器就會將ICMP訊息也就是「無法到達目的地」中的「無法到達通訊埠」訊息 ✎ 傳送回來，「通訊埠掃描(Port Scan)」就是透過此種方式來動作的。

具體來說，就是指定好適當的通訊埠編號後，PC就會將UDP封包傳送給希望查詢連線狀態的伺服器，這時候，如果目的通訊埠尚未開啓的話，伺服器就會送回一個無法到達ICMP通訊埠的訊息(圖2-7)，而被傳送回來的ICMP訊息的Option Data中已經包含了來源端PC所送出的UDP封包的IP標頭以及UDP標頭的前面部分，來源端會根據這些資訊，識別錯誤通知究竟是送給哪一個UDP封包，並且判斷該項通訊埠編號並未使用於伺服器。

能夠掌握的資訊只有關閉狀態

UDP的「通訊埠掃描(Port Scan)」功能會輪流使用不同的通訊埠編號，並且持續此項處理作業，如此一來，PC就能夠掌握哪一個UDP通訊埠處於「即將開啓」的狀態。

然而，UDP和TCP在「通訊埠掃描(Port Scan)」功能方面有一項非常大的差異點，那就是無法送達ICMP通訊埠的訊息雖然並未被傳送回來，但是不見得表示該通訊埠已經處於開啓狀態 ✎。

「通訊埠掃描(Port Scan)」的功用除了可以讓管理員確認本身的伺服器是否出現任何安全性漏洞外，另外，還經常被用來針對目標伺服器事先調查是否有駭客惡意入侵等情事，因此當我們在使用時，必須要特別注意。

圖2-7 將ICMP用於「通訊埠掃描(Port Scan)」

當伺服器將UDP封包傳送至未開啟的連接埠時，無法送達通訊埠的ICMP訊息就會被送回來源端，因此伺服器可以透過此種方式來查詢是否有任何不必要的通訊埠已經開啟了。

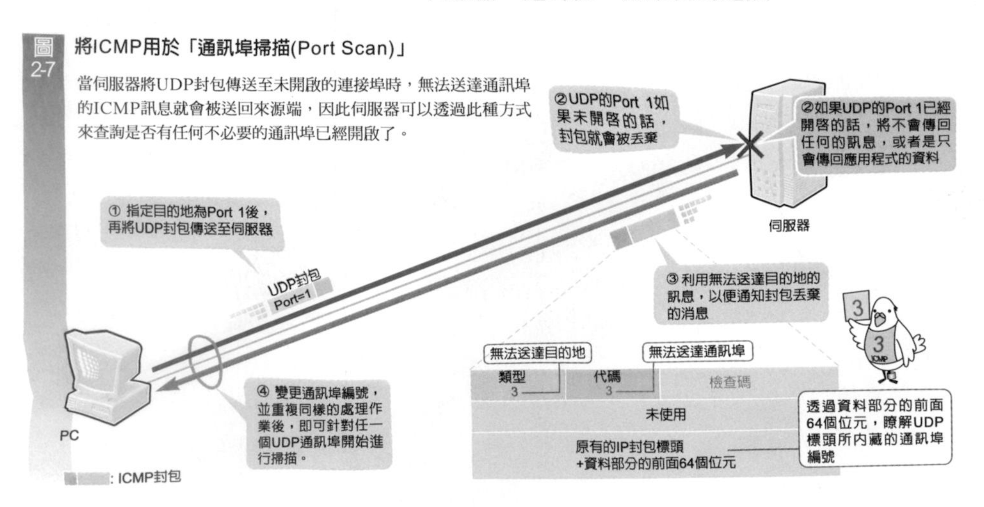

Plug and Play(PnP: 隨插即用)
只要連接至纜線後，即可使用網路的一種功能，您可以將各種設定設為自動啓動，即可啓動隨插即用。

NDP
就是Neighbor discovery protocol的縮寫，中文翻譯為「鄰接網路找尋協定」。

DHCP
就是Dynamic host configuration protocol的縮寫，中文翻譯為「動態主機設定通訊協定」，當使用者需要透過區域網路來配置像是IP位址等TCP/IP的各種參數時適用之。

ARP
就是Address resolution protocol的縮寫，中文翻譯為「位址解析通訊協定」，當使用者希望根據IP位址，搜尋到區域網路上所使用的MAC位址時，即可使用本通訊協定。

善用ICMP的IPV6

我們已經透過本篇向各位介紹ICMP從各種層面對於IP通訊所提供的協助，相信您在逐一認識ICMP的架構後，必定能夠感受到ICMP是一項多麼重要的通訊協定，然而，事實上您也可能會因為IP背後所潛藏的單純形象而留下深刻的印象。

比方說，我們先將PC連接至區域網路，接著再透過網際網路向WWW伺服器進行存取的動作，這時候幾乎不需要使用到ICMP，那麼，究竟在何種情況下才需要使用ICMP呢？只有在某些情況下例如本篇所提過的啟動「探索路徑MTU」功能時，或是發生封包被丟棄等錯誤的情況，不過即便如此，並非不使用ICMP就絕對無法建立通訊，使用者只要調整TCP/IP的設定，在大多數的情況下皆能順利地完成通訊作業。

總而言之，以目前的TCP/IP而言，ICMP充其量不過是被定位為『有了「它」雖然很方便，但是沒有「它」只會偶爾覺得不方便』的通訊協定罷了。

實現PnP的核心要素

不過，ICMP的定位已經隨著IP新版本也就是IPv6的出現而產生重大的轉變，IPv6讓IP通訊由從旁協助的配角，搖身一變成為IP通訊當中不可或缺的通訊協定，因而使得ICMP有機會由幕後走向幕前，IPv6所具備的重要特徵之一就是會使用ICMP以實現「隨插即用(Plug and Play) ✐」的架構，具體來說，也就是使用IPv6所必備的NDP ✐(「鄰接網路找尋協定」)協定(圖A)。

接下來我們就透過簡單的方式一起來看看NDP協定的概要吧！ 在IPv6的規定中，乃將ICMP重新定義為新的版本-「ICMPv6」，不過，「ICMPv6」和過去IPv4的ICMP並無太大的不同，對於使用者而言，錯誤通知及資訊比對等2項使用目的完全相同外，此外像是回應要求(Echo Request)或回應答覆(Echo Reply)等經常被使用的訊息也和過去一樣，仍然可以照常使用。

然而，以類型及代碼等數值來說，則完全不同於過去的ICMP，另外還有好幾項訊息被刪除，相反地則追加幾項新訊息的定義。以NDP協定來說，在ICMPv6的訊息當中，被定義為133~137的類型共使用5種訊息，包括 ① 路由器要求 ② 路由器公告 ③ Redirect ④ NDP⑤ 鄰節點公告(Neighbor Advertisement: NA)等。

① 和② 適用於當您希望PC在加入網路時，能夠取得IP位址，或是獲得路由器所在位置，這也就是過去IPv4透過DHCP ✐等方式所實現的架構，關於第③ 點基本上和實作篇所介紹過的「Redirect」相同，另外，當同一個區域網路內的IPv6裝置彼此進行通訊，並且希望查詢目的端的MAC位址時，則適用於④和⑤ ，過去的IPv4雖然使用ARP ✐，但是現在IPv6可以完全取代IPv4，透過ICMP也能建構出一樣的架構。

當使用者使用NDP通訊協定後，完全不需要從PC端進行任何TCP/IP的相關設定，只要連接至網路後，即可自動地啟動設定內容，換句話說，只要將PC連接至網路後，立刻就能夠透過IPv6啟動「隨插即用」，於是使用者就可以開始進行通訊作業了。

在這個IPv6儼然已經成為業界主流的時代，可想而知未來大家對ICMP的印象也將隨之改變才是。

圖A IPv6將ICMP用於NDP功能

使用IPv6時，不須在PC端進行任何設定，只要連接至網路後即可啟動「隨插即用」，並且開始通訊作業，因為IPv6乃是採用NDP的架構，也就是使用ICMP來搜尋路由器，並且自動設定IP位址、子網路遮罩。

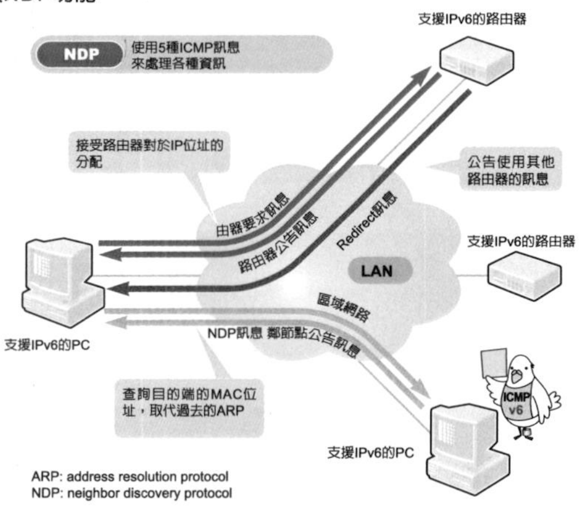

另外，還有一種情況是因爲PC將錯誤訊息傳送出去，因而引發許多問題的，例如，我們在實作篇所提過的「通訊埠掃瞄(Port Scan)」，也有可能會被駭客用來查詢攻擊對象後再予以攻擊。

而且，最近市面上推出許多介紹「ICMP可用於控制網路」等內幕知識，讓更多人得以使用這些資訊來攻擊網路，這是一種將ICMP的Option Data用於竊取資訊的方法，駭客會隱身在伺服器的工具中，然後再從外部操控伺服器，竊取使用者的個人資訊等重要資訊，以便採取攻擊。

承上所述，如果以安全性的角度來看的話，ICMP的功能不是百害而無一利嗎？

停止ICMP功能，將會發生不知所措的情況

看到這裡，可能有許多讀者會想:「那麼我只要停止所有ICMP的功能，問題不就解決了嗎？」不過，這種作法實在是過於輕率，因爲當初創造ICMP的目的是因爲ICMP是支援IP的重要通訊協定，雖然少了它，IP通訊本身並不是完全不會運作，但是事實上卻會出現一些令人不知所措的情況。

最典型的例子就是發生「黑洞路由器」的問題(圖3-3)，所謂「黑洞路由器」就是IP封包(彷彿)不著痕跡地從通訊路徑中被刪除的一種現象，此點將造成我們在實作篇所提過，使用ICMP來探索路徑MTU的功能無法啓動。

如圖3-3所示，假設有1台路由器因爲通訊路徑上出現不同的MTU大小，因此必須將封包加以切割，但如果從安全性的層面來考量，必須在PC和路由器之間設置一個防火牆以禁止ICMP通過，於是在此種狀況下，PC應該如何來執行路徑MTU的探索呢？

無法調整封包大小

當我們在通訊路徑上所傳送的封包大小不需要再加以切割時，這時候該封包就能夠順利地被傳送到目的端PC，反之，如果您所傳送的封包大小必須經過切割後才能夠透過通訊路徑傳送出去的話，這時候就會出現一些問題。

如同我們在實作篇介紹過的一樣，當這一類型的封包被傳送出去時，如果路由器和不同MTU大小的線路連接，此時該路由器就會透過無法到達目的端的ICMP訊息通知來源端有錯誤發生，本來應該是由接收端負責接受這項ICMP錯誤訊息，然後再透過探索路徑MTU的處理方式來變更MTU大小，並且繼續執行通訊作業。

不過，以圖3-3的例子而言，如果ICMP封包被途中的防火牆擋下來的話(圖3-3之③)，就會造成探索路徑MTU的架構無法正常動作，而PC也會出現無法調整MTU大小的問題。

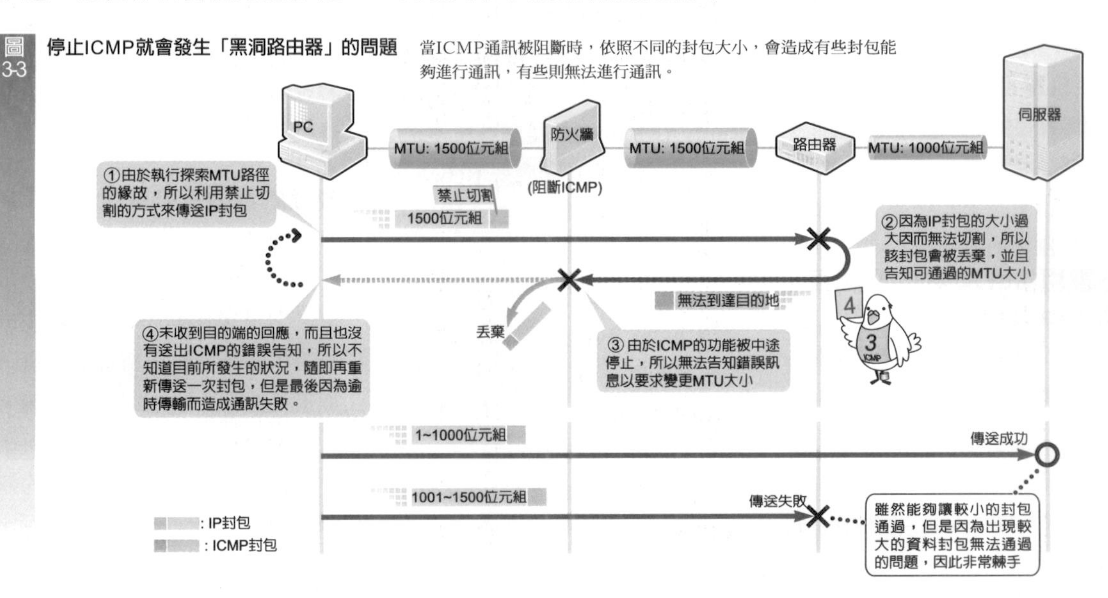

圖3-3 停止ICMP就會發生「黑洞路由器」的問題　當ICMP通訊被阻斷時，依照不同的封包大小，會造成有些封包能夠進行通訊，有些則無法進行通訊。

出現無法調整MTU大小的問題

不但如此，PC連路由器已經將封包丟棄的事實也無法掌握，換句話說，PC根本無法判斷，究竟是封包已經被送達目的PC，但是卻因為某些理由而被丟棄了？還是封包已經被丟棄在通訊路徑上的某個位置？或者是只要稍待片刻封包就會被送達了呢？

只能憑藉管理者的判斷力

事實上我們只要選出幾個網際網路上有名的網站，然後鍵入ping指令後，就會發現一個狀況，那就是ping所通過的伺服器以及不會通過的伺服器約各佔一半。

必須掌握架構才能了解問題所在

我們剛剛提過「黑洞路由器」的問題，這是最近當我們使用PC連接至區域網路，並且使用ADSL連線連接至網際網路時，經常會看到的一種現象，這個問題和ADSL線路的MTU大小、寬頻路由器的設定，以及探索Windows路徑MTU的架構等具有相關性。

最棘手的一點莫過於，即使有所謂的「黑洞路由器」存在，但是它並不一定會造成無法通訊的狀況，IP封包之所以會被吞噬的原因，其實不過是因爲該IP封包的大小需要被切割罷了。

換句話說，從存取網站資料的角度來思考的話，我們可以很順利地就和WWW伺服器連線，以文字爲主體的網頁大致也能夠被顯示在畫面上，不過當該網頁包含了資料量較大的影像資料時，就會出現網頁無法顯示的複雜現象，假如我們不了解使用ICMP來探索路徑MTU以及黑洞路由器等相關知識時，一旦遇到這一類的問題出現，就連要預測原因想必也將是困難重重。

圖3-4 設定傳送至用戶端PC的ICMP訊息

Windows XP有一項標準的防火牆功能，稱為「個人防火牆(Internet Connection Firewall)」，雖然其初始設定已經停止所有ICMP的功能，但是使用者仍然可以依個人需求分別設定。

●個人防火牆的進階設定畫面。

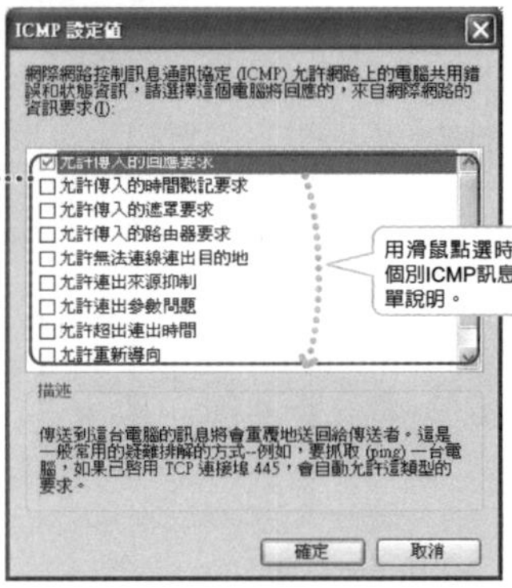

ICMP 設定值

網際網路控制訊息通訊協定 (ICMP) 允許網路上的電腦共用錯誤和狀態資訊，請選擇這個電腦將回應的，來自網際網路的資訊要求(I):

☑ 允許傳入的回應要求
☐ 允許傳入的時間戳記要求
☐ 允許傳入的遮罩要求
☐ 允許傳入的路由器要求
☐ 允許無法連線連出目的地
☐ 允許連出來源抑制
☐ 允許連出參數問題
☐ 允許超出連出時間
☐ 允許重新導向

描述

傳送到這台電腦的訊息將會重覆地送回給傳送者。這是一般常用的疑難排解的方式--例如，要抓取 (ping) 一台電腦，如果已啓用 TCP 連接埠 445，會自動允許這類型的要求。

確定　取消

針對每一個項目分別設定Windows是否使用所支援的ICMP訊息(共9種)。

用滑鼠點選時會有個別ICMP訊息的簡單說明。

關閉用戶端也無妨

就如同我們在本章一開始所介紹過的一樣，在實際的網際網路環境中，如果我們將ICMP設定爲完全使用狀態時，無啻是給予駭客無限的機會，並且讓安全性出現重大問題。

不過從另一個角度來看，如果關閉一部分的功能時，不但會造成使用上的極度不便，而且還會發生「黑洞路由器」等問題，那麼，應該如何使用ICMP才正確呢？接下來就讓我們分別以用戶端、路由器、以及伺服器等爲例一起來思考吧！

首先先來看看用戶端的例子吧！最近有許多新推出的寬頻以及個人防火牆產品，只要經過設定後，即可停止ICMP的功能，不過每一種產品在初始設定方面出現了極大的差異，有些產品可以在設定時停止所有的ICMP功能，而另外的產品則剛好相反，其中還不乏初始設定爲使用ping指令，並且只讓部分ICMP訊息通過的產品。

原本，對於安全性的思維方式就會隨著使用者的環境而出現重大變化，所以並不一定要硬性規定要如何設定才行，只是最近持續出現一個風潮，那就是大家傾向於將連接至網際網路的用戶端PC，設定爲不需要回應ICMP。

例如，假設您的作業系統是Windows XP，那麼當您使用OS附屬的「個人防火牆」功能時，標準設定就是當您收到來自外部的ICMP封包時，系統會將這些封包全部擋下來(圖3-4)。

接下來我們要來談談路由器了！如果位於網際網路路徑上的路由器不慎將ICMP功能關閉時，就會出現「黑洞路由器」等問題，例如當大量的封包蜂擁而至時，如果ICMP未送出來源抑制訊息時，那麼就會出現處理不及的窘境。

以路由器來說，當上述狀況發生時，路由器必須在考慮週遭網路狀況的條件下，判斷是否應該將不必要的、而且會連接至攻擊端的ICMP封包阻擋下來。

伺服器要判斷這些狀況是十分不易的，例如，伺服器必須支援ping指令，否則當PC未連線至伺服器時，伺服器並無查詢此種狀況的有效方法，所以使用時極爲不便，即便如此，事實上伺服器還是有可能會遭到像ping洪水攻擊，也就是透過ICMP的一種攻擊方式，此時，就只能憑藉管理者的判斷力了。

認識DHCP

自動設定IP的架構

我們只要啟動PC的電源，或是接上網路線，即可連接至網路，這必須歸功於「DHCP架構」所扮演的功能，不過，如果PC缺乏IP位址時，應該如何透過網路取得設定資訊呢？ 您只要仔細思考後就會覺得神奇，本章我們將為　您徹底分析這個神奇的「DHCP架構」。 (塗谷隆弘)

簡介

您已經完成網路設定了嗎？

當我們將PC連接至公司或家裡的區域網路時，如果沒有設定IP位址等資訊的話，將無法和網路連線，有些使用者會請網管人員告知可用的IP位址，然後再將該IP位址設定於PC上，將IP位址等設定於PC是網路連線作業的基本原則，並不是只要將纜線接上就可以連線了。

不過，最近有很多人會從家裡帶著筆記型電腦到公司，接上公司的網路線，到了晚上再帶回家，而只要和寬頻路由器連線後，即可存取公司內部的伺服器或是網際網路的資料。

事實上，這時候在幕後動作的就是我們本章要介紹的DHCP，所謂DHCP ✎就是Dynamic Host Configuration Protocol(動態主機配置協定)的縮寫，有了DHCP後，PC只要透過網路線以實體的方式連接至網路，就能夠自動取得網路連線所需的IP位址等設定資訊。

DHCP所訂定的就是負責取得設定資訊的PC與分配資訊的伺服器之間在處理封包時的規則，當然，當PC插上電源後(或是透過網路線連線後)，封包就會立刻開始應對的作業，當PC提出「需

DHCP 詳盡的協議內容在RFC2131(1997年)及RFC2132中，詳情請參閱http://www.dhcp.org/。

要設定資訊」的要求時，伺服器就會提供相關的資訊(圖1)。

雖然方便，卻有漏洞

使用DHCP時，就連缺乏網路相關知識或資訊的一般使用者，也能夠輕鬆地將PC連接至網路，使用者不需要一一開啓PC的設定畫面，只要鍵入IP位址等即可，如果您在家或是公司都會使用同一台筆記型電腦的話，那麼DHCP就能夠節省您每次變更連線目的地，皆必須透過手動方式來執行網路設定的麻煩。

如果從網管人員的立場來看也是一樣，每當加入一台新的PC時，不需要再倚賴手動作業來執行PC設定了。

除了上述方便的一面外，相對地，DHCP也有可能會發生無法連接至網路的問題，所以DHCP雖然方便，卻有漏洞，雖然我們平常未曾感覺到DHCP的存在，不過它卻在不知不覺中充斥於我們的週遭環境。

接下來我們將在基本篇當中，和各位一起來確認DHCP的本質，也就是PC是如何取得設定資訊的，然後緊接著在實用篇當中，我們會假設幾個實際會發生的典型案例，和各位一起確認當時DHCP會如何動作，倘若各位在看過基本篇後能夠瞭解到DHCP的架構，並且能夠透過實用篇掌握DHCP的實際動作，那就表示您對DHCP的認識已經非常充分了。

圖1 DHCP就是獲得IP位址等設定資訊的架構 DHCP的功能就是會自動地將不重複的IP位址分配給剛開啟電源的PC。

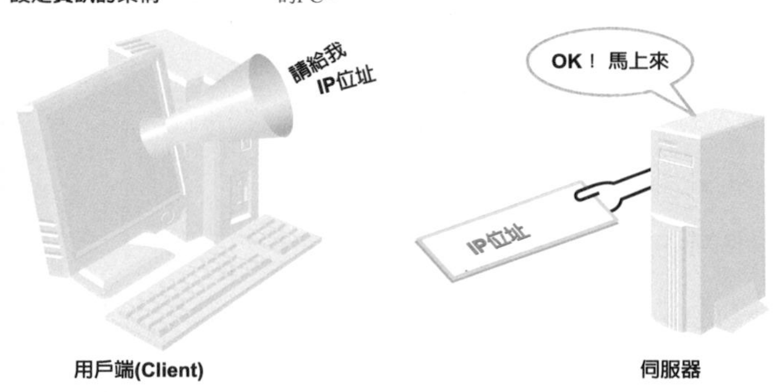

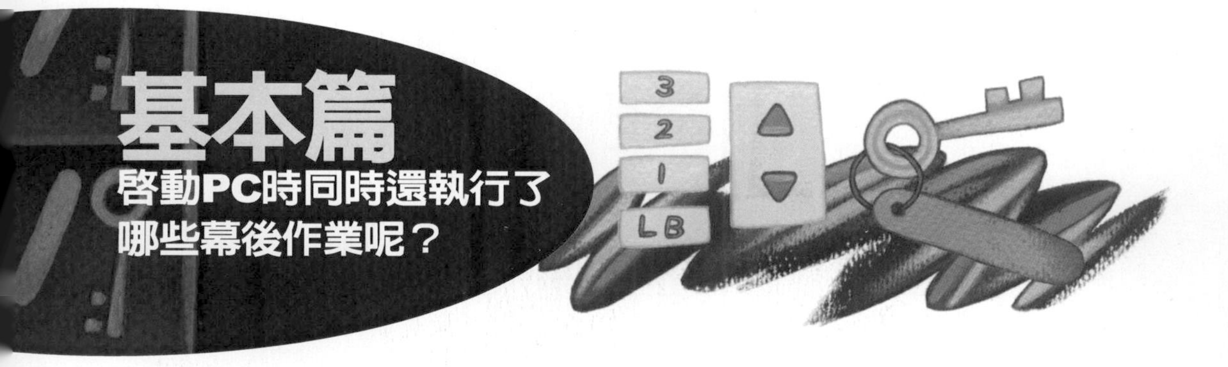

Step 1　逐步分析處理流程

只要能夠交換4項訊息，就可以取得設定資訊

我們將透過Step 1和各位一起來看看DHCP的處理流程，至於必須取得哪些設定資訊的部分，則留待Step 2再爲各位介紹。

首先，我們先來確認DHCP通訊的兩大主角，第一個是要求分配IP位址等設定資訊的DHCP用戶端，另一個則是統一管理設定資訊，然後再將資訊分配給DHCP用戶端的DHCP伺服器。

這2大主角必須互相通訊後，才能建立DHCP通訊作業，當然在通訊的過程中，必須遵守既定的通訊協定，像是依據哪些步驟來處理何種格式的封包等，這些規定就稱爲DHCP，而實際上遵循這些規定而動作的程式就是這2大主角眞正的面貌。

Windows或是MAC OS等PC的OS大多配備標準DHCP用戶端的專用程式(圖1-1)，例如，當您使用的OS是Windows時，只要從「網路連線」的設定畫面中開啓「Internet Protocol(TCP/IP)」的項目，然後再勾選「自動取得IP位址」，就能夠啓動DHCP用戶端的專用程式了。

另一方面，DHCP伺服器專用的程式則爲Windows Server 2003以及Linux等伺服器OS的標準配備，像這一類的伺服器OS同時也會配備DHCP用戶端專用軟體，使用者可以依不同的時間及場合分別選用這2種不同的功能，寬頻路由器也有內建DHCP伺服器的專用軟體，當您在家裡時，只要將PC連接至寬頻路由器，就能夠在網際網路進行資料存取，這一切都得歸功於DHCP

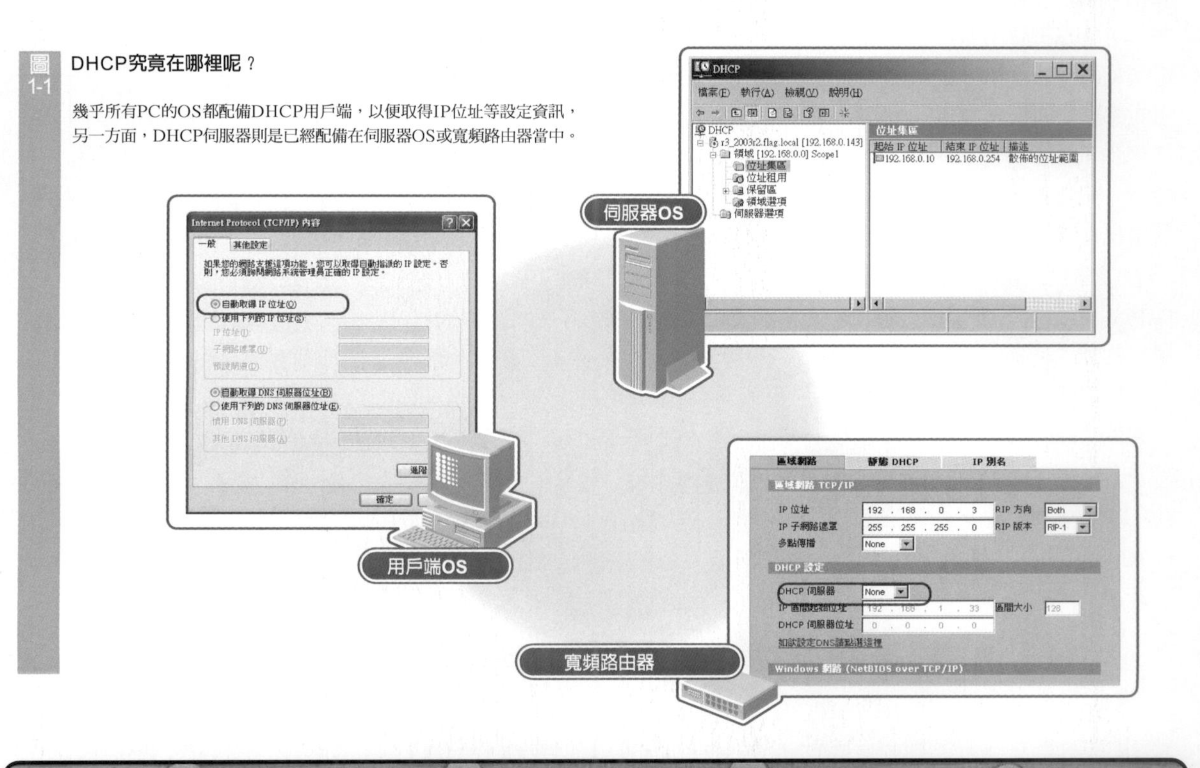

圖1-1　DHCP究竟在哪裡呢？

幾乎所有PC的OS都配備DHCP用戶端，以便取得IP位址等設定資訊，另一方面，DHCP伺服器則是已經配備在伺服器OS或寬頻路由器當中。

伺服器。

通訊作業會先從PC開始

剛剛我們已經確認過DHCP通訊的兩大主角了，接下來就讓我們依序來看看實際的處理流程吧！

通訊作業會先從DHCP用戶端的PC開始執行，PC會負責傳送「請將IP位址等設定資訊分配給我」等要求訊息，此種訊息就稱爲「DHCP Discover(尋找)訊息」(圖1-2之①)。

當DHCP伺服器收到這類訊息後，會向PC送回一個DHCP Offer封包，內容就是提出「可以使用XXXX IP位址嗎？」的建議(②)。DHCP伺服器會先確定自己所能分配的IP位址，接著再從這些位址當中選出一個最適合的建議給PC。

當DHCP伺服器提出IP位址後，這並不代表它的工作已經結束了，當PC收到DHCP伺服器所送出來的Offer封包時，就會將希望使用DHCP伺服器所建議IP位址的意圖傳送出來(③)，此種訊息就稱爲「DHCP要求(Request)」，如同「要求(Request)」這個名稱在字面上的意思一樣，您可以將它視爲一種正式的申請。

最後，當DHCP伺服器接收到「DHCP要求」後，就會向PC傳送DHCP ACK(承認)封包，以同意PC使用該IP位址。(④)

PC必須經過上述① DHCP Discover(尋找)② DHCP Offer ③ DHCP要求(Request)④ DHCP ACK(承認) 等4項處理流程，才能完成和DHCP伺服器之間的處理作業，並且從DHCP伺服器獲得設定資訊。我們在接下來實用篇當中所提出的例外處理，實際上也是這4項流程的延伸應用，換句話說，各位只要能夠掌握這

圖1-2 DHCP通訊是建立在4項訊息的處理作業上 PC乃是透過廣播(Broadcast)方式，將設定資訊的要求傳送至整個子網路(Subnet)後才開始通訊作業。

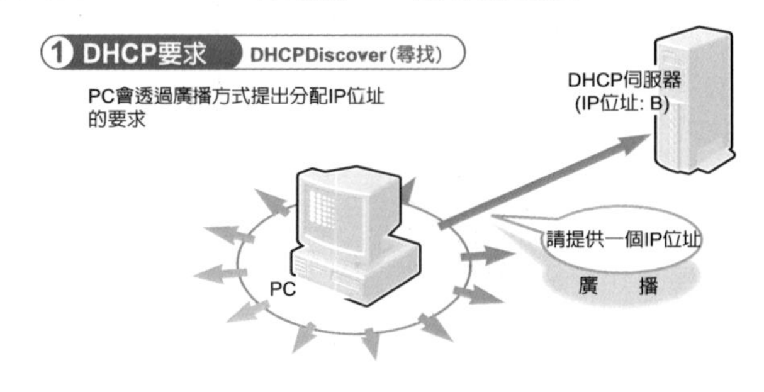

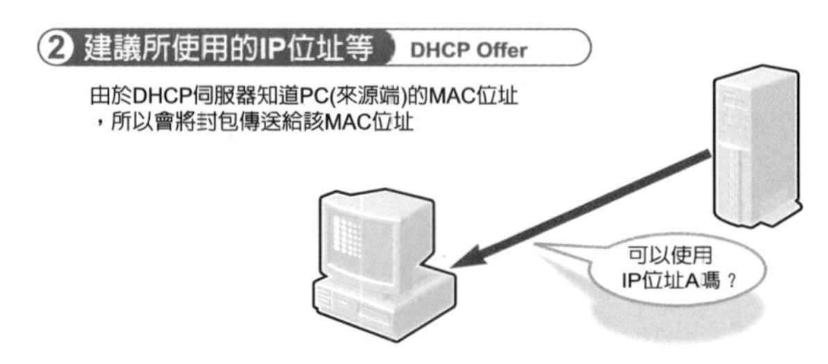

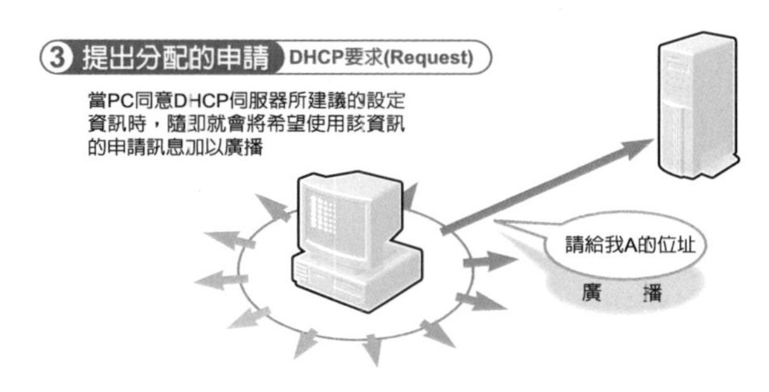

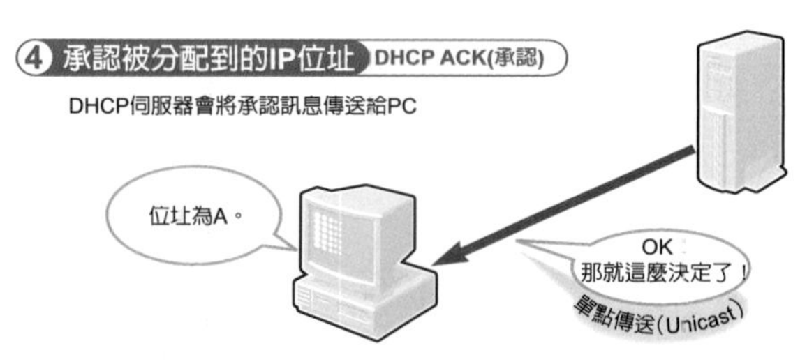

DHCP通訊完成
確立IP位址等設定資訊

HTTP
Hypertext transfer protocol的縮寫，中文直接翻譯為「超文件傳輸協定」。

SMTP
Simple transfer protocol的縮寫，中文翻譯為「簡單郵件傳輸協定」。

UDP
User datagram protocol的縮寫，屬於傳輸層的通訊協定，不需要經過和目的端進行連線確認，即可將封包傳送給對方，由於TCP必須先確認和目的端是否已經建立1對1的連線後，才能夠實際進行資料的傳送及接收，因此無法使用廣播功能來執行通訊作業，如果使用UDP的話，即使本PC的IP位址處於不確定的狀態，也能夠使用廣播功能。

通訊埠編號
就是當TCP或UDP等通訊協定處理軟體將所接收到的資料轉交給應用程式時，用於辨識上層應用程式的一種編號，通訊埠編號會被記錄於TCP或是UDP封包標頭中的某個區域。

IP及UDP不需要位址也能夠動作

對於那些要求IP位址等設定資訊的PC而言，可想而知，IP位址一定還沒有設定完成，它們只不過在實體上連接至網路罷了，因此，我們可能會覺得當PC在取得設定資訊前，那些在IP或上層動作的TCP/UDP尚未開始動作，所以這時候只能進行乙太網路層級(資料鏈結層)的通訊作業，然而，令我們大感意外的是DHCP本身其實就是在UDP的上層動作的一種應用協定(Application Protocol)，DHCP和適用於網站資料存取的HTTP ✎、或是傳送電子郵件時所使用的SMTP ✎等屬於同一個層級的通訊協定(圖A)。

筆者之所以會這麼說的理由非常單純，因為負責處理IP或UDP等通訊協定的程式本身，不需要設定資訊也能夠開始執行通訊作業，只不過，如果沒有位址資訊的話，則會受到一些條件限制。

例如，當本PC傳送封包時，如果不確定目的端的話，那麼就無法進行單點傳送，而且因為預設閘道也尚未設定完成，所以在通訊時根本沒辦法通過路由器。

要能不受制於這些條件，並且適合上述處理條件的就是，不需要指定目的端，而且能夠將封包傳送至整個網路的廣播(Broadcast)方式，DHCP就是因為能夠妥善運用廣播方式，因此能夠在缺乏IP設定資訊的狀態下，和DHCP伺服器互相進行通訊，然後取得資訊。

圖A DHCP屬於在UDP上層動作的應用協定

即使在缺乏任何設定資訊的狀態下，IP或UDP等通訊協定處理軟體也能夠開始動作，DHCP也可以在此種狀態下使用UDP並且執行通訊作業。

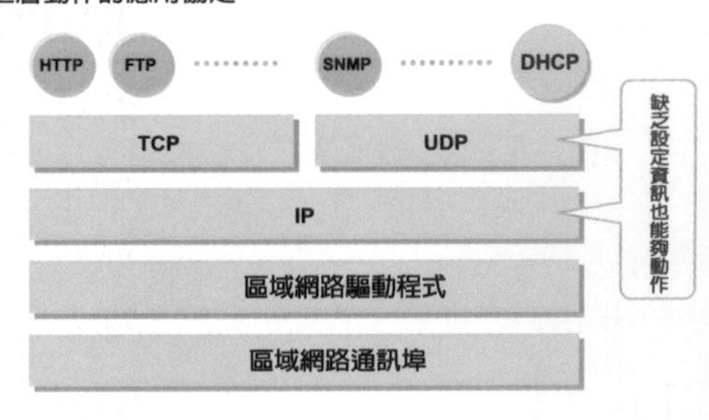

4項處理原則，表示您已經建構好整個DHCP通訊知識的基礎了。

廣播並非採取1對1的通訊方式

看到這裡，請稍安勿躁。

PC在取得DHCP伺服器所傳送過來的設定資訊前，理論上來說應該還未掌握任何的資訊，因為如果不知道PC的IP位址時，相對地也不會知道目的端也就是DHCP伺服器的位址，那麼，在此種狀態下，究竟要如何和DHCP伺服器進行通訊呢？

答案就是透過「廣播(Broadcast)」方式，即使不知道目的端或是PC的IP位址時，還是能夠使用「廣播」方式將資訊傳送給目的端(請參閱特別報導)。

所謂「廣播(Broadcast)」就如同其字面上的意思一樣，與其說是「通訊」，其實還更接近「傳播」的概念，「傳播」的意思就是由電視台等發送電波，並且讓電波所及範圍內的所有天線接收到訊號即稱之，「廣播(Broadcast)」也是同樣的原理，也就是將封包傳送到同一個網路上的所有終端裝置，在此所謂「同一個網路」就代表由路由器所切割出來的範圍(稱為「子網路」)的意思。

使用「廣播」方式時，封包的目的IP位址就會變為「255.255.255.255」，該位址就稱爲「廣播位址(Broadcast Address)」，根據IP的規定，必須由所有的終端裝置來接收資訊。

由PC向整個網路傳送資料

讓我們再來確認一次剛剛所提過的PC和DHCP伺服器之間在進行通訊處理作業時，廣播位址究竟扮演著什麼樣的角色呢？

PC向DHCP伺服器所送出來的第一個尋找(Discover)封包，就是「廣播」，因爲PC不知道DHCP伺服器的位址，所以會使用「廣播」方式將封包傳送到整個子網路，事實上廣播封包(Broadcast Pocket)會被傳送到UDP ✎通訊

Unicast(單點傳送)
和廣播的意思相反，也就是將封包傳送給1台終端裝置，「單點傳送」會透過目的IP位址來指定接收端。

MAC位址
MAC就是media access control的縮寫，中文翻譯為「媒體存取控制」，乙太網路上的裝置會分別被配置一個不會和其他裝置重複的MAC位址。

ARP
就是address resolution protocol的縮寫，中文翻譯為「位址解析通訊協定」。

圖1-3 PC不會直接將DHCP伺服器所分配的資訊直接消化

當PC完成DHCP通訊，並且被分配了設定資訊後，PC會使用ARP(位址解析)通訊協定來確認所收到的IP位址是否和其他裝置重複。

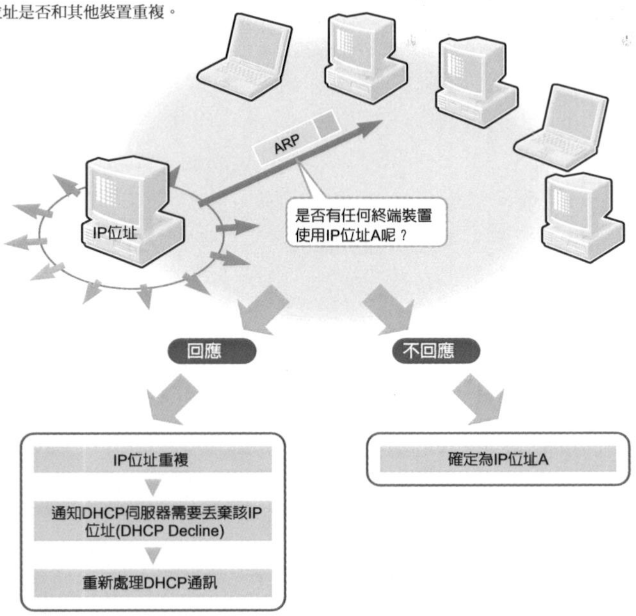

埠編號67，也就是Port 67。

如果回到剛剛所介紹過「傳播」的例子的話，DHCP伺服器爲了接收PC所傳送出來的電波，所以指派Port 67的天線負責待命接收，因此目的地爲Port 67的UDP封包能夠被送達DHCP伺服器。

不過，回應DHCP尋找的Offer封包並不是透過廣播(Broadcast)方式，而是單點傳送(Unicast)方式。原因就是在PC一開始所送出來的DHCP尋找(Discover)封包當中，已經寫好PC的MAC位址，因爲MAC位址是燒入網路卡的ROM中，所以PC早就知道該位址。

於是，DHCP伺服器就會讀取MAC位址，並且將封包送回該位址，而DHCP Offer封包就會被傳送到PC的UDP Port 68。

接著，PC會透過廣播(Broadcast)方式來傳送要求(Request)，而DHCP伺服器則會透過單點傳送(Unicast)方式送回Offer封包，簡言之，由PC到DHCP伺服器所採用的通訊方式爲廣播(Broadcast)，而DHCP到PC的通訊方式則是以MAC位址爲目的地的單點傳送(Unicast)。

專心一致確認位址是否重複

如上所述，PC會從毫無任何設定資訊的狀態轉變成取得本PC IP位址的狀態，雖說如此，PC仍然會繼續執行它的工作。

PC的工作就是致力於確認DHCP伺服器所分配的IP位址是否眞正可被終端裝置使用。

確認步驟必須透過ARP通訊協定(圖1-3)來進行，ARP本來的目的就是當PC掌握通訊目的端的IP位址時，必須查詢該位址相對的MAC位址，當記錄IP位址的ARP要求封包被廣播時，擁有該IP位址的終端裝置就會回覆本身的MAC位址。

執行完DHCP通訊的PC接著還有後續動作，就是記錄DHCP伺服器所分配的IP位址，並且傳送ARP要求，通常應該沒有任何裝置會使用該IP位址，所以PC也不會收到任何回應，因此就能夠確認出是否有其他的PC正在使用該位址了。

假設DHCP伺服器所分配的IP位址已經被其他裝置所使用時，該裝置就會回覆本PC所送出來的ARP要求，這時候，PC就會向DHCP伺服器傳送一個停止使用該伺服器所分配的IP位址訊息(稱爲DHCP拒絕(Decline))，接著，PC就會再重新收到一次設定資訊。

根據規範DHCP步驟的RFC2131的規定，使用ARP並且確認IP位址是否重複的方法並非必要項目，該確認項目屬於「儘可能做到」的建議項目，不過，Windows98/ME/2000/XP或是MAC OS等皆根據該建議項目，並且使用ARP來確認IP位址是否重複後，才會實際開始使用DHCP伺服器所分配的IP位址。

子網路遮罩(Subnet Mask)
決定子網路範圍的32位元數值，若和IP位址搭配使用時，便能夠掌握子網路上所使用的IP位址範圍。

Step 2 我們會收到哪些設定資訊呢？

所收到的設定資訊會加上租賃時間(Lease time)

使用DHCP通訊方式時，PC不但會從DHCP伺服器收到IP位址，還能夠獲得各種設定資訊。我們將透過Step 2和各位一起來確認PC所能取得的設定資訊。

確認資訊的種類

當PC希望瞭解DHCP伺服器分配哪些設定資訊時，只要在PC啓動後，檢查本身的設定狀況即可，具體來說，如果使用的OS是Windows95/98/ME，就是執行Winipcfg.exe程式(圖1-4(a))，如果使用WindowsNT/2000/XP，則是進入命令提示符號，並且鍵入「ipconfig/all」的指令後即可開始執行檢查(b)，無論任何一種狀況，畫面上所出現的資訊應該都大同小異。

當我們更進一步檢視時，除了IP位址外，還可以看到分配到的子網路遮罩值 ✐、預設閘道 ✐、DNS伺服器 ✐的IP位址等，同時我們還能夠掌握DHCP伺服器的IP位址。

接下來我們會在畫面下方發現「租賃取得日期」及「租賃時間」等項目，所謂「租賃取得日期」就是PC透過DHCP通訊方式取得設定資訊的日期時間，而「租賃時間」就是該設定資訊無效的日期時間。

事實上，當PC收到DHCP伺服器所分配的設定資訊時，同時也會取得該設定資訊的有效時間，當租賃時間截止時，PC必須將DHCP伺服器所分配像是IP位址等設定資訊送回，PC無法隨心所欲地無限使用這些設定資訊，當租賃時間截止時該如何進行下一步處理的這個部分，我們會在後半部的實用篇當中爲各位做更詳細的說明，即使DHCP伺服器曾經將某個IP位址分配給PC，但是一旦租賃時間截止，還是必須將該位址分配給其他的PC才行。

根據規定，能處理的數量達70種以上

從圖1-4我們可以確認的是PC從DHCP伺服器所收到的基本設定資訊，不過，根據RFC2132的規定，WWW伺服器、郵件伺服器、時間伺服器、列印伺服器(LPR)等IP位址資訊都可以透過DHCP來處理，事實上能夠處理的數量超過70種以上。

不過，我們不需要將所有的資訊都加以分配，當PC一開始廣播DHCP尋找(Discover)封包時，

圖1-4 PC收到DHCP伺服器所分配的設定資訊

當您使用的OS是Windows 95/98/ME時，請執行Winipcfg.exex，如果是Windows NT/2000/XP的話，請進入命令提示字元並且鍵入「ipconfig/all」，如此就能夠確認所分配到的設定資訊。

(a)Winipcfg 的執行結果

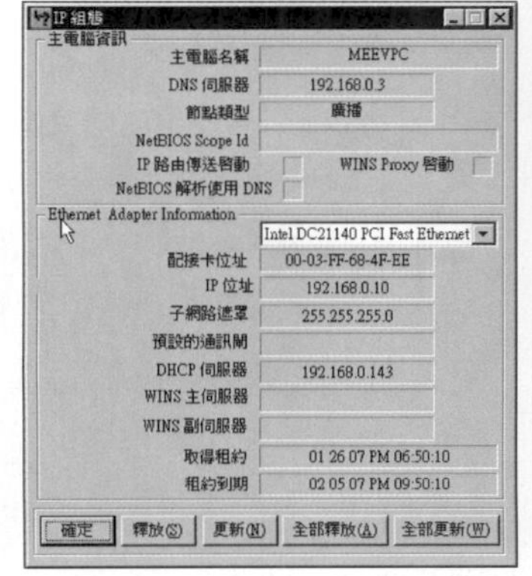

(b)ipconfig 的執行結果

預設閘道
當您將IP封包傳送到子網路以外的位置時，來源端會委由路由器來轉送封包，不過當來源端不知道應該委由哪一個路由器時，會先任意選擇一個路由器來轉送。

DNS伺服器
DNS就是Domain name system的縮寫，中文翻譯為「網域名稱系統」，DNS伺服器就是負責管理網域名稱與IP系統之間對應關係的伺服器。

清楚記錄
實際上會將代表設定資訊的編號寫入DHCP封包後再行傳送。

1個月左右
DHCP封包中租賃時間(Lease time)的欄位長度為32位元，由於指定時是以秒為單位，因此理論上來說，也可以將租賃時間設定為100年以上。

圖1-5 DHCP端應該如何設定呢？(Windows 2000 Server的設定範例)

使用者必須將分配給PC的設定資訊預先登錄於DHCP伺服器。

a 指定可分配的IP位址

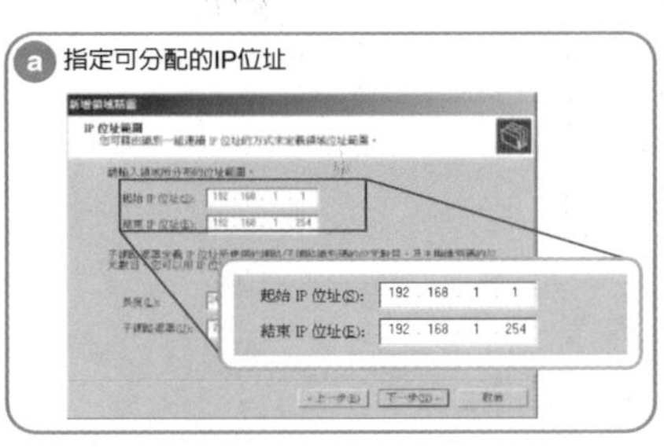

b 設定預設閘道的IP位址

IP 位址(P): 10 . 10 . 1 . 10 新增(D)

c 設定租賃時間(Lease time)

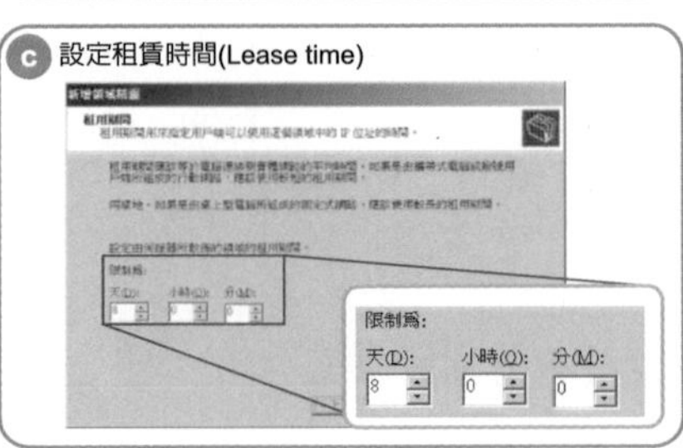

d 預留一個供伺服器使用的IP位址

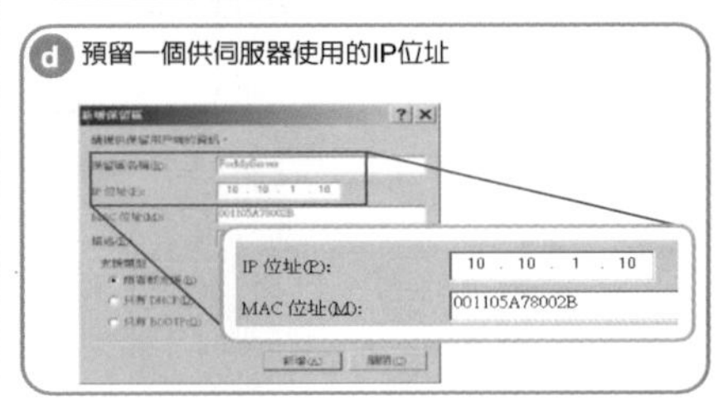

已經清楚紀錄✐需要哪些資訊，而DHCP伺服器則會根據這些資訊，僅回覆自己有能力回答的部分。

從DHCP伺服器的角度來看

接下來，就讓我們來看看DHCP伺服器應該如何管理設定資訊。

當我們確認主要的項目後，首先會看到分配給PC的IP位址。DHCP伺服器必須預先決定所分配的位址範圍(圖1-5之a)，例如，可以採用指定的方法來限制可分配給PC的IP位址範圍，像是「192.168.10.1~192.168.10.254」等。

其他還有子網路遮罩的值、DNS伺服器或是預設閘道的IP位址等，重點在於將相同的資訊傳送給所有的PC，因此只要用手動方式將數值輸入即可(同b)。

另外同樣地，租賃時間也必須由DHCP伺服器來設定(同c)，不過，通常系統的初始值在出廠時都已經設定好了，並不需要使用者作特別的變更，順帶一提的是Windows 2000 Server版的預設值為「8天」，而市售的寬頻路由器等則大多設定為「1個月左右✐」。

然而，像那些經常會插拔筆記型電腦，也就是採取自由位置方式的辦公室，如果能夠縮短租賃時間，那麼在管理IP位址時將會更有效率，反之，對於那些不太會移動PC的場所來說，最好能夠將租賃時間設定得長一點，這樣子就比較不容易出現問題。

要求伺服器分配固定IP的方法

我們在使用DHCP時，不一定每次都會分配到相同的IP位址，這樣一來，每當檔案伺服器重新啟動後，會由DHCP伺服器重新分配一個新的IP位址，這往往就是造成無法存取等問題的原因。

以上述狀況為例，可以向DHCP伺服器預先保留分配的IP位址(同d)，並依據安裝於伺服器上的網路卡的MAC位址，事先登錄好希望固定住的IP位址，如此一來，DHCP伺服器就肯定就能夠將已經預約好的IP位址分配給特定的伺服器了。

順帶一提的是，還有一種是手動與自動合併使用的情況，也就是透過手動方式將IP位址分配給每一個不同的伺服器，同時還透過DHCP自動地將IP位址分配給PC，此時，DHCP伺服器會調整可分配的範圍，以便排除伺服器所使用的IP位址範圍，例如，假設我們從DHCP伺服器可分配的IP位址當中，預約192.168.10.1~192.168.10.200的這一段位址，那麼可透過手動方式要求伺服器分配的位址範圍就是192.168.10.201~192.168.10.254，這也是我們能夠使用的位址範圍。

BOOTP
就是Bootstrap protocol的縮寫，根據BOOTP的規定，網管人員必須預先在伺服器上設定好IP位址及MAC位址的對應表，當用戶端啓動時，MAC位址就會被傳送到BOOTP伺服器，並且獲得一個IP位址。

無磁碟用戶端(Diskless Client)
如同其字面上的意思，就是未配備硬碟的終端裝置，演算或資料處理的相關作業，會由網路對象端的伺服器來負責處理，而無磁碟用戶端不但可以接受按鍵輸入的作業，而且只會將演算作業顯示在畫面上，大型主機(Mainframe)所連接的終端裝置就屬於此種型態，概念上就像是由只能透過Telnet動作的PC登入UNIX伺服器是一樣的道理。

Option的部分
詳細內容請參閱RFC2132(1997年)所登載的內容。

Step 3 一窺封包的奧秘

Option部分充滿令人驚奇的封包

我們將在基本篇的最後-Step 3和各位一起來確認DHCP封包的內容。

由於DHCP屬於在UDP上層動作的通訊協定，因此IP標頭、UDP標頭會被附加在封包的起始點，而UDP封包的資料部分包含了DHCP的訊息(圖1-6)，資料大小約為500 Byte左右，其中，還包含可以寫入PC或DHCP伺服器的IP位址、DHCP伺服器所建議的IP位址、PC的MAC位址、ID編號等的欄位。

當PC傳送第一個DHCP尋找(Discover)封包時，就會隨機填入ID編號的欄位，並且會在DHCP通訊完成前，使用相同的數值，原因在於即使有多台PC同時進行DHCP通訊，仍可以區分個別PC。

然而，DHCP通訊所使用的欄位大多只會寫入ID編號以及MAC位址，幾乎很少用於其他用途，換句話說，DHCP封包的主要欄位甚少被使用到。

擴充至其他的通訊協定

這些負責告知DHCP伺服器的IP位址，或是記錄子網路遮罩的值、預設閘道、DNS伺服器的IP位址等設定資訊的欄位，就是圖1-6所示DHCP封包中的Option部分。

談到「Option」這個名詞，或許會讓您產生「可用可不用」的感覺，但是對於DHCP而言則必須使用Option這個部分，之所以會出現如此難以理解的原因就是，DHCP乃是以BOOTP ✎通訊協定為基礎後再進行擴充的，而DHCP封包的結構和BOOTP則是完全相同。

所謂「BOOTP」原本是為了無磁碟用戶端 ✎自動連接至網路時所制定的通訊協定，當1985年人們正在構思BOOTP時，那時大家認為只要有IP位址可以當作設定資訊即可，不過時至今日，光是處理IP位址並不足夠，因此，BOOTP就開始讓過去幾乎未曾使用過的Option部分 ✎，改良為也能夠處理各式各樣的設定資訊。

Option部分將Option編號、代碼長度、資料等3項欄位編成1組，至多可放入255個欄位，DHCP會針對子網路遮罩、預設閘道的IP位址等各項設定資訊，分別制定Option編號。

例如，子網路遮罩的Option編號為1，預設閘道的IP位址編號為3，DNS伺服器的IP位址編號為編號6，而設定資訊的租賃時間編號為51。

圖1-6 DHCP封包的內容

由於DHCP是擴充BOOTP通訊協定而來，因此在封包的結構上和BOOTP完全相同，設定資訊主要會使用BOOTP封包的Option區域來執行處理作業。

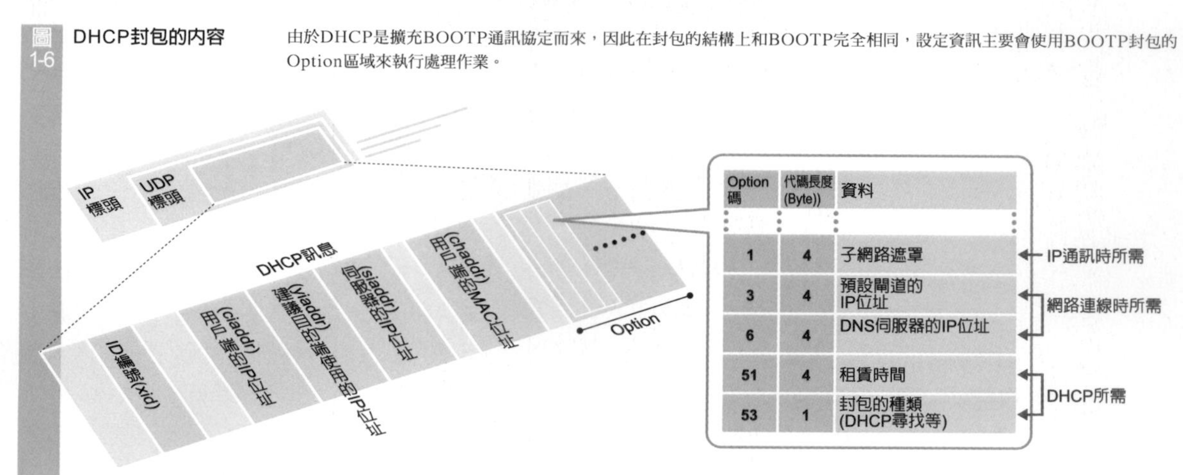

Case 1 當租賃時間(Lease time)結束時

當租賃時間過半 DHCP會主動要求延長時間

我們已經在基本篇Step 2稍微提到過，在DHCP可分配的設定資訊當中皆包含所謂的「租賃時間(Lease time)」，PC必須在某一個時點歸還所取得的資訊如IP位址等，那麼，像伺服器等裝置因爲會持續插著電源，不就無法使用DHCP了？

可無限次延長時間

事實上，您不需要擔心這點，DHCP包含一種可以在租賃時間結束前，自動延長時間的架構，當PC收到所分配的設定資訊後，一旦租賃時間過半，就會自動地要求DHCP伺服器延長租賃時間(圖2-1)。

PC雖然會提出延長租賃時間的要求，可是並不會傳送特別的封包給DHCP伺服器，而是直接沿用我們在基本篇所介紹過的處理方式，具體來說，PC會將DHCP要求封包傳送給DHCP伺服器，僅此而已。

只要PC處於開機的狀態，即可送出無限次延長要求，因此，像伺服器等持續插著電源的電腦，也可以繼續使用相同的IP位址。

只是當PC未收到DHCP對於該延長要求的回應(DHCP ACK)時，就會因爲延長租賃時間的要求失敗而終告結束，這時候，PC會在租賃時間結束前，定期而且不斷地提出延長要求。

如果PC重複地提出延長要求，仍然不見DHCP伺服器回應，因而造成租賃時間結束的話，那麼PC所使用的IP位址等設定資訊就會變爲無效。

如何判斷延長要求呢？

通常PC送出來的是DHCP要求封包，可是DHCP伺服器是如何判斷現在這個封包是要求延長租賃時間的呢？

事實上，當DHCP伺服器一開始將設定資訊分配給PC時，就會將已經分配的IP位址等資訊以及PC的MAC位址的對應關係記錄下來，因此，當DHCP伺服器收到要求封包時，立刻就會知道這個要求是來自於已經分配完成的PC，由此判斷這個封包屬於要求延長租賃時間用的。

順帶一提的是，在此所謂的DHCP要求會透過單點傳送(Unicast)方式來進行，因爲當PC一開始收到設定資訊時，就已經記住DHCP伺服器的IP位址了，根據RFC的規定，在租賃時間過半的時點，PC得透過單點傳送(Unicast)方式，將延長要求傳送給DHCP伺服器，一旦租賃時間超過87.5%時，就會建議改用廣播(Broadcast)方式。

圖2-1 被分配到的設定資訊可使用到何時呢？

雖然被分配到的IP位址等設定資訊包含所謂的「租賃時間」，但是只要使用者在租賃時間結束前，透過PC執行更新作業，即可任意延長時間。

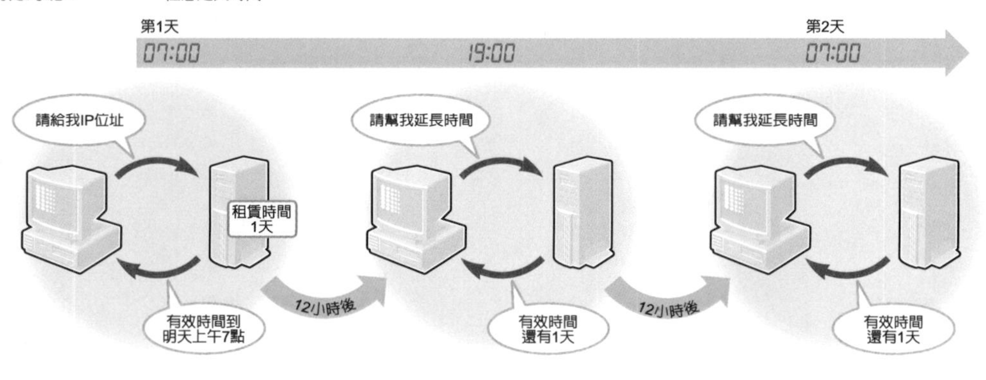

建議

當多台DHCP伺服器被設置於同一個子網路時，每一個DHCP伺服器所能夠分配的IP位址範圍必須避免和其他的DHCP伺服器範圍重複，目的在於避免某一台DHCP伺服器分配過的IP位址，不慎被其他的DHCP伺服器分配至其他的用戶端。

Case 2 如果有多台伺服器時

PC的訊息可以安全地傳送給任何伺服器

當DHCP伺服器當機時，會讓PC收不到設定資訊，於是就會造成PC無法連線至區域網路，因此，DHCP必須假設同一網路上有多台DHCP伺服器。

和使用1台伺服器時完全相同

接下來就讓我們根據基本篇Step 1所介紹過的DHCP處理作業，實際來看看當網路上有2台DHCP伺服器時應該如何處理呢？

PC一開始送出來的DHCP尋找(Discover)乃是透過廣播方式，因此能夠被傳送到2台DHCP伺服器中的任一台(圖2-2①)，這時候，無論哪一台DHCP伺服器都會將Offer封包傳送給PC，並且建議 ✐ 適合的IP位址等(②)。

相對地，PC在採用這些資訊時只會從中擇其一，選擇方式雖然會依OS的種類而異，但是如果您所使用的OS是Windows時，則會優先採用第一個收到的建議，然後再透過廣播(Broadcast)方式傳送DHCP要求封包，以便回應本項申請(③)，由於上述作法同樣是採用廣播方式，因此封包會被傳送到2台DHCP伺服器的任一台。

在要求封包當中，已經寫入PC所選擇的DHCP伺服器的IP位址以及DHCP伺服器所收到的建議IP位址，如此一來，DHCP伺服器就會知道自己所建議的IP位址是否已經被採用。

因此，在這些收到要求封包的DHCP伺服器當中，如果有哪一台的建議資訊被採用的話，該伺服器就會送出ACK(承認)封包，以確認所提出的建議資訊。

至於其他雖然提出建議資訊但是未被採用的DHCP伺服器，接下來這些伺服器就會將之前暫時預留的IP位址等資訊轉而分配給其他的PC。

換句話說，由於PC在傳送封包時乃是採用廣播方式，任何DHCP伺服器皆可收到這些封包，因此，即使有多台DHCP伺服器，但是在處理作業上則和使用1台伺服器時完全相同。

圖2-2 即使有多台DHCP伺服器，但是DHCP通訊仍和使用1台時相同

由於PC在傳送訊息時採用廣播方式，因此即使有多台DHCP伺服器，仍然不會出現任何問題。

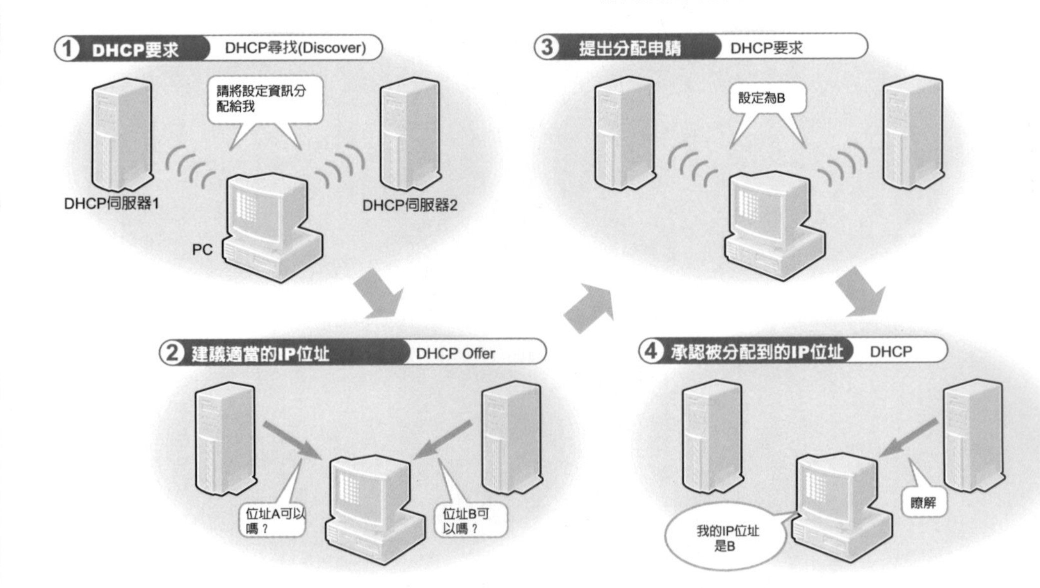

路由器
寬頻路由器(Broadband router)大多不具備DHCP轉接代理(Relay Agent)功能，Windows Server 2003 等則已經內建好DHCP轉接代理功能了。

指定
在某些情況下，使用者必須指定DHCP伺服器的通訊埠編號(Port 67)。

Case 3 如果路由器位於通訊路徑時

DHCP轉接代理(Relay Agent)架構

由於DHCP使用廣播(Broadcast)方式，才讓通訊作業得以順利進行，不過當我們使用廣播時，必須注意一些限制條件，像是廣播封包無法通過路由器等(圖2-3上方)。

那麼，我們會在何時遇到上述問題呢？例如，當我們使用路由器將公司內部網路分割為多個子網路等情況下，如果未依每一個分割後的子網路來設置DHCP伺服器的話，就會發生通訊無法建立的狀況，不過，相對地這時候就需要由網管人員根據子網路的數量來管理DHCP伺服器了。

於是，網管人員就思考出一種「DHCP轉接代理(Relay Agent)」架構，負責中介DHCP伺服器與PC通訊作業，當我們使用此種架構時，只要1台DHCP伺服器就能夠將設定資訊分配給分散在多個子網路上的所有PC。

路由器的數量不拘

DHCP轉接代理功能大多是路由器✎本來就已經具備的，各位只要從路由器的設定畫面中啟動轉接代理功能，並且指定✎DHCP伺服器的IP位址後，本功能就會開始動作。

當路由器啟動DHCP轉接代理功能後，一旦收到PC所傳送過來的廣播封包時，即可將該封包轉送給DHCP伺服器(圖2-3下方)，由於DHCP伺服器的IP位址已經被登錄至路由器了，所以傳送封包時就必須改用單點傳送(Unicast)方式，因此，無論路由器和DHCP伺服器之間存在多少台路由器，封包都會被送達DHCP伺服器。

另一方面，當DHCP轉接代理接收到DHCP伺服器的回應時，就會將該回應訊息轉送至PC。有了「DHCP轉接代理」架構，即使子網路上不存在DHCP伺服器，只要啟動轉接代理功能，一樣能夠建立DHCP通訊。

圖2-3 當路由器位於網路的路徑上時，就會採用DHCP轉接代理功能

DHCP轉接代理功能會負責接收廣播封包，並且將該封包轉交給適合的DHCP伺服器。

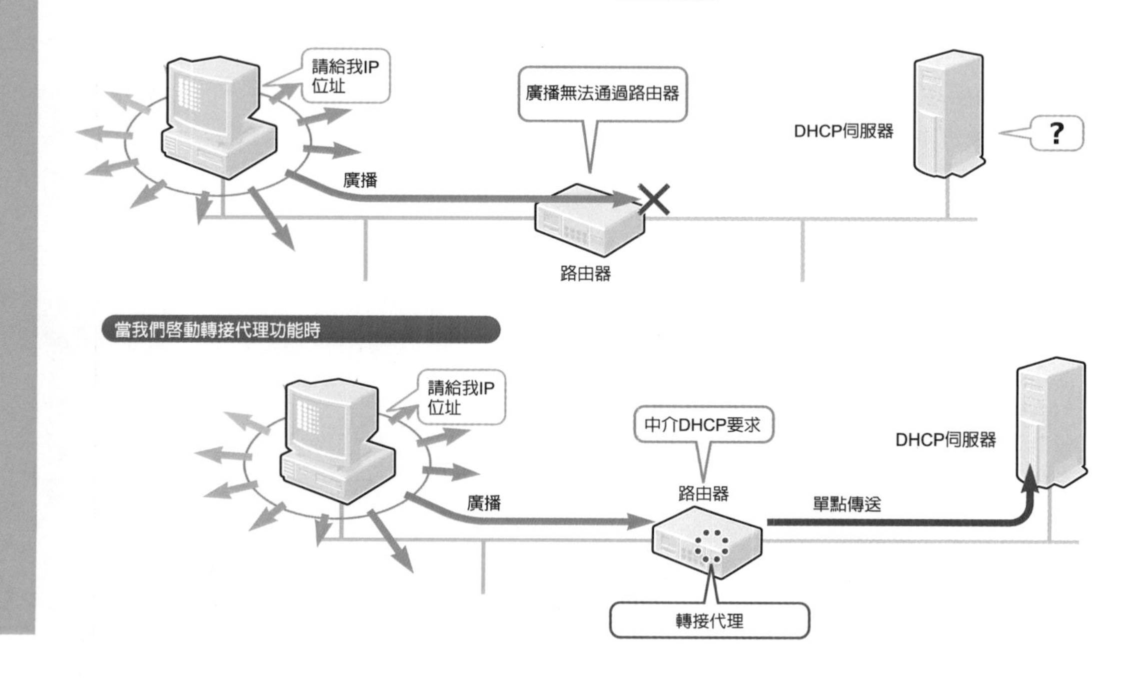

Case 4 當伺服器當機時

如果在租賃時間結束前當機 PC就會自行分配IP位址

當DHCP伺服器當機時，就會造成網路上的PC無法取得IP位址等設定資訊，然而，即使DHCP伺服器當機時，Windows、MAC OS等用戶端OS仍然具備自行分配IP位址的功能，此種功能稱爲「APIPA(自動私人IP位址) ✎」，和DHCP屬於截然不同的架構。

自行分配IP位址

APIPA是Windows 98/Me/2000/XP的標準功能，當我們將配備前述OS的PC連接至不存在DHCP伺服器(或是當機)的區域網路時，剛開始DHCP尋找(Discover)封包會以6秒1次的速度來傳送，總計傳送4次，如果未收到任何回應時，接下來就會進入APIPA的處理流程(圖2-4)，換句話說，當PC送出第一個尋找封包，並且經過24秒後，APIPA就會開始動作，在使用DHCP的環境下，當我們發現PC啓動時所花費的時間較平常多的話，那就表示APIPA目前有可能正在動作。

APIPA的架構極爲單純，APIPA會從169.254.0.0～169.254.255.255的範圍內被稱爲「Link-local」的特殊IP位址當中，自行並且隨機選出一個位址來分配，前述範圍的IP位址乃是由負責管理網際網路位址的組織IANA ✎，專爲那些未使用路由器的獨立區域網路所特別預約的，當我們所使用的區域網路並未直接和網際網路連線時，這些位址皆可讓任何裝置任意使用，這時候子網路遮罩就變爲255.255.0.0。

不過，因爲IP位址是由PC自行分配的，有可能會和其他PC的位址發生重複的情形，因此，當APIPA的處理流程結束時，如同我們曾經在基本篇介紹過的一樣，Windows會使用ARP，以便確認自己所被分配到的IP位址是否和其他PC重複，一旦確認未發生任何重複的狀況後，PC就會實際開始使用該位址。

當機前取得的位址仍被視為有效

接下來，就讓我們來談談，如果PC在DHCP伺服器當機前收到設定資訊時，應該如何處理呢？DHCP伺服器即使當機，也不會立刻出現任何問題，那是因爲PC在當機的時點，租賃時間仍然持續計時，並未結束。

不過，如果DHCP伺服器長時間維持當機的狀態時，終究會造成租賃時間結束，此時，APIPA就會開始啓動，並且將Link-local位址分配給PC。

圖2-4 當DHCP伺服器當機時，PC就會自行將IP位址等分配給自己

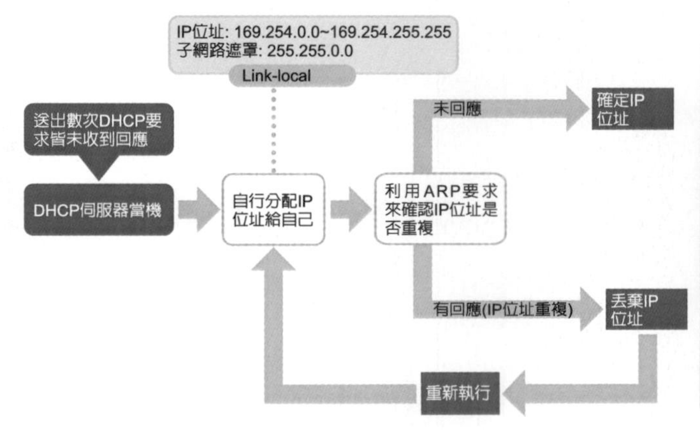

像Windows或是MAC OS等即使遇到DHCP伺服器當機，仍然可以自行分配IP位址。

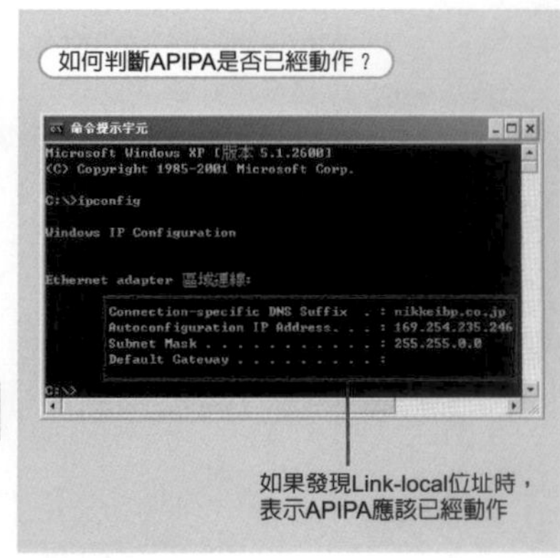

APIPA
就是Automatic Private IP Addressing的縮寫，中文翻譯為「自動私人IP位址」，雖然APIPA是微軟公司獨創的用語，但是IETF(Internet Engineering Task Force: 網際網路工程專案小組)已經建立了一套在架構上幾乎和APIPA相同的標準。

IANA
Internet assigned numbers authority的縮寫，譯為「網路位址分配機構」，也就是針對網際網路上所使用的IP位址進行分配及管理等的機構，目前由ICANN(The Internet Corporation for Assigned Name and Numbers: 網際網路名稱與位址管理機構)繼續執行其責。

是否已經回復
MAC OS8.5以後的版本以及Windows 2000以後的版本除了會定期傳送DHCP尋找封包外，還能夠透過「Media Sense」功能來偵測DHCP伺服器是否已經連接至網路了。

Zerocont
詳細內容請參閱
http://www.zerocont.org/

綜合上述所驗，APIPA之所以會開始動作的時機有好幾個，第一個是分配到的設定資訊的租賃時間已經結束，或者是當使用者在DHCP伺服器當機時啓動PC等情況(圖2-5)。

因此，原本DHCP伺服器應該在所屬的網路上動作，可是卻發生當機的情形時，造成被分配到正式設定資訊的PC和被分配到Link-local位址的PC位於相同的網路上，當然，具有正式位址的PC與具有Link-local位址的PC無法正常通訊。

當您希望查詢本PC所被分配到的資訊是否爲Link-local時，只要進入Windows的命令提示字元，接著再鍵入ipconfig(或是從MS-DOS Prompt鍵入winipcfg)後，即可確認IP設定，如果DHCP伺服器位於某一個區域網路上，而且IP位址爲169.254.x.x的話，您就可以根據此點推測出本PC是否能夠和DHCP伺服器正常通訊，或者DHCP伺服器本身是否已經當機。

圖2-5 PC會在何種情況下自行分配IP位址等資訊呢？
當PC啟動時、或是租賃時間結束時，尚未獲得DHCP伺服器的回應的話，APIPA就會開始動作。

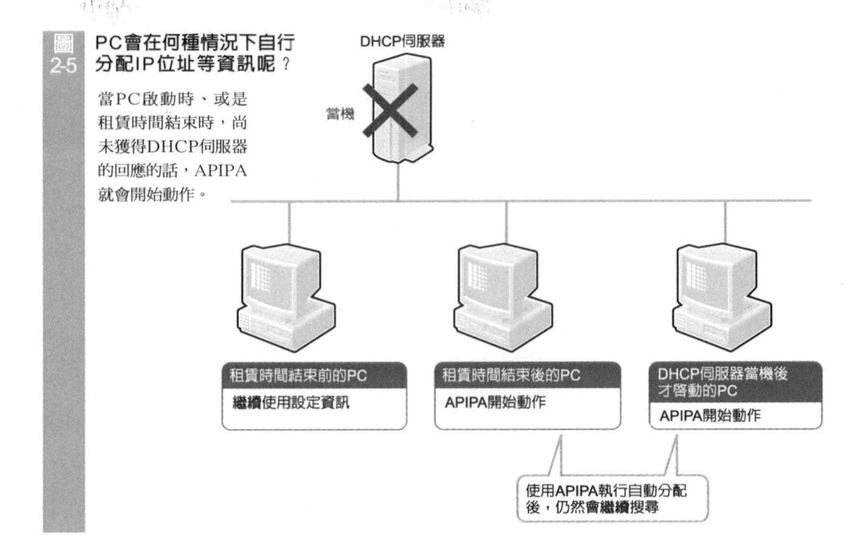

充其量只能當作DHCP的應變措施

即使APIPA開始啓動，並且完成Link-local位址的分配，但是接下來Windows仍然會每隔3分鐘傳送一次DHCP尋找封包，並且持續等待DHCP伺服器回復正常動作。

只要DHCP伺服器回復動作後，隨即就會回應DHCP尋找封包，接下來Windows就會開始執行正式的DHCP通訊，並且使用DHCP所分配的資訊。

如果從這個觀點來看的話，APIPA所自行分配的Link-local位址，充其量可以說是DHCP停止動作時的應變措施罷了。

Mac OS 8.5以後的版本和Windows幾乎具備同樣的架構，但和Window不同之處有2點，第1點就是一開始會每隔2秒傳送一次DHCP尋找封包，共傳送9次(Windows則是每隔6秒傳送一次，共傳送4次)，以及分配完Link-local位址後，會以每5分鐘1次的間隔(Windows則是每3分鐘1次)傳送封包，以便查詢DHCP伺服器是否已經回復✐。

自行分配功能的未來發展

當網路上不存在DHCP伺服器時，自行分配Link-local位址的功能僅適用於IP位址，本功能無法得知DNS伺服器或是路由器的位址，因爲並未連接至網際網路。

於是，在IETF所屬的工作小組Zeroconf ✐就開始檢討一些方法，像是如何在缺乏DHCP伺服器的狀態下，也能夠新增IP位址並且在網際網路上進行存取的動作，所謂「Zeroconf」就是「無需設定(configuration)」的意思。

Zeroconf所鎖定的是家用等小規模網路，Zeroconf的目標就是配備一種即使缺乏DHCP伺服器，也能夠設法讓DNS伺服器或路由器加以使用的架構，以便在網際網路上進行資料存取。

由於DHCP的使用率普及，爲使用者節省許多網路管理的時間，如果各位能夠眞正運用Zeroconf，未來可能連DHCP伺服器都不再需要了，事實上，MacOS X10.2所配備的網路自動化軟體Rendezvous是由Zeroconf從一些正在檢討的架構當中，優先擷取部分精髓後再加以採用的。

超基本問題！

不好意思問的第一個問題

動態(Dynamic)所代表的意義？

當我們談到網路技術時，經常會看到「Dynamic」或者是中文翻譯為「動態」的這個詞，從英文「Dynamic」字面上來看，實在是摸不著頭緒，「Dynamic」這個詞實際上究竟具有什麼樣的意義呢？

較常出現的是「動態」一詞

「動態」的相反詞是「靜態(static)」，不過以網路用語來說較常出現的是「動態」一詞。

談到「動態」一詞，我們腦海中立刻會浮現像是寬頻路由器等將IP位址分配給PC時所使用的dynamic host configuration protocol(DHCP)，個人使用者在網際網路上公告資訊時所使用的動態(Dynamic)DNS(domain name system: 網域名稱系統)，以及路由器之間在處理路徑資訊時所使用的動態路由(Dynamic Routing)等。

另一方面以「靜態」來說，除了Dynamic Routing的相反詞「Static Routing」外，我們幾乎想不出什麼較特別的用語，像是SHCP、Static DNS等用語，我們根本不曾聽過，不過在拼湊當中，似乎還是可以想像出它的意思。

DHCP是一種將IP位址的相關設定自動化的通訊協定，過去IP位址會固定分配給每一台電腦，不過，如果使用DHCP的話，伺服器就會自動分配IP位址，只不過伺服器在當時並不知道應該分配哪個IP位址才恰當。

接下來我們要談的動態DNS就是在伺服器IP位址不斷變化的環境下，仍然可以使用網域名稱(Domain Name)進行資料存取的一種技術，在網際網路當中包含一種可以向DNS伺服器詢問網域名稱及IP位址對應關係的架構，通常，網域名稱及IP位址的對應關係不太容易產生變化，因此DNS伺服器所配備的資料庫當初所設計的結構就是無法讓使用者頻繁覆寫資料，而動態DNS則改良此項缺點，改變為當網域名稱與IP位址的對應關係發生變化時，可以逐次覆寫資料庫的結構，有了此種結構後，即使經常改變IP位址，使用者仍然可以透過網域名稱搜尋到正確的IP位址。

原本的功能大多為「靜態」

談到這裡，有些眼尖的讀者可能已經發現到一件事，那就是所謂「動態」的技術均必須建立在「靜態」的前提下，換句話說，這些技術的共通點就在於將技術改良為非靜態的環境下也能動作。

能夠清楚地說明此種關係的就是「動態路由」以及「靜態路由」，「路由(Routing)」會根據所謂的「路由表(Routing Table)」來決定封包的目的地。

由於路徑上的裝置發生故障，或是增加新的網路等原因，因而改變網路的結構時，必須由網管人員透過手動方式來改寫路徑表，這就是所謂的「靜態路由」，相對地，「動態路由」則是透過路由器之間交換資訊的方式，自動改變路徑表。

當我們翻閱字典查詢「dynamic」這個字的意思時，會看到「static的相反詞」這樣的解釋，在網路技術的用語當中，「靜態」比「動態」這個字更少出現，不過「靜態」一詞還是被當作相反詞使用，未來當各位看到「動態」這個名詞時，不妨用「並非靜態」的方向來思考，或許會讓 您更容易瞭解它的意思。

(山田剛良)

Part3

看圖學網路 初級網路講座

初級網路講座

電腦資料被確實送達之前的流程《共6堂》

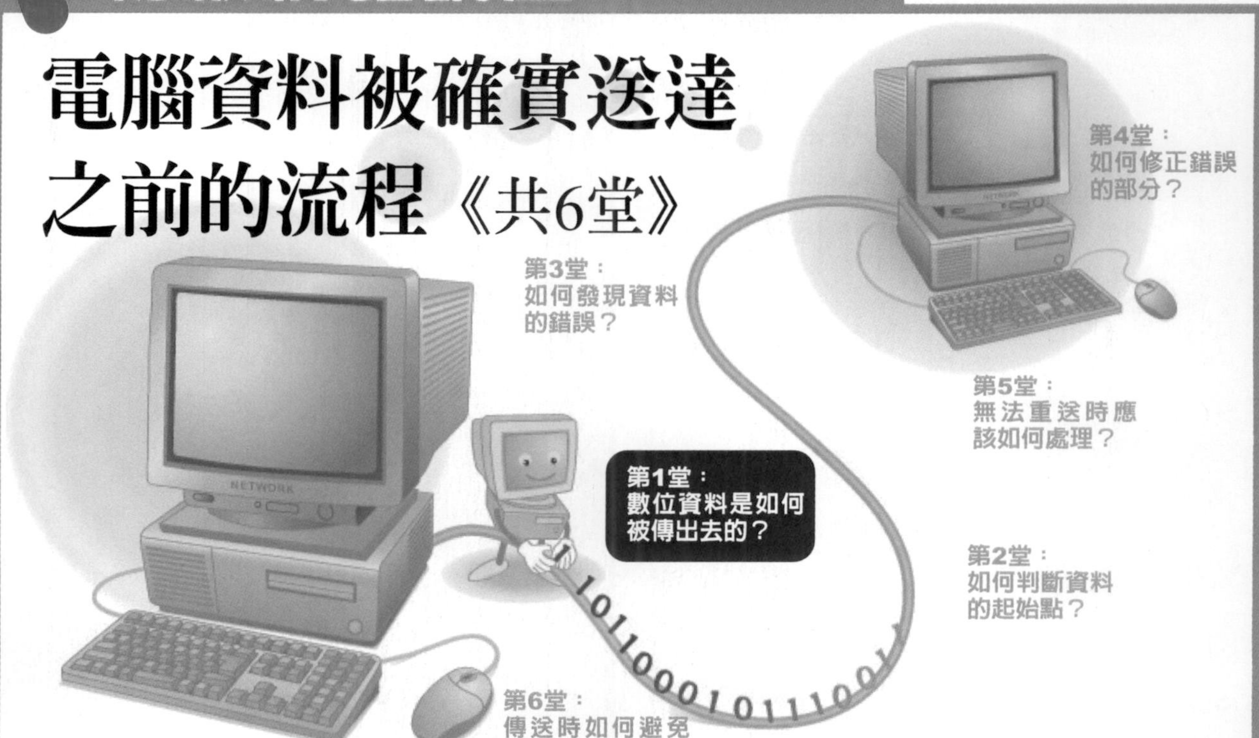

水野忠則
(Mizuno Tadanori)
靜岡大學情報學部情報科學教授。情報處理學會會員，目前所從事的研究領域為行動運算 (Mobile Computing)、資訊網路 (Information Network)等。

井手口哲夫
(Ideguchi Tetsuo)
愛知縣立大學情報科學部教授，目前從事的研究領域為區域網路、廣域網路的網際網路工作技術等。

第1堂▶ 數位資料是如何被傳出去的？

資料的原形其實就是0與1 資訊乃是透過電子訊號來傳送

目前這個社會只要缺少「電腦網路」就無法溝通，舉一個和各位讀者切身的例子，比方說公司的區域網路，我們之所以能夠使用PC傳送郵件，或者是進行網頁存取，原因在於PC已經和網路連線了，我們之所以可以使用信用卡購物，或者是使用銀行的現金卡領錢都是拜網路所賜。

從網路的基本原理開始學習

所謂「電腦網路」究竟是什麼呢？ 用一句話來形容的話，就是電腦和電腦之間透過通訊電路互相連接的意思，以公司的區域網路為例，PC或是伺服器等電腦裝置之間已經連接至乙太網路等線路，當我們使用行動電話來傳送郵件時，是透過無線電路和位於機房的電腦互相通訊。

當我們談到使用電腦網路來通訊，意思就是將某台電腦內部的資訊傳送給其他台的電腦，其實電腦網路就是透過這樣的作業來進行通訊的。

簡單地說，此種通訊作業是由好幾個步驟所組

圖1▶ 電腦能夠處理數位資料

成的，因此，我們將透過連續6堂課依序說明電腦網路的基本原理，當某一台電腦要透過電纜線(通訊電路)將資料正確地傳送至另一台電腦時，必須經過哪些步驟呢？ 以及爲何要經過這些步驟呢？ 接下來就讓我們一起逐項學習吧！

所謂資料就是0與1的組合

首先，先讓我們一起來思考電腦內部的資訊要傳送至其他的電腦這件事究竟具有什麼樣的意義呢？

當我們使用網際網路時，經常會順理成章地說「傳送郵件」或是「下載軟體」等句子，也就是說這時候電腦所處理的資訊就是郵件、或是軟體等。

或許有很多讀者會認爲郵件和軟體是完全不同的東西，然而事實上並非如此，對於電腦而言，無論是郵件、軟體、圖片檔、或是文字檔等都會被電腦當做2進位的資料來處理。

所謂「2進位」就是用0與1來表示所有資料的方法，我們平常所使用的10進位就是將9的下一個數字增加1個位數就變成10，例如：99的下一個數字是100、999的下一個數字是1000，就是利用位數增加的原理，如果是2進位的話，1的下一個數字就會增加1個位數變成10，所以11的下一個數字是100、111的下一個數字是1000等都是同樣的原理。

無論是郵件、圖片檔、或是所有的資訊對於電腦而言都是2進位的組合，那麼爲何同樣是2進位的組合，有些卻以郵件的方式表現，有些則是以圖片的方式來呈現，那都是因爲在PC內部動作的應用程式將資料解釋/轉換後，所形成不同的結果(圖 1)。

不管資料究竟爲圖片、或是文字列，其本質終究是由0與1所組成的，至於要形成何種文字或是圖片，則是取決於0與1的排列方式，換句話說，將電腦內部的資訊傳送給其他台的電腦這件事，其實就是將0與1的組合依序並且正確地送達目的端電腦而已。

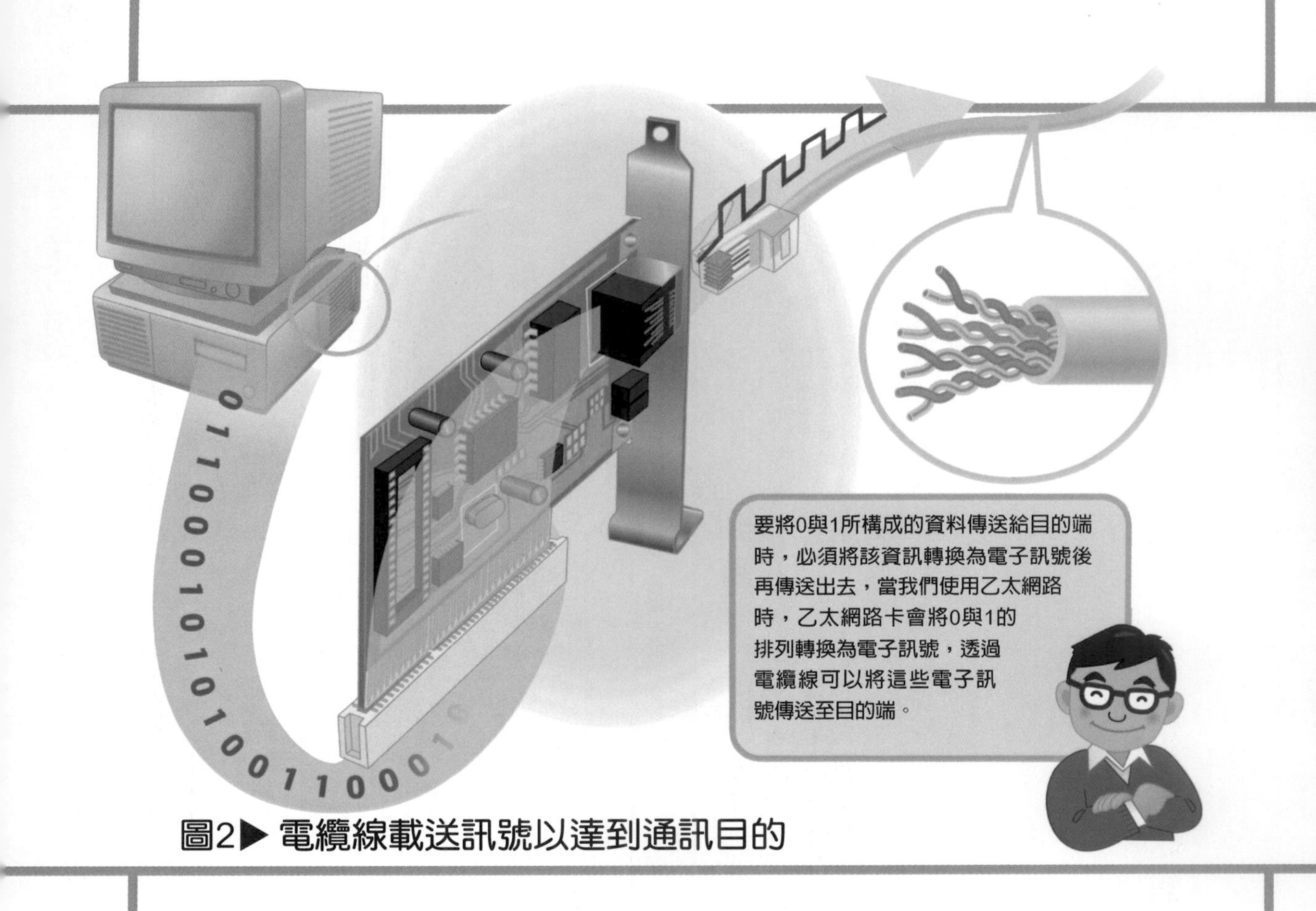

圖2▶ 電纜線載送訊號以達到通訊目的

將0與1的訊號轉換為電子訊號後再加以傳送

接下來，我們要談談電腦是如何將0與1的組合送達其他台電腦的呢？ 傳送時有好幾種不同的方法，例如，像無線網路一樣透過電波來進行通訊的方法，或是使用光纖，然後再透過光訊號來進行通訊的方法等，在這些方法當中最常被使用的方法就是利用銅線及電子訊號來傳送0與1的訊號。

其中，在使用電子訊號的方法當中，我們將以最常被使用的乙太網路為例為各位具體說明。

在乙太網路當中，當PC內部的數位資料傳送至電纜線時負責轉換工作的就是被稱為「乙太網路卡」或是「網路卡」等裝置(圖2)，過去使用者除了PC外，必須另行購買乙太網路卡，然後再將乙太網路卡插入擴充槽後才能開始使用，不過最近的PC都已經將乙太網路卡列為標準配備。

當PC將資料傳送到網路時，會先將0與1的組合資料送給乙太網路卡，這時候由0與1所構成的資料會被轉換成乙太網路的電子訊號，而目的端的PC會透過乙太網路卡來接收電纜線所傳送過來的電子訊號，接著再轉換為PC所適用的資料。

事實上乙太網路分為許多不同的種類，相信有許多讀者都知道公司或家庭所經常使用的乙太網路有「10M」及「100M」之別，所謂10M就是10M Bit/秒的簡稱，代表網路速度為1秒傳送1000萬個0或1訊號，換句話說，10M或是100M的差別在於依不同的速度來區分乙太網路的種類，正式規格名稱應該是10 BASE-T以及100 BASE-TX。

10 BASE-T或是100 BASE-TX都是使用雙絞線，所謂「雙絞線」就是由2條銅線對絞而成，透過2條1組的電纜線來傳送訊號，雖然10 BASE-T或100 BASE-TX所使用的電纜線總共包含4組雙絞線，然而實際上只有使用其中的2組來進行通訊，一組為傳送訊號用，另一組則為接收訊號用。

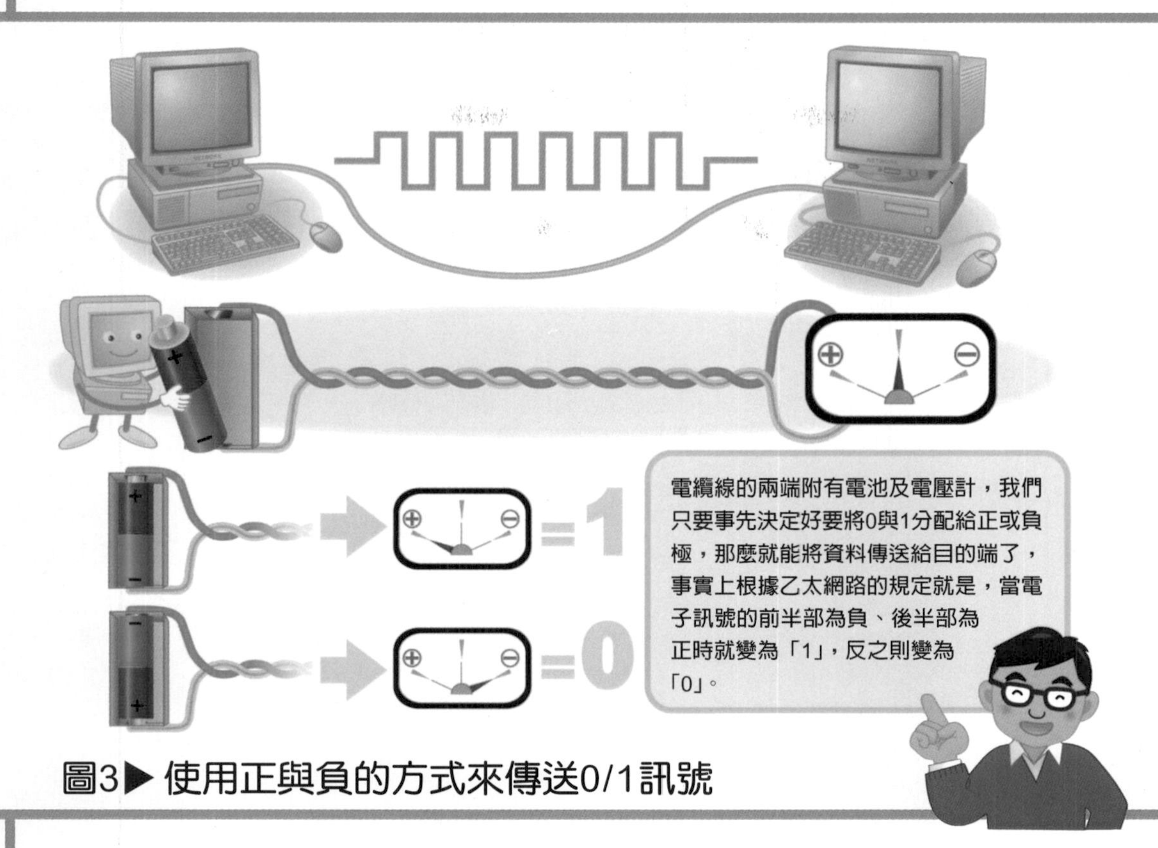

圖3▶ 使用正與負的方式來傳送0/1訊號

將0與1分配給電極的正或負極

我們在上一頁已經介紹過，由0與1所組成的資料會被轉換成乙太網路的電子訊號，究竟這些電子訊號是什麼呢？

當我們談到電子訊號一詞時，或許很多人會把它想像得非常複雜，不過對於數位通訊而言，只要能夠傳送0與1的訊號就搞定一切，這個原理就和我們在2條電線的兩端，一端接上電池及開關，另一端接上小燈泡是一樣的方法，只要啓動開關讓電流通過，即可點亮小燈泡，關閉開關則會讓燈泡熄滅。

假設我們將小燈泡亮燈的狀態分配爲「1」，熄燈的狀態分配爲「0」，也就是說電流通過的狀態設定爲「1」，不通過的狀態設定爲「0」，接下來只要根據原有資料的順序將開關ON/OFF，就能夠將數位資料傳送給對象端了。

以上所說明的就是使用電子訊號來傳送資料的原理，不過，實際上所使用的方法則是稍微複雜一些，換句話說，當我們單純地將0與1分配爲ON/OFF時，如果無法從接收端檢測到電流的話，將無法判斷究竟是傳送了0、還是發生通訊中斷的情形，當我們持續傳送0的資料時，小燈泡就會熄燈，所以接收端或許會因此判斷發生通訊中斷。

這時候經常會使用一種方法就是利用正電壓及負電壓的方式，切換正負電壓就像是切換乾電池的正負極一樣(圖3)，當訊號出現時，正電壓或是負電壓就會被傳送出去，不過，當電纜線斷線或是通訊中斷時，我們可以藉由所有電壓無法被送達接收端來掌握實際的狀況。0與1的訊號究竟要分配給電流或是光的哪一種狀態，就稱爲「編碼」，目前存在許多種編碼方式，使用者可以依不同的用途分別使用。

10 BASE-T所使用的是曼徹斯特編碼(Manchester Encoding)，方法就是用正電壓變爲負電壓表示0，反之若由負電壓變爲正電壓時則表示1。100 BASE-T則是採用其他的編碼方式，以不同的電子訊號來代表0與1。

如此一來，電腦內部的資料就會被轉換爲電子訊號，並且透過電纜線傳送至接收端。

初級網路講座

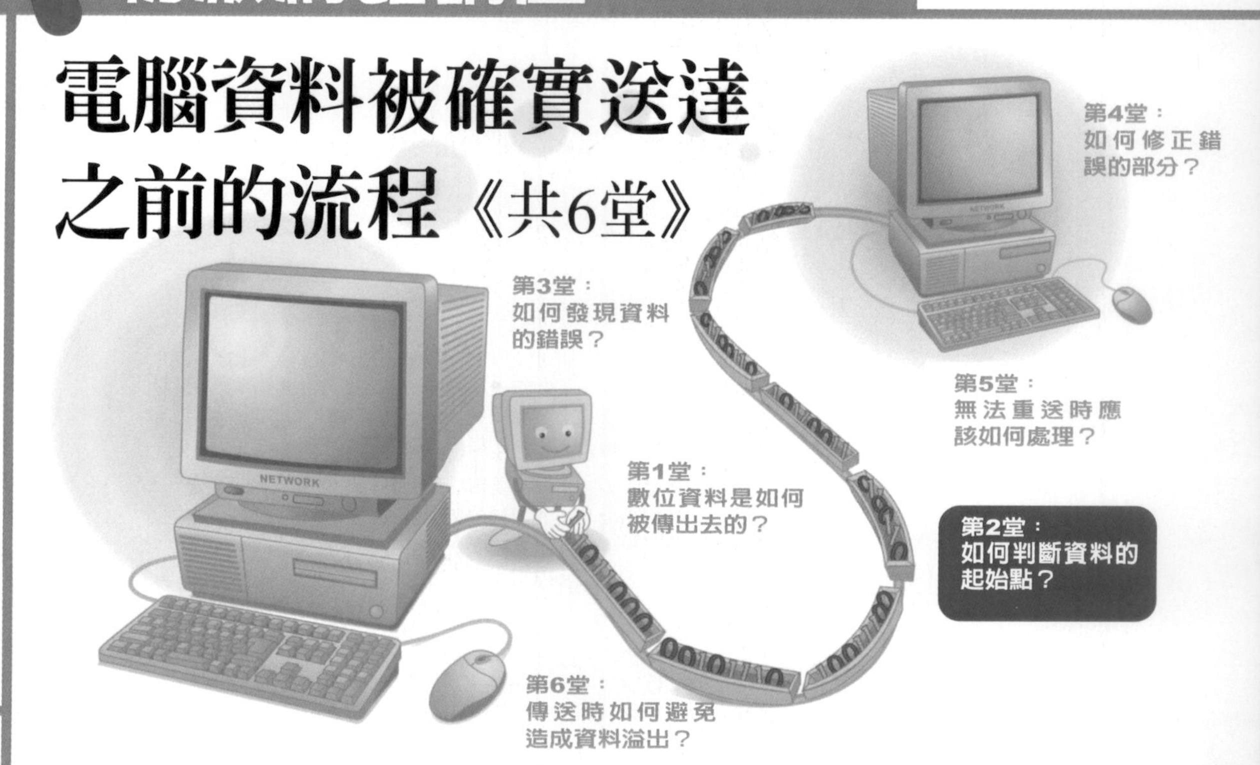

第2堂 ▶ 如何判斷資料的起始點？

資料的起始點就像記號一樣可以用特殊文字或樣式表示

水野忠則
(Mizuno Tadanori)
靜岡大學情報學部情報科學教授。情報處理學會會員，目前所從事的研究領域為行動運算 (Mobile Computing)、資訊網路 (Information Network)等。

石原進
(Isihara Susumu)
靜岡大學工學部系統工學科助理教授，目前所從事的研究領域為行動環境的網路架構 (Architecture)或是災害資訊網路等。

我們在第1次的課程當中，已經學習過如何將通過電纜線的電子訊號分配為0與1，並且將資料從某一台電腦傳送到另一台電腦的架構。

當傳送端送出代表0與1的電子訊號時，接收端會將該訊號加以解釋，並且判斷究竟是0或1，只不過光是如此，訊號還無法成為有意義的資料，對於接收端而言，收到電子訊號時所看到的只是0與1的組合罷了，接收端並不清楚哪裡開始才算是資料的起始點，當接收端不知道應該從哪裡開始讀起時，就會造成接收端無法正確還原傳送端所傳送資料的意義。

因此，這時候就需要一種能夠將傳送端預設的資料起始點及結束點傳送給接收端的機制，此種技術就稱為「資料區塊同步(Block Synchronization)」，在本次課程中我們將為各位介紹2種具代表性的資料區塊同步(Block Synchronization)技術-「字元同步(Character Synchronization)」以及「訊框同步(Frame Synchronization)」。

起始點位置不同所代表的意義也不一樣

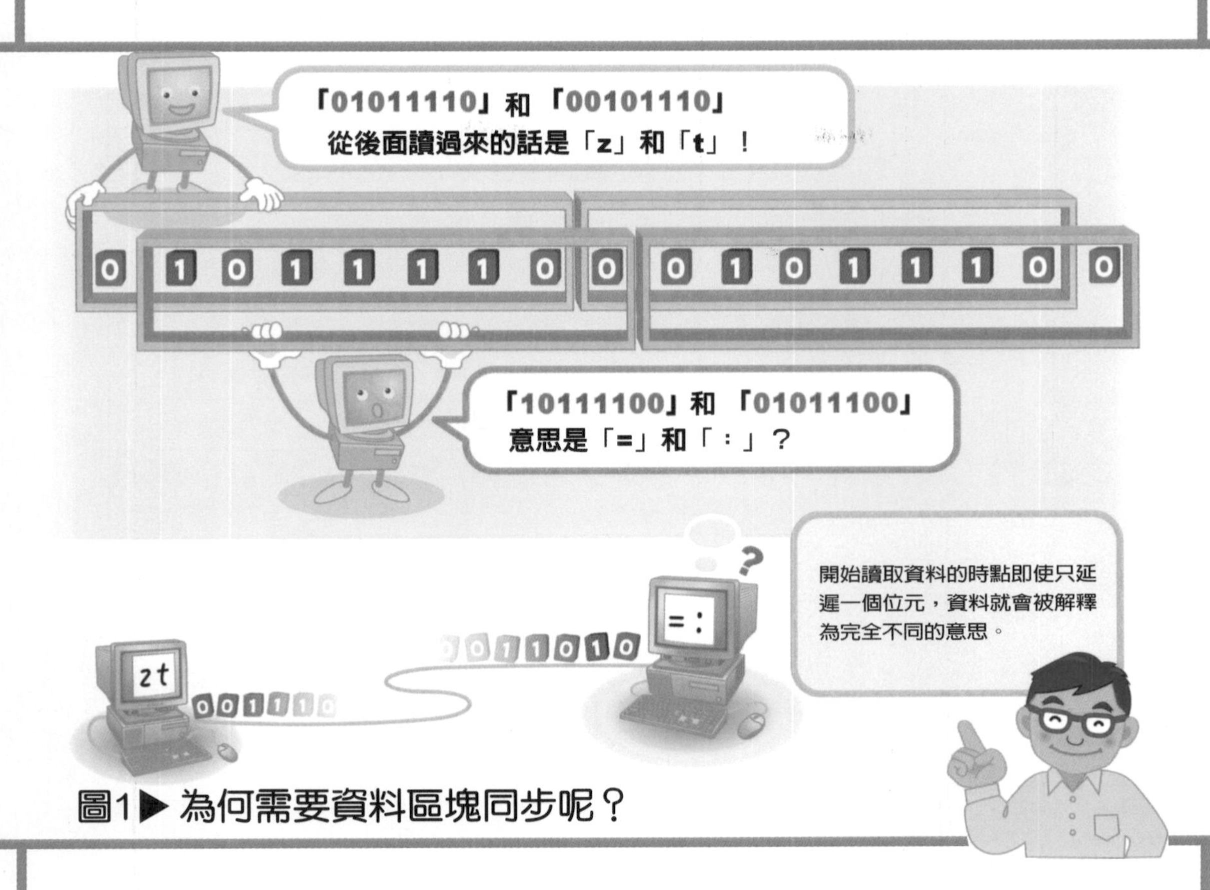

圖1▶為何需要資料區塊同步呢？

爲何需要使用資料區塊同步呢？接下來就讓我們實際以傳送文字資料爲例，一起來思考看看吧！

和所有的資訊一樣，當電腦在處理文字資訊時，同樣必須將文字轉換爲2進位後再傳送出去，由於每一個文字和2進位代碼之間的對應表事先就已經被制定好了，傳送端只要根據該對應表，將文字資料轉換爲2進位後再傳送出去，接收端同樣必須根據對應表，將收到的2進位資料回復爲文字資料，此種對應表就稱爲「文字編碼」。

文字編碼包含許多不同的種類，本節將爲各位舉出傳送英文數字的文字資料時所經常使用的「ASCII碼」，所謂「ASCII碼」就是將155種英文數字、符號及34種控制碼，用8位元(8位數、2進位)的方式來表示的一種文字碼，例如，如果用ASCII碼將大寫的「A」轉換爲2進位時，就會變爲「01000001」。

接下來讓我們來思考一個案例，那就是持續傳送「z」及「t」2個文字時的情況，如果將這2個字用ASCII碼來表示的話，就會變成「01111010」及「01110100」，不過，一般而言有一項規定就是傳送文字碼時必須從低位數開始傳送，換句話說，當我們連續傳送「z」及「t」2個文字時，對方將會收到訊號「0101111000101110」(圖1)，此種機制就稱爲「LSB(least significant bit：最低有效位元) First」。

當接收端確實從頭開始讀取該訊號並且收到「0101111000101110」的代碼時，以8位元爲切割單位，傳送出去的文字就會被判讀爲「zt」，不過，如果從第2個位元開始讀取時，接收到的訊號就會變爲「1011110001011100」，假如從前面開始以8位元爲切割單位，並且從後面開始讀取的話，就會變成「00111101」及「00111010」，對應至ASCII碼時，前者會被對應爲「=」，而後者則會對應爲「:」，所以接收端所收到的資料變成是「=:」而不是「zt」，一旦讀取的起始位置發生偏差後，就無法接收到正確的資料。

爲了避免發生類似的情事，這時候就需要具備一個能夠從接收端找出資料的起始位置或是資料區段的機制，一般會在資料起始點的前方加上記

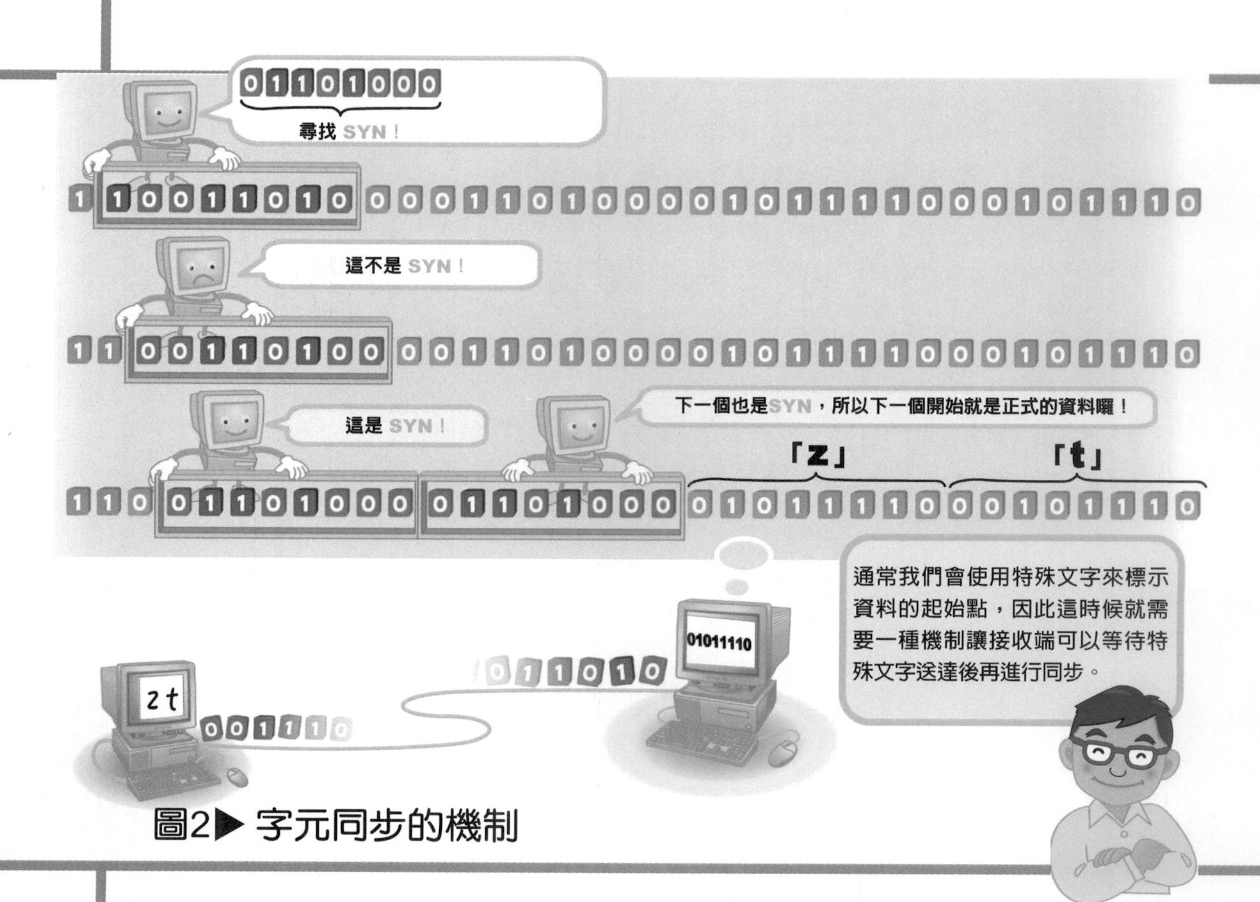

圖2▶ 字元同步的機制

號資料後再加以傳送。接收端只要等待記號資料送達後，就能夠知道記號之後是正式的資料了。

字元同步就是在進行同步時必須以字元為單位

字元同步(Character這個英文字所代表的意思就是「字元」就是當我們在傳送文字資訊時所使用的一種「資料區塊同步」的方法，就如同我們在ASCII碼中所看到的一樣，文字碼在設計時，是以8位元(1個位元組)爲單位來表示1個文字，從相反的角度來說，當我們使用字元同步的通訊方式來傳送資訊時，務必要以8位元爲單位。

因此，這時候接收端就必須知道8位元的區段在哪裡，字元同步方式爲了告知8位元的區段以及資料的起始位置，所以使用「SYN」特別文字(稱爲控制碼)當做記號，在實際的通訊作業當中，我們必須根據LSB First的原則，從低位數開始傳送，因此「01101000」就成爲所謂的「記號」(圖2)。

當我們使用字元同步時，如果傳送端未傳送資料，SYN字元仍然會繼續被傳送出去，另一端的接收端則會繼續監控傳送端所傳送出來的位元，當接收端的位元型式和SYN字元一致時，就會在該時點判讀爲單位爲8位元的區段。

一旦確定爲同步時，就會根據該區段，並且以8位元爲單位讀取來自傳送端的資料，因此，當我們收到SYN字元以外的位元型式時，立刻就會知道資料已經開始傳送了，接著再將之後的位元當作資料來讀取。

不過，我們在本文的一開始提過「字元同步就是當我們在傳送文字資料時所使用的一種方法」，但是事實上當我們使用字元同步的通訊方法時，也可以傳送非文字的資料像是圖片、聲音、程式等，此時，原有資料的位元型式只是單純地被切割爲以8位元爲單位後再傳送出去。

只不過如此一來資料當中的位元型式可能會發生和SYN字元完全相同的情形，因此，如果出現和SYN字元完全相同的字元類型時，必須在該字元的前面加上特別的字元(控制碼)-「DLE字元」後再加以傳送，當接收端收到SYN字元前面爲DLE字元的資料時，必須將DLE丟棄，並且將SYN字元的類型視爲眞正的資料後再加以接收。

圖3▶ 訊框同步的機制

訊框同步可傳送各種資料

字元同步雖然是一種簡單又優秀的方法，但是卻限制傳送資料的單位必須以8位元爲限，因此，不適用於資料長度不一定爲8位元倍數的資料，例如，字元同步就不太適合用於傳送聲音、影像等資料，還有另一項具代表性的資料區塊同步機制可以解決資料長度的限制，那就是「訊框同步方式」，當您使用此種方式時，無論何種長度的資料均可自由傳送。

訊框同步方式會在資料的起始點及結束點插入特別的位元型式，此種位元型式就稱爲旗標(Flag)(圖 3)，然後再傳送出去，接收端會監控收到的資料，一旦檢查到旗標時，立刻就會知道已經開始傳送資料了，並且讀取後續的資料，因此「訊框同步」又稱爲「旗標同步(Flag Synchronization)」。

「訊框同步」方式會讓2個旗標之間的部分整合爲1整組的資料，這就稱爲「訊框(Frame)」(Frame的英文原意爲「框」的意思)，訊框的長度不是8位元的倍數也無妨，另外，每一個訊框也可以各有不同的長度。HDLC(high level data link control：高階資料鏈結控制)就是一項使用訊框同步的代表性通訊技術，HDLC會使用「01111110」的位元型式當做旗標，接收端負責監控所收到的訊號，並且檢查是否有連續傳送6次「1」位元，以便檢查出旗標所在。

訊框同步方式的優點在於傳送資料的長度或內容並無限制，只要是數位資料皆可傳送，所以有可能在資料中出現和旗標一樣6個「1」的位元型式，該資料就會被視爲旗標，無法順利送達目的地。

於是，訊框同步方式設置了一些方法，避免和旗標具有相同型式的資料出現在訊框當中，HDLC爲了避免連續6個1並列，並且和旗標具有柤同型式的01111110出現在訊框當中，因此當訊框中已經連續傳送5個1後，就會強制將0插入該資料的後方，對於接收端而言，一旦收到連續5個1的資料時，就會忽略緊接在後的0，經過上述處理方式後，接收端就能夠正確地接收到傳送端所希望傳送的資料了。

電腦資料被確實送達之前的流程《共6堂》

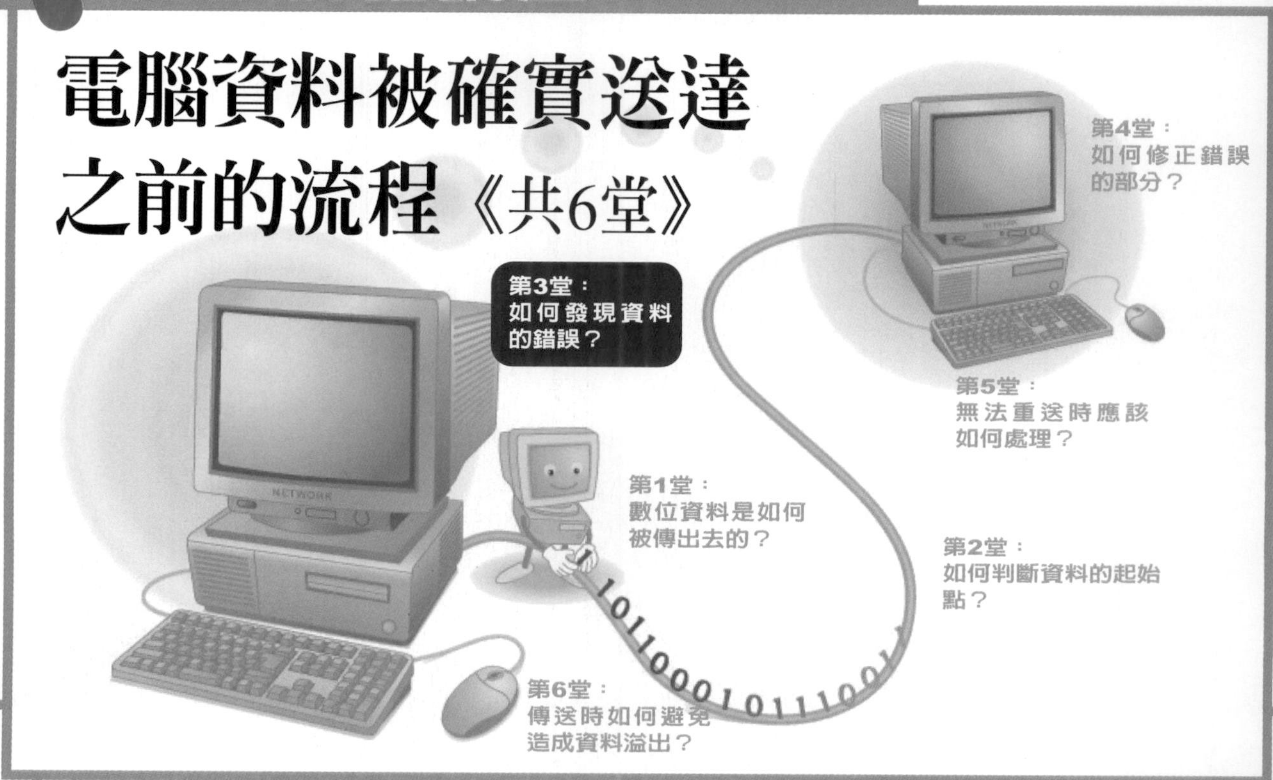

第3堂▶ 如何發現資料的錯誤？

將驗證資料附加後傳送接著再確認資料是否正確地送達

水野忠則
(Mizuno Tadanori)
靜岡大學情報學部情報科學教授。情報處理學會會員，目前所從事的研究領域爲行動運算 (Mobile Computing)、資訊網路 (Information Network)等。

石原進
(Isihara Susumu)
靜岡大學工學部系統工學科助理教授，目前所從事的研究領域爲行動環境的網路架構 (Architecture)或是災害資訊網路等。

在前一次的課程當中，我們已經學習過2種資料區塊同步的技術-字元同步以及訊框同步，當我們使用資料同步的技術時，接收端就會知道資料的區段所在，並且可以將0與1的單純組合轉換爲有意義的資料串。

理論上來說只要資料能夠確實被送達接收端，即可建立通訊作業，不過事實上並不是那麼簡單，因爲當我們在進行實際的通訊作業時，有可能會在傳送過程中發生位元錯誤(符號錯誤)的情形，比方說傳送端明明傳送的是「1」，但是到了接收端卻變成「0」，或者是相反地，傳送的是「0」，可是收到的卻是「1」等。

如果接收端未發現位元錯誤的話，就會將錯誤資料誤判爲正確的資料，造成正確的資料無法被傳送到目的地，因此，這時候必須具備一種機制能夠告知位元錯誤已經發生(或是未發生任何錯誤)，這就是這一次的主題「錯誤檢查」技術。

就如同我們曾經在第一次課程介紹過，區域網路會將數位訊號當作電子訊號來傳送，例如1V爲「1」，0V爲「0」，將位元值對應爲不同的電壓高低值，這時候，接收端並不是檢查出1V及0V的訊號，而是以中間值爲基礎，比方說如果出現大

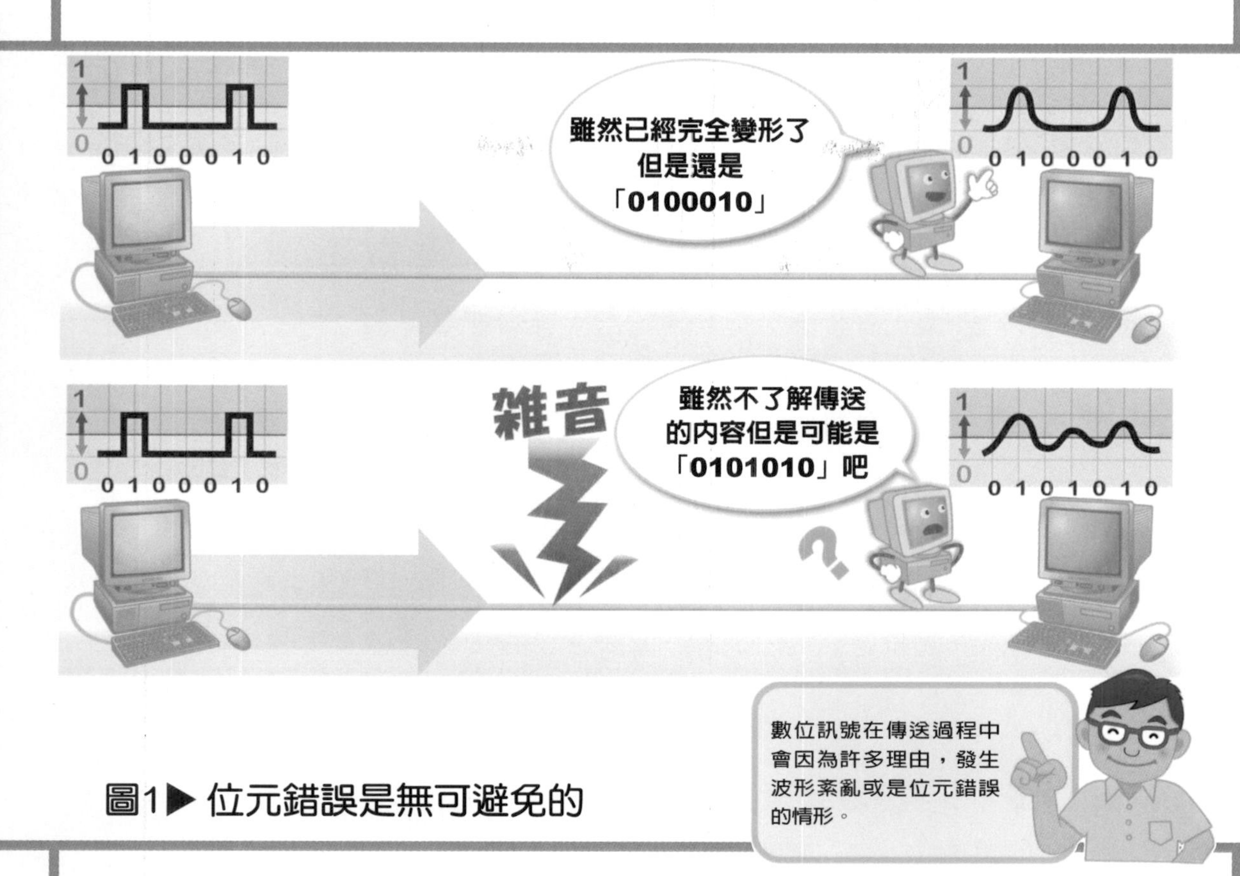

圖1▶ 位元錯誤是無可避免的

於0.5V的電壓時就判讀爲「1」，如果小於0.5V的話，則將收到的資料判讀爲「0」。

無法將資料正確地傳送給對方的原因？

若電壓的變動很小，接收端對於接收到的訊號也能夠正確地加以判讀，因此不會發生位元錯誤的情形。不過，如果在傳送訊號的過程中，發生巨大的雜音混入訊號當中，並且讓電壓產生嚴重混亂時，這時候就有可能會發生原本應該爲「0」的訊號被解釋爲「1」的情形，這就稱爲「位元錯誤」，雖然前人已經建置了許多機制，讓我們在實際的通訊作業不會那麼容易就發生位元錯誤的情事，但還是無法完全避免位元錯誤的發生。

發生錯誤的位元比率和所傳送的位元數之間的比例，就稱爲「位元錯誤率」，當我們所使用的是抗雜訊強的同軸電纜時，其位元錯誤率在100萬分(10^6)之一以下，換句話說，傳送100萬位元才有可能會出現1個位元錯誤。

即使位元錯誤率再低，只要錯誤率不是0，就會有錯誤檢查技術存在的必要，因爲對於數位通訊而言，即使是1個位元的錯誤仍然會引起十分嚴重的問題。

例如，當我們在傳送代表文字A的ASCII碼「010000001」的過程中，如果第5位元發生位元錯誤的話，就會變成「01001001」(I)，此時，明明傳送的是「A」，卻被接收端解釋爲「I」，此類錯誤如果是發生在顯示電子郵件收件者的部分時，就會造成電子郵件無法被傳送至正確的收件者，如果發生在本文的部分時，就會讓文字變形。

計算資料區塊中「1」的數量

接收端爲了檢查出位元錯誤，因此需要一些能夠判斷所收到的資料是否正確的資訊，這時候錯誤檢查技術會在資料當中加上檢查錯誤用的資訊後，再一起傳送給對方，此種檢查錯誤用的資訊就稱爲「錯誤檢查碼」。

錯誤檢查碼乃是根據所傳送的資料計算後所得到的，接收端會針對收到的資料進行同樣的計算，然後再檢查一起被傳送出來的錯誤檢查碼和結果是否一致，如果結果一致的話，即可由此判斷收到的資料並未發生任何錯誤。

圖2▶ 根據「1」的數字來判斷錯誤

最簡單的錯誤檢查碼就是「同位元檢查(Parity Check)碼」，此種方法就是將資料區塊中「1」的數量調整爲一定是偶數或是奇數，藉以檢查出錯誤，接下來就讓我們來說明偶數的方式吧！

首先，必須將所傳送的資料位元串區分爲已經確定長度的資料區塊(Block)，接著再計算資料區塊內包含「1」的位元，如果數量爲「偶數」的話，就在資料區塊的末尾加上「0」，如果數量爲「奇數」的話，則加上「1」，資料末尾所增加的1位元就稱爲「同位位元(Parity bit)」，「同位位元」可用來當作錯誤檢查的資訊(圖 2)。

例如，當「0100010」的位元串被當作資料區塊傳送時，這時候「同位位元」就是「0」，如此一來，所傳送的位元串就會變成「01000100」，以整體來看，因爲1的數量會變爲2個，所以數量就是偶數，像這樣將最後傳送的「1」的數量變成偶數的方法就稱爲「偶同位位元(even parity bit)」，還有另一種方法則是將「1」的數量變成奇數，這就是所謂「奇同位位元(odd parity bit)」。

每當接收端收到資料區塊時，就會計算資料區塊中「1」的數量，如果接收端使用的是偶同位位元時，只要資料區塊中「1」的數量是偶數的話，即可判斷資料並未發生任何錯誤，假使「1」的數量是奇數的話，即可因此判斷資料區塊包含位元的部分當中，有某個位元出現錯誤。

同位元檢查不適用於連串錯誤

單純的同位元檢查有一項非常嚴重的缺點，那就是當同一個資料區塊出現2個位元錯誤時，就會檢查不出錯誤，當我們在執行實際的通訊作業時，位元錯誤並不是以1個位元爲單位單獨發生的，而是具有連續發生的傾向，此種錯誤就稱爲「連串錯誤(Burst Error)」。

因此只要在同位元檢查上稍加著墨，就能夠找出檢查「連串錯誤」的方法了。首先將資料排列成2維，並且分別依垂直及水平兩種方式來檢查Parity(配類)，此種方法就稱爲「垂直配類(Vertical Parity)」以及「縱向配類(Longitudinal Parity)」。

不過，此種方式會增加資料的錯誤檢查碼比率，相對地會造成通訊效率低落。

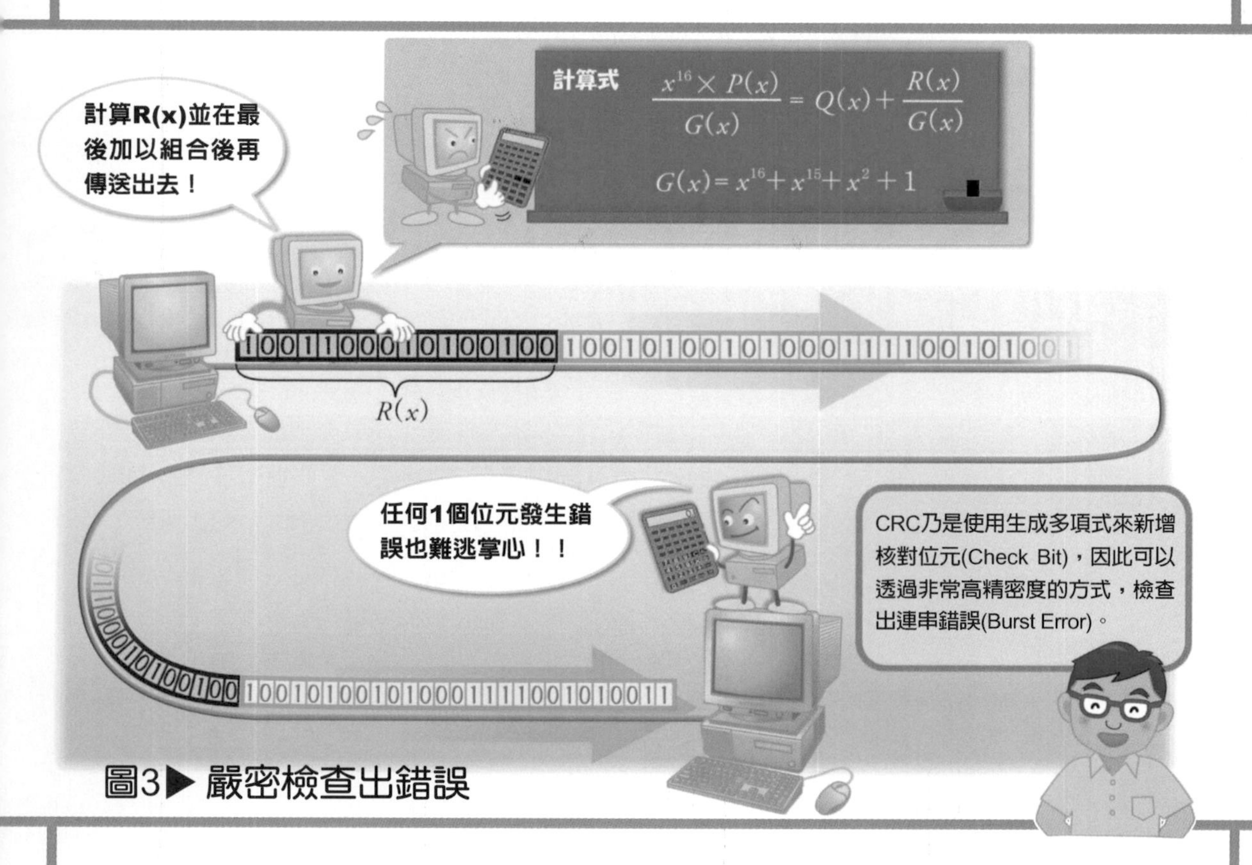

圖3▶ 嚴密檢查出錯誤

因此，在實際的通訊作業當中經常會使用一種能夠檢查出連串錯誤的方式，那就是所謂的「循環冗餘碼(CYCLIC REDUNDANCY CODE)」，CRC同樣會被加入資料的位元串當中，接著再增加檢查用的位元後傳送出去，接收端則會使用已經確定資料位元串以及檢查位元串的計算公式，並且根據結果來檢查位元錯誤。和同位元檢查(Parity Check)方式不同之處在於計算檢查位元串的方法。

使用同位元檢查時，相對於1個資料區塊，只要增加1個檢查位元即可，因此，當我們希望提高檢查連串錯誤(Burst Error)的精密度時，就只能縮短計算同位元用的每個資料區塊的長度，如果再進一步合併使用垂直配類以及水平配類等方式，所傳送資料的檢查位元比率就會增加，造成通訊效率低落。簡言之，同位元檢查並不適用於連串錯誤較多的通訊作業，CRC除了可以解決同位元檢查的缺點外，另外還思考出更有效率的錯誤檢查技術。

CRC可以有效率地發現錯誤

CRC會將已傳送資料的位元串帶入被稱為生成多項式的計算公式中，並且算出檢查用的位元串，然後再將該位元串加在資料的末尾再傳送(圖3)，接收端也會使用相同的計算公式，如果計算結果吻合的話，即可判斷資料當中並無任何錯誤。

無論傳送的資料長度為何，皆可計算出CRC，生成多項式為了能夠檢查出較長的連串錯誤，於是著手將數個項目標準化。例如，HDLC通訊協定所使用的「CRC-16」就是一種能夠建立16位元檢查位元的生成多項式。

使用CRC-16後，就能夠檢查出資料當中所有包含 ① 1位元錯誤 ② 2位元錯誤 ③ 錯誤位元數為奇數的錯誤 ④ 長度小於17位元、較短的連串錯誤等，而且還能夠檢查出17位元的連串錯誤達99.997%，以及18位元以上的連串錯誤達99.998%。

由於CRC所使用的生成多項式計算公式十分複雜，本書將不做進一步的說明，倘若各位讀者有興趣的話，不妨翻閱通訊相關的參考書籍。

電腦資料被確實送達之前的流程《共6堂》

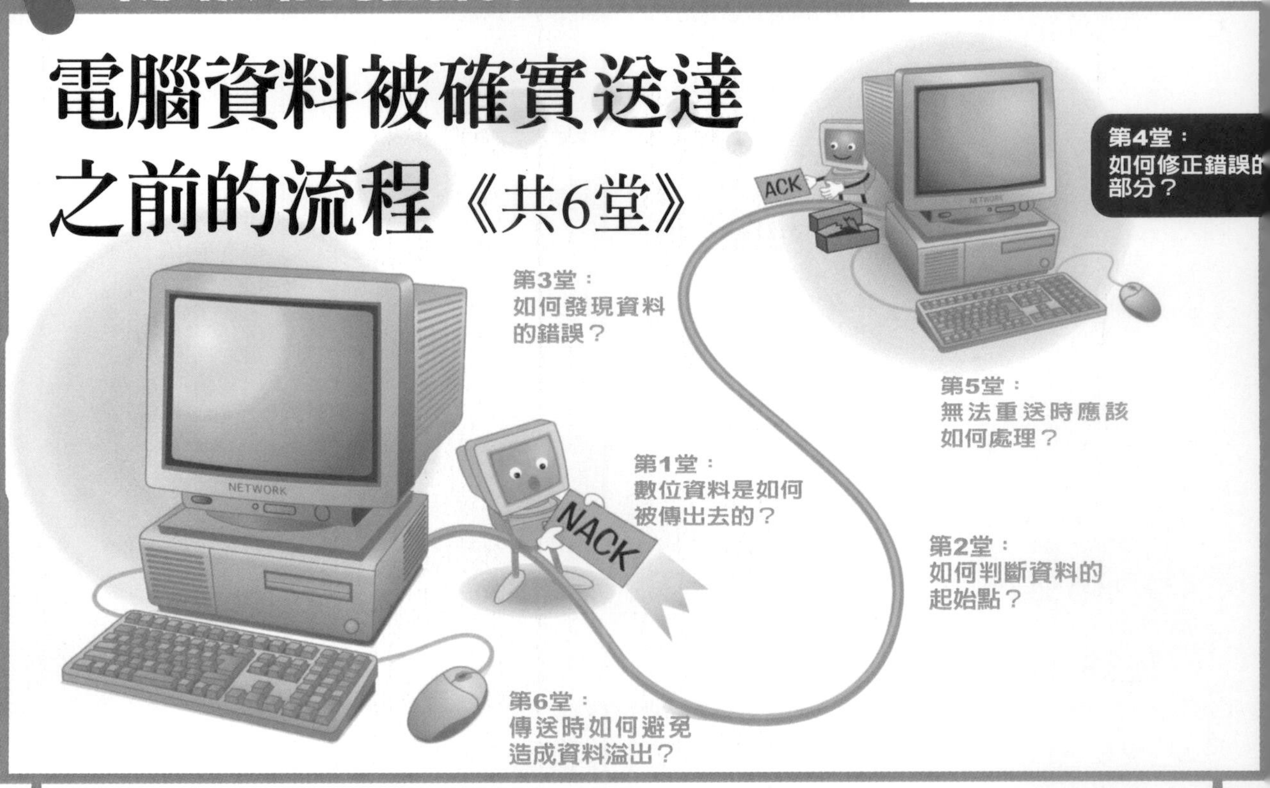

第4堂▶ 如何修正錯誤的部分？

傳送端會在訊框中加上編號並且只重送有誤的部分

水野忠則
(Mizuno Tadanori)
靜岡大學情報學部情報科學教授。情報處理學會會員，目前所從事的研究領域為行動運算 (Mobile Computing)、資訊網路 (Information Network)等。

佐藤文明
靜岡大學情報學部情報科學學科助理教授，東北大學研究所工學研究科畢業，目前的專業領域為通訊軟體的開發方法。

在上一次的課程當中我們已經說明過，當位元錯誤發生時，如何找出該錯誤的方法，例如同位元檢查碼會在每個固定長度的位元串(資料區塊)當中，增加1個位元的錯誤檢查資訊，接著再將1的位元數量調整為奇數(或是偶數)的訊框傳送出去，接收端會依訊框來計算1的數量，此種機制的原理就是原本數量應該為奇數，但是卻出現偶數時，表示已經有錯誤發生了。

如此一來就能夠檢查出通訊過程中所發生的錯誤，不過，即使知道錯誤發生，如果不將錯誤的區塊轉換為正確的資料的話，資料還是不具任何的意義。因此，大多數的資料通訊都具備將錯誤資料轉換為正確資料的技術，這就稱為「錯誤校正(Error Correction)」。

「錯誤校正」主要包含2種方法，第1種是再次要求傳送端重送正確的資料，另一種則是由接收端分析所收到的數個正確的訊框，然後再校正為正確資料。

本次課程將針對第1種重送的方式加以說明。

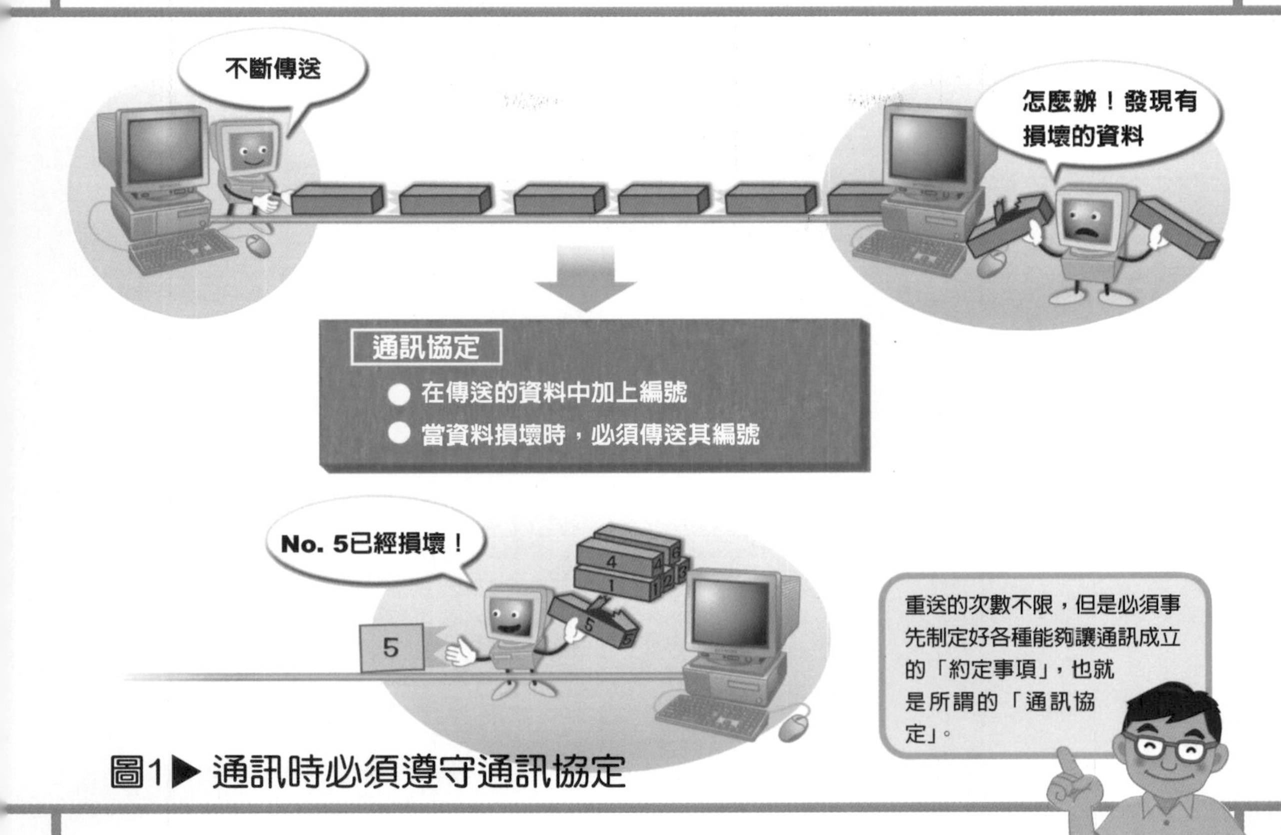

圖1▶ 通訊時必須遵守通訊協定

要求重送時，必須遵守「約定事項」

雖說重送錯誤的訊框，聽起來似乎是一件簡單的事，不過事實上並不容易，當傳送端將那些誤送到接收端的資料重送時，必須符合幾項重要的條件。

首先，必須確立當接收端希望重新傳送特定訊框時的要求方法，此時，通知訊框出現錯誤的訊息也是非常重要的，因爲如果不知道哪一個訊框毀損的話，傳送端就必須連已經正確送達的資料也重送一次，如此一來通訊作業將永遠無法結束。

上述問題可以透過將每一個傳送訊框加上流水號的方式來解決，當訊框被加上編號後，接收端就能夠將損毀的訊框編號傳送給接收端，因此只要要求傳送端重送錯誤的訊框即可(圖 1)。

如果將通訊轉換爲人類之間的對話時，重送就好比是重新詢問聽不清楚的句子，被詢問的人透過重複的句子，得以將內容正確地傳達給對方知道，而聽者爲了向說話方表達已經正確聽到所有的內容，也有可能將這些內容再複述一次，人類之間的對話就是透過這種像默契一般的「約定事項」，才能夠讓彼此的對話得以順利進行。

當電腦在進行通訊作業時，必須明確地訂定所謂的「約定事項」，這些「約定事項」包括如何進行重送？ 應該處理哪些訊息(控制資訊)等，像此類以正確傳達資訊爲目的的各種「約定事項」就稱爲「通訊步驟」或是「通訊協定」。

順利送達時也必須通知對方

然而，是否只要爲訊框加上編號，一旦發現資料損毀時再通知該項編號，就能夠順利地將資料重送出去呢？ 答案是否定的，事實上這個方法存在一個問題，因爲如此一來，傳送端必須將傳送完成的訊框，隨時保存在記憶體當中，原因在於我們無法事先得知哪一個訊框會提出重送的要求，由於傳送端的電腦記憶體容量有限，所以無法隨時保存所有的資料。換句話說，對於重送的通訊協定而言，必須要有一個機制，那就是只要

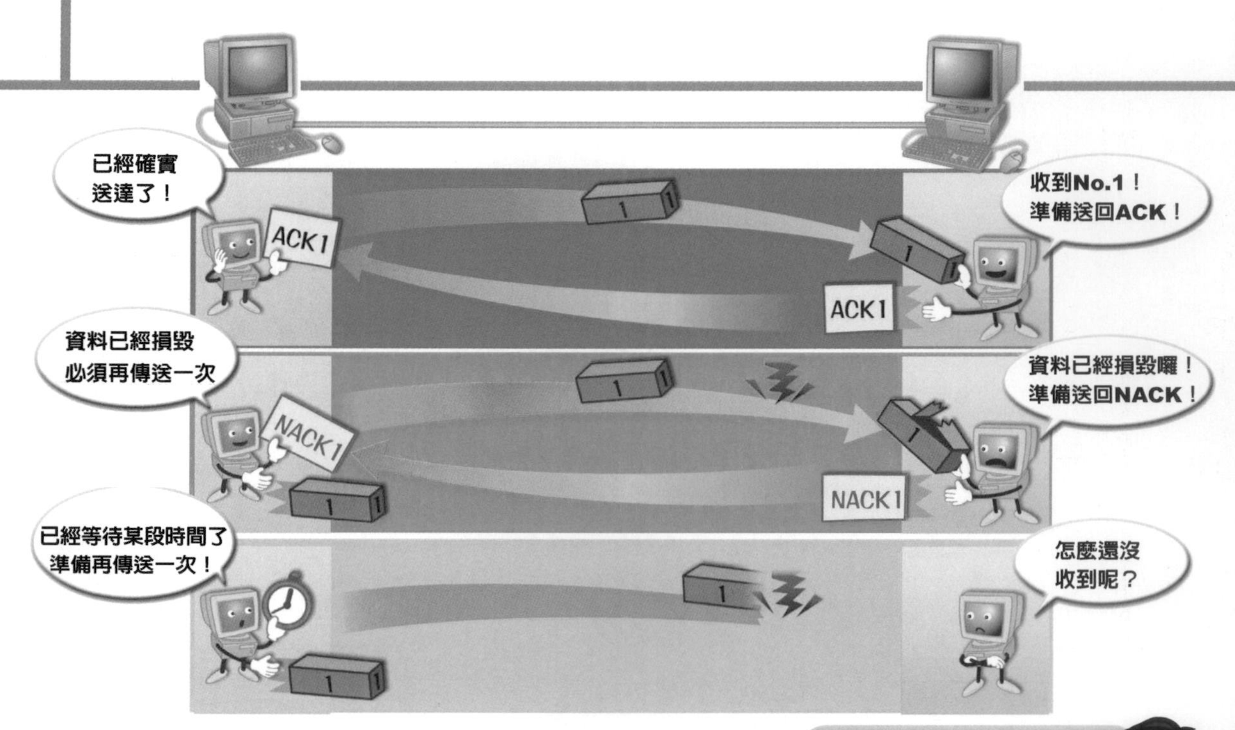

圖2▶ 正確傳送後再通知

在某個必要的期間保存傳送端已經傳送過的訊框即可。

如果存在一個能夠將接收端已經正確接收訊框的訊息傳回給傳送端的機制，那麼當接收端接收到該項通知，就會將訊框丟棄，因此，接收端不但會在發生錯誤時，就連正確傳送資料等情況下，只要收到訊框，就會立即將訊息傳送回來。

在實際的通訊作業當中，乃是透過「ACK(positive acknowledgement：肯定回應)」以及「NACK(negative acknowledgement：否定回應)」的方式來實現的。「acknowledgement」一詞就英文來說，代表「確認通知」的意思，當接收端收到正確的訊框時，會將ACK連同訊框編號一起傳送出去。若收到錯誤的訊框時，則會將NACK及訊框編號同時傳送出去，假如傳送端收到接收端來的ACK時，就會開始傳送下一項資料，若收到NACK時，則會再重送一次相同的訊框(圖 2)。

然而，如果訊框並未被送達接收端，而是在傳送過程中不慎消失的話，那麼應該如何處理呢？此時，傳送端就會一直等待接收端的回應，而接收端也會繼續等候下一個訊框，如此一來就會造成通訊中斷。

因此，為了防止通訊中斷的情形發生，傳送端就會使用「計時器(timer)」，計時器會在每次傳送訊框時開始動作，並且重新設定為可正確接收來自接收端的ACK，當接收端所傳送過來的ACK消失時，經過某段時間後計時器會自動切斷，此時，傳送端就會重送訊框，如此便能夠避免因為通訊故障而造成通訊中斷。

每次傳送1個將造成效率不佳

目前為止我們所說明過關於重送訊框的方式，為了辨識接收端所收到的訊框究竟是新的，或者是之前就已經傳送過的訊框，所以會使用流水號，此種編號方式就稱為「序號(Sequence no.)」，序號會被加入訊框後再傳送出去，如果要辨識前一個訊框和下一個訊框之間的資料，最少需要1個位元才夠。

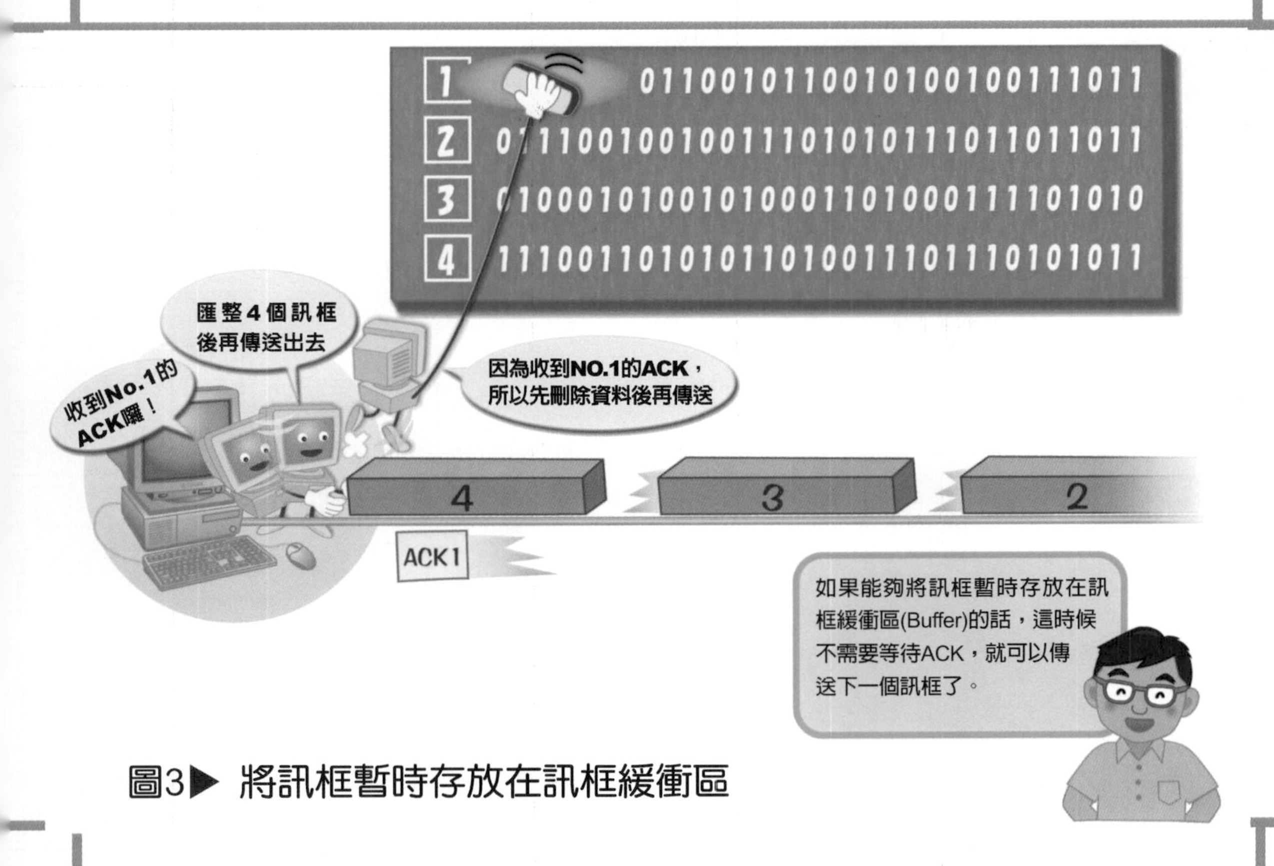

圖3▶ 將訊框暫時存放在訊框緩衝區

然而，在實際的通訊協定當中，大多會將1個位元以上的資料分配給序號，原因在於如果序號只有1個位元的話，從訊框被送到接收端到ACK被送回的這段時間內，傳送端皆無法傳送下一個訊框，此種通訊協定就稱爲「Stop-N-Wait(停止並等待)」協定，雖然能夠確實將資料重送出去，但是必須逐項等待，所以會造成通訊效率不佳。

隨時傳送好數個訊框

接下來我們要說明的是在重送的方式當中，不但能夠確實地傳送資料，而且也能改善通訊效率的方法，那就是所謂的「Go-Back-N(回溯N式)」協定(圖 3)，使用Go-Back-N協定時，不需要等待接收端傳送ACK，傳送端就會繼續將訊框傳送出去。

Go-Back-N協定必須遵守一項前提，那就是傳送端需要配備能夠存放1個以上的訊框的記憶區(訊框緩衝區：Buffer)，因爲傳送端會將已經傳送過的訊框暫時存放在訊框緩衝區當中。

當訊框緩衝區的空間已滿時，傳送端必須暫時停止訊框傳送，並且等待接收端將ACK送回，當第1個訊框的ACK被送回時，第1個訊框的資料就會從訊框緩衝區當中消失，接著再將下一個訊框寫入訊框緩衝區後再傳送出去。

我們利用上圖將可以儲存4個訊框的訊框緩衝區比喻爲黑板，傳送端在連續傳送4個訊框後，就會開始等待接收端將ACK送回，當第1個ACK被送回時，第1行的訊框資料就會被擦掉，並且將下一個訊框寫入空白行後再傳送出去，因爲隨時可以保持4筆資料往返，所以就能夠提高傳送效率。

重傳通訊協定就是利用上述方式在傳送端與接收端之間進行處理作業並且發揮效能，但是值得注意的一點就是，當我們在傳送像影像或是聲音等要求即時性(Real time)的資料時，則會出現一些缺點，這時候我們會使用一種稱爲「錯誤訂正」的通訊協定，以修訂其他的錯誤，關於本項協定的相關內容，我們將在下一次的課程當中爲各位做進一步的說明。

初級網路講座

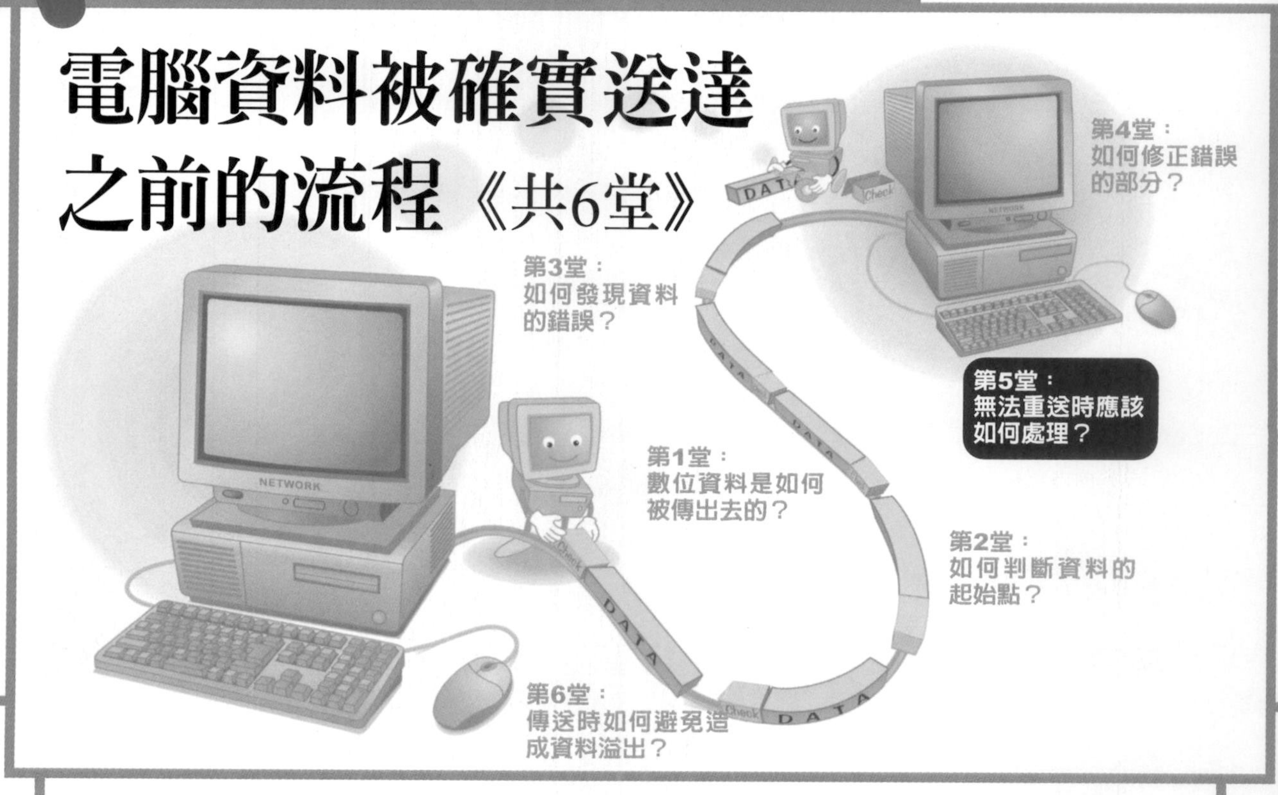

第5堂▶ 無法重送時應該如何處理？

附加資訊後再傳送
由接收端來修正錯誤

水野忠則
(Mizuno Tadanori)
靜岡大學情報學部情報科學教授。情報處理學會會員，目前所從事的研究領域為行動運算 (Mobile Computing)、資訊網路 (Information Network)等。

佐藤文明
靜岡大學情報學部情報科學科助理教授，東北大學研究所工學研究科畢業，目前的專業領域為通訊軟體的開發方法。

在上一次的課程當中，已經為各位介紹過，當接收端檢查出位元錯誤時，會採用一種由傳送端重送訊框，以便將正確的資料送達的重送方式，欲啓動重送方式時，傳送端與接收端必須遵循雙方所共同同意的步驟(通訊協定)。

在前面已經說明過此種通訊協定所採用的一種方式，就是處理ACK、NACK，然後再逐項確認的傳送方式，而且還提到了將此種方式加以改良，不需要等待ACK，只要將某個數量以上的訊框彙整後即可傳送的方法。

我們將透過本次課程為各位說明一種稱為「順向錯誤更正(FEC：forward error correction)」的方式，FEC就是一種不需要重送，即可在接收端改正位元錯誤的手法，傳送端會在原來的資料當中加上稱為「錯誤訂正符號」的資訊後再將資料傳送出去。

重送方式仍有無法適用的場合

就效益來說，使用重送方式對於位元錯誤的發生的確具有正確性，因為此種方式會逐項確認訊

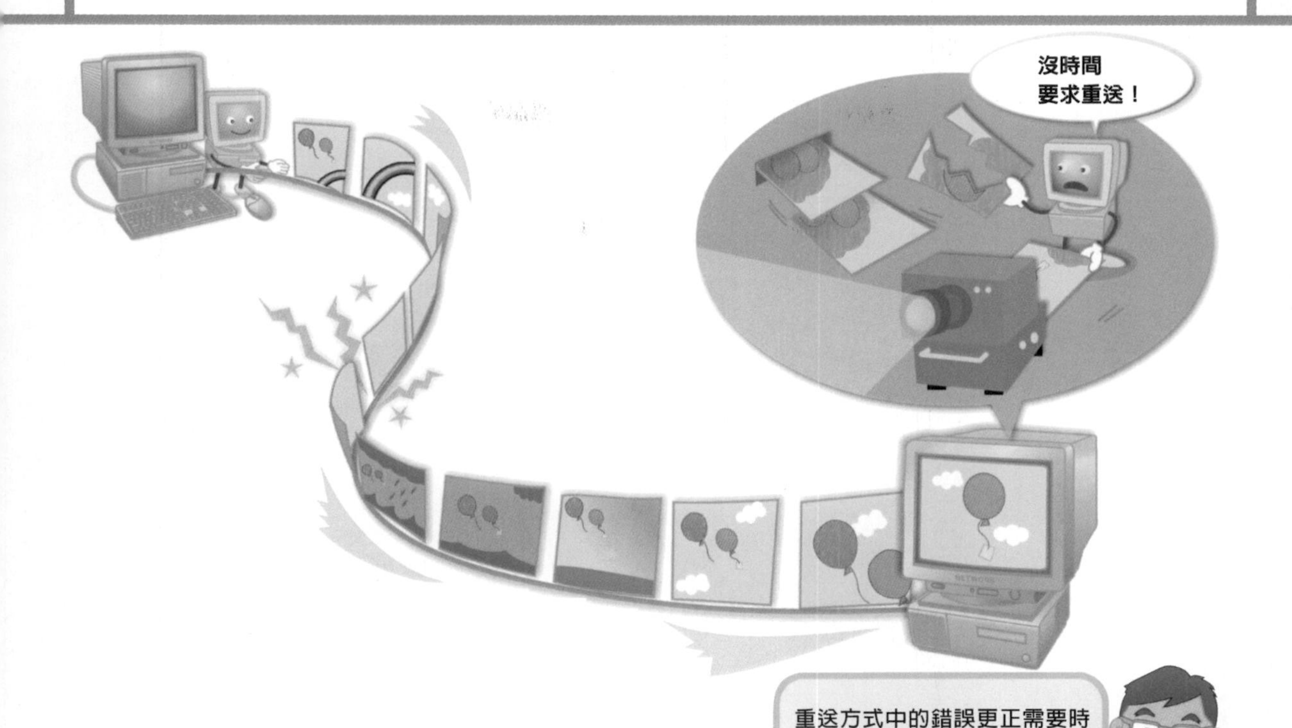

圖1▶ 傳送影像時無法使用重送方式

框已經送達，並且在收到正確的訊框前，重複要求傳送端不斷重送，所以就能夠從傳送端將訊框確實送達接收端。

不過，對於經常會重複發生位元錯誤的線路而言，有可能會因爲從第一次傳送訊框到接收端收到正確訊框的過程當中，產生過長的延遲時間，因爲一旦傳送端所重送的訊框發生任何錯誤時，就會不斷地進行重送的動作。

因此，假如即時性較資料的正確性更加重要，那麼使用重送方式就會發現缺點。例如，當我們傳送影像或聲音等資料時，假設我們要傳送每秒包含30個影格（Frame）的影像資料，如果無法在1/30秒內重送正確的影像的話，則會發生顯示不及的問題(圖 1)。

FEC就是爲了在此種用途的通訊當中執行錯誤更正而存在，使用FEC時，接收端不需要等待資料重送。換句話說，因爲錯誤而造成延遲的情形會變少，所以在顯示影像的時效上不會出現任何延遲，於是，接下來我們就需要根據所傳送的資訊內容或是用途，來選擇適合的錯誤更正方法。

在資料中附加錯誤更正用的資訊

FEC的核心就在於錯誤更正碼，所謂「錯誤更正碼」就是接收端除了檢查收到的資料是否出現位元錯誤外，而且還將傳送資料進行加工(編碼)，以便找出錯誤的位置並進行訂正。具體來說，就是在傳送資料當中追加錯誤更正用的資訊，並且進行特別的轉換後再將資料傳送出去的一種處理作業。

換句話說，就是預先將更正錯誤用的資訊附加在原本的資料當中。是故，經過錯誤更正碼處理過的資料，其資料量會較原有的資料還大，並且降低通訊效率。不過，即使資料在傳送過程中發生錯誤，也不會再重送資料，只能夠在接收端更正錯誤，因此可以縮短接收端收到正確資料的時間。

錯誤更正碼的編輯方法可以大致分爲2種，第一種方法是將資料分割爲某個長度的資料區塊，然後再以該資料區塊爲單位進行編碼，例如漢明碼(Hamming Code)、里德所羅門碼(Reed-Solomon Codes：簡稱RS碼)、渦輪碼(Turbo Code)等皆屬此種方法。

圖2▶ 傳送重複的位元

另一種則是連續轉換資料，再將錯誤更正碼編入資料的方法，又稱為「Tree code」，迴旋碼(convolutional code)為其代表範例。

連續傳送相同的位元，並且採用多數決的方式

以錯誤更正碼而言，最簡單的一種方法就是不斷地傳送相同的位元，例如，為了傳送1個位元，會採取連續傳送5次相同位元的方法，也就是說，傳送端為了傳送「1」，會連續傳送「11111」(圖2)。

當接收端看到連續傳送的5個位元時，會將佔大多數的位元視為正確的資訊，假設收到的資料是「10011」的話，因為「1」有3個，「0」有2個，比較起來「1」佔大多數，所以會將「1」判斷為正確的資訊，因此我們可以說接收端乃是採用「多數決」的方式來判斷原有的資訊，並且進行錯誤更正。

採用連續傳送5次1位元的方法時，即使在傳送的資料當中有2個錯誤的位元，接收端也能夠更正為正確的資料，不過，假如您要傳送的是「1」，可是接收端收到的卻是「10100」的話，就無法更正為正確的資料了。

連續傳送的位元數愈多，即便發生許多錯誤，也能夠更正為正確的資料，因而提高了錯誤更正的精密度，不過，缺點就是會造成傳送效率低落，由此可知，精密度和通訊效率之間必須有所取捨。

通訊效率高的漢明碼

在實際的通訊作業當中，經常會使用的一種通訊效率較高的編碼方式，那就是「漢明碼(Hamming Code)」，漢明碼會根據傳送的位元串建立數種位元的組合，並且根據這些組合來演算檢查碼，由於檢查碼的長度可以較原本的位元串短，因此在通訊效率方面較「多數決」方式來得好。

接下來，我們將為各位說明的範例是使用漢明碼來傳送4位元的資訊(x1、x2、x3、x4)，但附加3位元的檢查碼(c1、c2、c3)(圖 3)。

漢明碼的核心在於演算檢查位元時所使用的位元重組方式，檢查位元第一個c1可以由「x1、

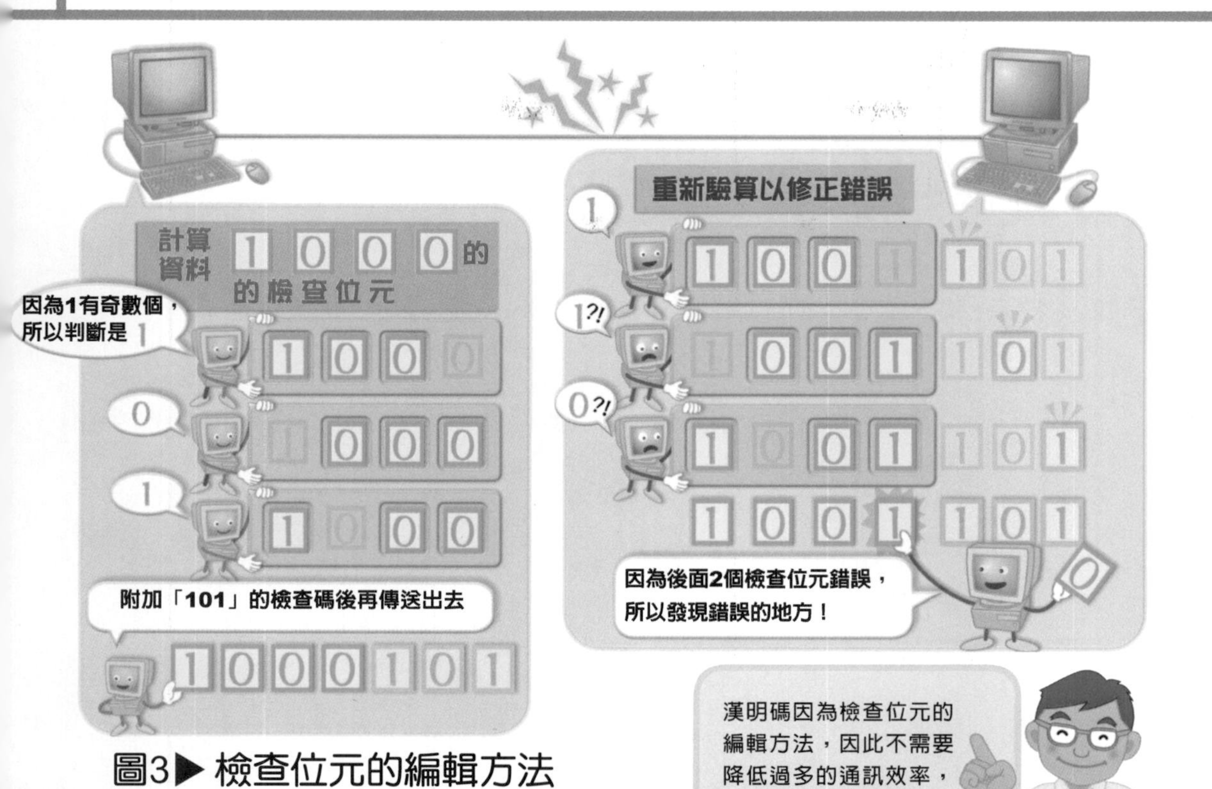

圖3▶檢查位元的編輯方法

x2、x3」求出，同樣地，c2可以透過「x2、x3、x4」、c3可以透過「x1、x3、x4」等組合計算出來，重點就在於每一組分別是由3個位元組合所構成的。

當我們從每一組位元來編輯檢查位元時，執行的就是互斥運算，簡單地說，互斥運算就是計算1的數量，如果是奇數的話就是1，偶數的話就是0的邏輯演算方法。當我們希望傳送「1000」時，第一項檢查位元c1會形成「1、0、0」的組合，經互斥運算後就會變成「1」，根據同樣的計算方法，檢查位元的計算結果為「101」，傳送端只要將這些資料串連後，就可以形成「1000101」的7位元資料，然後再傳送出去。

只能更正1位元的錯誤

接下來，我們假設接收端在收到這些位元後發現錯誤，資料變成「1001101」，那麼這時候應該如何來更正錯誤呢？

接收端首先應該將資料的部分與檢查位元加以區分，然後由資料部分來重新計算檢查位元，由於資料部分是「1001」，所以檢查位元就變成「110」，不過，因為送達接收端的檢查位元是「101」，表示c2和c3並不正確。

當我們確認編輯檢查碼的組合時會發現，和c2及c3都有關係的只有x4的位元，也就是說資料部分的最後一個位元錯誤，因此只要將這個部分更正為「0」即可修正錯誤。

然而，如果發現送達的資料當中有2個位元出現錯誤時，使用此種方式不但無法更正為正確的資料，而且一旦發生3個位元以上的錯誤時，就連錯誤發生也無法檢查出來，假設剛剛舉例過的「100110」在送達時發現有2個位元的錯誤，有可能是因為檢查碼應該是「110」，可是卻誤送為「101」的關係，這時候就無法決定修訂的位置了。

漢明碼還有幾種不同的方式，就是在11位元的資料當中附加4位元的檢查位元，以及在26位元的資料當中附加5位元的檢查位元等，只不過無論採用何種方式，能夠更正的錯誤只有1個位元而已，因此，資料部分愈長通訊效率愈好，然而錯誤更正能力卻會因此變低。

電腦資料被確實送達之前的流程《共6堂》

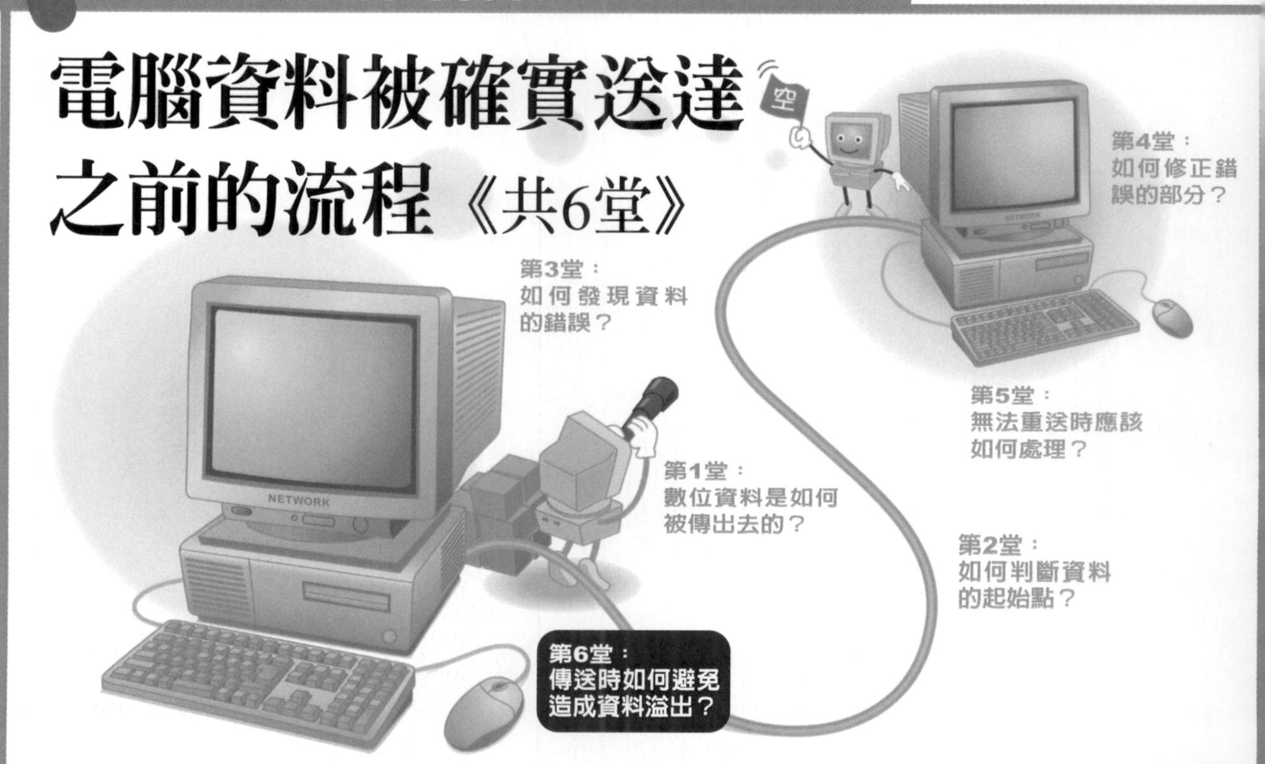

第6堂▶ 傳送時如何避免造成資料溢出？

根據「可接收」的信號傳送既定的資料量

水野忠則
(Mizuno Tadanori)
靜岡大學情報學部情報科學教授。情報處理學會會員，目前所從事的研究領域爲行動運算 (Mobile Computing)、資訊網路 (Information Network)等。

井手口哲夫
(Ideguchi Tetsuo)
愛知縣立大學情報科學部教授，目前從事的研究領域爲區域網路、廣域網路的網際網路工作技術等。

目前爲止我們已經學習過，當電腦和電腦之間透過通訊電路來傳送及接收資料時，如何正確地將資訊送達的基本技術了。

在本系列的最後一次課程當中，我們將針對接收端避免資料溢出的傳送控制方法加以說明，也就是所謂的「流量控制」技術。

當資料量大於可接受的量時就會造成資料溢出

當我們在傳送資料時，能否將接收端本身的能力發揮至極致，就會影響接收端在接收資料時的能耐，因爲當接收端收到超出本身接收能力的資料時，就會造成處理不及的情形，此種狀況就稱爲「溢出(Overflow)」，發生「溢出(Overflow)」時，會讓好不容易送出的資料在接收端消失無蹤，「流量控制」可以檢查接收端的能力，並且由接收端調整資料傳送的速度，是一種可以防範「溢出(Overflow)」於未然的技術(圖 1)。

人類之間的對話也是一樣，如果談話的內容較艱深，可是講話速度很快的話，就會發生聽不清楚的情形，這時候，聽者就必須重新覆頌一次所

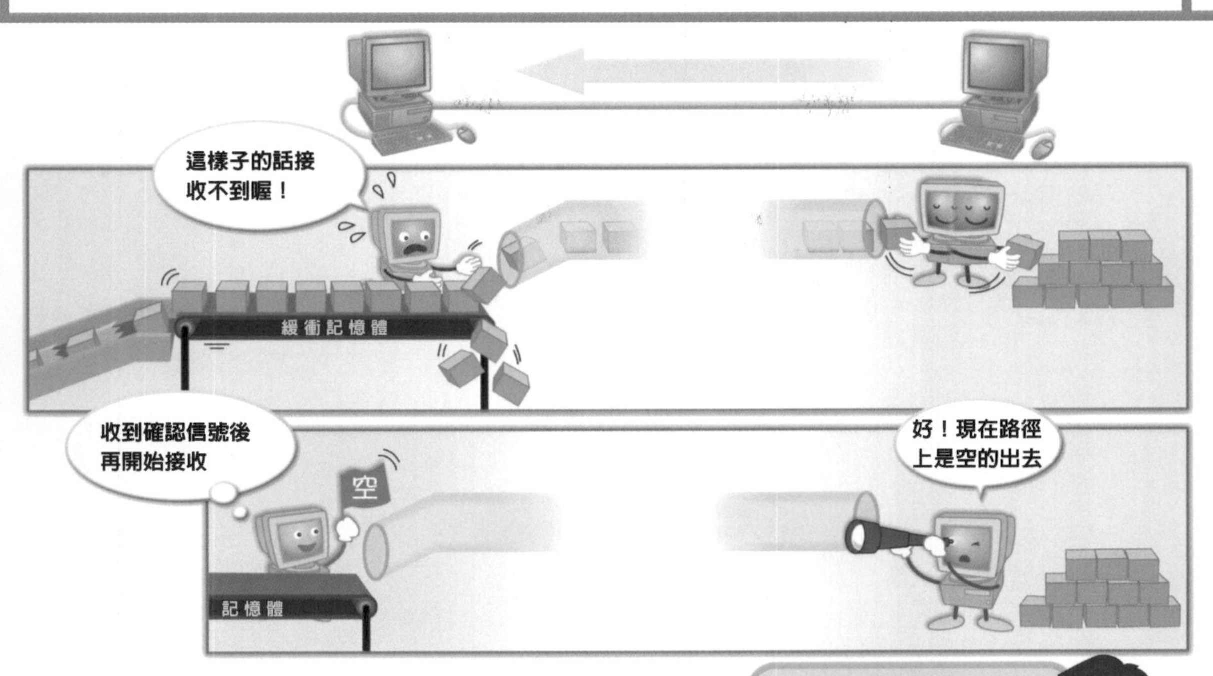

傳送資料時的速度如果接收端無法負荷，就會因為資料在接收端溢出而無法接收，因此必須從傳送端加以調整。

圖1▶ 先確認目前處於可接收狀態後再傳送

聽到的內容，並在談話過程中加以確認，如此一來說話者本身也會較容易將說話調整為聽者容易瞭解的速度，此種覆頌的方式除了在於確認回應外，同時還具有一項目的，那就是聽者向說話者傳達已經準備好聆聽下一段談話的訊息。

資料通訊過程中的流量控制也是同樣的道理，接收端會送出一個信號告知對方能夠開始接收資料了，接著再由傳送端來調整資料傳送的速度，資料通訊就是透過此種方式來控制資料的流量(Traffic Control)。

如何決定接收端的接收能力呢？

流量控制會根據接收端的能力來傳送資料，那麼，應該如何來決定接收端的接收能力呢？

當我們要正確接收到傳送端所傳送過來的資料時，就必須由接收端預先確保一個資料的接收空間，電腦將此類空間稱之為緩衝區(Buffer)，因為是特別用來當作接收資料的區域，所以稱為「接收緩衝區」，實際上，接收端的電腦所配備的記憶體就扮演著緩衝區的功能，接收端的電腦具備一種機制，將收到的資料先暫存在「接收緩衝區」，然後再進入下一項處理作業。

從相反的角度來說，接收緩衝區並不一定隨時有空間可供資料接收，因為電腦所配備的記憶體是有限的，相對地接收緩衝區的空間也同樣有限，因此，在電腦將前一筆收到的資料轉入下一項處理作業前，收到的資料會被存放在「接收緩衝區」，而且電腦將會處於無法再接收新的資料的狀態。

換句話說，為了避免發生「溢出(Overflow)」的情形，接收端必須確認「接收端的緩衝記憶體是否有空間？」、「如果有空間的話，還有多大的空間呢？」等項目後，再開始接收資料，透過此種方式來檢查接收端的狀況，並且調整傳送端的資料傳送量就是「流量控制」的原理。

傳送端要瞭解接收端的接收緩衝區大小(稱為Window size(視窗大小))時，有2項代表性的方法，第1種方法是在通訊開始前由傳送端及接收端事先決定好Window Size，此種方法就稱為「Window方式」，第2種方法是在通訊作業進行到

圖2▶ Window方式會傳送固定的資料量

若採用Window方式的流量控制時，一旦收到接收端的信號，就會將事先決定好大小的資料傳送出去。

一半時，由接收端向傳送端通知Window Size，此種方法被稱爲「Credit(授權)方式」。

流量控制的技術除了上述2種方式外，還有像是由傳送端向接收端預約「接收緩衝區」的「預約方式」，以及當接收端沒有「接收緩衝區」時，向傳送端告知停止傳送的「傳送抑制方式」等。

本次課程將從這些方式當中，針對「Window方式」及「Credit方式」做詳盡的說明。

優先考慮傳送端狀況的「Window方式」

Window方式乃是由傳送端及接收端事先決定好「Window Size」，當接收端Window size的「接收緩衝區」有空間時，就會向傳送端送出信號，而傳送端在接收到該信號時，緊接著就會連續送出Window size的資料，換句話說，「Window size」所代表的意思就是傳送端可連續傳送的資料量。

實際上，當我們採用Window方式來進行流量控制時，會將接收端所傳送過來的「確認通知」(ACK)訊號當作來自接收端的信號使用。ACK訊號就如同我們在第4次課程當中所說明過的一樣，當我們要啓動重送方式當中的錯誤控制功能時，必須使用ACK訊號及序號，此種作法也可以用在流程控制上。換句話說，採用Window方式的流程控制和重送方式當中的錯誤控制其實在作法上是表裡一致的，並且使用相同的機制來動作。

接下來就讓我們實際來看看如果事先設定Window size爲4個時的範例吧(圖 2)！ 首先第一步就是由接收端接收No.1~No.8的資料，由於緩衝區記憶體至多只能容納8個資料，所以接收端無法接收超過8個以上的資料，第二步將執行進一步的處理作業，也就是空出Window size 4個的空間，當接收端傳回No.8資料的ACK訊號時，傳送端就可以由此判斷可以繼續傳送No.9~12的4個資料。

如此一來，採用Window方式的流程控制將會形成一種機制，那就是當接收端在備妥Window size的接收緩衝區時，再將ACK送回，所以整個接收緩衝區的大小必須大於Window size才行。

另一方面，當傳送端收到ACK後，只要依序傳

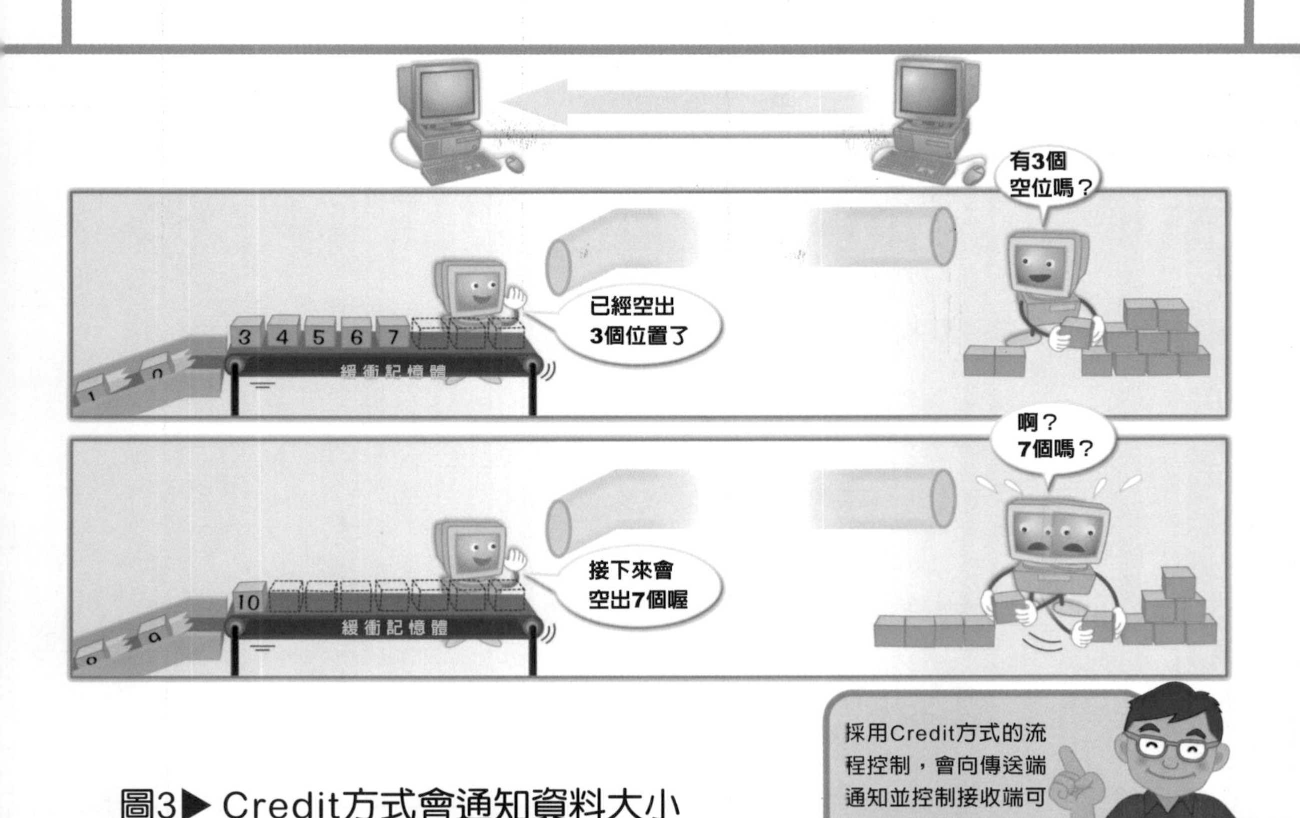

圖3▶ Credit方式會通知資料大小

送Window size的資料即可，不需要執行特別複雜的控制作業。如果從此觀點來看的話，採用Window方式的流程控制可以說是一種以傳送端爲優先的控制方式。

在採用Window方式的流量控制當中，最具代表性的通訊協定就是「高階資料鏈結控制(High-level Data Link)」(HDLC)，HDLC乃是使用3位元的序號(0~7)來處理資料框(Data frame)，因爲序號爲3位元，所以Window size至多只能設定爲8。

Credit方式會優先考量接收端的狀態

當我們採用Credit方式來進行流量控制時，接收端會通知Window size，並且控制可傳送的資料量，換個角度來說，傳送端可連續傳送的資料量會根據接收端所能準備的「接收緩衝區」而有所改變，因此，此種方式有別於Window方式，可以說是一種以接收端爲優先考量的流程控制方式。

上圖所示爲接收端具備8個接收緩衝區時的範例(圖 3)，如果接收端能夠準備3個接收緩衝區時，就會向傳送端通知ACK及「3」的訊息，如果能夠準備7個的話，則會送出「7」的訊息，而傳送端會根據所收到的通知數量，來改變連續傳送的資料數。

採用Credit方式的流程控制其目的在於向控制端反映接收端的處理狀態，另外，如果執行雙向通訊時，則能夠依上傳及下載等不同的狀況，分別進行流量控制，就是因爲此種特性，能夠和應用程式的處理作業互相連結，因此本方式能夠用來當作通訊協定當中的流量控制技術，最具代表性的例子就是網際網路所使用的TCP流程控制。

TCP封包的標頭部分有一個稱爲「Window」的欄位，接收端會將該時點已經準備好的接收緩衝區大小當作Window size，寫入要送回傳送端的ACK封包當中，以便通知傳送端，傳送端會根據所收到的訊息來決定接下來要繼續傳送的資料量，以上就是TCP流程控制的步驟。

初級網路講座

區域網路的電腦通訊架構《共6堂》

水野忠則
(Mizuno Tadanori)
靜岡大學情報學部情報科學教授。情報處理學會會員，目前所從事的研究領域爲行動運算（Mobile Computing）、資訊網路（Information Network）等。

石原進
(Isihara Susumu)
靜岡大學工學部系統工學科助理教授，目前所從事的研究領域爲行動環境的網路架構(Architecture)或是災害資訊網路等。

第1堂▶ 位址與拓樸

根據位址找到對象端 纜線的連接方式有3種

在上一個系列共6次的課程當中，我們已經針對2台電腦以1對1的方式來處理資料時所採用的技術加以說明，本系列我們將會向各位介紹當多台電腦互相連接並且構成「網路」時有哪些基本技術。

事實上電腦網路是由許多台電腦所連接起來的，所需要的技術和單純1對1的通訊不同，本系列將分爲6次課程，針對網路特有的技術，並且主要將以區域網路所使用的技術爲例，爲各位做進一步的說明。

在第一次的課程當中，我們將針對如何使用「位址」，以便從多台電腦中找出特定的對象端電腦，以及如何爲多台電腦有效率進行配線的「拓樸」技巧。

有3台以上的電腦進行通訊時，就需要「名稱」

「位址」對於多台電腦所連接而成的網路而言，是一項不可或缺的技術，如果採取1對1連線的

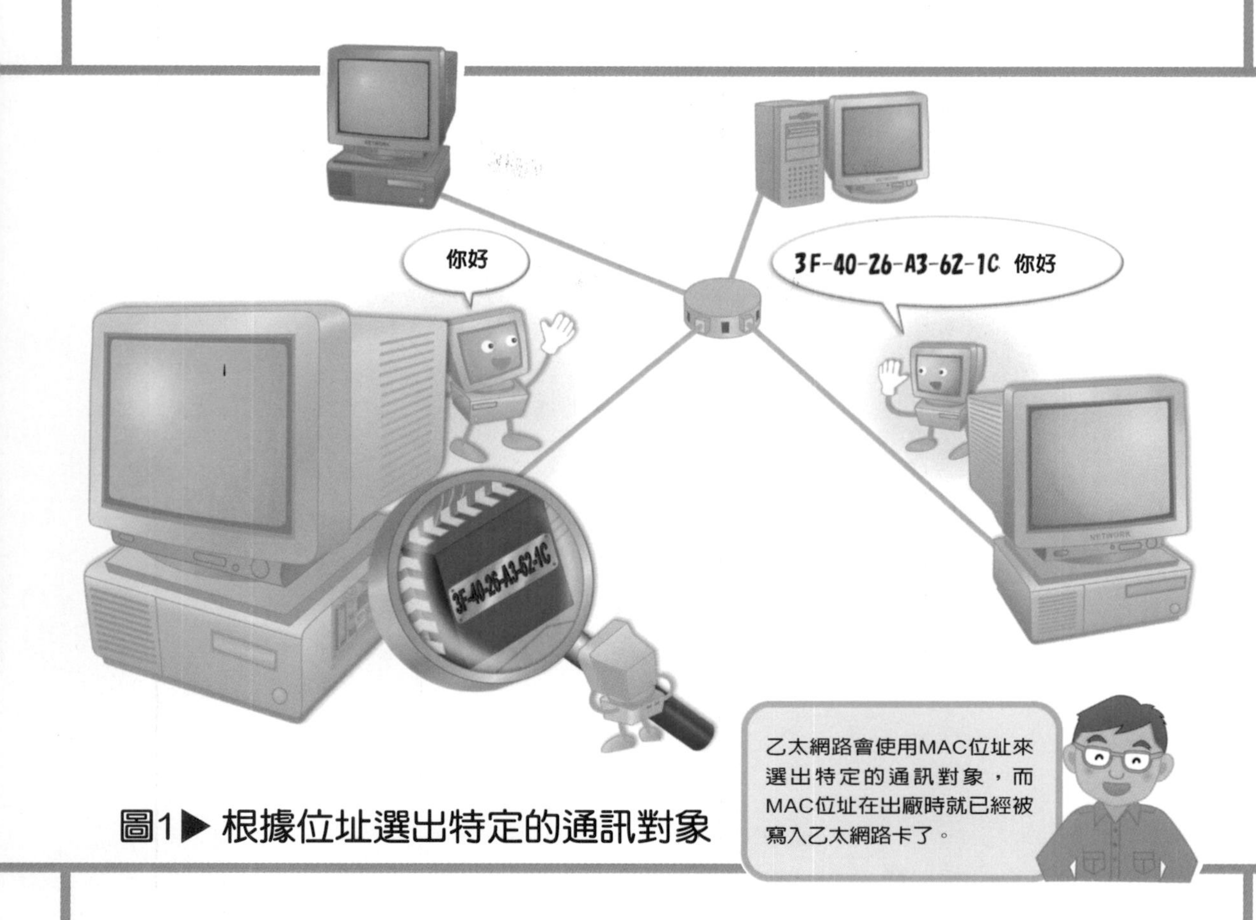

圖1▶ 根據位址選出特定的通訊對象

話，我們根本不需要選擇資料要傳送給哪一個對象，因為和對象端之間只有1條纜線連接，只要將資料傳送到纜線上，一定能夠將資料傳送給對方。

然而，如果有3台以上的電腦互相連接時，情況就不是這麼單純囉！比方說，有一個由4台電腦連線所構成的網路，當任何一台電腦要傳送時，都會有3台對象電腦，因此在開始進行通訊作業前，必須透過某些方法來識別對方，並且指定好要和哪一台電腦進行通訊。

人和人之間的溝通也是一樣，如果我們同時召集4個人談話時，必須透過稱呼對方名字的方式，才能讓特定的對象知道，我們之所以可以這樣做的原因是，每一個人都有自己的名字，同樣地，在電腦網路當中，如果每一台電腦也都有自己的名字，就能夠輕鬆地找出特定的通訊對象，這就是所謂的「位址」。

乙太網路的位址是全世界獨一無二的

在電腦網路的世界中，每一台機器都被賦予一個可以用2進位表示的位址，由於位址是識別通訊對象的方法，所以在管理時有一個原則就是不會讓同一個網路內的不同裝置具有相同的位址。

具體來說在網路世界中究竟是用哪一種方法來分配位址呢？這會依通訊協定而有所不同。

例如，乙太網路會根據不同的通訊埠分配的MAC(medium access control：媒體處理控制)位址來識別對象端(圖1)，更正確的說法是，透過安裝好的網路卡上的連接埠來識別並且和對方進行通訊，而不是透過電腦。

MAC位址是網路卡在生產時所分配有別於其他裝置的數值，換句話說，每一張網路卡所擁有的MAC位址都是世界上獨一無二的，MAC位址的長度為48位元，其中前面的24個位元是由生產網路卡的製造廠商來決定的，因此這個部分被稱為「Vendor code」，由IEEE(Institute of Electrical and Electronic Engineers美國電子電機工程師學會)這個組織為每一家廠商進行分配及管理。

後半部的24個位元則是由網路卡的製造廠商依序號來分配的，並且避免和該公司其他的產品重

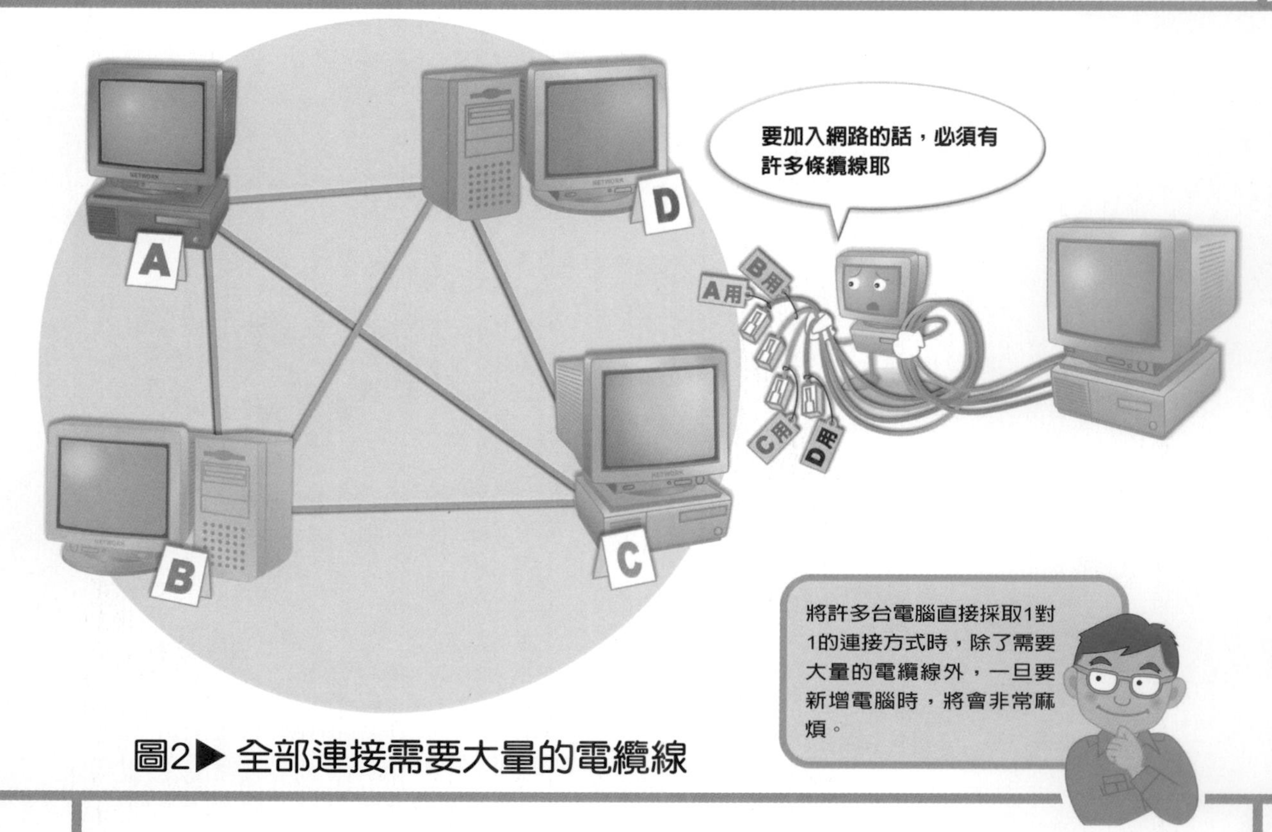

圖2▶ 全部連接需要大量的電纜線

覆，因爲MAC位址是透過前述機制來決定的，因此每一個網路卡都會分配到一個全世界獨一無二的位址。

有效率地連接所有的電腦

雖說MAC位址在出廠時就已經決定好了，但是這並不代表多台電腦立刻就能夠進行通訊，必須透過纜線的連接，才能夠將某一台電腦所送出來的資料送達另一台電腦。

如果只是2台電腦彼此進行通訊的話，作業上將會非常地單純，電腦A和電腦B只要透過電纜線互相連接即可，不過，如果有3台以上的電腦互相連接時，應該如何處理才行呢？

首先我們要思考的是，如何讓所有的電腦連接起來的方法。前面課程所描述的方式稱爲「1對1連接」方式，採用此種方式就能夠確保所有的電腦同時互相進行通訊，然而，當台數增加時，配線量也將隨之增大(圖2)，要讓n台電腦互相連接時所需要使用的電腦線，就是$n*(n-1)/2$，如果有100台電腦的話，總共需要4950條線才能全部連接起來，實在不是有效率的連接方式。

使用「1對1連接」方式時，除了電纜線本身的費用外，還需要確保足夠的配線場所，而且配線作業的成本昂貴。再者，好不容易大費周章地將網路架構完成，可是一旦要增加新的電腦時，還需要重新再和許多條電纜線連接。

讓我們重新來思考一下電腦網路的通訊作業吧！當電腦連接至網路時，就會產生彼此通訊的需求，但是所有的電腦不會同時進行通訊，因此，雖然所有的電腦可以彼此通訊，但是最好能讓多台電腦可以共用配線，於是前人就想出好幾種方法，讓我們能夠用最少數量的電纜線來連接所有的電腦。

網路上所使用的電腦連線型態被稱爲「拓樸(Topology)」，以目前的電腦網路而言，共使用3種類型的「拓樸」。

3種可共用訊號線的類型

拓樸共分爲3種類型：匯流排拓樸(Bus Topology)、環狀拓樸 (Ring topology)、以及星狀拓樸(Star topology)(圖3)。

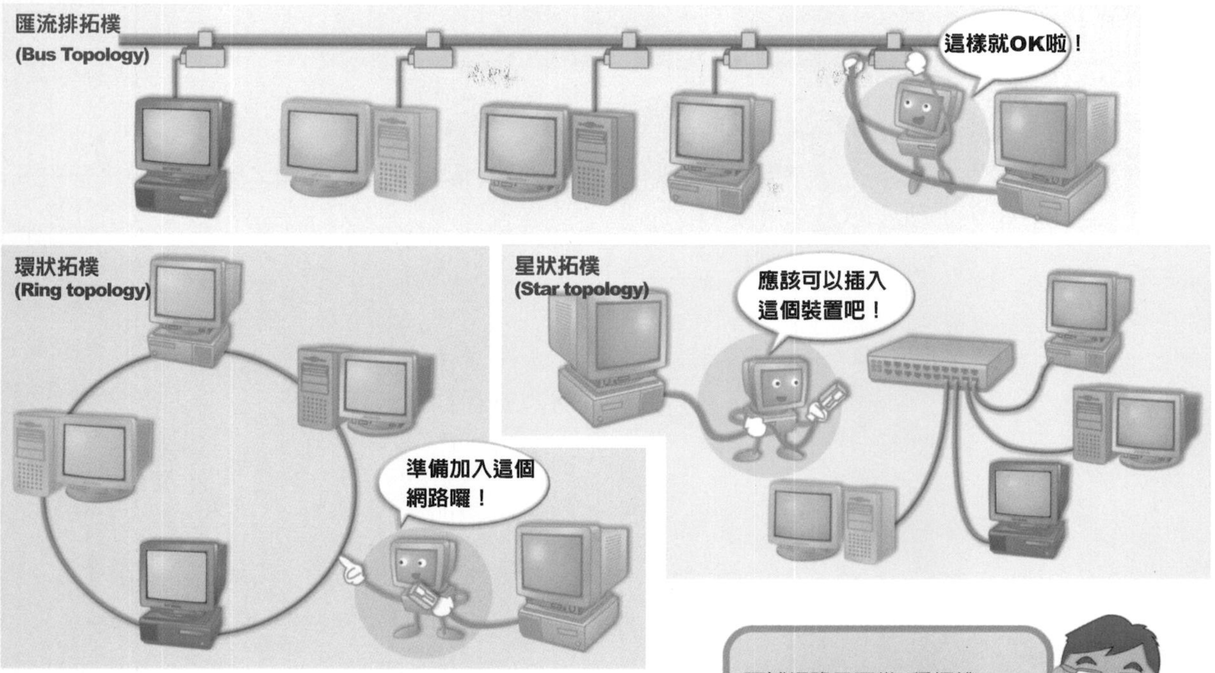

圖3▶ 目前使用的拓樸共有3種類型

區域網路只要從3種拓樸中選用任何一種類型，即可輕鬆新增配線或電腦

匯流排拓樸就是將所有的終端裝置用1條主要纜線來連接的方式，和「1對1連接」方式相較，優點是可以用最少的電纜線數，就讓最多台的電腦彼此連結，並且互相通訊，一旦需要增加新的電腦時，作業也非常簡便，不過，能夠在同一個時點傳送資料的只有連線的電腦當中的某一台而已，使用匯流排拓樸的代表性網路技術就是乙太網路(10BASE2、10BASE5)。

匯流排拓樸的特色就是當多台電腦開始同時傳送資料時，會出現無法正常通訊的情形，原因在於1條訊號線無法同時通過不同的訊號，這就稱為「碰撞(Collision)」。因此，對於實際的網路技術而言，必須設法建立一些機制，避免讓多台電腦同時開始傳送資料。

如果將匯流排拓樸型的網路兩端連結起來的話，就會變成一個環狀，這就是所謂的「環狀拓樸(Ring topology)」。當我們需要增加新的電腦時，只要打開環狀的某一個部分，然後再新增電腦即可。使用環狀拓樸時，即使進行單向通訊，最後仍然能夠讓所有的電腦彼此進行通訊，如此一來，就不會發生資料碰撞的狀況了。

使用環狀拓樸的代表性網路技術有Token Ring(IEEE802.5)、FDDI(Fiber distributed data interface)等。

只不過無論使用匯流排拓樸或是環狀拓樸，一旦纜線或裝置發生故障時，都會影響到整個網路，而且，如果有需要新增或是移除裝置時，一定要停止網路運作才行。

因此，以實際的區域網路而言，最經常被使用的就是第3種，也就是星狀拓樸(Star topology)，此種方式會將所謂的集線裝置(Hub)放置在網路的中心點，然後再將每台電腦連接至該集線裝置。

如此一來，即使連接至網路的電腦需要新增、移除或是發生故障時，也不需要中斷整個網路的運作，不過，如果集線器(Hub)故障的話，則會影響整個網路，目前決大部分的辦公室所使用的乙太網路(10BASE-T、100BASE-T)都是採用星狀拓樸來連接的。

初級網路講座

區域網路的電腦通訊架構《共6堂》

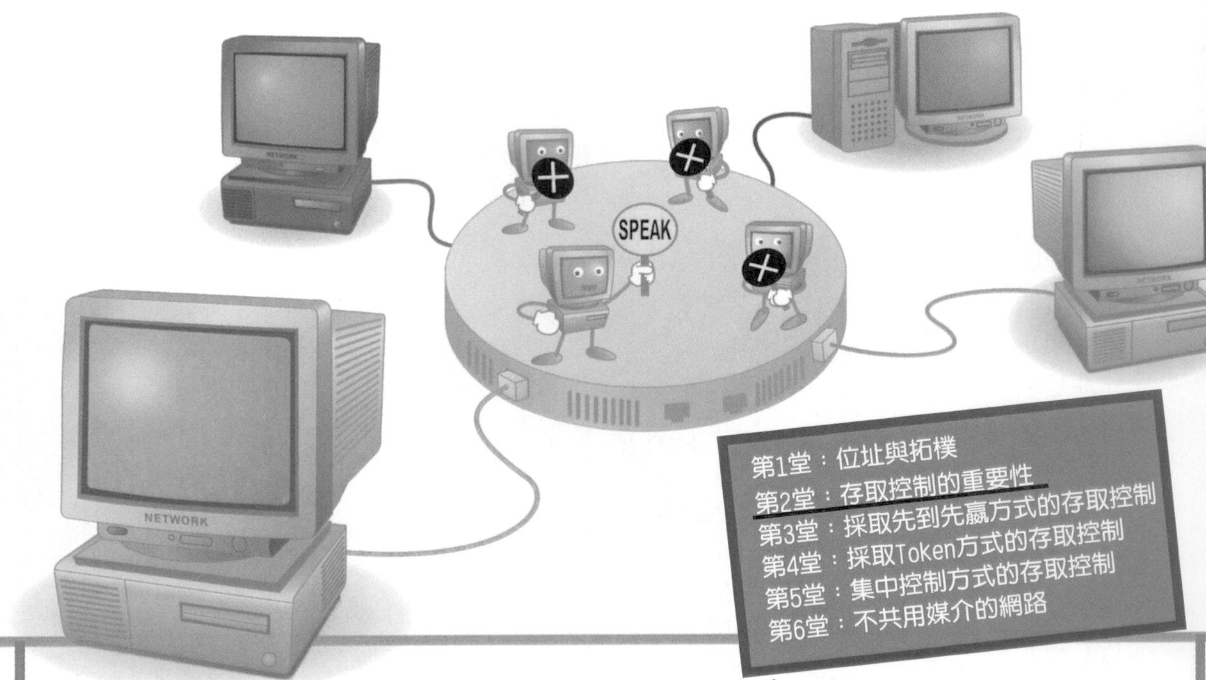

水野忠則
(Mizuno Tadanori)
靜岡大學情報學部情報科學教授。情報處理學會會員，目前所從事的研究領域爲行動運算 (Mobile Computing)、資訊網路 (Information Network)等。

石原進
(Isihara Susumu)
靜岡大學工學部系統工學科助理教授，目前所從事的研究領域爲行動環境的網路架構(Architecture)或是災害資訊網路等。

第2堂▶ 存取控制的重要性

通訊路徑一次只有一台能使用 不可或缺的Traffic控制機制

在上一次的課程當中，我們已經針對區域網路上電腦如何互相連接的方法加以說明。

在此要提醒各位一項非常重要的觀念，那就是無論採用何種拓樸來連接，必須讓部分的通訊路徑爲所有電腦所共有，和「1對1連接」也就是將每一台電腦個別連接的方式相較，必要的媒介(如果採取有線通訊時是電纜線，如果是無線通訊時則是通訊頻道)愈少，效率就會愈高。

然而，當多台電腦希望同時進行通訊時就會產生一些問題，因爲有限的媒介必須讓眾多台電腦所共用，所以這時候只能限制某一個數量的電腦能夠同時通訊。

電腦使用通訊媒介的時機？ 以及由哪些電腦使用？

例如，當使用匯流排拓樸型時，所有的電腦會連接至1個匯流排(纜線)，當某台電腦準備和其他

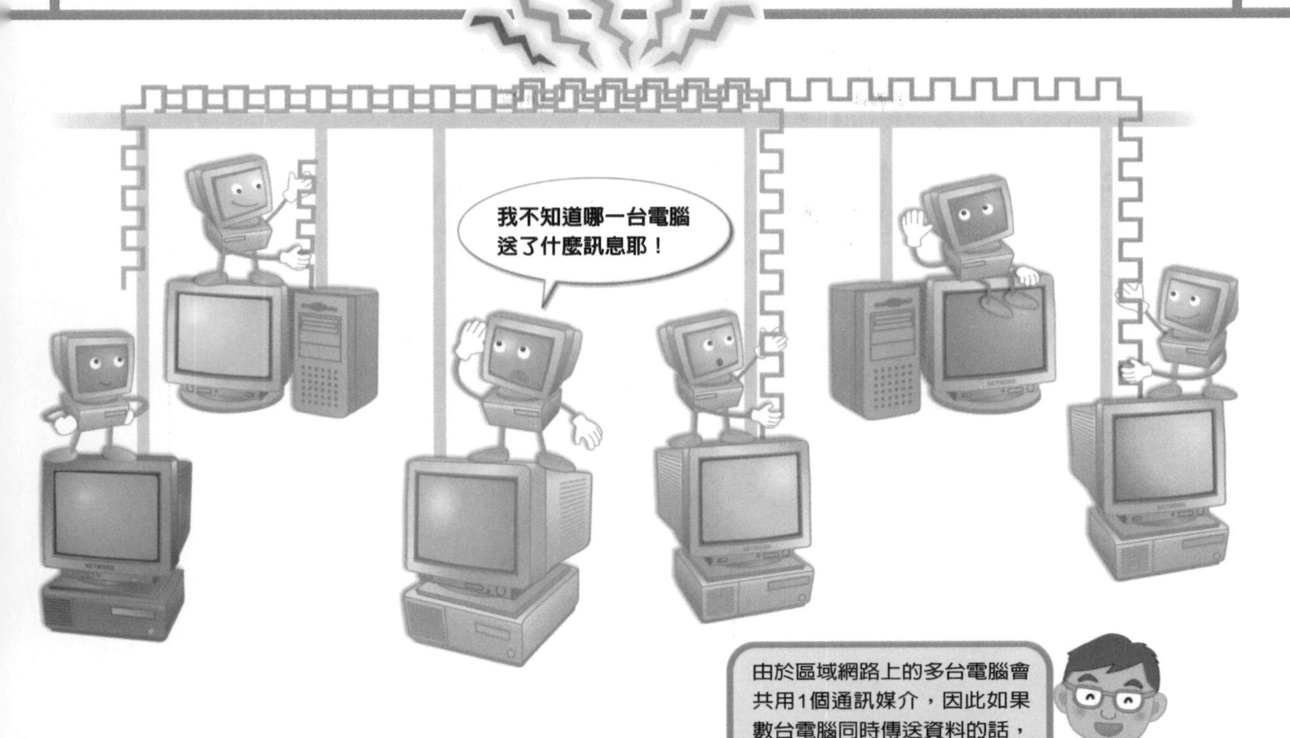

圖1▶ 通訊時需要有Traffic控制機制

電腦通訊時，在通訊的過程當中該電腦必須佔住匯流排，否則如果有其他電腦也開始和其他台電腦進行通訊，就會讓匯流排上的訊號出現混雜的情形(圖1)，將連帶造成所傳送的資料無法正確送達接收端。

因此，當我們希望連接至區域網路的電腦能夠正確並且有效率地進行通訊時，就必須避免上述狀況發生。換句話說，當我們在進行通訊的控制作業時，必須決定好給予哪一台電腦共用媒介的使用權(傳送權)，這就稱爲「媒體存取控制(MAC=medium access control)」。

執行媒體存取時有許多不同的方法，每一種方法的思考模式無非希望能夠同時滿足公平性、信賴性、擴充性等3項要件。

所謂「公平性」就是使用通訊媒介的頻道能夠被公平地分配給所有電腦，如果無法滿足此種特性的話，表示只有特定的電腦能夠進行通訊，其他的電腦永遠也無法開始通訊。

所謂「信賴性」就是所傳送的資料能夠確實地送達對象端，此種特性必須透過防止通訊被阻礙的機制，或是當通訊失敗時必須重新傳送的功能，才得以實現。

所謂「擴充性」就是讓「信賴性」、「公平性」確實存在，並且讓網路規模得以擴大的一種特性，當我們希望增加連接至網路的電腦台數，或是延長網路的長度時，最理想的目標就是不需要停止網路動作，而且在作業完成後也不致於降低通訊功能等。

在實際的網路技術中所使用的媒體存取控制技術可以大致分爲3種，① 由控制裝置賦予傳送權的方式 ② 採取先到先贏來獲得傳送權的方式 ③ 輪流獲取傳送權的方式。

由某一台裝置向各台裝置詢問後，再賦予傳送權

① 由控制裝置賦予傳送權的方式又分爲Polling(輪詢)以及Selecting等2種(P.160的圖2)，此種技術是從區域網路上找出1台電腦當作代表(控制端)，然後再詢問每一台電腦(從屬端)是否進行資料通訊，接著，再依序將傳送權給予希望進

圖2▶集中式的媒體存取控制方式

行資料通訊的電腦，也就是說由控制端將媒體存取控制做集中管理。

Polling(輪詢)/Selecting是爲了像大型電腦以及底下所架構的終端裝置(本身不具備處理能力，只能輸出入資料的終端裝置)等主從關係清楚的系統而設置，其優點在於控制端能夠完全管理通訊，所以通訊的確實性相當高，相對地，其缺點是一旦控制端發生故障時，就會造成整個網路的通訊癱瘓，而且即使從屬端必須傳送資料而且通訊媒介有足夠的空間可協助傳送，仍然必須在收到使用權後才能夠傳送資料，因此容易讓通訊媒介的使用效率低落。

採取先到先贏的CSMA方式

由控制裝置授予傳送權方式的最大缺點就是必須要準備一台特別的裝置作爲控制用途，雖然較容易確保公平性及信賴性，但是控制裝置的能力必須能夠符合加入該區域網路的電腦台數，因此仍有不利於擴充性的一面。

於是，前人捨棄了將控制裝置放在網路中央的集中控制方式，並且構思出一種新的方法，那就是利用分散控制方式來執行媒體存取控制的方法(圖3)，無論是 ② 先到先贏方式，或是 ③ 輪流獲取傳送權的方式，區域網路上所有的電腦都是站在對等的立場，也就是採取民主的方式來執行媒體存取控制。

在 ② 先到先贏方式 當中，有一項代表性的範例那就是乙太網路所使用的CSMA(carrier sense multiple access：載波感測多重存取)，當我們採用CSMA時，希望傳送資料的那台電腦首先會確認其他裝置是否正在使用通訊媒介，如果沒有其他裝置使用的話，才會開始傳送資料，當我們在會議場合發言時也是一樣會等到其他人發言完畢後，才提出自己的意見。

不過單靠此種控制方式的話，仍然會因爲通訊媒介而造成訊號重覆的「碰撞(collision)」情形，因此還必須設置一項機制，就像我們在開會的時候，當某個人發言完畢後，可能會出現幾個人同時發言的情形，這就是所謂的「碰撞」，會造成聲音混雜，而無法聽到發言的內容。

分散控制方式又分為先到先贏方式以及輪流獲取傳送權等2種方式，乙太網路所採用的是前者的方式。

圖3▶分散式媒體存取控制

乙太網路所使用的CSMA/CD(CSMA with collision detection：載波感測多重存取/偵測碰撞)會在傳送過程中接收電纜線所傳送的訊號，隨時監控是否有碰撞發生，一旦檢測出碰撞時，會將該時點的傳送動作視爲失敗，然後等待隨機決定的時間結束後再重送資料，如此就能夠讓引起碰撞的對象端避開重送的時間點，藉以避免碰撞再度發生。

先到先贏方式的優點在於機制簡單以及操作容易，但如果連接至區域網路的電腦台數過多時，就會造成碰撞經常發生，無論哪一台電腦都無法進行通訊。

Token Passing(符記傳遞)採取輪流獲取傳送權的方式

③輪流獲取傳送權方式的代表性範例就是「Token Passing(符記傳遞)」，主要用於環狀拓樸，會將傳送權依序轉交給連接至環狀拓樸上的電腦，並且不斷地巡迴，此種傳送權稱爲「Token(符記)」，在區域網路中使用Token Passing的代表性規格包含Token Ring(符記環)以及FDDI(光纖分散式數據界面：Fiber Distributed Data Interface)等2種。

Token Passing就類似瀏覽板，當某人收到空白的瀏覽板(相當於Token)時，會將希望傳遞給他人的訊息寫在瀏覽板上，而收到瀏覽板的人在閱讀完訊息後，如果該訊息是寫給自己的，就會將訊息抄寫下來，再將瀏覽板傳給隔壁的人，如果瀏覽板上的訊息不是寫給自己的，就會直接傳給隔壁的人。

最後瀏覽板會傳回第一個傳送訊息的人，傳送人會將瀏覽板上所寫的訊息刪除，接著再傳給隔壁的人，這時候隔壁的人收到的是沒有寫上任何訊息的瀏覽板，也就是收到Token，於是就能夠重新取得傳送權。

Token Passing的優點就是即使連接至通訊媒介的裝置很多，Token也能夠被傳送回來，所以無論哪一台裝置都能夠確實將資料傳送出去，相對地，管理Token的機制通常會被設計得比較複雜，此點則爲其問題所在。

初級網路講座

區域網路的電腦通訊架構《共6堂》

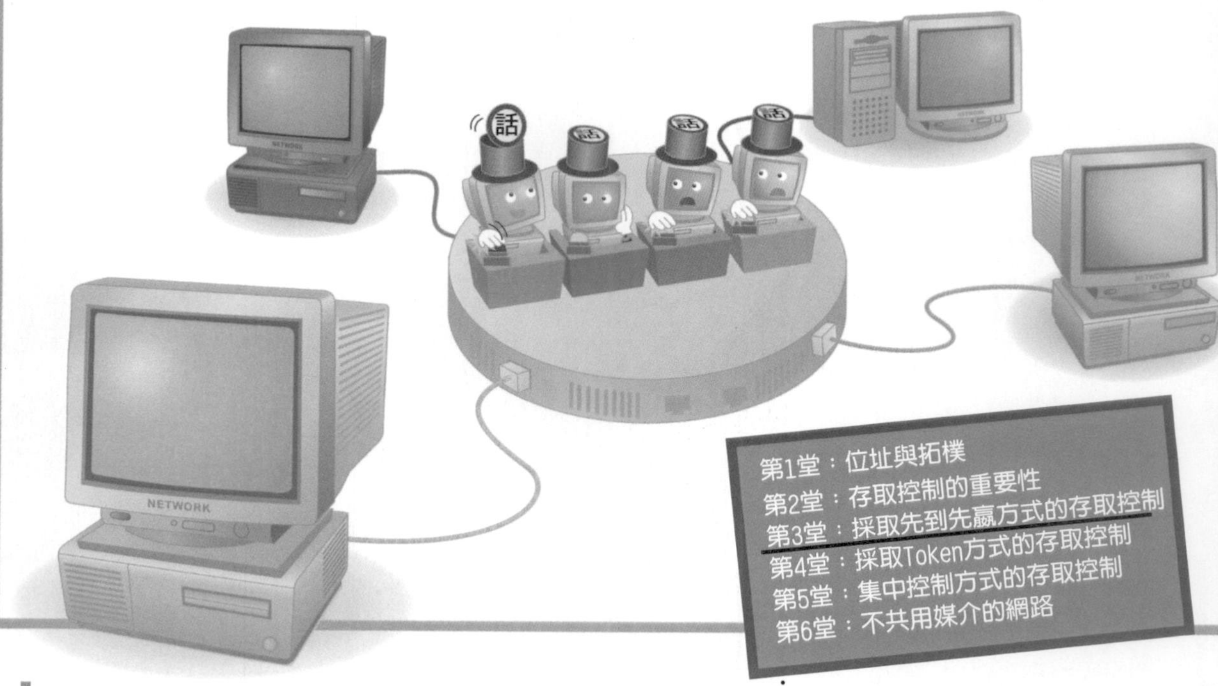

第3堂▶ 採取先到先贏方式的存取控制

傳送前先進行網路確認 設置能夠避免碰撞的機制

水野忠則
(Mizuno Tadanori)
靜岡大學情報學部情報科學教授。情報處理學會會員，目前所從事的研究領域爲行動運算 (Mobile Computing)、資訊網路 (Information Network)等。

佐藤文明
靜岡大學情報學部情報科學科助理教授，東北大學研究所工學研究科畢業，目前的專業領域爲通訊軟體的開發方法。

先到先贏方式又稱爲「隨機存取(Random Access)」，會將來自眾多傳送者的所有資料以隨機方式傳送出去，適合不需要設置集中控制端的網路，在實際的區域網路當中乙太網路的CSMA(carrier sense multiple access：載波感測多重存取)乃是採用先到先贏方式的存取控制技術。

對於先到先贏方式而言，一旦2台以上的電腦同時傳送出來的訊號在媒介上發生碰撞時，問題就發生了，當碰撞發生時，任何一台電腦都會出現傳送失敗的情形，因此，此種方式具備了能夠盡量避免碰撞、檢查出碰撞發生，並且重新傳送資料的功能。

從衛星線路控制所得到的靈感

先到先贏方式始於1970年代夏威夷大學所開發出來的ALOHA系統(圖1)。

ALOHA系統是一種透過通訊衛星，使用相同頻率的電波來連接分別位於夏威夷各個群島上許多電腦的網路，透過衛星通訊就能夠輕鬆地將各個相距遙遠的通訊局連接起來，不過，通訊時必

先到先贏方式乃是源自於衛星通訊網路為了提升通訊效率而發展出來的技術。

圖1▶先到先贏方式源自於衛星通訊

須和大氣圈以外的衛星進行訊號的通訊往返，所以其缺點就是從開始傳送訊號到訊號送達的過程中會發生很長的等待時間(延遲)。

那麼，如果衛星線路採用上次我們所介紹過的Polling(輪詢)方式的話，會產生什麼樣的變化呢？當我們使用Polling方式時，控制裝置在執行處理作業時，必須詢問每一個通訊局後再決定誰可以傳送，然而，對於容易發生延遲的線路而言，每次處理時都會發生等待時間，所以會很耗時。

因此，ALOHA系統所採取的是在位於地面上的通訊局希望傳送時，就開始傳送資料的方式。當然，如果同一個時點有2個以上的通訊局開始傳送資料的話，就會因爲發生碰撞而讓資料流失，所以通訊局在傳送過程中必須確認本身所傳送的資料是否能夠被正確接收，如果無法被正確接收的話，即可由此判斷因爲碰撞發生導致資料流失，這時候只要等待某段隨機的時間後，就能夠再重送相同的資料了。

之所以必須等待某段隨機的時間是爲了要避免和上一次發生碰撞的對象端再度發生碰撞，如果雙方都能夠等待某一段隨機的時間，那麼到下次傳送前就會出現時間差，如此一來就能夠避免發生再次碰撞。

和針對每一通訊局固定分配不同頻率電波的方式相較，採取ALOHA方式時的電波利用效率較高，而且，因爲不需要集中控制端，所以並不會發生因爲控制端故障而讓整個網路中斷的問題，每一個通訊局的動作完全獨立，因此可以依需求彈性增加或減少通訊局。

導入載波感測的乙太網路

將ALOHA系統的思維導入區域網路的存取控制技術並且加以改良的就是乙太網路(IEEE 802.3)以及無線區域網路(IEEE802.11)的CSMA。

區域網路的延遲比率較衛星通訊低，所以相對地這個部分則必須由技術來補足，事實上，CSMA並不是完全複製ALOHA方式，而是加入了一些避免碰撞發生的改良機制，其中一種就是「載波感測(Carrier sense)」。

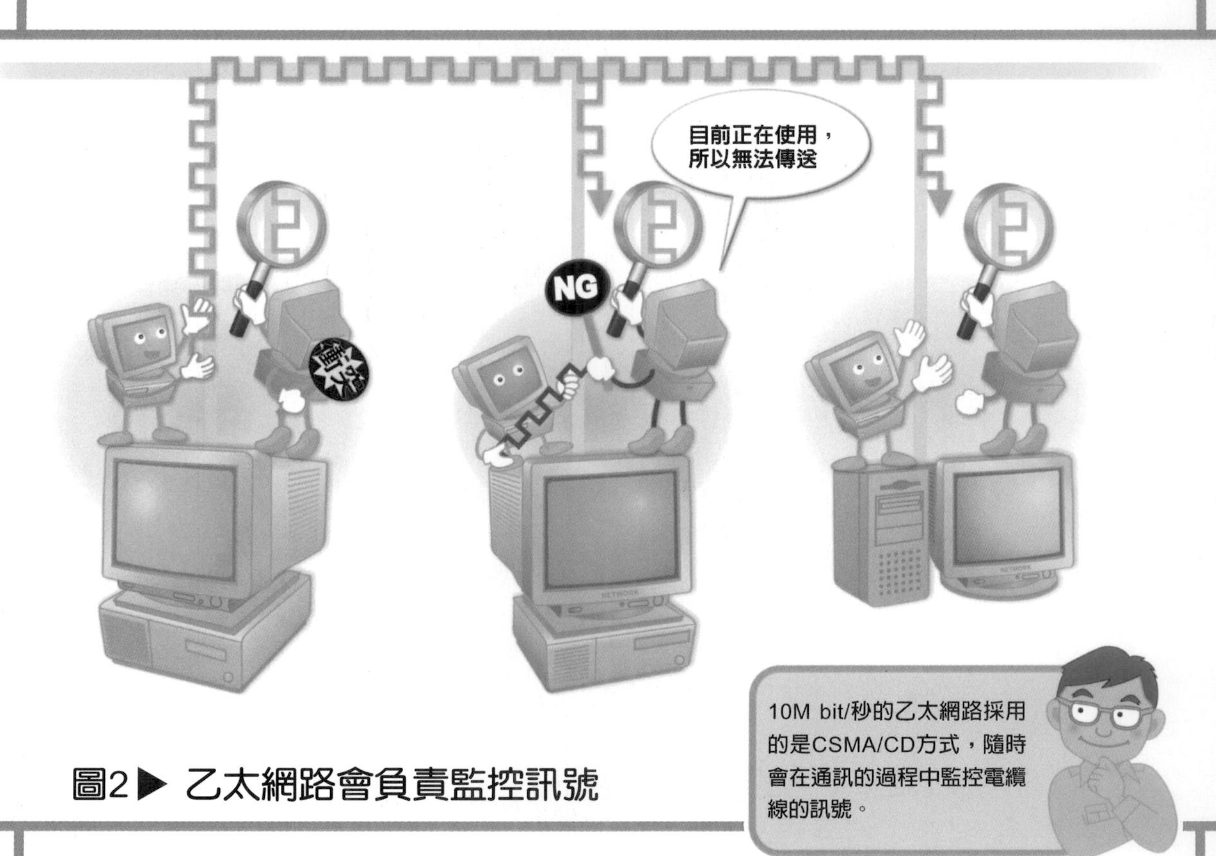

圖2▶ 乙太網路會負責監控訊號

CSMA方式會在傳送資料前，監控(載波感測)其他電腦是否正在使用網路，只有當網路有空時才會傳送資料(圖2)，如此一來發生碰撞的機率就會低於未做任何監控就開始傳送資料的ALOHA方式了。

不過，即便如此仍然有可能會發生碰撞，例如，當網路處於有空的狀態下，如果2台電腦幾乎同時開始進行通訊時，就會導致碰撞發生，因此乙太網路也會在通訊過程中持續監控網路，並且導入能夠迅速檢測到碰撞的機制，此種方式就稱爲「CSMA/CD(CSMA with collision detection：載波感測多重存取/偵測碰撞)」。

CSMA/CD會在傳送資料的過程中監控本身所傳送的資料，如果能正確地接收資料直到最後，代表通訊完成，如果因爲傳送到一半時發生碰撞，造成訊號雜亂的話，就會立即停止傳送，並且告知其他電腦有碰撞發生，之後，只要再等待某一段隨機的時間後，就能夠重傳資料，當然，在進行下一次的傳送前必須先監控網路，並且確認網路是否有空。

用於無線區域網路時必須再增加一些機制

同樣使用CSMA的無線區域網路也和載波感測的步驟相同，只不過，因爲通訊作業使用電波，所以雖然有監控網路，但是仍然會出現不容易掌握是否發生碰撞的問題，因此，無線區域網路必須揚棄CSMA/CD的方式，而改採其他的方式，也就是CSMA/CA(CSMA with collision avoidance)，並且設置一些能夠盡可能避免碰撞發生的機制。

CSMA/CA會負責監控網路並且判斷網路有空，並且在等待某段隨機的時間後，再開始傳送資料。即使在隨機等待的過程中，仍然會持續監控網路，當其他的電腦開始通訊後，就會立刻中斷通訊，並且回到一開始的步驟，也就是重新等待傳送的時間點。當CSMA/CA檢測到網路有空到傳送的這段過程中會隨機等待，以避免和同時準備傳送的其他電腦發生碰撞。

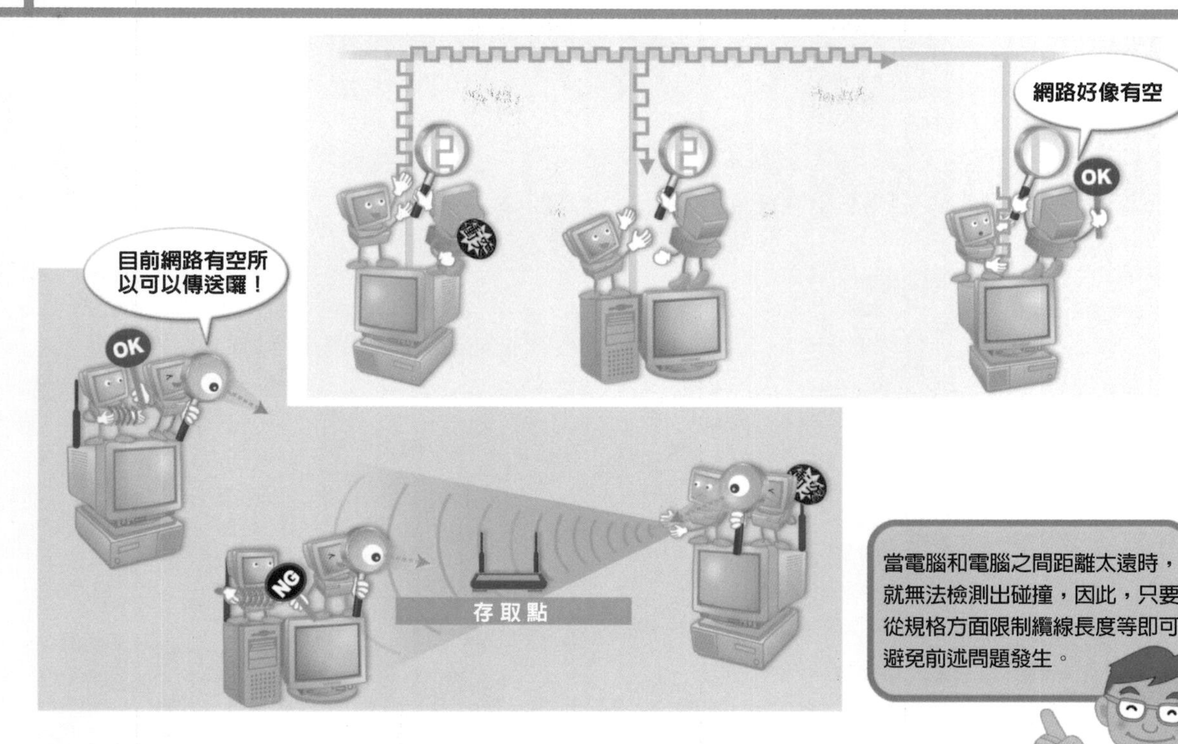

圖3▶訊號無法被送達時，無法檢測出碰撞

先到先贏方式的存取控制技術雖然無法避免理論上的碰撞，但是一旦碰撞發生時，只要重送資料即可復原，從相反的角度來說，如果無法確實檢測出碰撞的發生，將難以避免通訊失敗的命運。

訂定規格以便確實檢測出碰撞

以乙太網路而言，當纜線的距離過長、電腦和電腦之間相隔愈遠，就無法從某一端的電腦檢測到碰撞發生的狀況(圖3)，因爲電子訊號在透過纜線傳送時會產生延遲，當位於電纜線這一端的電腦將訊號傳送出去後，需要些微的時間才能夠將訊號傳送至另一端，因此，如果纜線過長的話，就會造成彼端的電腦無法檢測到此端的電腦已經開始傳送的情形。

而且在前述情況下，當傳送結束的時間小於訊號送達對方的時間時，有可能會在先傳送的那一方完全傳送完畢後發生碰撞，如此一來實際上雖然因爲發生碰撞造成資料流失，但是先傳送資料的該台電腦根本無法得知此種狀況。

爲了避免發生類似的問題，乙太網路已經在規格中制定出纜線的最大長度以及最小的框架長度，例如，10M Bit/秒的乙太網路就規定其纜線長度最大爲25000m，最小的框架大小爲64位元，另外規定Repeater Hub(中繼器/集線器)的段數爲最大4段，目的也是爲了將延遲時間限制在可檢測出碰撞的範圍內。

對於無線區域網路而言，如果有一台使用無線區域網路的電腦位於電波所及以外的範圍時，就會出現「終端裝置消失」的問題，這是因爲電腦和存取點之間的距離已經到達臨界值，所以才會造成雖然某一端的電腦將電波傳送出去，但是另一端的電腦卻完全一無所知的問題，原因就出在電波無法被送達。

爲了避免「終端裝置消失」的問題出現，無線區域網路所採取的方式就是在傳送結束後必須由對象端傳送確認回應，另外，還在Option當中規定存取點必須採取集中控制方式，也就是明確規定傳送權的RTS/CTS(request to send：要求傳送/clear to send：清除已傳送)方式。

初級網路講座

區域網路的電腦通訊架構《共6堂》

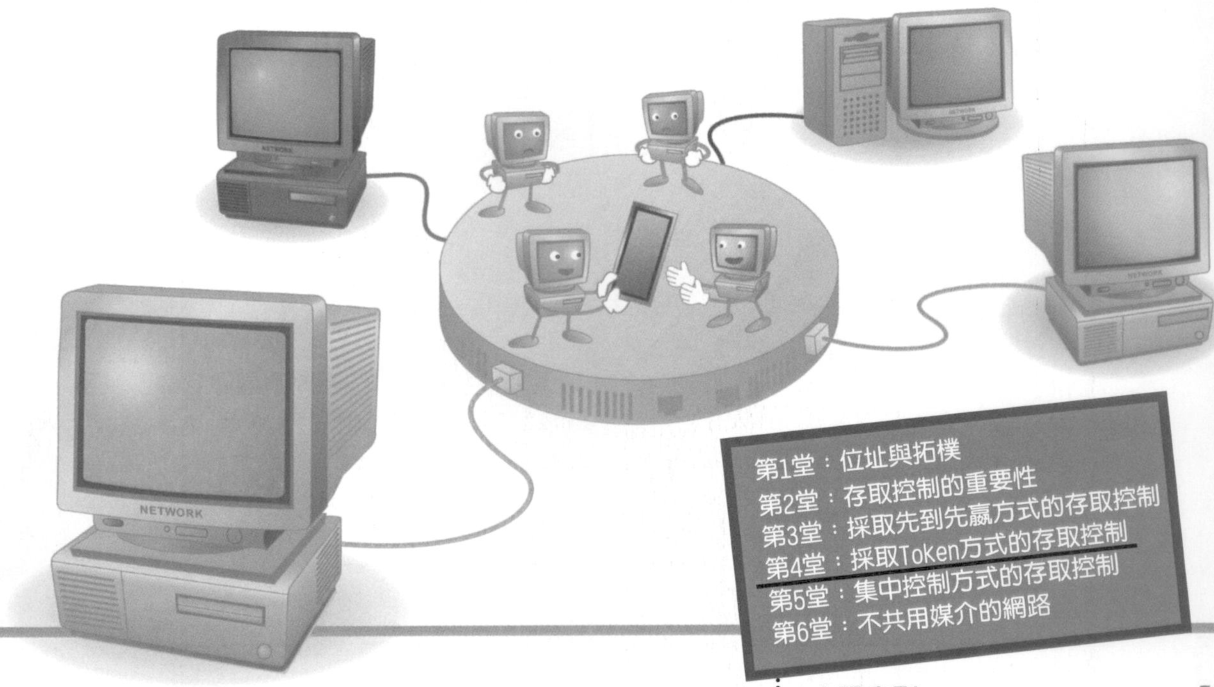

第4堂▶ 採取Token方式的存取控制

依序遞交傳送權 等待後即可開始通訊

水野忠則
(Mizuno Tadanori)
靜岡大學情報學部情報科學教授。情報處理學會會員，目前所從事的研究領域爲行動運算 (Mobile Computing)、資訊網路(Information Network)等。

佐藤文明
靜岡大學情報學部情報科學科助理教授，東北大學研究所工學研究科畢業，目前的專業領域爲通訊軟體的開發方法。

Token Ring(符記環)原本是由美國IBM所開發出來的技術，和10M乙太網路幾乎同時被IEEE列爲標準，從作業標準的角度來看，又被稱爲「IEEE802.5」，Token Bus(符記匯流排)是將電腦的連接方法設定爲匯流排的一種方式，同樣地也被列爲標準-IEEE802.4，FDDI則是爲了使用光纖的高速區域網路技術所開發出來的規格。

收到Free Token (自由符記)即可傳送資料

如果我們從字典查詢「Token」這個字時，就可以看到「標誌、憑證、代幣」等不同的意思，而「Passing」這個字以足球或是籃球來說，和「Pass」同樣具有「通過、傳遞」的意思。

換句話說，所謂Token Passing就如同其字面上的意思一樣，依序轉交稱之爲Token的傳送權，藉以決定使用區域網路的電腦的一種方式。

Token Ring就是採用Token Passing的一種區域網路代表性規格，此種規格會將每一台電腦連接成環狀，然後再透過該環(Ring)依同樣的方向順序傳遞Token，以便執行通訊作業(圖1)。

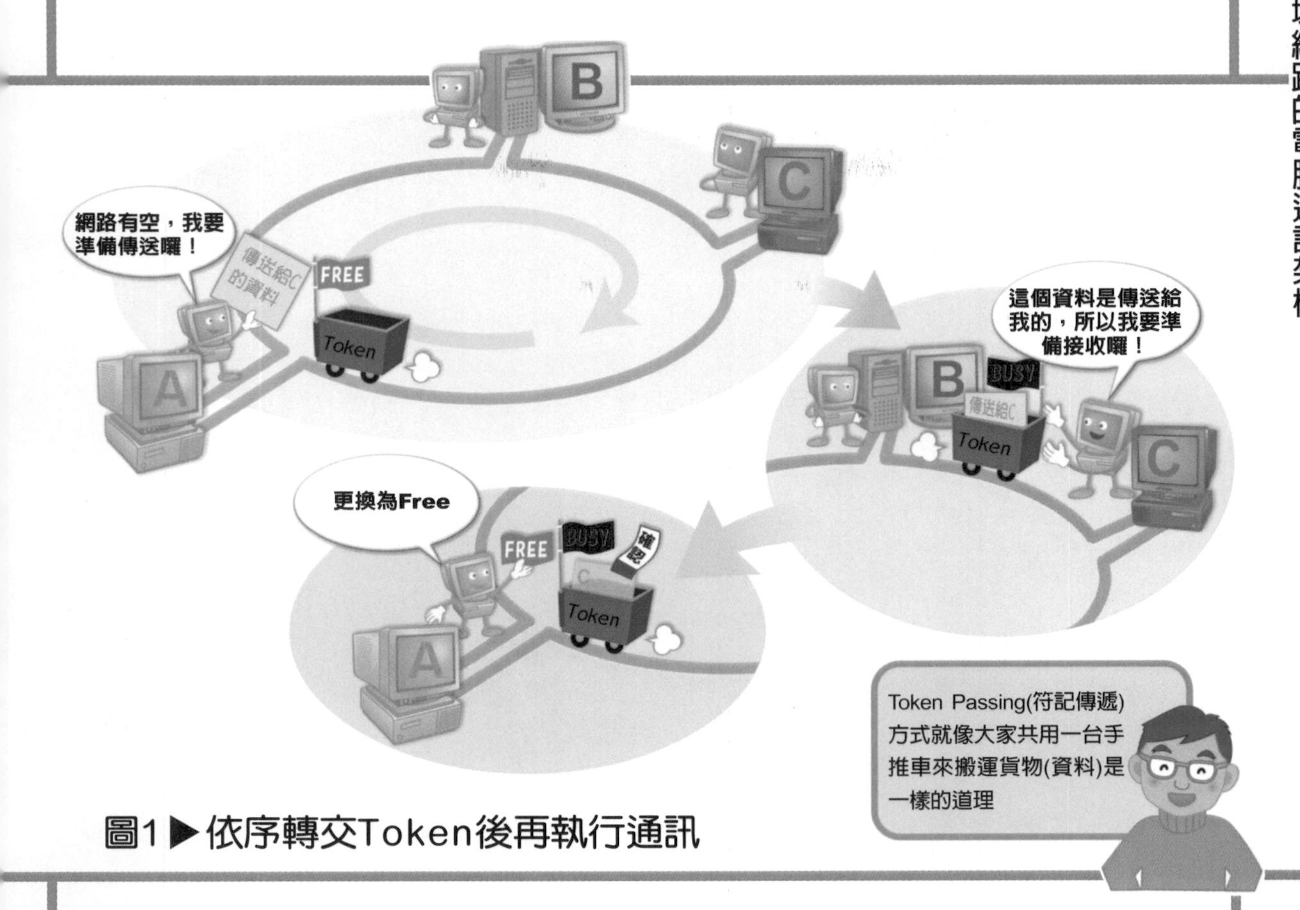

圖1▶依序轉交Token後再執行通訊

Token的實體是封包，Token Ring分為2種，一種是代表目前無任何裝置正在使用該環的Free Token，另一種則是有某個裝置已經實際將資料放入並且正在傳送的Busy Token，我們可以根據標頭(Header)部分的位元串來分辨實際上是屬於哪一種Token Ring。上圖以手推車為例，Free Token就像是空的手推車一樣，並且立著一個代表空的旗子(Flag：旗標)，Busy Token則用裝有貨物的手推車來表示。

當我們使用Token Ring方式時，只有收到Free Token的電腦才會將資料傳送出來，當傳送端的電腦收到Free Token時，會將資料放入Token後標示對象端，然後再轉換為Busy Token，也就是將旗標變更為Busy後再將資料傳送出來，當電腦收到並不是傳送給自己的Busy Token時，只要將這個Busy Token轉接給下一台電腦即可。

上圖所示為電腦A將資料傳送給C的範例，因為A已經收到Free Token，所以會標示該項資料是傳送給C的，並且將Token轉換為Busy後再傳送出去。

接著會收到Token的是電腦B，因為資料的目的地是C並不是B，所以B不需要做任何動作，只要直接將該Token傳送出去即可，接下來當C收到Token時，因為C知道Token是送給自己的，所以會將已經標示的資料加以複製，並且加上確認回應後，再將Busy Token轉交給下一台電腦。

透過上述依序轉交的方式，最後Token又回到傳送端的電腦A，A會根據C所附加的確認回應來確認通訊是否已經成功，接著A會將旗標轉換為Free，並且讓Token回復成空的狀態，然後再傳送給B，這樣子就完成一個巡迴的作業了。

Token方式是只要等待一定能夠傳送

10M乙太網路所採用的是先到先贏方式的CSMA(carrier sense multiple access：載波感測多重存取)，是一種負載較小時效率會非常好的存取控制方式，不過，當我們和所連接的電腦之間的通訊量增加時，效率就會每況愈下，那是因為

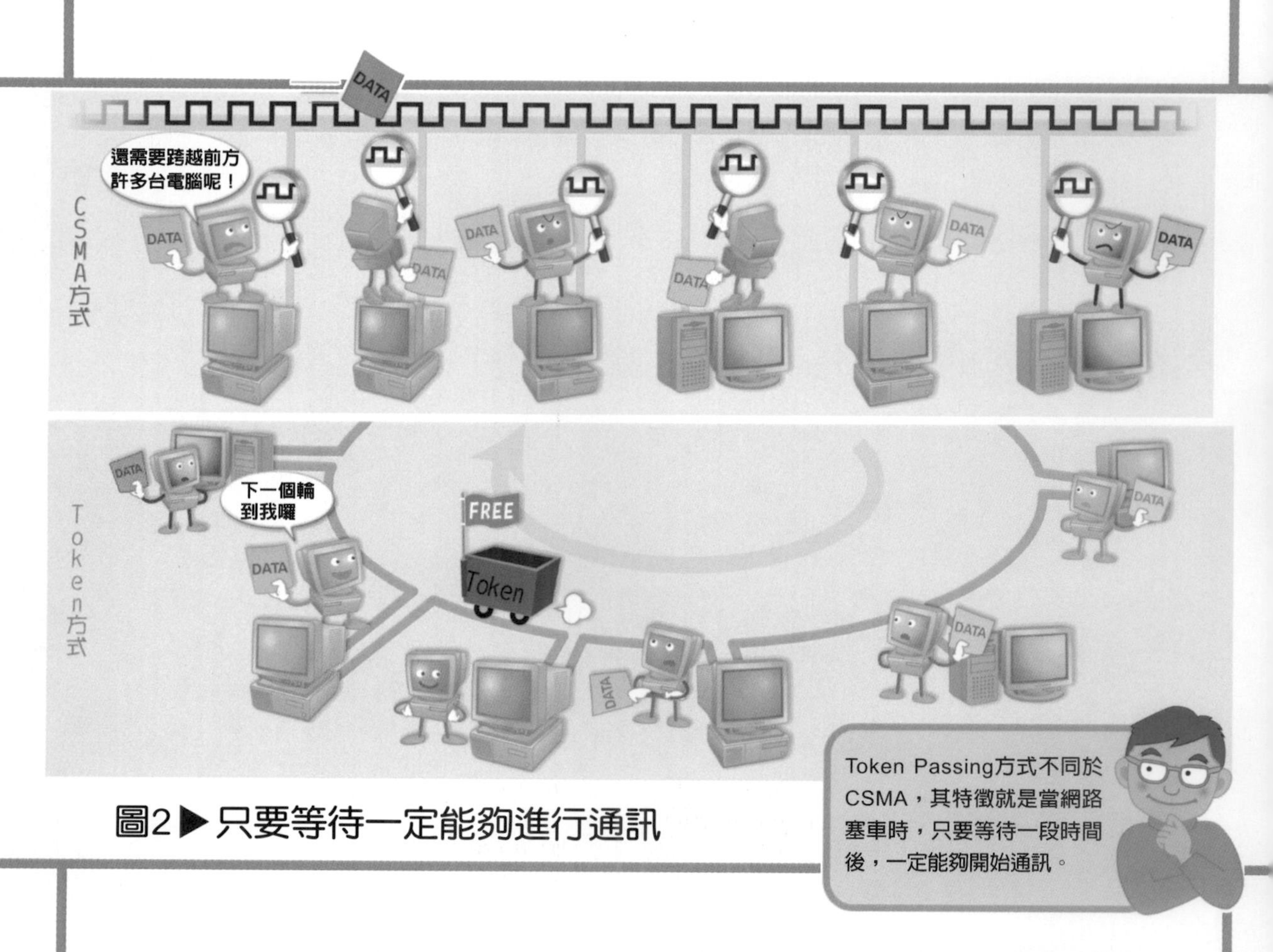

圖2▶只要等待一定能夠進行通訊

碰撞會不斷地發生的緣故(圖2)。有時候甚至於一直都無法將資料傳送出去。

相對地，「Token Ring」方式就沒有這種問題，無論網路多麼地塞車，只要採用本方式就能夠在一定的時間內確實將資料傳送出去，因為傳送權會依序轉交給區域網路上的電腦，所以只要依序巡迴一圈後，一定會再回到自己的手上(圖2下圖)，於是就能夠根據連接至「Token Ring」的電腦數量，計算出下一次通訊前所必須等待的最長時間，換個說法就是保證傳送權會在一定的時間內回到自己的手上。

採用CSMA方式時，有可能會發生希望傳送資料卻傳送不出去的情形，由此可知CSMA方式並不適用於需要即時性(Real Time)的通訊用途。例如，當我們所傳送的資料是工廠或是現場控制所使用的網路或者是影像等通訊時，若是無法在一定的時間內將一定數量的控制訊號或資料送達的話，就完全失去意義了，如果使用「Token Passing」，就不需要擔心此點。

連接時採用匯流排型，以及虛擬「Token Ring」的方式

不過，「Token Passing」同樣也有幾項缺點。

第1個就是電腦和電腦之間必須連接成環狀，一旦在通訊過程中電腦發生故障，或是「Token Ring」上的某個位置斷線時，就會造成整個環停止通訊。有一項方法可以解決上述問題，那就是採用雙重Token Ring方式的FDDI，FDDI會配置2個Token Ring來連接每一台電腦，通常我們在通訊時只會使用其中的某一個Ring，但是一旦在通訊過程中出現路徑中斷或是所連接的電腦發生故障時，就會使用另一個Ring折返繞過斷線的部分，並且重新架構一個新的Ring。

另一種方法就是將電腦連線變更為和10M乙太網路相同的匯流排(Bus)型的方式。

將此種方法標準化之後就成為所謂的Token Bus，使用Token Bus時，會將電腦連接至匯流排(Bus)，其所採用的機制就是電腦都具有一個邏輯上的識別編號，根據這個編號來建立一個虛擬的

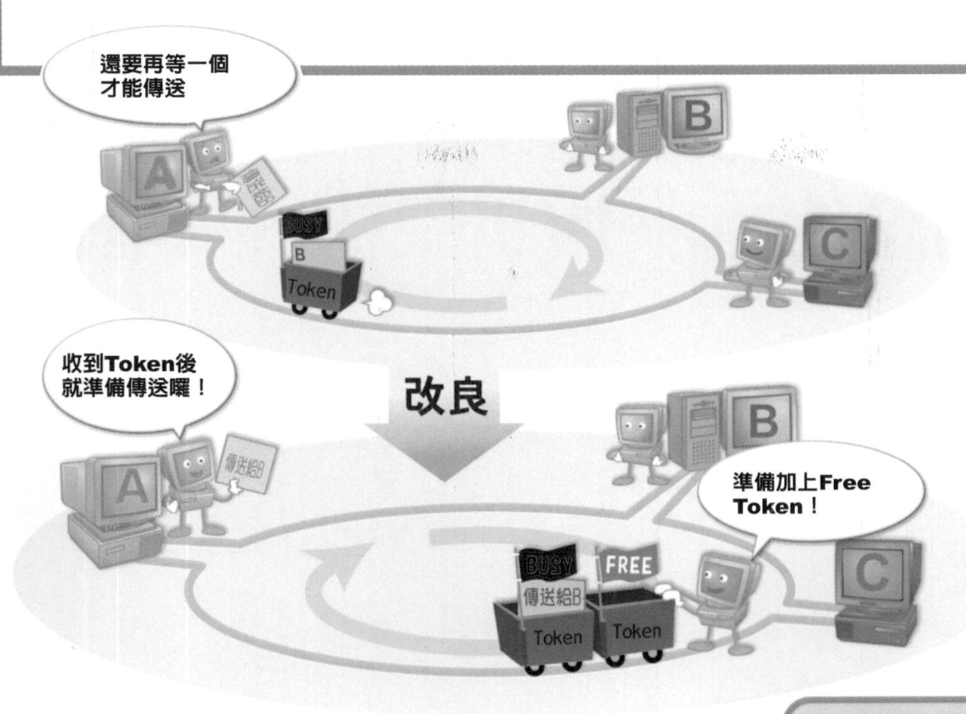

在後面連接Free Token後，不需要等待Token巡迴1周，即可傳送資料。

圖3▶追加Token以提昇效率

Ring。

「Token Bus」會將位於本PC下一台電腦的識別編號寫入後傳送給「Token」的對象端，並且讓Token巡迴，只不過和「Token Ring」不同的是，因爲是用匯流排來連接的，因此所傳送的Token會被送到所有的電腦上，如此一來就能夠從其他台電腦確認出已經送出去的Token是否確實在Ring上巡迴。

因此我們可以利用這種特殊的性質，檢測出哪一台電腦故障，以及目前Token已經停止巡迴，「Token Bus」就是採用這個原理，並加上一個自動地將故障的電腦從虛擬環上排除的功能。

使用多個Token以提昇通訊效率

「Token Passing」的另一項缺點就是通訊效率不佳，因爲Ring上只會有一個Token，當某一台電腦在傳送「Busy Token」後巡迴一圈，然後再重新恢復「Free Token」的這段過程中，其他的電腦完全無法進行通訊作業。

因此，通訊效率無法達到某一個理想以上的程度(圖3)。於是無論是「Token Ring」的改良版或是FDDI等都是透過多個Token巡迴的方式，加上一些改良機制，才得以提昇通訊效率，接下來我們將爲各位說明的是被稱爲「Append Token」的技術。

「Append Token」方式就是利用「Busy Token」來傳送資料的電腦，最後會再附加一個「Free Token」後再將資料傳送出去，上圖所示的範例爲電腦C將傳送給B的資料加入Token，然後再連結另一個Token，於是下一台電腦A不需要等待Token再巡迴1週，即可將資料傳送給B。

換句話說，隨時會有1個Free Token 在Ring上巡迴，希望執行通訊作業的電腦可以在所收到的Busy Token的後方，不斷地連結資料後再傳送出去，如此一來就能夠減少平均等待時間，當然通訊效率也會因此提昇。

初級網路講座

區域網路的電腦通訊架構《共6堂》

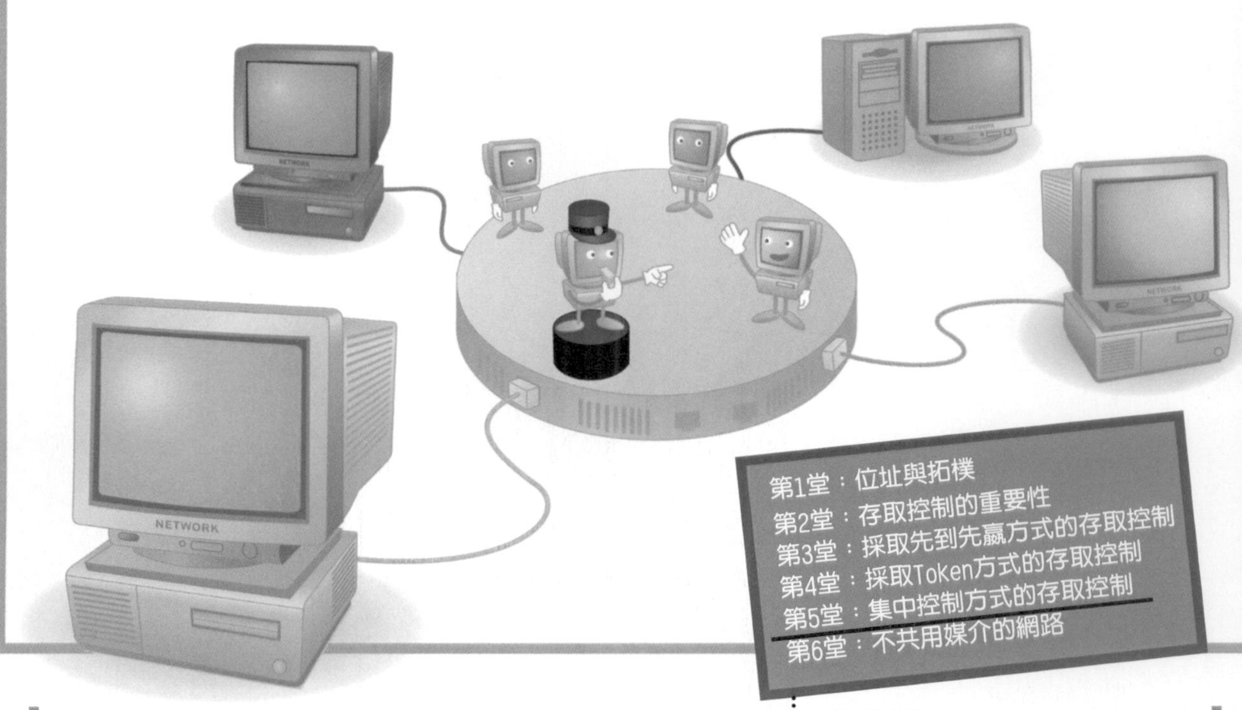

第5堂▶ 集中控制方式的存取控制

目前所採用的最新技術就是由某一台電腦負責控制任務

水野忠則
(Mizuno Tadanori)
靜岡大學情報學部情報科學教授。情報處理學會會員，目前所從事的研究領域爲行動運算 (Mobile Computing)、資訊網路 (Information Network)等。

井手口哲夫
(Ideguchi Tetsuo)
愛知縣立大學情報科學部教授，目前從事的研究領域爲區域網路、廣域網路的網際網路工作技術等。

目前爲止我們所說明過的無論是先到先贏方式或是Token方式，皆屬於分散型媒體存取控制方式，只不過存取控制方式除了分散型之外，還有另一種集中型的控制方式，本次課程我們將爲各位說明的是使用1台電腦集中控制存取的方式。

電腦通訊的初期就已存在的方式

集中型存取控制方式可以追溯到剛開始出現電腦通訊的時代。

當時的電腦通訊是由大型電腦以及所連接的終端裝置之間進行的作業，當時的終端裝置所配備的功能只不過是讓使用者可以將資料輸入負責處理大型電腦作業的程式，或者是顯示計算結果罷了，這些終端裝置並不具備處理功能，因爲所輸入的資訊全部會由大型電腦負責處理。

就因爲當時的電腦具有主從關係清楚的型態，所以由大型電腦集中控制通訊作業會比較有效率，當時被廣泛使用的存取控制方式是Polling/Selecting。

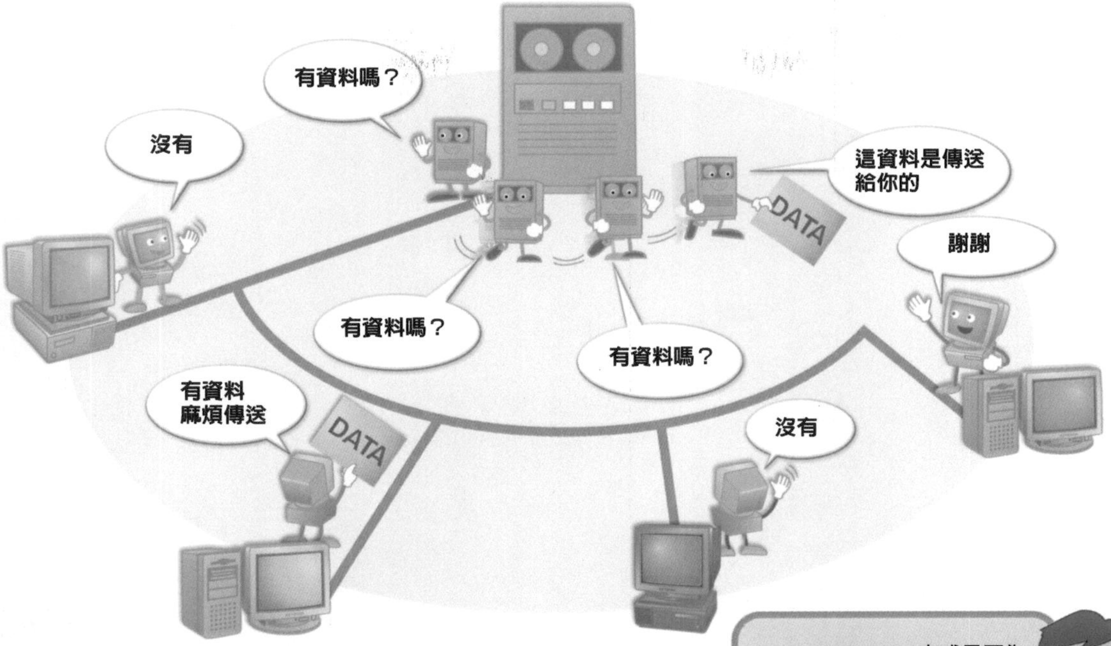

Polling/Selecting方式是因為大型電腦要和終端裝置之間通訊所開發出來的，因此必須採用集中控制型。

圖1 ▶ 源自於大型電腦的通訊

傳統的Polling/Selecting方式就是在中央設置控制通訊的控制端(Master：主端)，然後再從該控制端延伸一條電纜線連接至從屬端(Slave：從端)，此種連接方式就稱為「Multidrop Link(多掛式連接)」。

Polling/Selecting方式會採用一種稱為Polling的步驟，也就是由控制端先向從屬端詢問是否有任何資料傳送的要求，Polling會由連接至控制端的從屬端依序執行，當從屬端需要傳送資料時，只能夠在接收Polling的時間點將資料傳送給控制端，反之，當控制端打算將資料傳送給特定的從屬端時，則會同時將Polling和資料傳送出去，這就稱為「Selecting」。

Multidrop Link(多掛式連接)為區域網路的起源

因為控制端和從屬端用1條通訊線路連接起來，所以如果有任何處理作業時同時也會被傳送至所有的從屬端，如此一來就無法分辨該訊息是傳送給哪一個從屬端的，因此，控制端用來指定通訊對象的方法就是「位址」，為每一個從屬端分配位址，並且將該位址附加在訊息中當作目的地，於是就能夠確定接收端是哪一台電腦了。

在Polling/Selecting方式當中，最具代表性的一個使用範例就是被美國IBM視為大型電腦通訊步驟的「基本型資料傳送控制步驟」，以及其改良版「HDLC步驟(高階資料鏈結控制：High level Data Link Control)」等正式回應模式，前面2種步驟皆已被國際標準化組織建立為標準，並且比1980年以前就出現的IEEE802等各種區域網路規格還早被世人所使用。

Polling/Selecting方式所使用的「多掛式連接(Multidrop Link)」讓網路上的電腦或終端裝置共用通訊媒介的概念，可以說是區域網路的發源，只不過從其架構上來看，從屬端之間無法直接處理資料，因為由大型電腦和終端裝置所構成的網路並未將終端裝置間的通訊視為前提，同時，此種方法也不適用於由電腦所連接的區域網路，如果電腦要在此種架構下進行通訊的話，必須要透過控制端來中繼，因此會降低通訊效率。

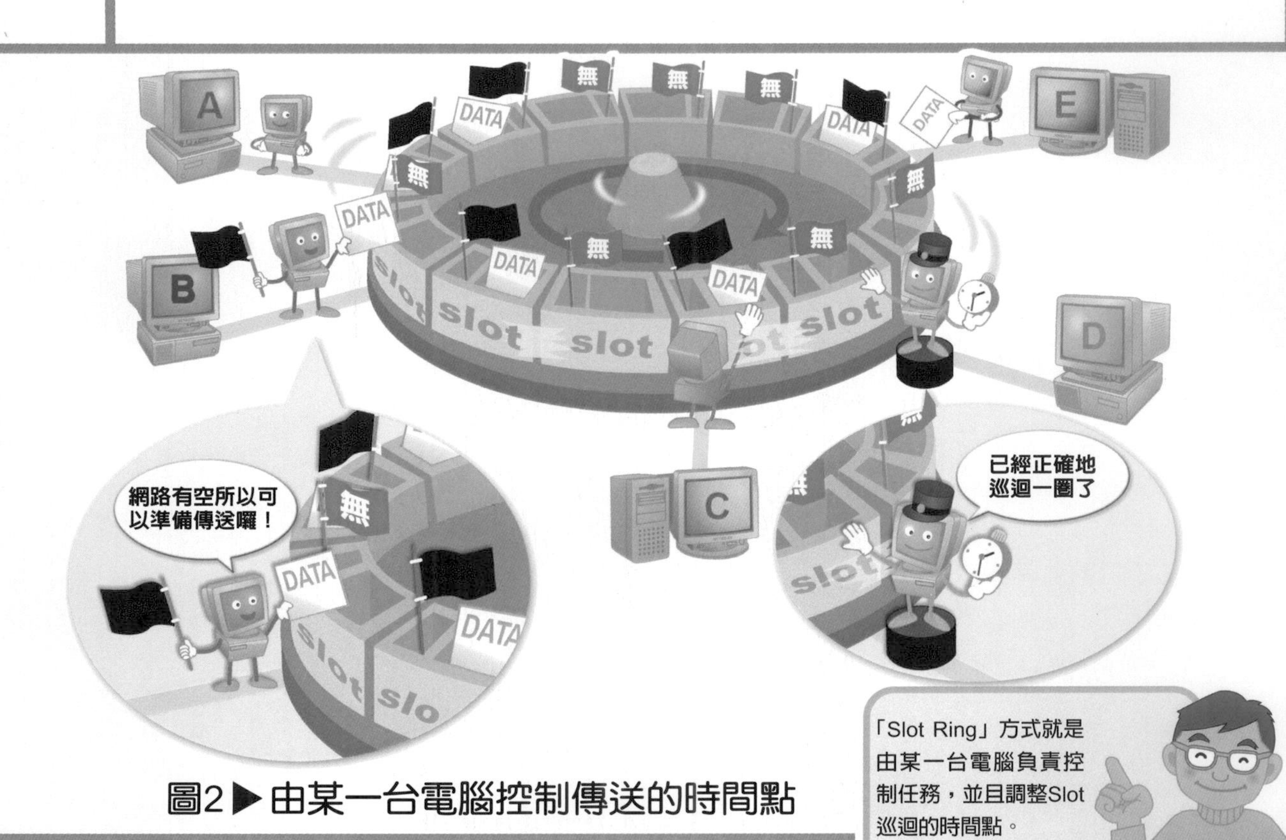

圖2 ▶ 由某一台電腦控制傳送的時間點

依不同的時間使用不同的通訊路徑

Polling/Selecting方式不同於一般的區域網路，是由一個控制端完全控制從屬端傳送的時間點，換個角度來看，也就是根據不同的時間強迫切換通訊媒介的使用權，「TDMA(分時多工存取：time division multiple access)」就是遵循此種概念，根據固定的時間來分配使用權給多台電腦的媒體存取控制方式。

TDMA首先會將通訊媒介(電纜線)的使用權分割為某個固定的時間間隔，被分割後的單位就稱為「Slot」，接著再以「Slot」為單位，將使用權分配給每一台電腦，例如，如果有3台電腦A、B、C的話，就會依序將No.1的Slot分配給A、No.2的Slot分配給B、No.3的Slot分配給C，No.4同樣再分配給A等，如此一來任何一台電腦都可以公平地在一定的週期內傳送資料，此種方式就稱為「固定分配方式」。

固定分配方式雖然給予公平的資料傳送權，但是如果沒有資料需要傳送時，仍然會繼續分配Slot，所以就會造成未使用電纜線的時間浪費，也就是降低電纜線的使用效率，因此，還有一類是不固定的方式，其中一種技術就稱為「Slot Ring」，「Slot Ring」是乙太網路普及前所使用的一種區域網路技術。

「Slot Ring」就是將電腦連接為環狀(圖2)，由其中一台電腦負責控制的工作(主端，Master)，並且扮演調整傳送路徑時間點的角色，因為網路上需要一台負責控制工作的電腦，所以此種方式也屬於集中型存取控制的一種。

「Slot」會在Ring上不斷地巡迴，就像是摩天輪一樣，每一個座位就好比是「Slot」，前端部分會被寫上「Slot」是否已經被使用的資訊。

希望傳送資料的電腦會等待有空的「Slot」，一旦收到有空的「Slot」時，就會加上目的端位址後再將資料傳送出去，而目的端電腦一旦發現這個資料是送給自己的話，就會開始複製，如此一來，當「Slot」在Ring上巡迴一圈後，傳送端的電腦就會將「Slot」回復為有空的狀態，這項步

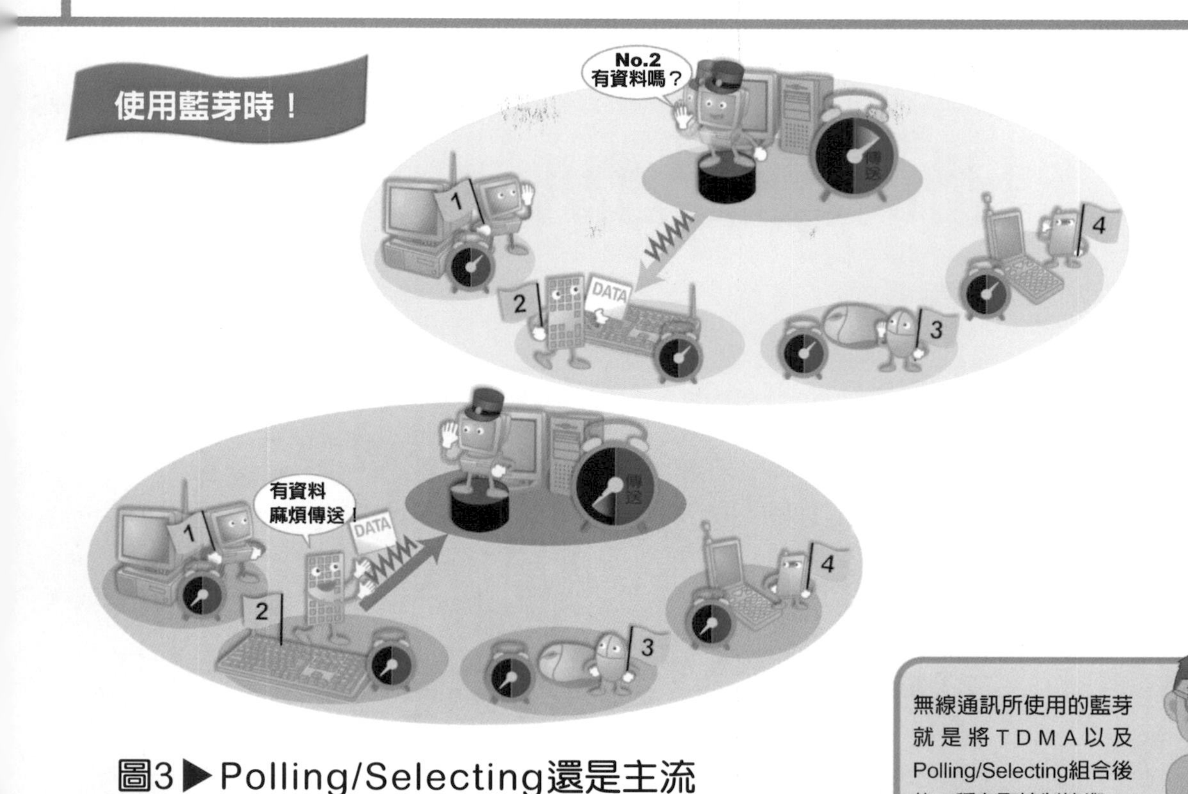

圖3▶Polling/Selecting還是主流

無線通訊所使用的藍芽就是將TDMA以及Polling/Selecting組合後的一種存取控制技術。

驟就和上一次課程當中所說明過的「Token Ring」類似。

藍芽所採用的是Polling/Selecting方式

最近常用到Polling/Selecting方式的大型電腦與終端裝置之間的通訊作業已經愈來愈少，而「Slot Ring」是乙太網路等區域網路技術普及前所使用的技術，那麼集中型存取控制是不是已經是過去的技術了呢？

事實上並非如此，目前還有幾項新的技術是採用集中型存取控制方式，其中一項就是「藍芽(Bluetooth)」，藍芽是為了要用在行動電話、資訊家電、PC等周邊裝置的通訊而被開發出來的無線通訊技術。

藍芽是結合TDMA及Polling/Selecting後所使用的一種技術(圖3)，TDMA的用途在於決定資料的傳送方向，當控制端要將資料傳送給從屬端時，會使用奇數號的「Slot」，相反地，當從屬端要對控制端執行通訊作業時則是使用偶數號的「Slot」。

控制端會使用奇數號的Slot並且依序向至多7台從屬端執行Polling，希望執行通訊的從屬端在收到Polling時，會使用下一個偶數號的「Slot」來傳送資料。集中型存取控制方式的優點在於，不會造成區域網路上的終端裝置因為互相奪取通訊媒介的使用權，而造成「競爭」的情形。

藍芽等無線通訊方式有別於有線通訊，其特色就是無法保證確實能夠將訊息送達對象端，因此，一旦採用容易造成「競爭」的控制方式時，就必須配備許多無法檢測出「競爭」時也能夠執行通訊的機制，如果是採用集中型存取控制方式的話就不需要這些機制了。

另外，藍芽原本是為了讓行動電話之類的裝置能夠以低成本和PC連線而開發出來的技術，而集中型存取控制會將複雜的控制作業委由控制端來負責，所以從屬端所具備的控制功能就會變得十分單純，藍芽或許就是因為此點而優先採用該類存取控制技術。

區域網路的電腦通訊架構《共6堂》

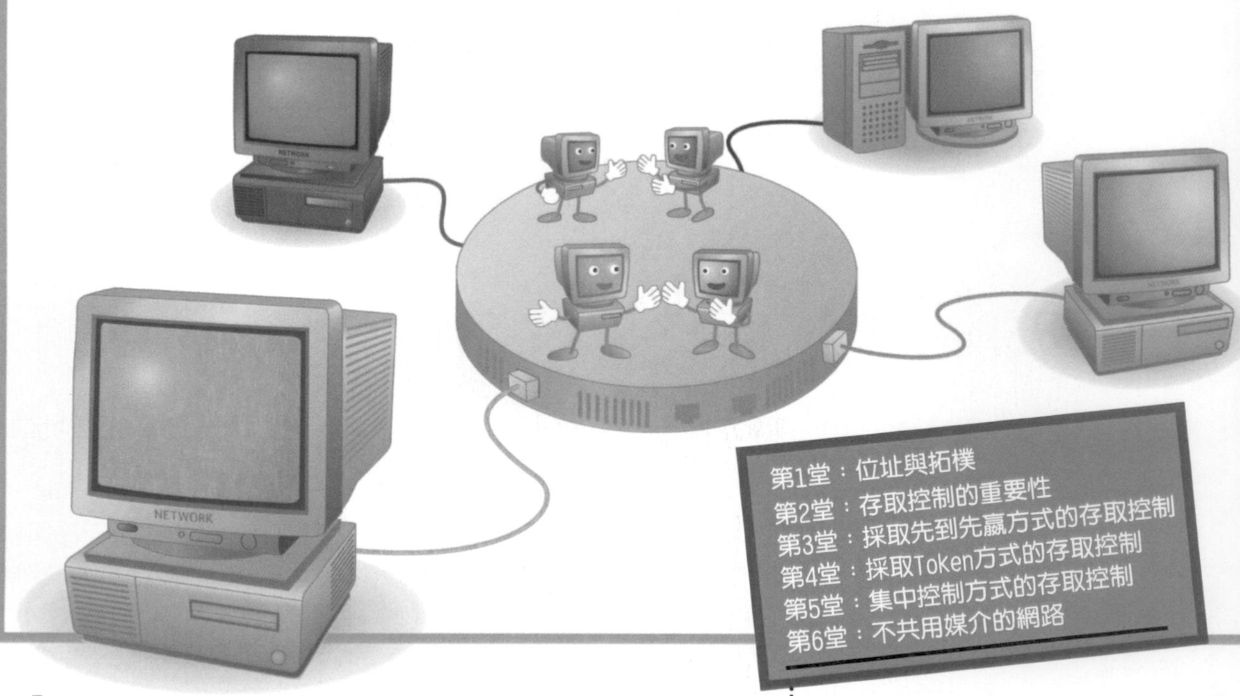

第6堂：不共用媒介的網路

集線裝置會辨識封包 只會將封包傳送給目的端的通訊埠

水野忠則
(Mizuno Tadanori)
靜岡大學情報學部情報科學教授。情報處理學會會員，目前所從事的研究領域爲行動運算 (Mobile Computing)、資訊網路 (Information Network)等。

井手口哲夫
(Ideguchi Tetsuo)
愛知縣立大學情報科學部教授，目前從事的研究領域爲區域網路、廣域網路的網際網路工作技術等。

在最後一次的課程當中，我們要爲各位解說的是透過不共用通訊媒介的方式，而且也不需要使用存取控制技術的區域網路技術。

不共用媒介的區域網路所使用的是星狀拓樸

以最近的區域網路技術而言，媒體存取控制方式的重要性與日遽減，例如，有許多100M乙太網路採用不共用媒介(電纜線)的方式，如果 您希望瞭解不共用此種媒介的區域網路時，就必須回頭聯想一下我們在第一次課程當中所提過的電腦之間的連線方式(拓樸)。

當我們要讓多台電腦連接成爲區域網路並且彼此進行通訊時，通常會使用3種拓樸方式-匯流排拓樸、環狀拓樸、星狀拓樸等，不共用媒介的區域網路原則上會使用星狀拓樸，也就是將電纜線集中在中央，並設置可以連線的集線裝置，接著再將每一台電腦分別和集線裝置採取1對1的連接方式。

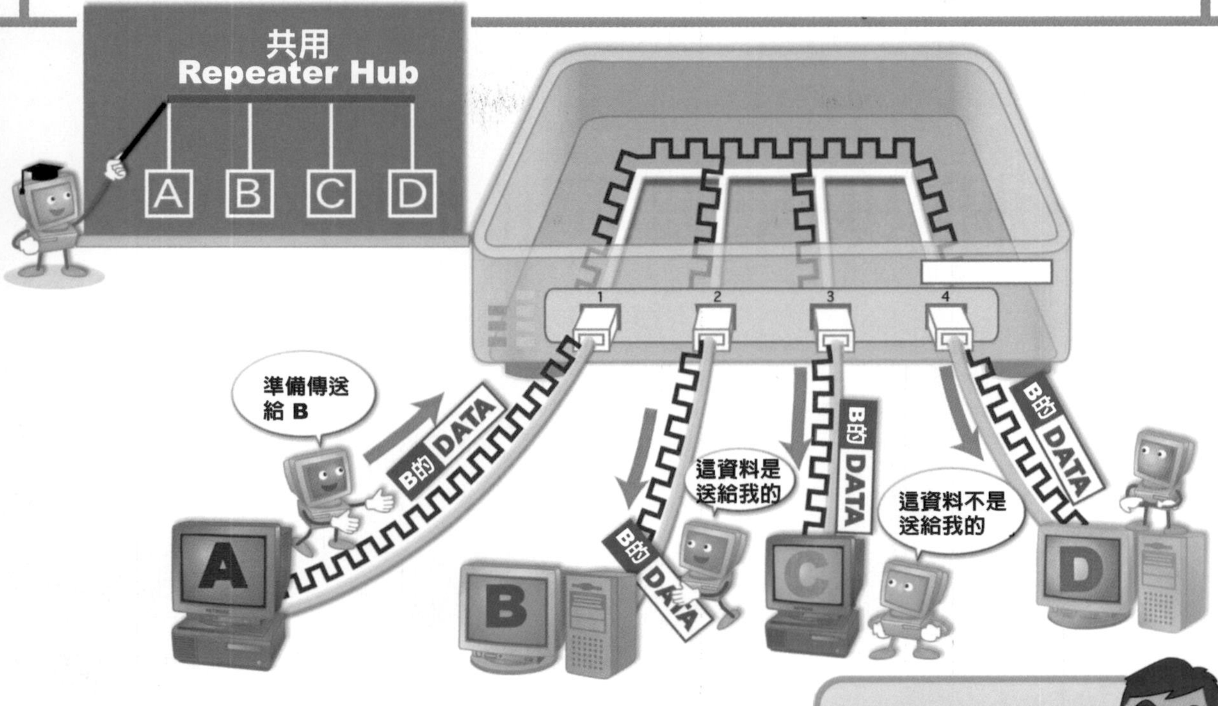

圖1▶星狀拓樸也是採用共用媒介的方式

Repeater Hub的通訊方式和匯流排拓樸相同

使用星狀拓樸最大的優點就是設置及維護容易，像辦公室如果使用匯流排拓樸或是環狀拓樸的區域網路時，因為要連接許多台電腦，因此在處理纜線時十分麻煩。

如果使用星狀拓樸時就不會發生上述的問題了，新增或移除電腦時，只要插拔接頭，並且完成從電腦到集線裝置的配線，就算完成整個設置作業，此項優點適用於在辦公室等場所設置區域網路的用途。

最早推出市面上的區域網路技術所採用的是星狀拓樸，原本其實是為了將使用匯流排拓樸、環狀拓樸為前提而開發出來的區域網路技術，改良為適用於星狀拓樸的配線。

例如，為了讓10M乙太網路能夠使用星狀拓樸，於是10BASE-T使用一種稱為「Repeater Hub(再生器集線器)」的集線裝置，「Repeater Hub(再生器集線器)」就是能夠將輸入某一個通訊埠的訊號(資訊)，直接輸出至所有其他通訊埠的裝置，換句話說，10BASE-T只有在纜線的配線方式上採用星狀拓樸，而集線裝置的內部則採用共用匯流排的方式(圖1)，因此，10BASE-T和10BASE2、10BASE5一樣使用CSMA作為存取控制技術。

集線裝置的內部會切換封包的傳送目的

使用星狀拓樸時，並不會將集線裝置和電腦之間的纜線和其他的電腦共用，讓我們回到10BASE-T的例子來看看，就會發現共用的部分只有位於集線裝置的Repeater Hub內部而已，所以，只要在集線裝置的功能上稍加著手，就能夠建置一個不共用媒介的區域網路。

例如，如果我們在網路中央放置一個可以切換纜線的開關，只有在需要通訊時才切換線路，而且將2台電腦採取直接連線的方式時，當1組電腦彼此在進行通訊時，隨時皆可佔用1條通訊媒介，不但能夠完全發揮通訊媒介本身的傳送速度，而且因為2台電腦是透過1條電纜線採取1對1連接的，因此不需要執行存取控制。

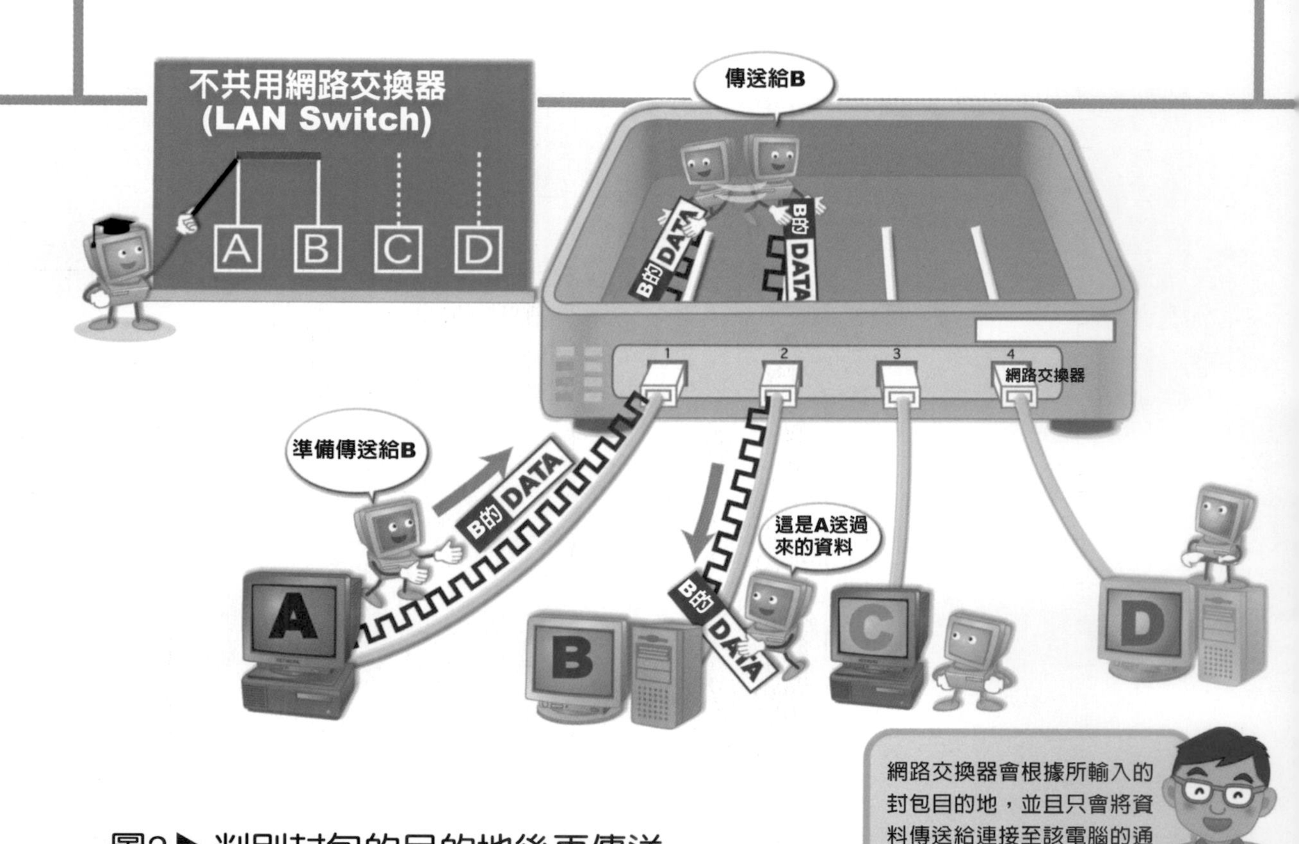

圖2▶判別封包的目的地後再傳送

導入此種概念的集線裝置就是「網路交換器(LAN Switch)」，或者可稱為「Switching Hub(交換式集線器)」。事實上網路交換器並不會在內部切換電子配線，而是判別由通訊埠輸入的每個乙太網路封包的目的地，並且只將訊號輸出至目的端電腦所連接的通訊埠(圖2)。於是就不會有多餘的訊號被輸出至和通訊無關的電腦及網路交換器所連接的電纜線了，網路交換器的原理是以封包為單位來執行乙太網路通訊，這和換插不同的纜線使用具有相同的效果。

當我們更進一步觀察透過網路交換器來執行的通訊作業時，就會發現傳送端的電腦所做的只不過是指定目的地後再將封包傳送給網路交換器罷了，因為將封包傳送給目的端電腦屬於接收到封包的網路交換器的工作，當網路交換器和電腦在執行通訊時會佔用電纜線並且獨立進行作業，因此，區域網路上的電腦並不會因為奪取存取權而發生「競爭」的情形。

再者，當我們在連接纜線上設法做一些改良，並且將傳送及接收訊號分開後，電腦就能夠同時執行傳送及接收，也就是實現所謂的「全雙工(Full-Duplex)」通訊，事實上，當10BASE-T、10BASE-TX使用網路交換器時，也能夠執行「全雙工」通訊。

使用網路交換器，便能達成通訊高速化的目標

乙太網路專用的網路交換器開始普及，以及乙太網路由原本的10M到逐漸為100M(100BASE-TX)所取代的潮流幾乎是同時並進，這都是因為使用網路交換器讓整個網路的使用效率得以提昇所賜。

對於使用網路交換器的網路而言，必須加入網路交換器並且採用1對1的通訊方式，才能讓負責處理資料的1組電腦執行通訊，和通訊無關的另1組電腦同時也能夠進行通訊，雖然對於使用Repeater Hub連接的網路而言，只有連接至同一個Hub(集線器)的1組(2台)電腦才能夠進行通訊，但是如果該網路使用網路交換器的話，所有的電腦皆可同時執行資料處理(圖3的上圖)。

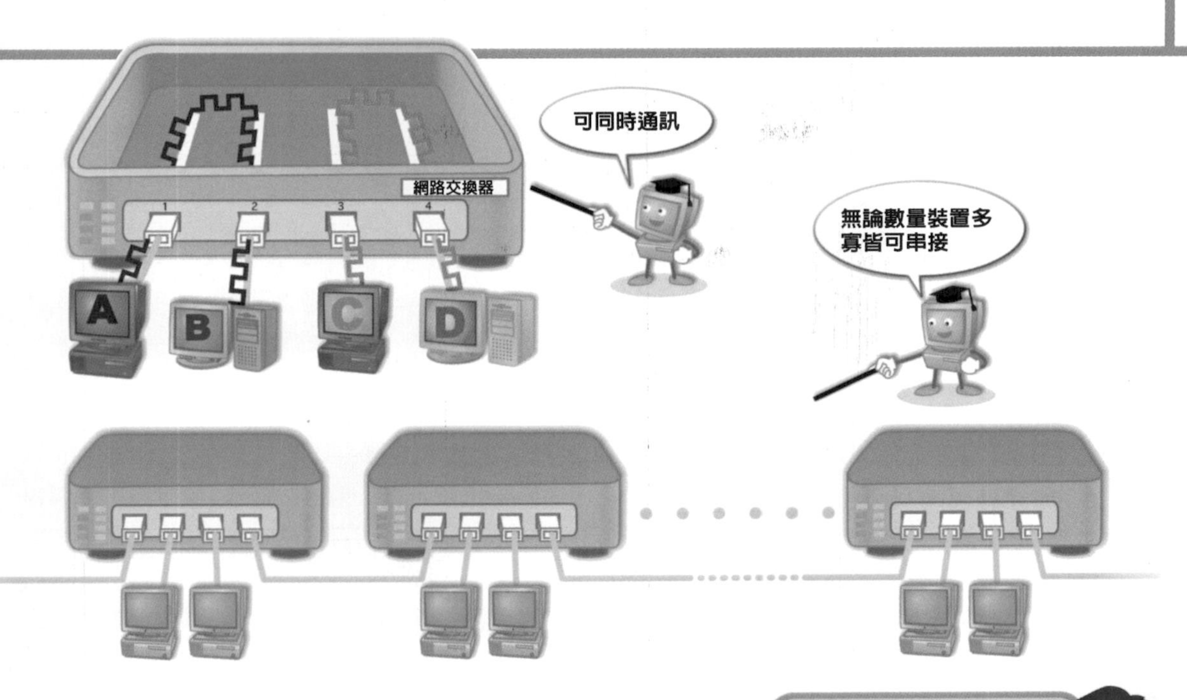

圖3▶使用網路交換器來提昇效率及擴充性

另外，基於同樣的理由，連接至同一台網路交換器的電腦，彼此之間發生碰撞(Collision)的頻率也會因此而大幅降低，如果是使用Repeater Hub的話，則是所連接的電腦台數愈多、以及通訊量愈大，就愈容易發生碰撞，而且也會造成通訊效率不彰的情形。

網路交換器並無段數的限制

然而，有1種情況下是不會發生碰撞的，那就是當每1台電腦分別連接至網路交換器的通訊埠的情況，因為此種情況下碰撞會被忽略，並且啓動前面我們所提過的「全雙工」通訊，就是因為這樣的原因，所以使用網路交換器比較能夠大幅提昇通訊效率。

另外，當網路交換器彼此連接時，並不會有台數的限制(圖的下圖)，此種連接方式就稱為串接，無論網路交換器有多少台，都能夠像串珠一樣地連接起來，以達到擴充區域網路的目的，因為這時候我們並不需要考慮到網路交換器的通訊埠發生通訊媒介斷線，或是前方是否會發生碰撞等因素。

相對地，當Repeater Hub採取串接時，則會有段數的限制，根據乙太網路的規格，10BASE-T至多為4段、100BASE-TX至多則為22段，原因在於如果Repeater Hub的段數增加過多時，會造成共用的纜線變長，因而無法檢測出碰撞的發生。

當我們使用Repeater Hub來擴充區域網路時，因為和整個網路共用一條纜線屬於相同的狀況，所以必須要檢測出所有的電腦是否有發生碰撞的情形，不過，由於訊號通過Repeater Hub時會出現些微的延遲，因此一旦Repeater Hub的段數過多的話，就會造成無法檢測出相隔遙遠的兩端電腦是否發生碰撞。

本次課程除了乙太網路外，還綜合了區域網路的技術，並且將前面6堂課程所為各位講述的技術重新組合後呈現於各位面前，相信在讀完本篇後，各位應該更能夠想像區域網路內部的通訊技術究竟為何才是。

數位化的好處是什麼？

當我們到家電量販店的時候，會看到CD或DVD播放機、數位相機、數位攝影機等數位裝置羅列於櫥窗及貨架上，數位化的潮流正不斷地湧向通訊領域，類比式行動電話才在2000年初左右消失匿跡，而現今我們卻已經將數位式行動電話視爲理所當然的一種潮流了，2003年底廣播電視已經堂堂邁入數位化了，預估目前的類比式廣播電視到了2011年就會完全被取代。

我們常會在電視廣告當中聽到像是「因爲數位化所以高畫質」或是「因爲數位化所以高速」等宣傳字眼，和類比式相較，數位式確實予人功能較好的印象，不過，事實上果眞如此嗎？ 數位化的優點究竟是什麼呢？

捨棄類比資訊中多餘的部分

我們眼睛或是耳朵所感受到的感情全部都是類比資訊，將這些類比資訊轉換爲電腦所能夠處理，也就是由1和0所組成的資訊，就稱爲「數位化」。

類比訊號就是數值會連續產生變化的一種訊號，相對地，數位訊號就是不連續而且分散的數值，例如，類比唱片就是將聲音振動的變化直接記錄在唱盤的表面，而數位CD則是將1秒分爲4萬4100分之一個間隔，然後再將聲音振動的狀態轉換爲「1」和「0」的資料後再加以記錄，換句話說，數位資訊其實就是在固定的間隔記錄類比資訊在某一瞬間的數值。

然而，透過前述方式將資訊量減少的CD，雖然達不到和唱片同樣的音色，但因爲數位化時所遺失的資訊，是人耳所聽不出來、多餘資訊的部分，雖然CD會在固定的間隔將資訊數位化，因而讓20kHz以上的訊號被捨去，不過因爲這個部分是人類所聽不到的頻率，所以不會產生任何的問題。

數位比較能夠耐雜訊

那麼，大家都說數位化可以讓音質或畫質提昇，理由究竟是什麼呢？

無論是類比資訊或是數位資訊，當傳送端將訊號送出來時，都有可能讓訊號在傳送過程中產生變化，那是因爲在傳送時有雜訊出現，或者是訊號本身衰減的緣故，如果是類比訊號的話，一旦有雜訊進入就無法排除，所以收到的類比訊號才會因爲有雜訊進入因而造成訊號品質降低。

相對地，對於數位訊號而言，如果有雜訊進入時則較容易排除，例如，當我們用電流來傳送訊號，我們可以用0和1來表示電壓，電壓0V(無電壓)時爲0，5V(有電壓)時爲1，這時候雖然我們只有設定訊號當中的0V和5V，但是如果有雜訊進入時，數值1所代表的5V電壓也有可能會變爲5.1V或是4.9V，不過對於接收端來說，只要判斷是否有電壓即可，所以即便是因爲雜訊而造成訊號值產生些微的變化，仍然能夠在判斷時分辨0與1的不同，就是因爲此種耐雜訊的特性， 所以才會讓世人感覺數位即代表高品質。

另外，當我們要高速傳送資料時，就必須在愈短的間隔內裝入愈多的資料，於是這時候接收端就必須針對所傳送出來的訊號值做更嚴密的判斷，高速傳送時即使訊號值發生些微的偏差也會造成通訊的致命傷，換句話說，當我們希望用更快的速度來傳送資料時，就必須更加地抑制傳送過程中所產生的雜訊或者是衰減所帶來的影響，由此可知，能夠抗雜訊的數位方式，其實是最適合高速傳送的。

Part4

架構網路之活用篇

初學網路設計

書上談兵版

當我們要架構網路時，事前設計是不可或缺的，不過，相信這時候有很多讀者心想，究竟要如何「設計」才好呢？因此，本章將假設某一家企業，讓我們一起透過這家企業來看看網路設計的流程！請各位讀者也和我們同時從書上體驗網路的設計作業，並且從中學習設計的重點吧!

(半沢智)

井川先生
是本特輯的主角，進入NW公司負責IT系統的工作已經第3年了，這一次受上司星野主任之託，負責設計公司新的網路架構。

星野主任
是井川先生的上司，同時也是NW公司新網路架構的計畫領導人(Project Leader)，負責指導及支援部屬-井川先生所擔任的網路設計工作。

前言
奉命設計公司內部網路

NW公司是一家擁有60名員工的公司，這幾年業績持續順利成長，未來計畫增聘新的員工，而目前的辦公室因爲過於狹小，所以決定在近日內將公司搬遷到辦公空間較寬廣的大樓。

井川先生在NW公司負責資訊系統的使用工作，某一天他就像平常一樣在辦公桌前工作，突然他的上司星野主任叫住他。

解決網路雜亂無章的問題

主任 井川先生，你現在有空嗎?

井川 是的，星野主任，請問有什麼事嗎?

主任 你知道我們公司打算搬家的事嗎?

井川 當然知道啊！ 我們不是要搬到新的大樓嗎?

主任 對啊！公司決定順便趁這個機會將內部網路更新

井川 啊！那真是一項大工程耶!

主任 目前公司的內部網路因為電纜線和集線器的關係弄得雜亂不堪，每當問題出現時都要大費周章，而且IP位址也都設定得很沒有系統。

井川 對啊！之前還為了查出有問題的電腦是哪一台而吃足了苦頭呢!

主任 所以我希望我們能好好地管理及使用新的公司內部網路。

井川 這樣很好啊!

主任 是啊！我希望能夠將重新設計公司內部網路的這份工作交給你來做，你有沒有興趣啊?

井川 啊？要交給我來設計嗎？我從來沒有設計網路的經驗耶!

主任 那正好，對你來講一定可以成為最好的經驗，你先思考看看要怎麼設計。

井川 從頭到尾都由我負責設計嗎?

主任 不用擔心，如果你一個人做沒什麼把握的話，我會協助你的!

井川 唉~聽您這麼說，這才讓我稍微鬆一口氣，那，我就試試看囉!

於是井川先生就開始了他的網路設計工作，不過，看起來井川先生一點信心都沒有，他到底能不能成功地設計出新的網路呢?

如果我們的目標只是要設計出一個能夠動作的網路，那麼根本不需要考慮任何條件，然而，突然被要求設計網路，相信有很多讀者應該會和井川先生一樣，不知道實際上應該從何開始才好。

因此接下來我們將和各位一起逐步來探討井川先生和星野主任的網路設計作業，並且透過兩人的對話學習網路設計的重點。

Step 1：要件整理
網路能為我們做哪些事情？洞悉此點才能開始設計工作

井川 首先我們就來選擇新網路所需要的伺服器以及網路交換器(LAN Switch)吧！我已經收集了一些型錄，要選哪一個廠牌的呢？

主任 喂！什麼都沒做就要選裝置，實在是一點道理都沒有耶！凡事都有先後順序才對！

井川 將裝置互相搭配不就是設計嗎？

主任 啊！這是你第一次設計網路呢！那麼我想首先你應該要知道什麼是網路設計才是。

確認網路能為我們做哪些事情

主任 首先讓我們先查字典看看「設計」這個詞代表什麼意思！

井川 嗯！字典上寫著「設計就是將某個項目具體化的作業」。

主任 是啊！設計一定是為了某一個「目的」而存在的，所以當我們在設計網路時，一定要先瞭解架構網路的目的才行。

井川 目的嗎？

主任 當我們在設計網路時，首先要先將網路能為我們做哪些事情、以及希望架構出哪一種網路等事項具體化，事實上，我已經和總經理討論過他對新網路的要求，並且將這些要求歸納完成了(圖1-1上方)。

井川 哇！看起來有很多項呢！有辦法架構出一套能夠完全符合這些要求的網路嗎？

主任 只要按部就班，逐項思考就行了，在這些項目當中，最需要特別注意的有2項：「本公司要自行架設網際網路上公開的WWW伺服器」以及「其他部門無法隨意存取人事部及總經理的電腦」。

網路能爲我們做哪些事情，取決於每家企業不同的背景、業務內容、以及策略等因素，目前NW公司所定位的重點就是星野主任所列舉出來的2項：「本公司要自行架設網際網路上公開的WWW伺服器」以及「其他部門無法隨意存取人事部及總經理的電腦」。

目前爲止NW公司的網站和郵件所使用的是免費的網頁以及郵件服務，該公司認爲如果繼續維持目前的情況，可能會造成未來和其他企業進行生意往來時的障礙，所以利用這次網路更新的機會，該公司決定以後要開始自行處理郵件、網站、DNS ✎ 等。所以，要先取得網域名稱 ✎ 。

另外，目前爲止NW公司的內部網路是可以任由所有員工隨意存取 ✎ 公司內部所有的電腦，在此種狀況下，任何人都可進入存有員工個人資料的人事資料庫伺服器，並且窺見許多機密資料，該公司希望未來新的網路系統能夠改善這樣的狀況。

井川 先讓我想想看怎麼樣做才能夠符合這2項要求呢！請問還有其他的重點嗎？

主任 我想第一個重點就是安全性吧！尤其如果未來使用公開伺服器的話，網際網路上的使用者會到我們公司的裝置上進行存取的動作，所以這時候網際網路的安全性就變得非常重要了！

井川 那麼在設計網路時得特別注意，避免讓駭客侵入本公司的區域網路。

主任 還有一點就是我希望你能夠思考一下當網路正式運作後的使用問題，無論所架構出來的網路有多麼壯觀，若日後在使用時

DNS
就是Domain name system的縮寫，中文翻譯為「網域名稱系統」，是一種能夠將網域名稱與IP位址等資訊賦予相關性的機制。

取得網域名稱
當我們使用免費的網頁或是電子郵件服務時，這時候首頁的URL以及電子郵件地址就是ISP的網域名稱，所以如果希望使用自己專屬的伺服器時，必須先取得自己的網域名稱。

隨意存取
伺服器當然必須設定所謂的ID及密碼，可是一旦ID及密碼等資訊洩漏時，就失去它的意義了，因此該公司希望新的網路系統除了特定人員外，均不得進入伺服器隨意存取。

沒有考慮
Network Service and Technologies公司的柴田善行課長表示：「所設置的裝置或是接線的方式會依大樓或是樓層的結構而有所不同，因此，如果能夠事先取得樓層配置圖是最好的!」

圖 1-1 NW公司對於新網路的要求以及樓層配置

NW公司對於新網路的要求以及樓層配置

① 所有的員工均能夠使用網際網路
重點 ▶ ② 希望由公司自行架設網際網路上的公開伺服器
③ 實施安全對策以避免來自網際網路的惡意攻擊
④ 在各部門設置部門專用伺服器以及網路印表機
重點 ▶ ⑤ 其他部門無法進入人事部及總經理的伺服器進行存取的動作
⑥ 區域網路的速度能到達100M Bit/秒以上
⑦ 建立一個容易管理及使用的網路位址體系
⑧ 必須考量到未來追加新網路裝置的可能性

該公司決定添購一個新的網際網路公開伺服器，並且希望其他部門無法進入人事部的伺服器進行存取的動作。

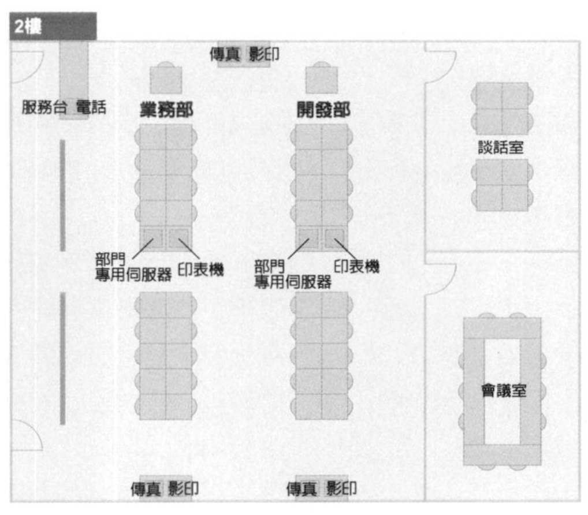

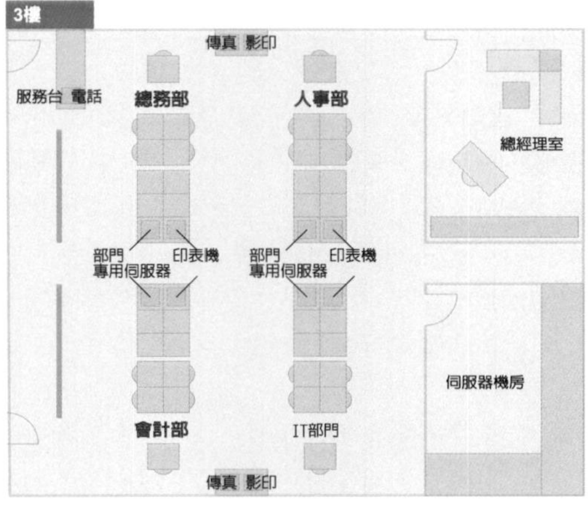

必須大費周章，結果還是惘然，因為設計出來的網路終究還是由公司內部的人來使用。

井川 要思考的項目有這麼多，覺得腦袋好像要爆炸了!

主任 只要逐項思考就可以啦！

終極目標就是畫出網路設計圖

井川 那麼對我來說最終目標是什麼呢?

主任 我想字典裡應該已經對「設計」這個詞有了非常清楚的解釋才是!

井川 嗯~字典裡還寫著另外一段話就是「利用圖面或是其他方法清楚表示即為設計」。

主任 沒錯！這就是設計的最終目標，換句話說，你的任務就是要畫出網路設計圖，所以這時候你就需要像這樣的資訊(圖1-1下方)囉!

井川 哇！這是新辦公室的樓層配置圖耶!

主任 是的，當你在設計網路時，如果沒有考慮 ✎ 到哪一個樓層要放哪些裝置，以及如何配線等因素的話，就無法順利地將網路架構完成。

井川 啊？現有的辦公室是所有的員工集中在同一層樓，到了新辦公室就分為2個樓層囉!

主任 沒錯！這也是這一次的設計重點喔!

井川 還好能夠提早知道這件事。

主任 還有一點要先跟你溝通的，那就是成本問題，總經理說這一次如果有需要的話，可以添購新的網路裝置，不過可不要買太貴的喔！購買網路裝置的總預算金額大約是27萬台幣左右。

井川 瞭解!

如同前面2位主角的對話一樣，當我們要設計網路前必須事先掌握好公司對於網路的要求，此外還必須掌握住現有的用戶端或是伺服器等裝置的台數，這些都是設計的基本原則。

由於井川先生已經掌握公司對於新網路的要求，並且取得未來即將搬遷的新大樓樓層配置圖，因此接下來要進入的階段就是必須思考如何在網路上實現這些要求。

Step 2：檢討基本架構
將裝置分為不同的群組連接子網路

井川先生不發一語地凝視著主任給他的設計圖，同時思考著公司對於新網路的各項要求，於是，他腦中浮現了一個想法。

井川 主任，我已經想過新網路的設計草案了！

主任 願意和我分享你的想法嗎？

井川 我覺得不需要想得太過困難，使用1台路由器來連接所有員工的PC，然後將所有員工的IP位址登錄在路由器上，當存取清單(Access List)✎設定完成後，就能夠架構出和要件完全相同的網路了。

主任 嗯！這或許也是一種思考方式，只不過並不符合現實情況，要設定每一位員工的存取清單可是一件苦差事喔！因為每當有員工新增或是異動時，就必須全部再重新設定一次。

井川 原來如此---

主任 如果以每一位員工為單位是不可能的任務，也可以分成幾個不同的群組，試著用存取內容以及業務內容來當作考慮基準，這樣子就可以將具備同樣特質的裝置群組化了。

井川 原來如此，這樣子就會比較有效率。

主任 比方說，我們可以用網際網路的存取為基準分為2組，1組是可以直接由網際網路存取，另一組是無法直接由網際網路存取(圖2-1)。

井川 而且因為要考慮到禁止其他部門存取人事部和總經理的機器這一點，所以必須將人事部和總經理的伺服器設定為另一個不同的群組。

主任 另外，我剛剛把各部門的業務內容重新確認過，結果發現業務部和開發部在業務上的相關性似乎非常地高，因為這2個部門有機會利用部門專用伺服器互相

圖2-1 首先必須將網路群組化 思考業務內容及存取內容等因素後，將具備相同特性的伺服器列為同一個群組，此種群組化的動作就成為子網路的基準。

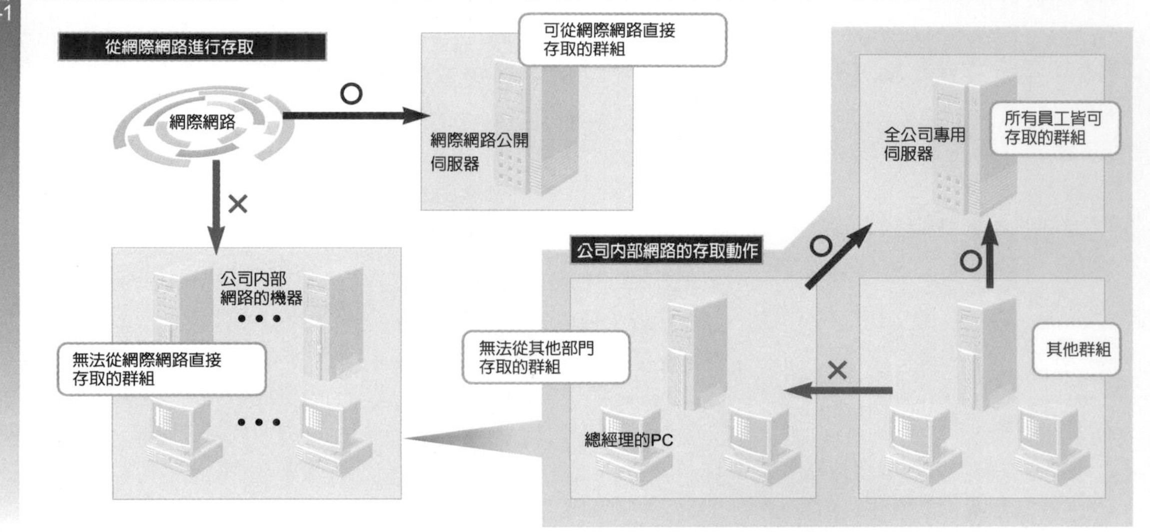

存取清單(Access List)
以裝置或是子網路為單位規定是否讓封包通過的一覽表。

比較容易找出問題的發生位置
詳細內容請參閱Step 3「位址分配」該節的說明。

廣播訊框可送達的範圍
當我們在進行網路設計時，同時也必須考慮到訊框會產生衝突的範圍，不過，因為目前大多捨集線器而改用網路交換器，所以就算是忽略碰撞(Collision)的問題，也不會造成任何影響（取自NETMARKS INC.經理奧村祐之的說法。

圖2-2 以子網路為單位決定通訊規則　連接子網路時必須要有路由器，而且可以用子網路為單位來進行通訊控制。

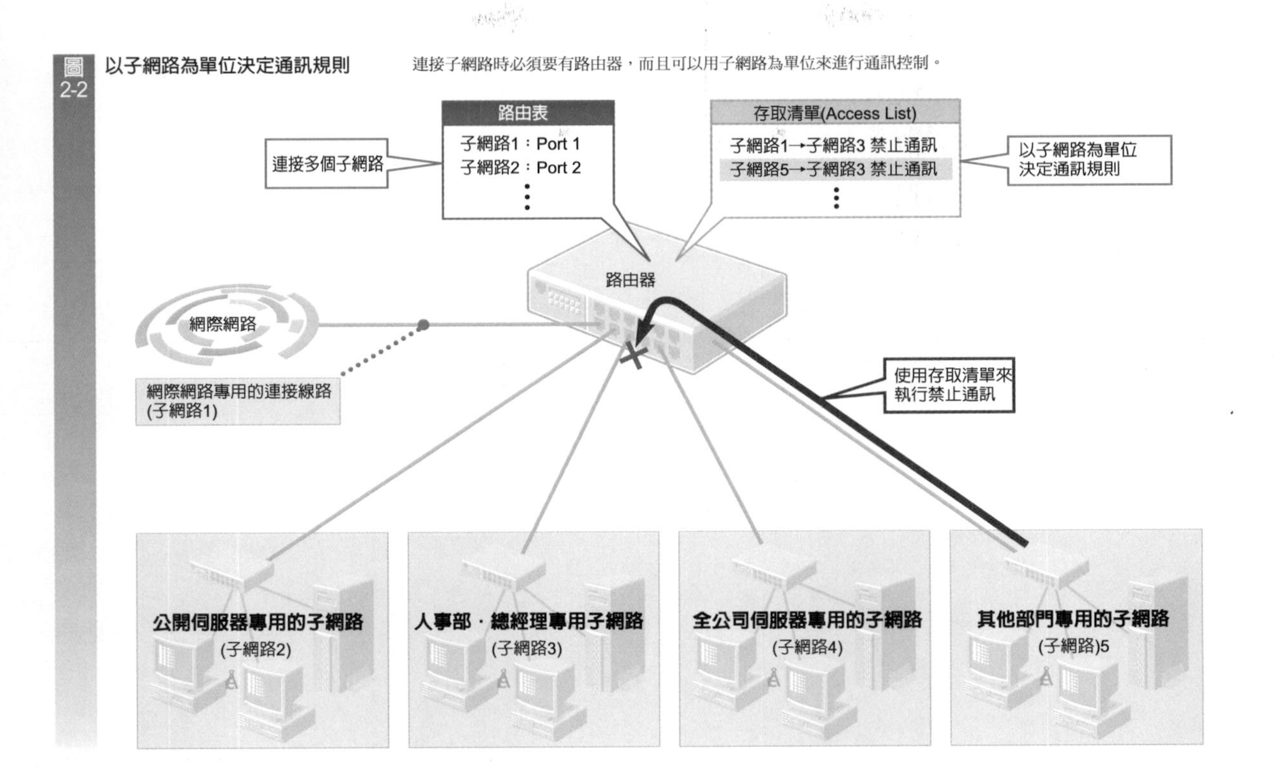

存取，所以最好將這2個部門劃分為同一個群組。

IP網路必須以子網路為單位

事實上，群組化的作業就是直接劃分爲子網路的作業。

如果是IP網路，子網路就成爲通訊單位，所謂「子網路(Subnet)」就是不需要透過路由器即可通訊的範圍，因此當我們要架構IP網路時，必須考慮到如何以子網路爲單位劃分整個網路。

對於大型企業而言，大多會將公司內部網路劃分爲幾個不同的子網路，如此一來，只要將區域網路的使用者當做一個群組來處理，就能夠讓存取控制的處理效率提高，而且也能夠透過IP位址，立刻找到位於某個子網路上的裝置，因此，只要事先處理好部門和子網路之間的對應關係，一旦網路上出現問題時，就比較容易找出問題的發生位置✎。

又，子網路同時也是乙太網路廣播訊框(Broadcast Frame)可送達的範圍✎，所以當我們在設計時，如果能夠將子網路的範圍設計得更小的話，就可以避免讓多餘的流量進入其他的子網路。

只要1台路由器就可以連接所有的裝置嗎?

主任，我已經完成子網路的分組，接下來只要用路由器將分組完成的子網路連接起來就可以了，請看，這是我做出來的架構(圖2-2)。

主任 啊？用1台路由器將所有的子網路連接起來嗎?

井川 是的，我會在路由器的存取清單上設定是否讓封包通過的規則，比方說，我會在存取清單上設定這樣的內容，像是「包含業務部、開發部在內等其他部門的子網路，禁止存取人事部和總經理專用的子網路」。

主任 確實你的方式可以如願達到存取控制的目的。

井川 Yeh~成功

主任 不過，這樣子很有可能會讓網路出現問題。

井川 不會吧！為什麼?

主任 如果按照圖2-2的架構來看，所有的處理都集中在1台路由器，換句話說，路由器同時必須處理路由表(Routing Table：

防火牆
在主任所說明的路由器3項處理作業當中，尤其是指可強化存取控制功能的網路裝置，該裝置被設置於網際網路及公司內部網路之間，負責防護公司內部網路避免遭受來自網際網路的攻擊。

更高的安全性功能
包含負責判斷處理內容並且隨著存取清單的內容做動態改變的「狀態檢驗(Stateful Inspection)功能」以及檢查資料的內容並且阻隔惡意封包的功能等。

DMZ
就是demilitarized zone的縮寫，中文翻譯為「非軍事區」，網際網路和公司內部網路會分別設置不同的區段(Segment)，因此又稱為「非警戒區」，配備DMZ Port的防火牆專用裝置當中，價格較低廉的有美國Watch Guard Technologies公司所生產的Firebox500(約95,000元台幣)、美國Sonic Wall公司的TZ170(約87,000元台幣)、以及美國Netscreen Technologies公司所生產的Netscreen 25(約22萬元台幣)等產品，上述皆為不限使用者人數的價格。

路徑控制)、存取控制以及封包轉送等3項工作，如此一來就會讓整個網路的效能降低 (圖2-3)。

井川 這樣子啊！我倒是沒考慮到效能的問題。

主任 尤其是路由器還需要防護來自於網際網路對於公司內部網路的存取，如果將WWW伺服器公開後，要靠1台路由器來處理所有的作業恐怕非常艱難。

井川 原來如此，喔！對了，使用防火牆 ✐ 怎麼樣?

主任 沒錯

井川 因為提到安全性的問題，就會讓人聯想到防火牆。

主任 因為新的網路系統會將公開伺服器設置在我們公司，而且公司對於新網路的需求要件也需要加入安全對策，所以導入防火牆是絕對必要的!

發揮各種裝置的優勢

當我們進行網路設計時，最重要的訣竅就是適才適所地使用各種網路裝置。

其中，防火牆會被設置在網際網路和公司內部網路的交界，扮演防護公司內部網路的專用裝置的角色，防火牆具備比路由器更高的安全性功能 ✐ 。

另外，如果要在網際網路公開各種伺服器時，防火牆也能發揮它的威力，因為它具備和公司內部網路不同的公開伺服器專用子網路功能(DMZ ✐)，所以一旦公開伺服器遭到不法入侵時，可以避免公司的內部網路受到危害。

之所以將公開伺服器設置於不同的子網路，其意義就是在網際網路和公司內部網路之間設置2台路由器，然後將路由器之間所構成的子網路視爲DMZ，並且設置公開伺服器，只不過要管理2台路由器必須耗時耗力，而且如果考慮到安全性的相關功能或是信賴性時，最好還是使用防火牆 ✐ 來得省時省力。

圖2-3 所有作業僅交由1台路由器來處理是不可能的任務

區域網路端的處理是由第3層交換器(Layer 3 Switch)來負責，網際網路端的處理則是由防火牆來執行。

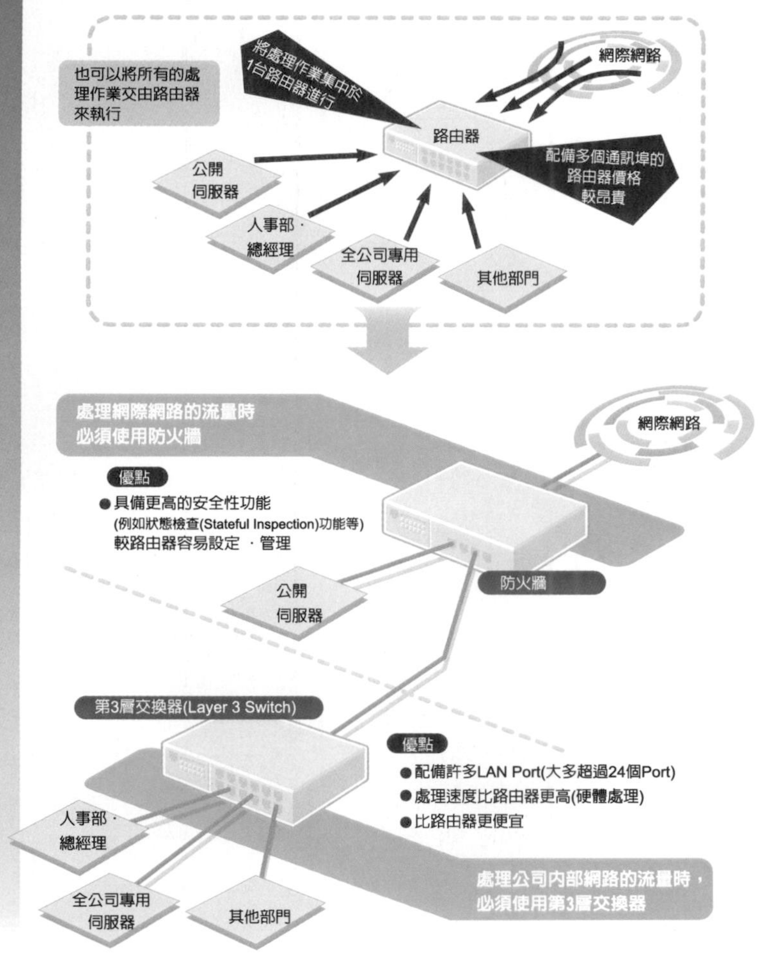

第3層交換器(Layer 3 Switch)才是區域網路的最佳選擇

主任 如果要選擇能夠將公司內部網路的子網路連接起來並且進行通訊的話，還有一種比路由器更適合的裝置。

井川 我有聽過公司內部網路經常使用一種第3層交換器(Layer 3 Switch)。

主任 不錯喔！就是它!

最好還是使用防火牆
「使用2台路由器來架構DMZ是防火牆尚未出現之前的方法，一旦考量到信賴性及管理面時，現今是不會有人提出這樣的解決方案的」(Soliton Systems K.K的Senior Consultant Manager遠藤建志說道)。

也不過約5、6萬台幣左右
產品有Allied Telesis(日商盟訊)公司的「CentreCOM 8742XL」(56,000元台幣)、Buffalo公司的「LSM2-L3-24」(48,000元台幣)、Planex Communications公司的「FML-24K」(43,000元台幣)等，以上產品均配備24個Port。

當然它本身也有缺點
第3層交換器大多只能執行IP處理，而且一般都只有配備乙太網路通訊埠而已，相對地，如果是單純路由器的話，有些機型甚至能夠支援豐富的介面以及通訊協定，所以常被用來和WAN(廣域網路)連接。

根據不同的通訊埠
因此又被稱為「Port-based VLAN(埠接VLAN」，此外，還有依不同的通訊協定來設定VLAN的「Protocol-based VLAN」、或是在乙太網路訊框(Ethernet Frame)附加所謂「VLAN ID」的資訊，並且依不同的訊框來判斷VLAN的「Tag(標籤)-based VLAN」等方式。

圖2-4 **第3層交換器的架構** 子網路會使用所謂「虛擬區域網路(VLAN：Virtual LAN)」的功能，並且可指定廣播傳送的範圍，如果要和不同的VLAN進行通訊時，則由路由器功能負責處理。

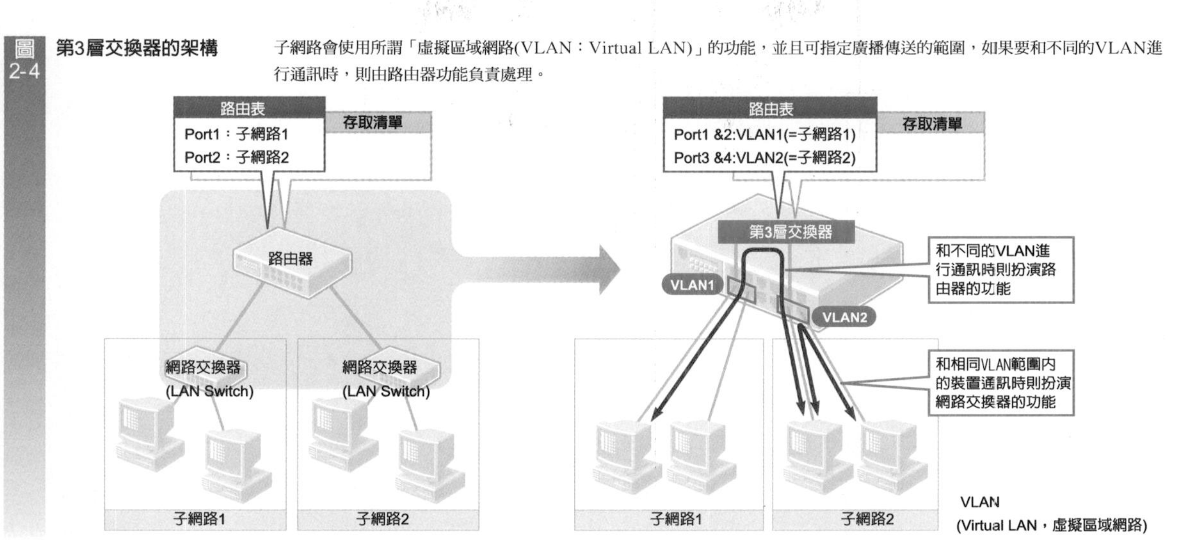

井川 可是我覺得第3層交換器的功能和路由器並沒有什麼差別。

主任 確實在功能上是沒有多大的差異，不過，如果要藉由1台路由器架構出圖2-2的網路時，就需要配備5個Port以上的路由器了，假如要考慮到未來的擴充性的話，則必須添購配備機架(Chassis)的高階路由器，這一類的路由器可是動輒數十百萬台幣。

井川 總經理應該不會同意吧!

主任 相對地，以第3層交換器的價格來說，就算配備24個乙太網路通訊埠的機型也不過約5、6萬台幣左右 ✎ 。

井川 新的網路系統只要有24個Port就已經足夠了，即使未來公司內部再增加新的子網路也綽綽有餘。

主任 以封包的處理速度來說，第3層交換器也是略勝一籌，因為路由器使用一般的CPU，並且透過軟體來處理封包，相對地，第3層交換器則是使用ASIC的專用晶片，並且透過硬體來處理封包，所以處理速度比路由器更快。

井川 第3層交換器真是優點多多耶!

主任 當然它本身也有缺點 ✎ ，不過以我們目前的狀況來說，使用第3層交換器應該是最好的選擇才是。

以目前的企業網路而言，將防火牆設置在網際網路端，並且將第3層交換器用在公司內部網路，已經蔚為一種主流。

公司內部網路必備的第3層交換器是一種同時具備網路交換器(LAN Switch)以及路由器功能的裝置(圖2-4)，其特徵就是透過虛擬的方式將1台第3層交換器分割為多台網路交換器，換句話說，就是讓我們可以根據不同的通訊埠 ✎ ，自由設定乙太網路廣播訊框(Broadcast Frame)的傳送範圍，因為此種功能是透過虛擬的方式，使用1台裝置來架構出好幾個區域網路，因此稱之為「虛擬區域網路(VLAN：Virtual LAN)」。

如果從廣播傳送範圍的觀點來看的話，VLAN和子網路其實是一樣的，當不同的VLAN要彼此進行通訊時，第3層交換器會扮演路由器的功能，當然您也可以設定存取清單(Access List)，並且執行存取控制功能。

井川 我想如果新的網路系統將經由網際網路的存取處理交由防火牆來負責，而公司內部網路的處理則由第3層交換器來執行，應該就能夠組成一個適才適所的架構了。

主任 應該可以，這樣一來除了可以維護安全性以抵禦外部的攻擊，同時也能夠期望更好的校能出現，那我們就朝這個方向努力吧!

Step 3：位址分配
決定分配的規則 設計一個不容易出現問題的網路

當我們完成子網路的分配後，就能夠逐步看到新網路架構的雛型了，接下來即將進入的步驟就是實際將IP位址分配給不同子網路的「位址設計」作業。

建置容易管理的位址體系

井川 主任，我已經完成子網路的分割作業了。

主任 這樣子啊！你可以立刻談談你的設計草案嗎?

井川 是的，我打算將公司內部網路的子網路分割成3個，第1個是全公司專用的伺服器及IT部門，第2個是人事部門和總經理，第3個是其他部門。

主任 嗯~這樣做可能會有點問題喔！「其他部門」的這個部分不就要跨越2樓和3樓2個樓層嗎？這樣的話一旦發生問題，沒辦法從IP位址找出到底是哪一樓的哪一台電腦出了問題，我建議你將「其他部門」再分成2組，也就是「業務部及開發部專用」(2樓)以及「總務部及會計部專用」(3樓)。

井川 對喔！我完全忘了新網路系統的目標之一就是要建立一個容易管理的位址體系，所以，我要將子網路分成4個才對，第1個是全公司專用的伺服器及IT部門，第2個是業務部及開發部，第3個是人事部門和總經理，第4個是總務部及會計部(圖3-1)。

圖3-1 區域網路位址分配的設計原則

只要能掌握各個子網路上的裝置，就可以決定子網路的範圍，另外還需要事先考慮好是要透過手動方式來分配位址，還是採用自動分配位址的方式。

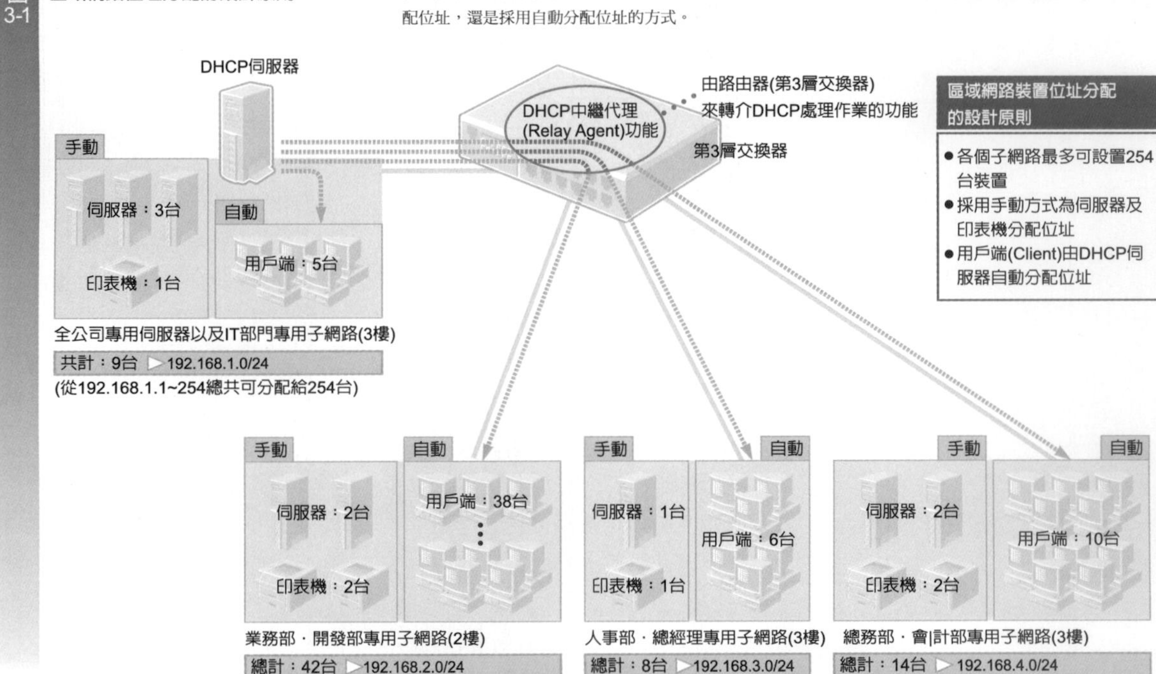

私有IP位址(Private IP Address)
也就是可以在公司內部網路等封閉於某個組織內的網路自由使用的IP位址，您可以從10.0.0.0~10.255.255.255、172.16.0.0~172.31.255.255.255、192.168.0.0~192.168.255.255等位址當中自由選用。

192.168.1.0/24
「/24」代表子網路遮罩的位元數，也就是說，192.168.1.0/24代表192.168.1.0~192.168.1.255範圍內的位址。

設計時的餘裕，才是訣竅所在
還有另一種方法就是將子網路遮罩設定為25位元以上，並且將子網路分割為更小的單位，不過，Allied Telesis(日商盟訊)公司的後藤拓也表示:「使用最佳分割方式，也就是分割為24位元時，是最簡單的一種作法。」

DHCP伺服器
DHCP就是「dynamic host configuration protocol」的縮寫，中文翻譯為「動態主機設定通訊協定」，所謂DHCP伺服器就是使用DHCP，將IP位址分配給各台裝置的伺服器。

主任 那分配給每一個子網路上裝置的位址呢?

井川 我打算和過去的做法一樣，把私有IP位址(Private IP Address)分配給公司內部網路用，並且分別將①192.168.1.0/24 ②192.168.2.0/24 ③192.168.3.0/24 ④192.168.4.0/24等位址分別分配給4個子網路，這樣的話，只要從IP位址就可以大致判斷出是哪一樓、哪一個部門的電腦發生問題了。

主任 4個子網路當中電腦設置台數最多的就屬業務．開發部專用子網路的42台了，如果子網路遮罩是24位元的話，1個子網路最多可以容納254台電腦。

井川 所以還綽綽有餘呢!

主任 應該沒問題，不但可使用的私有IP位址還很足夠，而且為公司內部網路的位址保留足夠的空間，以及設計時的餘裕，才是訣竅所在。

我們只要像上述2位主角的對話一樣，在分割子網路時除了業務內容外，同時也考慮到樓層等因素，那麼後續的管理作業將會輕鬆不少。

在本節當中，2位主角還將全公司專用伺服器納入IT部門的子網路，如此一來，全公司的伺服器更容易管理，而且只有IT部門可以存取其他所有的子網路。

還需要考量分配的方法

主任 你已經想過要如何將IP位址分配給子網路上的每1台電腦了嗎?

井川 是的，如果從管理面來考量的話，可以採用手動方式固定將IP位址分配給伺服器和印表機，因為其他的用戶端會希望使用DHCP伺服器，所以必須將DHCP伺服器設置在各部門，然後再由DHCP伺服器自動地分配IP位址就一切搞定啦!

主任 等等，你說要在各部門設置DHCP伺服器嗎?

井川 對，因為我聽說DHCP的要求封包(Request Packet)是採用廣播(Broadcast)方式，所以無法通過路由器或是第3層交換器。

主任 確實是這樣沒錯，不過，只要路由器或是第3層交換器使用「DHCP中繼代理(Relay Agent)」功能來轉介DHCP的通訊作業時，只要1台DHCP伺服器就可以了(圖3-1)!

井川 什麼?竟然有這麼方便的功能啊!你要是早點告訴我就好了，那我馬上把DHCP中繼代理功能追加到第3層交換器的要件中。

圖3-2 事先決定好位址分配規則，未來就能夠高枕無憂

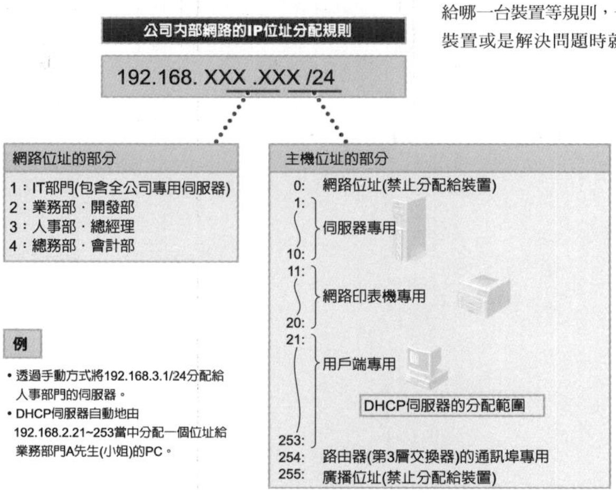

公司內部網路的IP位址分配規則

192.168. XXX .XXX /24

網路位址的部分
1：IT部門(包含全公司專用伺服器)
2：業務部．開發部
3：人事部．總經理
4：總務部．會計部

主機位址的部分
0: 網路位址(禁止分配給裝置)
1: ~ 10: 伺服器專用
11: ~ 20: 網路印表機專用
21: ~ 253: 用戶端專用 (DHCP伺服器的分配範圍)
254: 路由器(第3層交換器)的通訊埠專用
255: 廣播位址(禁止分配給裝置)

例
- 透過手動方式將192.168.3.1/24分配給人事部門的伺服器。
- DHCP伺服器自動地由192.168.2.21~253當中分配一個位址給業務部門A先生(小姐)的PC。

只要事先決定好要將哪些IP位址分配給哪一台裝置等規則，一旦需要新增裝置或是解決問題時就會更方便。

這時候公司內部網路位址的分配概要已經確立完成，而且經過井川先生和星野主任進一步的討論，也決定好IP位址的分配規則(圖3-2)。

我們可以將主機位址的數值設定成伺服器爲1~10、印表機爲11~20、用互端爲21~253等方式，以便將分配範圍明確化，一旦這項步驟完成後，只要根據IP位址，甚至還能夠找出裝置的種類呢!

哪些情況下需要使用Global IP?

井川 接下來要思考的就是網際網路的位址，不過我不太清楚要如何將IP位址分配給公開伺服器或是防火牆耶!

Global IP位址
意思就是連接至網際網路時所需要的位址，不同於私有IP位址(Private IP Address)，可以在網際網路上加以識別。

也可以不分配
當我們採用Unnumbered連線方式時，會使用將對面的2台路由器視為1台路由器的方法，如果網路不支援Unnumbered連線時，則需要將Global IP位址分配給企業端以及ISP的路由器，然後再設定為1個子網路。

圖3-3 **網際網路位址的設計草案**

請思考您需要幾個Global IP位址，假如我們採用如圖所示的網路架構，而且所簽訂的合約為能夠使用8個Global IP位址的話，此時能公開的伺服器只有1台。

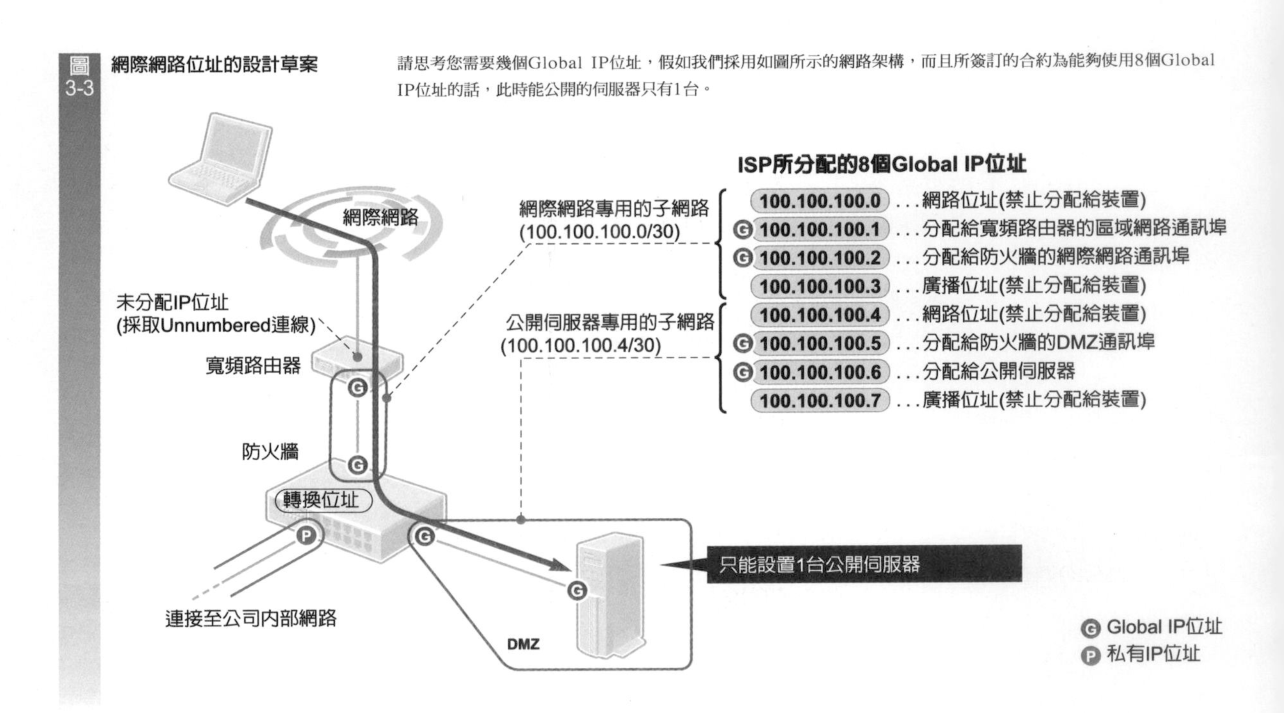

主任 過去我們是使用寬頻路由器的位址轉換功能，並且透過1個Global IP位址，讓全體員工能夠進行通訊，不過因為Global IP位址無法用手動方式分配，所以我能夠體會你不知所措的心情。

井川 我曾經聽說過，如果要設置公開伺服器的話，需要有多個Global IP位址，這一點是真的嗎?

主任 沒錯，確實是需要有多個固定式Global IP位址才行，因為公開伺服器必須能在網際網路上加以識別，這時候不但需要有Global IP位址，而且還需要使用防火牆來轉換位址，所以從防火牆連接至網際網路的部分必須全部轉換為Global IP位址。

井川 那就是說有一種服務可以使用多個固定式Global IP位址囉!

主任 目前和我們公司有簽約的ISP，配備可以使用8個固定式Global IP位址的選項，如果可以使用8個Global IP位址的話，你打算怎麼做?

井川 我預估網路的架構會變成圖3-3的樣子。

主任 這時候，可以用Global IP位址架構出2個子網路，1個設置在寬頻路由器和防火牆之間，另一個放在公開伺服器上。

井川 啊？寬頻路由器的WAN通訊埠也需要Global IP位址嗎?

主任 目前ISP所提供的8個Global IP位址的服務是為了支援「Unnumbered連線」，如果使用這種連線方法的話，也可以不分配IP位址給寬頻路由器的WAN通訊埠。

井川 這樣的話，是不是需要把8個IP位址分成2組使用呢?

主任 如果是這樣的話，只能設置1台公開伺服器而已。

井川 只能設置1台的話，不是太少了一點嗎？不知道還有沒有其他更好的方法呢?

如何使用有限的位址呢?

當我們從ISP那裡獲得固定式Global IP位址時，通常這些位址是以1個、8個、16個---為單位，所以在進行連接至網際網路以及公開伺服器等的位址設計時，重點就在於如何安排這些數量不多的Global IP位址。

假設使用的是8個Global IP位

利用
使用者是否可以採取Unnumbered連線方式，依通訊業者或是ISP的選擇而異，此外，企業所設置的路由器當然也必須支援Unnumbered連線方式。

PPPoE
「Point to point protocol over Ethernet」的縮寫，中文翻譯為「乙太網路點對點通訊協定」，也就是在乙太網路訊框上執行PPP連線確認步驟時的規格。

Static NAT
又稱為「靜態NAT」或是「封包轉遞(Packet Forward) 功能」。

圖3-4 有效利用有限的Global IP位址　使用防火牆的「靜態NAT」功能時，即使有8個Global IP位址最多也只能設置在4台公開伺服器上

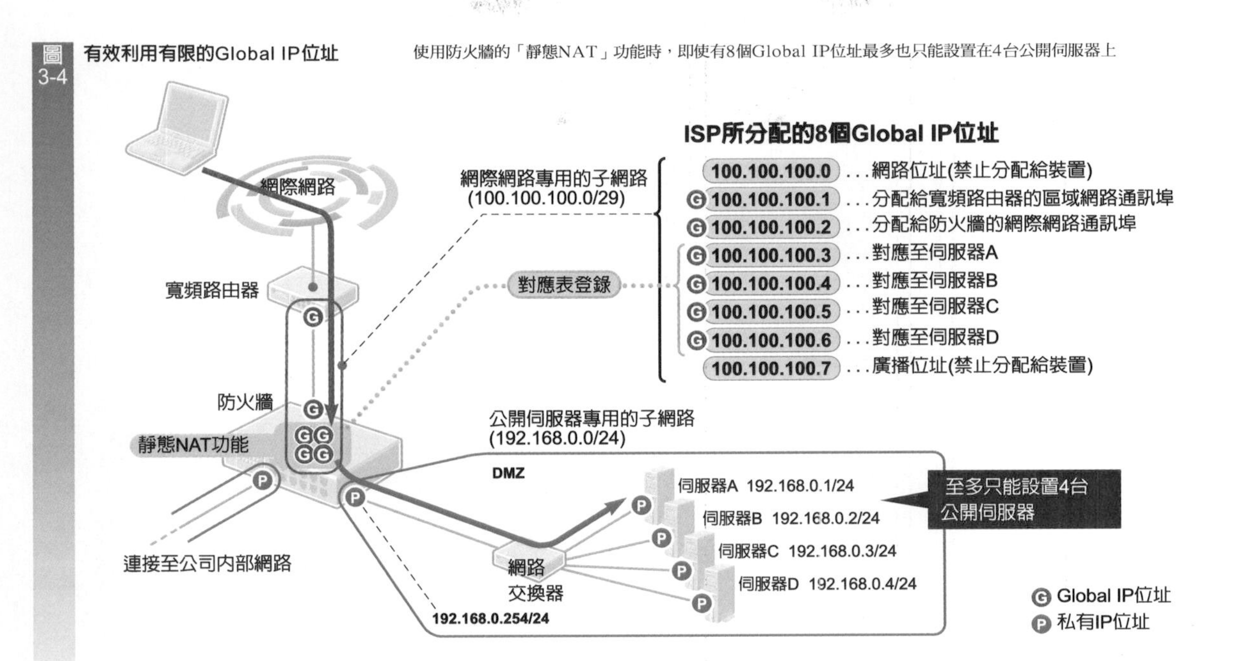

址的話，事實上可以分配給裝置的最多只有其中的6個而已，而8個位址當中的第一個位址是網路位址，最後一個位址則是廣播位址，這2個位址無法分配給裝置，因此，如果我們打算如圖3-3所示，進一步將8個位址分配給2個子網路的話，實際上可分配給裝置的位址只有4個而已。

避免使用到Global IP位址的竅門之一，就是使用Unnumbered連線方式，因為此種連線方式不需要將IP位址分配給和ISP直接連線的路由器通訊埠。

Unnumbered連線就和PPPoE連線或是專線連線一樣，只適用於路由器1對1連接的情況，因為連線對象已經確定了，因此不需要再將IP位址分配給雙方裝置的通訊埠。

還有一種可以避免使用到Global IP位址的訣竅就是，使用防火牆功能。

透過靜態NAT來解決

主任 大部分的防火牆都具備一種功能，那就是有效使用有限的Global IP位址。

井川 真不愧是主任，還有壓箱絕招呢！

主任 這一次我們可以使用所謂「靜態NAT」的功能

井川 所謂「NAT」是不是轉換位址用的NAT啊？

主任 你說得一點沒錯，一般的NAT功能可以讓多台裝置共用1個Global IP位址，不過，「靜態NAT」則能夠讓Global IP位址和公司內部的裝置建立1對1的對應關係(圖3-4)。

井川 如果使用Global IP位址架構出1個子網路，這樣子確實可以避免使用到Global IP位址。

主任 使用「靜態NAT」時，必須在防火牆登錄好哪一個Global IP位址應該對應至哪一台裝置的對應表，這種機制的運作方式就是當網際網路傳送封包至公開伺服器時，防火牆就會參考該對應表，然後再將封包傳送到Global IP位址所對應的私有IP位址。

井川 使用「靜態NAT」功能時，最多可以設置4台公開伺服器囉！

主任 設置4台已經非常足夠了！

井川 那我們一定要使用這項功能，我馬上將「靜態NAT」新增到防火牆的功能要件中！

Step 4：擬定配線計畫

斟酌裝置的放置場所 清爽的配線方式

網路設計的最後一項收尾工作就是配線設計，雖然配線路徑會依大樓的結構及裝置的設置場所而改變，但是配線設計仍然是設計的過程中不可欠缺的一環。

大樓或是地板結構會影響設計方式

井川 終於愈來愈接近目標囉！最後一項就是配線設計了。

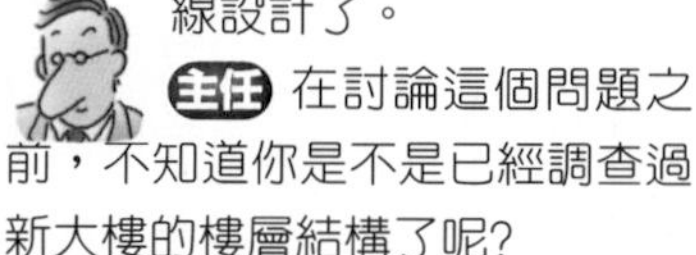

主任 在討論這個問題之前，不知道你是不是已經調查過新大樓的樓層結構了呢?

井川 喔！還沒有耶!

主任 配線設計時，如果沒有事先掌握好這個部分是不行的，順帶一提就是最好也能夠先調查好連接不同樓層用的配線，因為這一次的新網路系統必須要跨越2個樓層(圖4-1)!

井川 好，我立刻去問問大樓的管理單位。

大樓和樓層的結構不同時，所使用的配線路徑也必須跟著改變，因此大樓相關結構的事前確認，也是網路設計時的重點之一。

經過井川先生的調查結果，發現未來準備搬遷的那2個樓層本身配備高架地板(Free-access floor)，也就是可以在地板下方進行電纜線的配線，另外還收集到一個訊息，就是不同樓層之間的配線，可以使用縱向連接大樓的通訊配管(電線槽：Cable shaft)，所以這就代表2位主角能夠自由設計 ✐配線路徑，而且如果時間充裕的話，最好也能夠事先確認好 ✐電源線以及電源接頭的位置。

斟酌網路交換器的設置位置

主任 我希望配線的時候，能夠盡量減少使用的纜線數，然而每一條電線最好愈短愈好，這樣子配線會看起來比較清爽!

井川 瞭解！不過我想先安排好裝置的設置位置，像是第3層交換器或是防火牆，我想放在伺服器機房裡。

主任 這個嘛~ 我問一下，你打算用什麼方法將第3層交換器和各部門的PC連接起來呢?

井川 第3層交換器和所有員工的PC沒辦法直接連接起來，所以，我想先用網路交換器來整合各部門的PC，然後再全部納入第3層交換器。

主任 你覺得整合各部門的網路交換器應該放哪裡比較理想呢?

井川 假如要放在伺服器機房的話，就需要很多條比較長的纜線，而且配線也比較容易弄得亂七八糟的，相反地，如果將網路交換器放在各部門的話，整個樓層的配線就會變得比較清爽(圖4-2)!

日本的企業大多會依部門別將桌子排列成「島」狀，然後架構出整個辦公室的配置，所以如果將網路交換器設置在每一個「島」的話，就能夠提升配線的效率。

樓層之間的纜線即為主幹線

主任 進行每一個樓層的配線時，只要把網路交換器分別放在每一個「島」就可以了，接下來讓我們來想想看樓層和樓層之間的縱向配線吧!

井川 伺服器機房位於3樓，下面的2樓有業務部和開發部2個部門，也就是說電線槽會有2條電纜線通過。

主任 這樣子做也可以啦！不過如果可以將整合業務部和開發部的網路交換器放在2樓的話，這時候通過配管的電纜線只要一條就夠了 ✐(圖4-2)!

井川 這樣子配線就會比較清爽!

主任 當我們要連接不同樓層時，必須由區域網路的主幹線負責，而且因為架設主幹線時需要施工，所以一般會事先將這個部分建置為高速線路。

井川 那麼3樓的第3層交換器和2樓的樓層交換器最好用Gigabit Ethernet(千兆乙太網路) ✐來連接比較好，我等一下就把這些內容新增到每一台裝置的功能要件當中。

能夠自由設計
最近幾年新建的大樓大多和上一頁的範例一樣，原本就已經配置好可供網路線配線的設備。

事先確認好
「除了必須確保網路裝置的電源外，還應該將網路線和電源線隔開，以避免干擾出現!」Network Service and Technologies的柴田課長說道。

只要一條就夠了
只要使用第3層交換器的「Tag-based VLAN」技術，就能夠將1條電纜線所涵蓋的區域網路當作多個VLAN(子網路)使用，因此即使不想再繼續分割子網路，也足以因應網路所需。

Gigabit Ethernet(千兆乙太網路)
在整座大樓中存在著許多干擾的發生來源，像是事務機器、電梯或是自動販賣機等都是，所以Allied Telesis(日商盟訊)公司的後藤先生就表示:「區域網路的主幹線大多使用光纖材質的Gigabit Ethernet」。

圖4-1 配線前必須事先確認的事項　樓層的地板下方是否能夠進行纜線配線、或是配線至其他樓層的方法等都必須事先確認好。

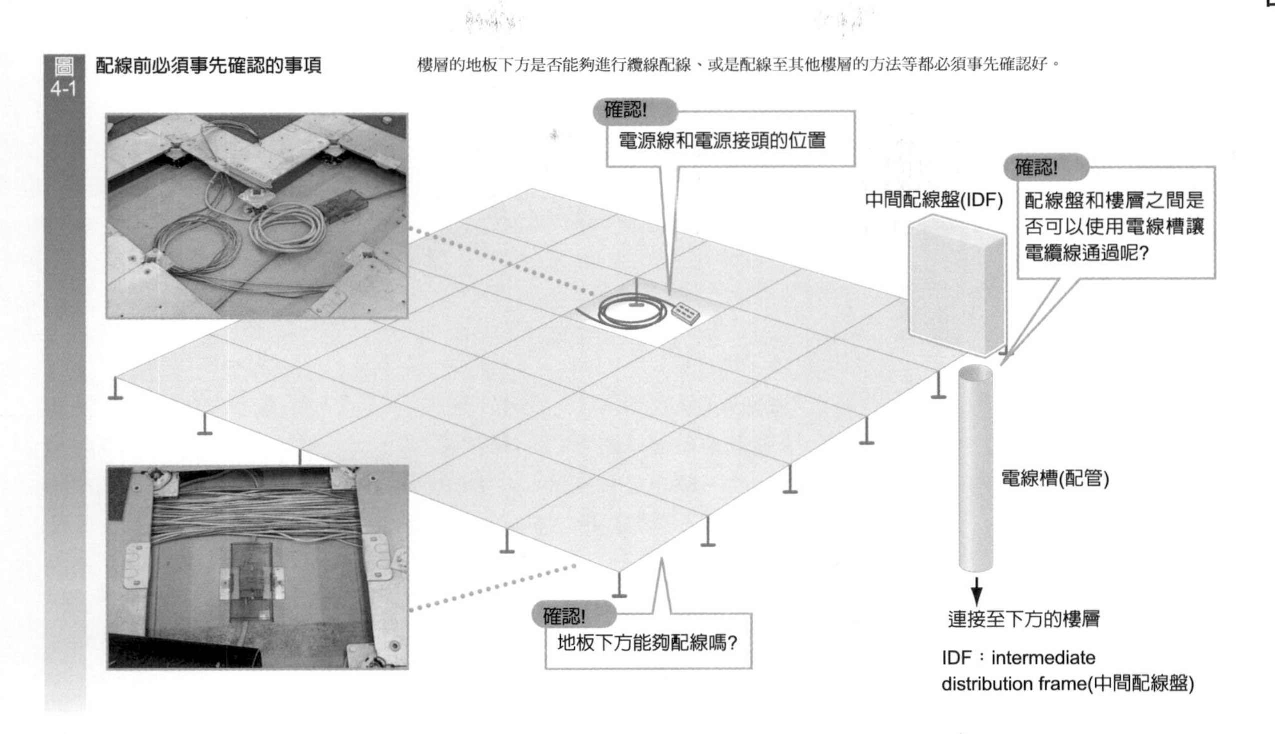

圖4-2 如何才能完成清爽的配線呢?　將網路交換器放置在由各部門辦公桌所構成的「島」，就能夠讓配線更清爽，又，放置具有整合整個樓層功能的網路交換器，也可以減少骨幹(Backbone)的配線。

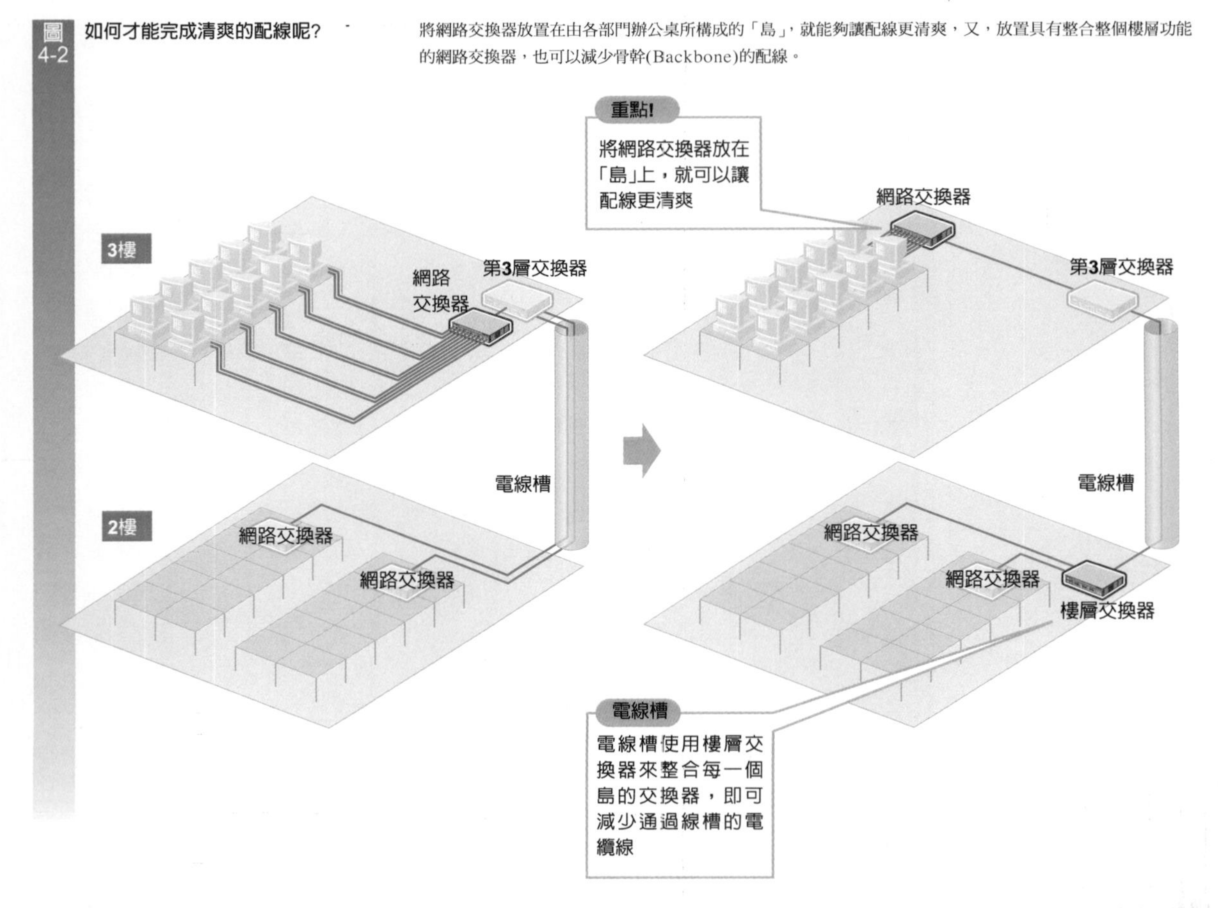

完成
將設計的成果匯整為一張網路設計圖

井川先生在星野主任的協助之下，逐步進行NW公司的新網路設計，最後，終於完成了新網路的設計圖。

重新複習一次網路設計的步驟

井川 主任，我終於完成網路設計圖了(圖5-1)！

主任 喔~我看到圖上面有裝置的連線架構以及位址囉！接下來，我們一面看設計圖，請你同時說明一下新網路的設計步驟和重點吧！

井川 好的！設計網路時首先最重要的就是整理要件，這一次因為總經理和主任已經決定好新網路的需求了，所以我就根據這些需求來設計網路。

主任 沒錯，以後如果出現新的要件時，你一定要正確掌握要件的內容，才能夠新增或是變更功能與裝置。

井川 瞭解！

主任 好，那下一步呢？

井川 我將公司內部網路分成幾個性質不同的群組，首先分成2個大組，第1大組是公開至網際網路的裝置，第2大組是公司內部網路，接著，再進一步將公司內部網路分成總經理和人事部、IT部門、總務部和會計部、業務部和開發部等群組後，再設定子網路。

主任 群組化的意義是什麼呢？

井川 以群組為單位的話，可以讓存取控制的設定更加簡單。

主任 那麼，你怎麼讓這些子網路和每一個群組連接呢？

井川 用第3層交換器和防火牆來連接，公司內部網路的存取處理作業由第3層交換器負責，而網際網路的存取處理則由防火牆來負責執行。

主任 為什麼要使用第3層交換器和防火牆呢？

井川 雖然用路由器也可以達到一樣的效果，不過為了讓每一個裝置發揮它不同的特性，所以需要秉持適才適所的原則。

主任 原來如此，再來我們來談談另一個要件，如何讓位址容易管理及使用呢？

井川 我們可以透過分配給每一台裝置的位址，查詢到所屬部門以及該裝置的種類，如果從管理和使用方便性來考量的話，部門專屬伺服器和印表機必須用手動方式來分配位址，而用戶端(Client)則是使用DHCP伺服器來分配位址，使用第3層交換器的DHCP中繼代理功能的話，只要1台DHCP伺服器就夠了，因為透過這種方式，以後就算要變更位址分配時，也能夠讓變更作業單一化。

經過網路設計的洗禮後，讓井川先生建立起個人的自信心，因爲他已經確實瞭解網路設計的重點所在了。

就像我們將本章分成不同的步驟來匯整重點一樣，一般在設計網路也會根據下列步驟來進行：① 要件整理 ② 決定基本的理論架構③ 決定位址配置④ 擬定裝置的配置及配線計畫等，只要掌握每一項作業的內容並且循序進行的話，就能夠設計出網路的基本架構。

設計圖的繪製方法有很多，不過最基本的條件就是「任何人看設計圖都能架構出相同的網路」，如果還有其他條件的話，您可以根據實際需要，針對分配給各裝置通訊埠的位址製作「位址表」，或是針對樓層配置圖

根據實際需要
UNIADEX, Ltd.的奧村一人部長表示:「除此之外，還有一種方式就是將載明設計原因的報告書等當作附件」。

安全對策
就是為了確保企業網路的安全性所訂定的相關重要規則，一般會將安全方面的風險以及安全的評估方法等納入安全對策。

圖5-1 井川先生所繪製的NW公司新網路設計圖

您可以依照實際需要，另行製作「位址表」以顯示分配給每一台裝置的位址、或者是纜線配線用的設計圖等。

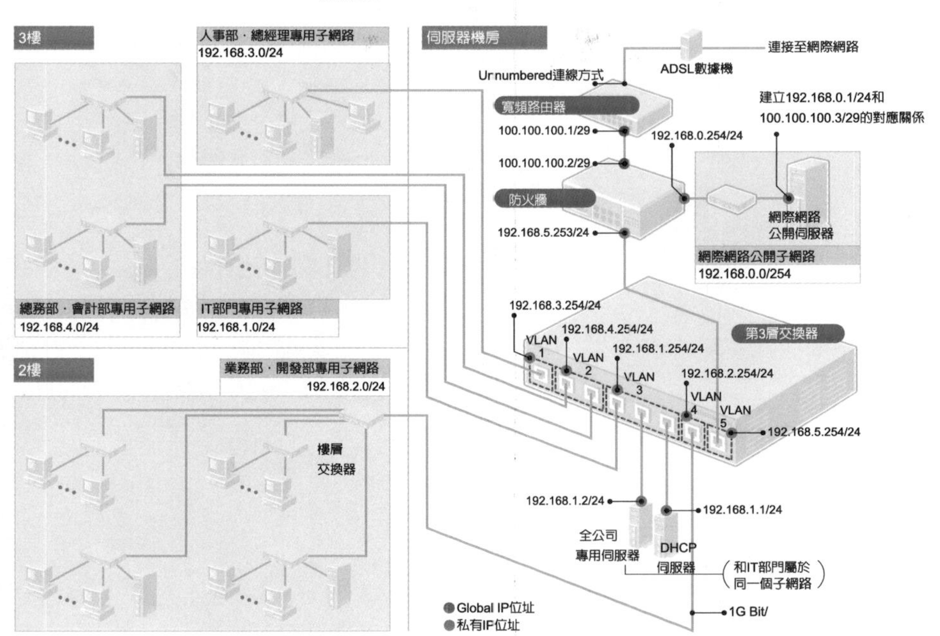

上所記錄的裝置配置與配線，製作「實體配線圖」等。

設計工作還沒畫上句點呢!

主任 如果可以按照這張設計圖來連接網路，並且正確地完成設定的話，一定能夠架構出一個可以確實動作的網路，不過實際上還有許多要設計的項目喔!

井川 還有其他需要思考的事項嗎?

主任 是的，最好能做一下使用設計和容量設計。

井川 聽起來好像很難的樣子!

主任 雖然字面上聽起來好像很難，但是實際上還蠻容易瞭解的!所謂「使用設計」就是決定哪一位使用者要如何使用網路，而「容量設計」主要則在於設計WAN線路的速度。

井川 要存取網際網路，光靠ADSL的速度還不夠嗎?

主任 這是我們公司第一次設置公開伺服器，不是嗎？所以有可能會因為這個部分的流量，造成上傳速度不夠快。

井川 的確，ADSL的上傳速度有可能會發生不夠快的情況。

主任 當我們實際讓網路運作後，如果發現速度不夠快，這時候就需要檢討是否要改用FTTH服務囉!另外，還有可能因為某些狀況的發生，讓我們需要重新思考安全性設計的問題喔!

井川 那就是說，光靠我這一次提出的設計草案還是不夠嗎?

主任 所以我們需要將安全對策 ✎ 白紙黑字寫出來，而且或許需要從安全的觀點重新思考網路設計。

井川 因為這一次我所完成的設計只不過是設計之中最最基本的部分而已，所以說設計實在是一項高深莫測的工作啊!

主任 沒錯，不過，至少如果能夠按照你所描繪的這個等級的設計圖來執行的話，我想設計的第一步就算是已經完成了!

井川 Yeh~我突然覺得就算是更浩大的設計工程，我也可以一肩挑起的感覺。

主任 那還早得很呢!

井川 對了!我要去拜託總經理，下次要搬家的時候務必要搬到更大的大樓，我去找總經理囉!

主任 喂~我還沒講完呢---

當我們看網路相關裝置或是服務的型錄時，隨處都可以看到「bps」這個詞，相關的例子不勝枚舉，像是「新的ADSL能夠達到24Mbps的超高速」、「處理能力超過90Mbps的寬頻路由器」、或者是「無線區域網路最新的規格爲

54Mbps」等。

所謂「bps」就是「bit per second(bit/秒)」的縮寫，也就是代表每秒通過資料量的網路速度單位。

無論「bps」本身具有多麼嚴格的意義，出人意料地，bps是一種多面貌的單位，「bps」代表網路的速度，數值愈大就代表速度愈快、性能愈好，不過令人不解的是它代表什麼樣的速度，而且如果單純地將幾個不同的數值放在一起比較時，有時候甚至會出現數值和實際所感受到的速度完全相反的情形。

所以本章我們將從幾個寬頻的使用實例當中，提出關於「bps」的4大疑問，透過剖析的方式，讓您同時能夠更進一步掌握「bps」的本質。

(山田剛良)

被稱為「Overhead」
本頁所指的只有資料量增加的部分而已，而在後續的頁面會提到的通訊協定處理或是PC的處理時間有時候也會被稱為「Overhead」。

JavaScript
是一種以Web瀏覽器為導向所開發出來的Script語言，雖然名稱和「Java」(詳見後續的頁面)相似，不過內容卻是完全不同。

Flash
是由美國Macromedia公司(現已由Adobe併購)所提供具備向量動畫的製作軟體，有時候「Flash」這個字也可以表示播放用的外掛「Flash Player」或是使用Flash所製作而成的「Content」。

Java Applet
就是可以在支援Java的Web瀏覽器上執行的Java程式，Java是由美國Sun Microsystems(昇陽電腦公司)所開發出來的物件導向(Object Oriented)程式語言。

疑問1 連線測速網站到底測些什麼？

在網際網路的熱門網站當中，其中有一種就是「連線測速網站」(照片1)，此類網站的功用在於測試寬頻的存取速度，當我們進入網站後，只要點擊按鍵並且等待幾秒後，就會出現「您的連線速度是5.3Mbps」等顯示速度的訊息。

像「5.3Mbps」的速度代表什麼樣的意義呢？您或許不自覺地會將這個速度和ADSL、FTTH等寬頻線路的速度畫上等號，不過事實上真是如此嗎？本次特輯首先要爲您解開這個疑問。

連線測速網路所顯示的測試結果代表哪一種速度呢？我們只要瞭解測試的原理後，答案就呼之欲出了！

測試檔案的下載速度

連線測速網站的基本原理其實非常單純，連線測速網站會傳送一個檔案，接著再測試下載時所需花費的時間(圖1)。

當我們進入連線測速網站並點擊按鍵後，會啓動隱藏在WWW伺服器後面的連線測速程式，並且開始下載放在網站上的連線測速用的檔案，接著程式會計算下載檔案所花費的時間，最後用這個時間除檔案大小，於是就出現測速的結果。

照片1 連線測速網站到底測些什麼？

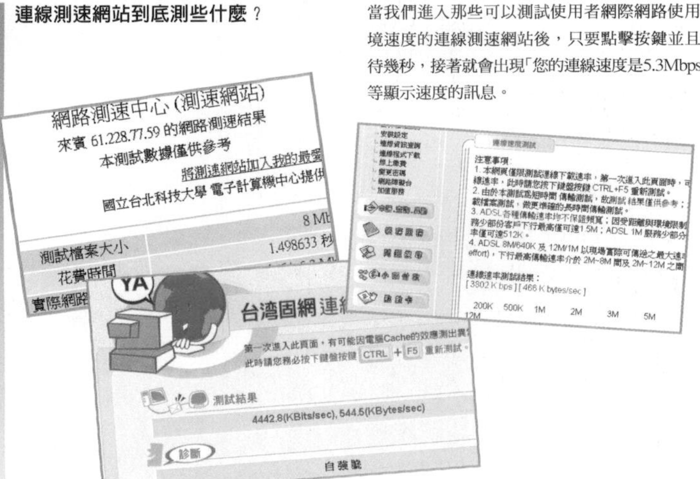

當我們進入那些可以測試使用者網際網路使用環境速度的連線測速網站後，只要點擊按鍵並且等待幾秒，接著就會出現「您的連線速度是5.3Mbps」等顯示速度的訊息。

例如，假設下載2M Byte的檔案需要花費4秒，那麼連線速度的計算方式就是2(M)×1024(K)×1024(Byte)×8(Bit)/4(秒)=4.194M bit/秒，1024這個數字是從1M byte=1024K byte、1K byte=1024 byte所得來的。

所得到的數値只會低於線路速度

接下來，讓我們進入測速網站，並且更仔細來看看該網站所使用的檔案下載機制吧！

當WWW伺服器上動作的程式向測速網站傳送一個轉送檔案的要求時，該網站會將檔案資料切割爲更小的單位，並且在建立TCP/IP封包後，依序傳送到傳送路徑上，換句話說，TCP/IP、乙太網路等標頭(Header)資訊會被附加在已經切割過的資料後，再傳送到傳送路徑上，如此一來，當使用者電腦收到資料，會經過和傳送時相反的處理作業後，再回復爲原本的檔案。

由此可知，通過傳送路徑的資料和原本的檔案是不同的大小(圖1)，此種被追加至原本資料的額

RBB TODAY
這是由「Internet Research Institute, Inc.」的關係企業所經營，專門刊載寬頻相關新聞的網站。

建立Session的處理作業
調整傳送接收時的資料量，也就是進行所謂「Throughput」的控制時所產生的影響也能夠加以排除，執行TCP通訊時，為了盡量提高通訊效率，所以當通訊作業開始後，會執行漸次增加資料傳送量的控制方式，待通訊作業開始並且經過一段時間後再開始測試，如此一來就能夠測出傳送效率到達巔峰狀態時的通訊速度。

Best Effort(最大速率)型
當網路塞車時並不保證使用者可用的通訊速度的一種服務總稱。

圖1 連線測速網站會測試檔案下載的速度

大部分的連線測速網站會將放在伺服器的檔案下載到使用者的PC，然後再計算下載所需的時間。

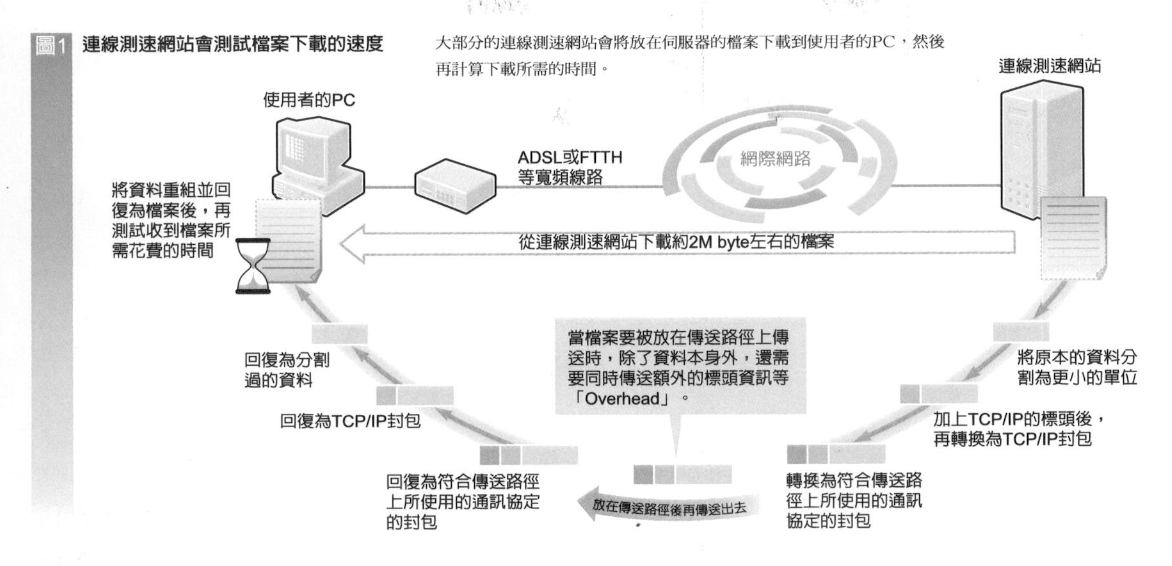

外資料就被稱爲「Overhead」✐。

換句話說，連線測速網站所測試的結果包含傳送資料時所需的「資料以外部分」的傳送時間，即爲所謂的「通訊速度」，您也可以用另外一種說法來表達，那就是使用者能夠透過應用程式使用的通訊速度。

此種速度就稱爲「Throughput(傳輸量)」，「Throughput」的數值會比傳送路徑的速度還低。

求出更精確的「Throughput」

連線測速網站的機制本身雖然非常單純，不過，大多數的連線測速網站仍然致力於爲使用者提供更精確的「Throughput」值，因爲有可能會因爲測試者的關係，使得測速結果受到通訊以外的因素所影響。

例如，初期的連線測速網站會不斷地讓使用者下載一般大小的影像檔，也就是在Web瀏覽器上執行JavaScript ✐，然後再測試顯示影像所需花費的時間，以計算出「Throughput」，不過由於此種測試方法是透過CPU的處理能力來顯示影像，所以CPU速度快和速度慢的PC會出現不同的測速結果。

因此，最近使用Flash ✐、Java Applet ✐的連線測速網站已經愈來愈多了，使用Flash、Java的話，只要單純地執行檔案下載即可，所以不太容易會影響PC的CPU效能。

還有一些網站和RBB Today ✐之類的連線測速網站一樣，會使用Java等方法，讓他們的測速方法能夠更高人一等，這些網站會從伺服器端計算在一定時間內通過的資料量，然後再根據該資料量來計算速度，而且，在測試的過程中會先讓資料不斷地通過，等到資料通過好幾秒後再開始測試。

身爲RBB TODAY用戶，同時服務於IRI Commerce and Technology, Inc.的伊藤雅俊就表示:「我們的目標就是排除線路在速度上的差異以及TCP對於通訊控制的影響」，所謂「通訊控制」指的是TCP通訊在一開始所執行建立Session的處理作業 ✐，無論線路速度快慢，只要從伺服器端測試就能夠將測試時間固定下來，而且因爲是從資料轉送的過程中才開始測試的，所以計算值並不會受到建立Session所需的時間等因素影響。

連線測速網站的所在位置使得結果的意義大不同

不過，看到這裡各位的腦中可能會出現一個疑問，網際網路本來就屬於Best Effort(最大速率)型 ✐ 的網路，當網路有空時會一股腦地將大量的資料傳送出去，可是一旦網路塞車時，只能傳送少量的資料，像這一類變動極大的網路，連線測速網站究竟打算測試出「哪些傳輸量」呢？

地區IP網
NTT東日本．西日本公司專為Flets Series所架構的IP網路。

IX
就是「internet exchange」的縮寫，中文翻譯為「網路交換中心」，意思就是ISP彼此連接的地點。

設置在IX
具體來說，就是使用100M bit/秒的專線直接和日本Internet Exchange所經營的「JPIX」連線。

使用Flash
像Broadband Speed Test、BNR Speed Test等連線測速網站，就是使用Flash的方式來測速，goo Speed Test預計最近也將改用本方式。

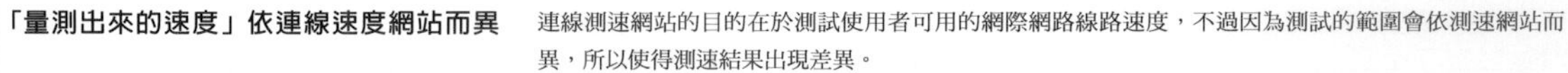

圖2 「量測出來的速度」依連線速度網站而異 連線測速網站的目的在於測試使用者可用的網際網路線路速度，不過因為測試的範圍會依測速網站而異，所以使得測速結果出現差異。

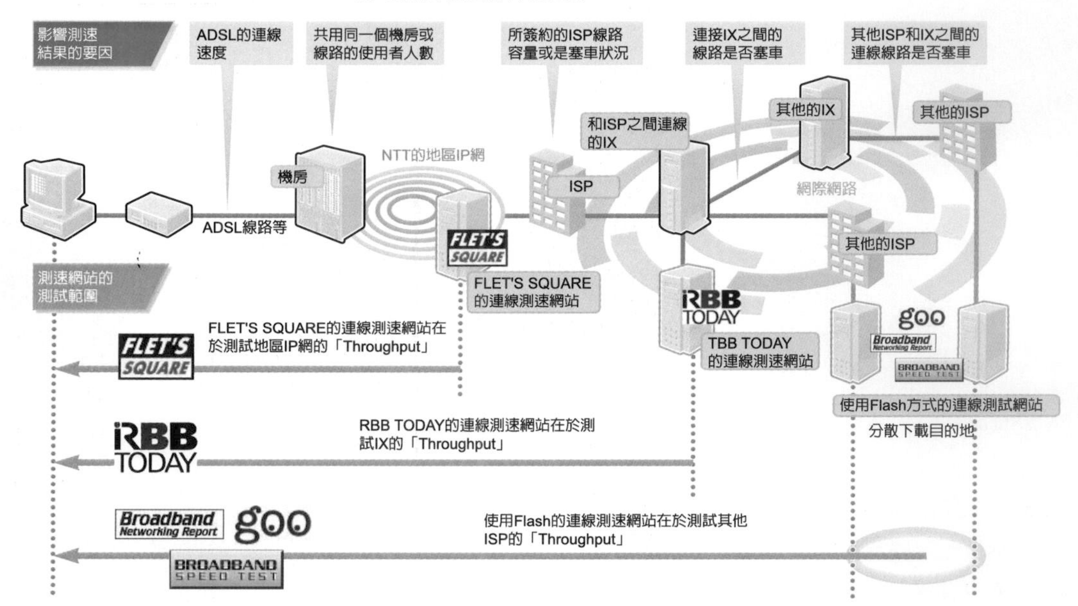

這時候就取決於每一個連線測速網站的所在位置囉！接下來我們將以NTT東日本和西日本Flets．ADSL的使用狀況為例，追蹤手邊的PC到連線測速網站之間的路徑，同時為各位剖析其中的重點(圖2)。

透過ADSL從使用者住家到機房所連線的目的地時，會經過稱為「地區IP網路(Regional IP Network)」✐的NTT網路，由NTT東日本公司所經營的連線測速網站乃是利用設置於地區IP網路內的「Flets Square」來測試連線速度，換句話說，這個連線測速網站所測試的是當使用者到機房之間的ADSL線路通過地區IP網路等網路時的「Throughput」，除了ADSL本身的線路存取速度外，其所測試出來的速度也會受到位於機房的路由器或是地區IP網路本身塞車的影響。

和地區IP網路的目的地連線的是使用者所簽約的ISP，如果使用者希望進一步連線到其他ISP的網站時，必須透過ISP彼此之間所連線的IX ✐，而設置在IX ✐的就是RBB TODAY的連線測速網站，換句話說，根據RBB TODAY等連線測速網站的測速結果，就能夠得到位於您所簽約的ISP上層，也就是IX的「Throughput」。

和IX的目的地連線的還有其他的ISP，而分散在多個ISP，並且設置在伺服器的就是使用Flash ✐的各種連線測速網站，測速程式會從其他ISP的網站依序下載相同的檔案，並且比較測速的結果，最後再顯示最高速的結果。

所經過的網路愈少，就能夠不受到網路塞車的影響，因而提高成功的機率，當然也比較容易獲得比較理想的結果，不過，從測速結果來看，所得到的速度愈快，並不見得表示一定正確，對於使用者來說，如果他所簽約的ISP屬於使用者人數龐大，可是卻只配備骨幹網路(Backbone Network)的廠商時，能夠呈現出ISP塞車狀況的數值，可以說反而是比較接近現實的結果呢！

理解重點

連線測速網站所要測試的是透過網路下載檔案的速度，並非寬頻線路的速度，測試的部分也會因連線測速網站的不同而異。

DMT
就是discrete multitone的縮寫，中文翻譯為「分離複頻調變技術」，屬於ADSL調變技術的一種。

趨近10M bit/秒
使用8M的ADSL時，ADSL數據機的資料處理速度上限為8.16M bit/秒，所以即使線路處於最佳狀態下，也無法出現高於前述的上限速度，而12M以上的ADSL服務則採用提高上限值的技術(S=1/2、S=1/4、S=1/8)，以消除網路瓶頸(Bottle Neck)。

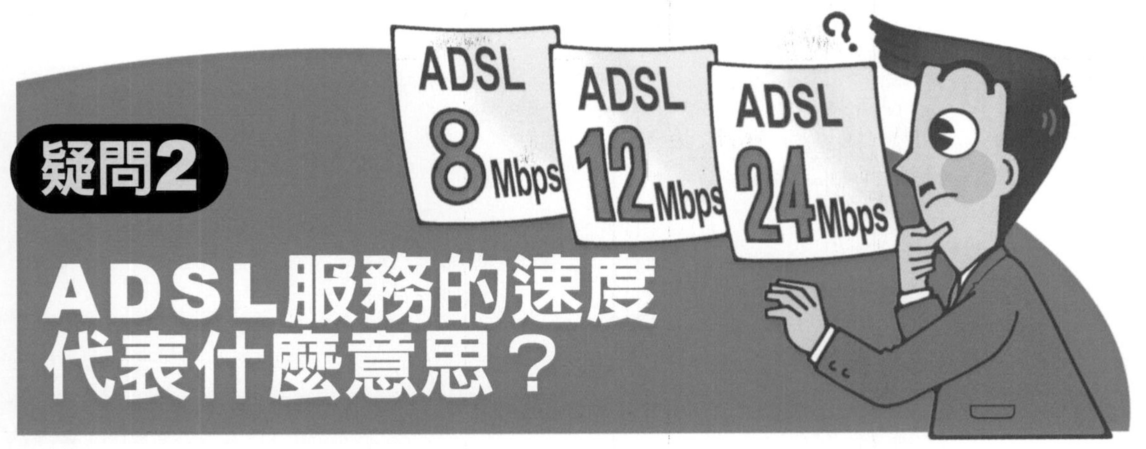

疑問2 ADSL服務的速度代表什麼意思？

接下來讓我們來看看各位對於ADSL速度的疑問，這個疑問就是業者會使用「8M」、「12M」等速度來區隔不同的服務，究竟這些速度代表什麼意思呢？目前市面上已經有所謂的「24M」、甚至還出現了「40M」、「45M」等服務，相信這同時也是各位的疑問。

服務分類的速度並非理論值

ADSL是一種使用電話線路的通訊技術，使用頻寬比電話更高頻的訊號，藉以實現高速傳送的目標，8M的ADSL所使用的是26k~1.1MHz的頻寬，並且以138kHz爲邊界值，上傳時使用低於該數值的訊號，而下載時則是使用高於該數值的訊號。

而且，將頻率切割爲更小的單位-4Khz，並且讓每一個頻寬分別載送小部分的資料(圖3)，感覺就像是將頻率分別分配給通訊裝置，然後再讓這些通訊裝置同時傳送資料，因此每一個頻寬就稱爲「載波(Bin)」，而將頻率分割爲更小的單位後再同時傳送的方式則稱爲「DMT ✐(分離複頻調變技術)」。

接下來，就讓我們實際來計算看看8M ADSL的下載速度吧！下載的訊號會在138k~1.1MHz之間建立223個「載波(Bin)」後再執行通訊作業，每1個Bin至多可載送11 bit的資訊，每秒可傳送4000次(4000 Baud：鮑)，因此，8M ADSL下載時傳送速度的計算方式爲11(bit)×223(bin)×4000(Baud：鮑)，所以最後可以得到9.812M bit/秒的計算結果，也就是所謂的「最大傳送速度」。

看到這裡，可能有很多讀者的心中會出現「不會吧！」的疑問，明明是8M bit/秒的ADSL，爲何計算結果卻是趨近10M bit/秒 ✐呢？

圖3 ADSL的「規格速度」是根據頻率數X bit X調變速度

在ADSL所使用的頻寬每隔4KHz設置大量的載波(bin)，然後再使用DMT方式，讓這些載波分別承載位元，調變速度因為已經固定為每秒4000次(4000 Baud：鮑)，所以 您可以擴大頻率的範圍以增加載波(bin)的數量，或者是增加每個載波(bin)所承載的bit數後，即可提高整個網路的傳送速度。

ADSL的最高傳送速度理論值是由下列計算公式所計算出來的
每個載波(bin)所承載的最大bit數(bit)x 載波(bin)的數量(個)x調變速度(4000)

8M ADSL
11 bit ×223×4000 = 9.812M bit/秒
每個載波(bin)的bit數=11 bit
上傳時所使用的頻寬
下載時所使用的頻寬
138kHz 1.1MHz
載波(bin)的數量=223個

12M ADSL
15 bit×223×4000 = 13.38M bit/秒
每個載波(bin)的bit數=15 bit
已增加每個載波(bin)的bit數
138kHz 1.1MHz
載波(bin)的數量=223個

24M/26M ADSL
15 bit×479×4000 = 28.74M bit/秒
每個載波(bin)的bit數=15 bit
擴大所使用的頻寬，並且增加載波(bin)的數量
138kHz 223個 1.1MHz 256個 2.2MHz
載波(bin)的數量=479個

同樣的規格
8M和12M的服務乃是根據ITU-T所建議的G.992.1的規格。

載波數也相同
Soft Bank BB以及 Network的12M服務因為採用「Overlap方式」，也就是可以將上傳的頻寬用於下載，所以載波數會比實際的8M服務還多。

增加頻寬
40M以上的服務甚至可以將頻寬增加至3.75MHz。

一般所標示
在某些情況下會因為避免和業餘無線電的電波產生干擾，因而避免使用一部分的載波，而Soft Bank BB以及Arc Network之所以能夠提供「26M」的服務是因為採用「Overlap方式」來增加載波數。

圖4 ADSL會在每次連線時改變連線速度　DMT方式會在連線時執行「Training」的動作，以便決定每一個載波所要承載的bit數，由於training的結果將會決定實際傳送的bit數，所以ADSL每次的速度都會不同。

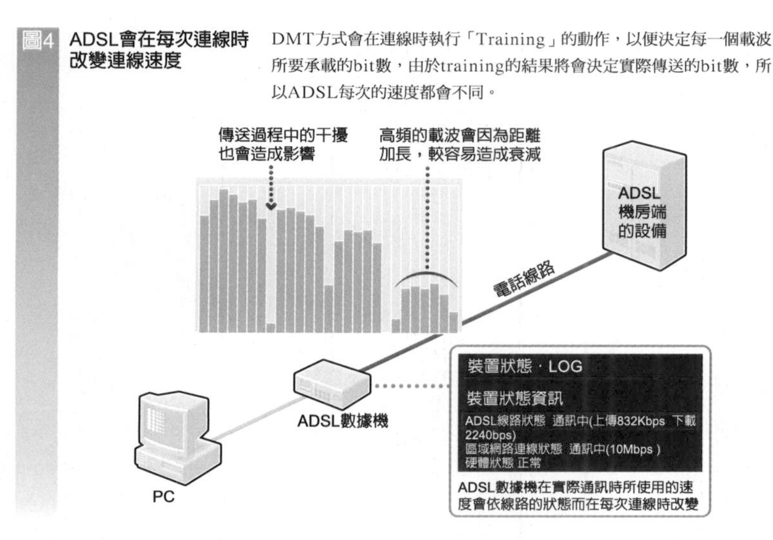

接下來，讓我們也用同樣的方式來計算12M、24M/26M服務的速度吧！

區分各種服務的速度不過是指標而已

基本上12M的服務和8M乃是依據同樣的規格✐，而且所使用的頻率和載波數也相同✐，不同之處就是每1個載波所能承載的bit數，具體來說，每1個載波最多可承載15個bit。

因此，將15(bit)x223(載波)x(4000 Baud)後，即可得到13.38M bit/秒的最高規格速度，這個速度比12M還快。

那麼，24M/26M服務的速度又是如何呢？這兩種服務方式會利用增加頻寬✐的方式來增加載波數，具體來說，下載時所能使用的頻寬會被增加為現在的數倍，到達2.2MHz，透過此種方式會新增256個載波，所以下載時所使用的載波數就會變成479個。

換句話說，15(bit)×479(bin)×4000(Baud)=28.74M bit/秒就是最高速度的計算結果，而這個結果同樣大大地超過24M bit/秒。

由計算公式可知，28.74M bit/秒這個數字表示該線路可傳送的實體傳送速度的最大值，這個數值和我們之前所提過的「Throughput」不同，可以說是包含「Overhead」等所有因素的最大值。

那麼，為什麼計算出來的速度和各種服務所標示的速度之間會出現差異呢？

其中一項理由就是ADSL的實體速度無法完全用於資料傳送，因為錯誤修正用的位元會被附加在需要傳送的資料中，所以將該部分扣掉後就成為一般所標示✐的「12M」或是「24M」。

不過實際上，雖然每家業者所採用的技術有一些細微的差異，不過每一家都稱之為「12M」，總之，這些數字是「代表服務指標的概略值」，各位最好在認知上不要將它當作是精確的數字。

可用速度會在每次連線時改變

當然，像8M、12M、或是24M等ADSL的規格速度並不是所有的使用者都有辦法執行通訊作業的，ADSL的通訊速度會依照線路的狀況而改變(圖4)。

採用DMT方式的ADSL數據機會在連線時執行「Training」的處理作業，也就是決定分配給每一個載波多少bit數，以決定實際上能夠傳送的速度的一種作業，不過當干擾增加，或是距離變長時則會造成載波的衰減變大，因而減少可承載的bit數，所以必須儘可能讓那些通訊狀態良好的載波能夠多承載一些bit才是。

透過上述方式決定的速度就稱為「連線速度」，最近的ADSL數據機大多能在設定畫面中顯示速度的數值。

從實際的數值來看，其實是和連線測速網站所測量出來的「Throughput」相似，只不過，「Throughput」是從使用者可用的應用程式所看到的速度，而ADSL的連線速度則是從使用者無法直接看到的bit的移動速度，兩者所代表的意義截然不同。

理解重點

ADSL的線路速度分為好幾種，包含由規格所決定的最高理論值、根據最高理論值所訂出來的型錄速度，以及每次連線時皆會改變的連線速度等，能夠代表實際的線路能力的只有連線速度而已。

2種不同的數值
就是被稱為「最大量測值」、「SmartBits量測值」以及「實效值」或「實效Throughput值」等2種，後續的頁面將有更詳細的說明。

FTP
File transfer protocol的縮寫，就是TCP/IP網路在轉送檔案時所使用的通訊協定。

疑問3 寬頻路由器的性能可以從哪些數字判斷出來？

我們在家裡或是辦公室所使用的ADSL等寬頻線路之所以能夠和多台PC所構成的區域網路連線，是因為使用了寬頻路由器的關係，寬頻路由器被設置於網際網路線路和區域網路之間，並且負責將IP封包的位址轉換後再轉送的主要工作。

換句話說，寬頻路由器的功能取決於能夠用多快的速度來處理IP封包，不過，如果從寬頻路由器的型錄來看，同樣會看到「Throughput」這個詞，單位是bps(bit/秒)，而且最近推出的產品大多將「Throughput」值標示為2種不同的數值 ✎ (照片2)。

2種Throughput值的差異是什麼呢？以及路由器對於封包的處理能力和這些Throughput值有何關係呢？接下來我們將為各位解答上述2個疑問。

事實上2種都是實測值

首先讓我們來談談2種Throughput值之間的差異吧！2種數值依廠商不同而在稱呼上有些微的差異，有些稱之為「最大量測值」或是「SmartBits量測值」，有些則稱為「實效值」或是「實效Throughput」，2種數值所使用的單位都是bps，以數值來看，前者會比後者稍微高一點。

這2種數字事實上都是實際使用寬頻路由器所測量出來的實測值，兩者之間的差異在於測量方法(p.204的圖5)。

前者的量測值是使用美國Spirent Communication公司的測量裝置-SmartBits所量測出來的數值，以下簡稱為「SmartBits值」，SmartBits是測量網路裝置性能用的一種裝置，測量裝置可以和寬頻路由器直接連接，以便嚴格測量持續傳送固定大小的封包時的性能(參閱p.204的特別報導)。

另一種數值則是根據簡單的實驗網路所測量出來的數值(以下簡稱為「FTP ✎ 值」)。所採用的方法就是從PC經過寬頻路由器將大容量的檔案下載至FTP伺服器的目的地，然後用實測時所經過的時間除資料量，即可算出平均傳送速度的數值。

和SmartBits值的測量方法相較，FTP值比較接近使用者實際的作業環境，這就是之所以使用「實效」這個詞的原因，不過測量時所使用的PC規格則是依各廠商而異，而且寬頻路由器的設定也各有不同，所以直接將各家的FTP值放在一起比較的作法是非

照片2

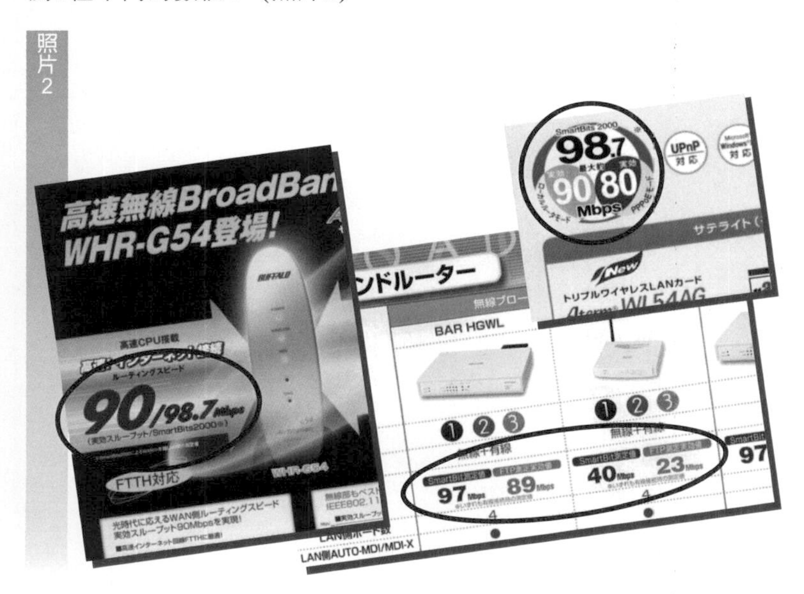

簡單的實驗
實驗是由TOYO Corporation協助進行的。

2台寬頻路由器
2台路由器都是Corega K.K.的產品，「BAR SW-4P HG」屬於高階機種，而「BAR SD」則是平價機種，本次實驗所採用的是預設值(啓動位址轉換)，測量從網際網路端將UDP封包轉送至區域網路時的速度。

圖5 測量方法有2種 寬頻路由器的型錄上之所以會出現2種轉送速度，是因為測量方法有2種的關係。

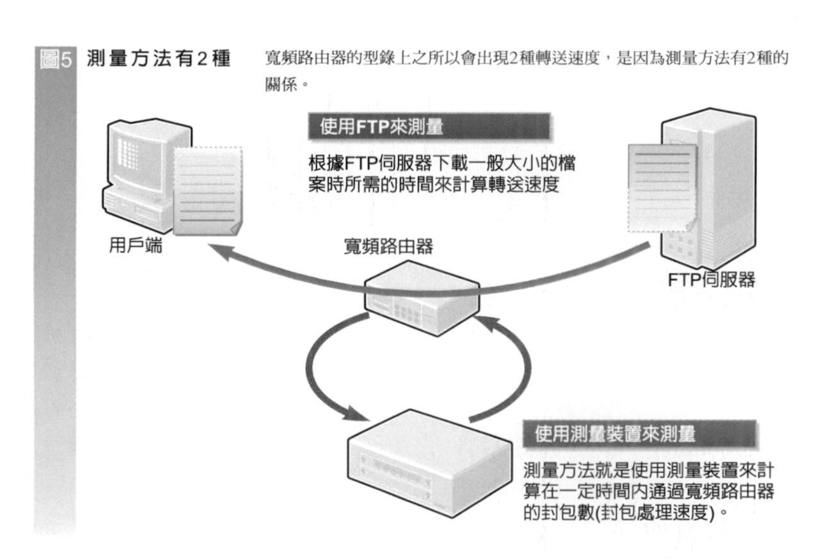

常危險的。

「性能」會依封包大小而異

爲了要瞭解2種「Throughput」值代表什麼樣的意義，所以我們進行了一個簡單的實驗，首先準備2台型錄上公稱性能值不同的寬頻路由器，並且使用SmartBits來測量Throughput值。

我們所準備的產品包含市場價格約3000元左右的高階機種，以及1000元左右的平價機種，型錄上寫著高階機種的FTP值是89M bit/秒，而平價機種的FTP值是37M bit/秒。

實際的量測內容是一面改變所轉送的IP封包大小，同時測量各種寬頻路由器在處理能力上的變化，我們將結果彙整爲圖6，每一個機種都有2個圖表，Throughput值爲資料的轉送速度，單位爲bit/秒，另一個圖表則表示路由(Routing)速度，也就是我們在本節一開始所說明過的，能夠代表封包處理能力的數值，單位爲封包/秒。

從圖表上來看就會立刻發現，封包的大小愈大，被標示爲bit/秒的Throughput值就愈大，當IP封包的大小到達最大1500 byte時，Throughput值就會變得最大。

代表性能的路由速度

各位只要稍微思考一下就不難瞭解，因爲單位爲bit/秒的Throughput值代表每個單位時間傳送的資料量(bit數)，所以才會造成前述現象。

寬頻路由器的工作就是將接收到的IP封包加工並且傳送出去，處理時是以封包爲單位來進行的，換句話說，無論封包的大小爲何，都不太會改變路由器在處

特別報導 SmartBits是什麼樣的裝置呢？

SmartBits就是測量網路裝置性能的一種裝置，寬頻路由器的型錄上有時候會標示「SmartBits 2000」等字眼，這就是該裝置的機型，目前日本國內除了前述機型外，另外還有3種在市場上販售。

SmartBits可以正確地測量封包由傳送至對象裝置到返回的時間差(延遲)，封包在傳送時因為會加入特殊的tag，所以即使在傳送過程中改寫標頭(header)的內容，也能夠判別該封包是否和剛剛傳送出去的那個封包相同，因為傳送時可能會在任意的時間傳送任意大小的封包，本裝置皆可進行各式各樣的測量方式。

本次在測量時，除了測量封包的損失比率外，同時還逐漸提高封包的傳送速度，如此一來就能夠測量出不會發生封包損失的上限速度了。

當我們逐漸提高封包的送達速度時，會因為在某個點發生超過裝置能力，來不及轉送，因而發生封包損失的情形，此種緊迫的速度即為最大的路由速度。

照片A 使用SmartBits測量時的情景
測量封包由傳送至對象裝置到返回的時間，即可測量出網路裝置的Throughput值。

應該是從路由速度來判斷才是
商務使用的路由器在標示產品時並不會使用bit/秒的Throughput值來表示性能，而是用轉送最小46 byte的IP封包(64 byte的乙太網路訊框)時的路由速度(封包/秒：pps)來表示。

圖6 封包大小愈大表現出來的速度就愈快　使用SmartBits來測量1000元以及3000元等2種寬頻路由器的速度，根據測量結果可以發現當我們增加封包大小時，表現出來的速度就愈快。

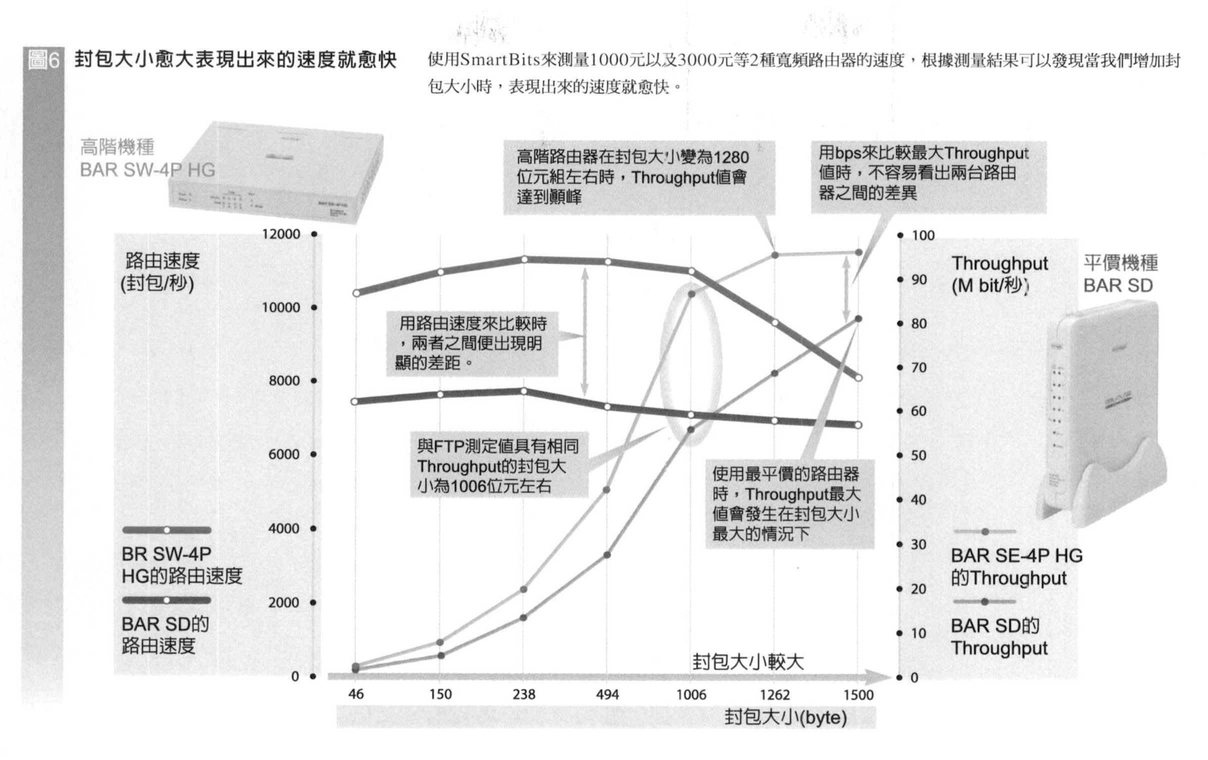

理作業上的負擔。

所以，封包的大小愈大，理論上來說路由器就會更輕鬆地表現出愈高的Throughput值，讓我們再看一次圖6，會隨著IP封包的大小而產生巨大改變的只有Throughput值而已，路由速度並不會出現太大的變化，原本路由器的性能應該是從路由速度來判斷才是✎。

如果各位瞭解當封包大小最大時，Throughput值也會變成最大的理由時，就能夠從型錄上的SmartBits值推算出約略的路由速度，不過對於最近推出的高功能寬頻路由器而言，有時候無法從簡單的計算方式求出路由速度。

讓我們再重新看一次圖表吧！當封包大小變爲1262 byte時高階機種的Throughput會到達巔峰，原因在於Throughput和介面的速度/-100M bit/秒十分接近，雖然路由器的轉送能力還有空間，不過因爲介面已經達到瓶頸，所以才無法再傳送任何的封包。

假如我們透過單純計算的方式，將型錄的SmartBits值除以寬頻路由器的路由速度，於是所得到的數值就會低於原本的性能。

FTP值就是封包為1000byte時的速度

接下來我們要從圖6的圖表中說明另一項數值-FTP值，當IP封包的大小爲1006 byte時的Throughput會接近型錄的FTP值，這樣的結果並非偶然。

當我們使用TCP/IP來進行實際的通訊作業時，會處理各種不同大小的封包，封包的種類有各式各樣，從控制用的簡短封包，到最長可以一次傳送1500 byte的資料封包，例如，如果所進行的動作是網頁存取的話，平均的封包長度大約爲500 byte。

當我們進行FTP轉送時，封包的長度會比網頁存取時還大，所以平均的封包長度就會增加爲1000 byte左右，因此當封包大小爲1006 byte時就會趨近於型錄的FTP值。

理解重點

單位為bit/秒的寬頻路由器，其Throughput值就是增加封包大小時的數值，封包大小愈小，Throughput值就會變得很低。

傳送速度
正確的說法是支援IEEE802.11b的4種傳送速度：① 11M bit/秒 ② 22M bit/秒 ③ 35.5M bit/秒 ④ 11M bit/秒，而且會依電波的狀況切換為最適合的速度。

FCS
Frame check sequence的縮寫，中文翻譯為「訊框檢查碼」，意思就是為了檢測錯誤而附加在資料中的資訊。

疑問4

11M無線區域網路速度不夠快的原因為何？

最後讓我們來談談無線區域網路的速度吧！想必有很多讀者都知道IEEE802.11b無線區域網路的速度是11M bit/秒，不過應該也有許多讀者的印象中，和10M bit/秒的乙太網路相較，「無線區域網路比想像中慢多了」。

Throughput約為乙太網路的一半

然而，事實上IEEE802.11b真的比10M bit/秒的乙太網路還慢嗎？首先為了確認這一點，我們將使用Throughput測量工具(請參閱P.204的特別報導)，以測量出兩者的Throughput(圖7)。

如同我們所看到的結果一樣，IEEE802.11b的Throughput大約只有10M乙太網路的一半而已，如此就能夠證明我們的感覺和事實其實是一致的。

不過再怎麼說11M bit/秒的無線區域網路竟然會比10M乙太網路還慢，確實是一件不尋常的事情，那麼無線區域網路IEEE802.11b號稱速度為11M bit/秒是虛構的囉？

非也，IEEE802.11b號稱速度是11M bit/秒並不是騙人的，所謂11M bit/秒指的是傳送資料時的傳送速度，換句話說，11M bit/秒表示傳送1個bit訊號時所需的時間約為1100萬分之一秒(約為90.0ns)。

相對地，10M乙太網路在傳送1個bit的資料時大約需要1000萬分之一秒(100ns)，如果只比較瞬間速度這個項目的話，IEEE802.11b的速度是比10M乙太網路還快。

不過，IEEE802.11b和10M乙太網路在資料傳送的步驟上卻有很大的差異，之所以會造成Throughput出現逆轉的結果，其實就在於傳送上的差異。

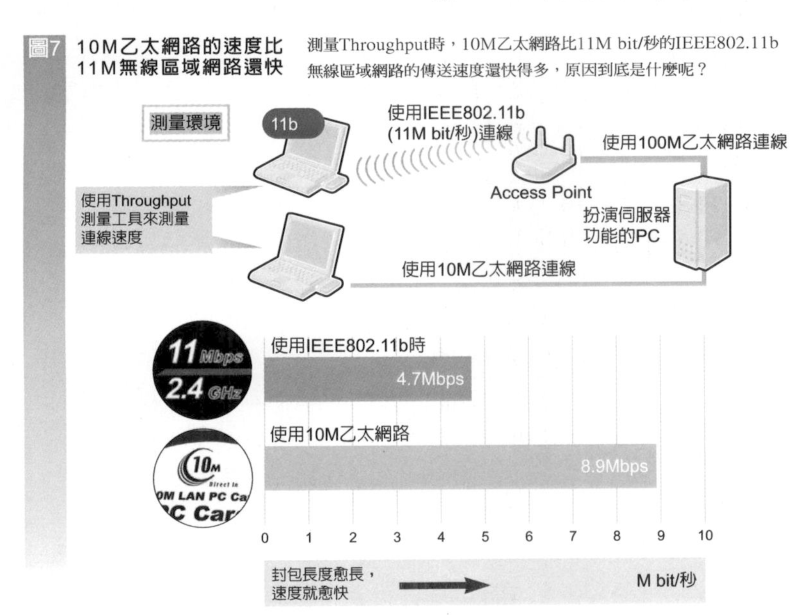

圖7 10M乙太網路的速度比11M無線區域網路還快　測量Throughput時，10M乙太網路比11M bit/秒的IEEE802.11b無線區域網路的傳送速度還快得多，原因到底是什麼呢？

乙太網路維持以10M的速度執行通訊

要瞭解傳送速度和Throughput之所以出現逆轉的機制，必須從乙太網路傳送資料的步驟來看(圖8的上方)。

乙太網路在傳送網路時所使用的單位是「訊框(Frame)」，每一個乙太網路訊框可傳送的資料最大單位為1500byte，該資料的前後會被附加14byte的乙太網路標頭以及4 byte的訂正錯誤用的FCS，如此便形成一個訊框

9.50M bit/秒
100M乙太網路(100BASE-TX)同樣也是1個frame包含1538 byte，因此100M乙太網路的最大Throughput理論值為10倍 95.0M bit/秒。

一樣為1500 bytes
根據無線區域網路的規格IEEE802.11b，雖然至多可傳送2312 byte，不過為了保持和乙太網路之間的整合性，所以還是必須配合乙太網路實際的規格才行。

PLCP標頭
PLCP就是physical layer convergence protocol的縮寫，中文翻譯為「實體層收斂協定」，是無線區域網路特有的標頭，可用於處理傳送速度或訊框長度等實體層的資訊。

總計為360ms
包含Frame gap也就是50μs的數值，根據IEEE802.11b的規定，平均backoff時間為310μs。

圖8 無線區域網路未傳送資料的時間較長　應用程式的資料傳送速度為10M乙太網路：10M bit/秒，而IEEE802.11b為11M bit/秒，所以IEEE802.11b的速度比較快，然而IEEE802.11b用於資料通訊以外的無用時間，比乙太網路還長的多。

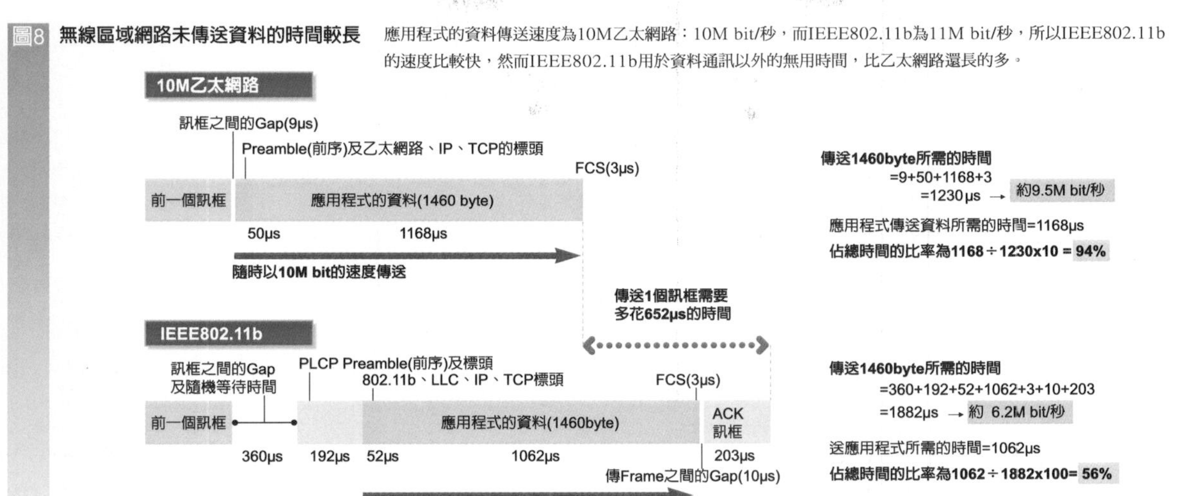

(Frame)，而且訊框前面還會加上一個8byte的「Preamble(前序)」訊號。

又，連續傳送訊框時所能夠保留的最小間隔，稱爲訊框之間的「Gap」，根據規定乙太網路必須保留12 byte的間隔，如果所使用的是10M乙太網路時，總共1538byte的資料會完全以10M bit/秒的速度傳送出去。

當我們執行TCP/IP通訊時，並不是要讓所有的使用者將訊框的資料部分當作資訊來使用，就如同我們在前面連線測速網站的該節所介紹過的一樣，因爲這些資料已經包含TCP及IP的標頭了，TCP的標頭和IP的標頭長度均爲20 byte。

Throughput的最大理論值約為9.5M

我們只要將前面所提過的條件歸納後，就可以開始計算10M乙太網路的Throughput最大理論值了，當我們連續傳送最大資料量的訊框時，只要用傳送一個訊框所需的時間，除以該訊框所能傳送的資料量即可。

然後將最大1500byte的訊框減去「Overhead」也就是TCP和IP標頭的總計：40byte後，得到的1460byte就是一個訊框所能夠傳送的最大資料量，傳送該資料量所需的時間就是傳送訊框長度、乙太網路的標頭和FCS、Preamble(前序)、Frame之間的Gap總計1538 byte(12304 bit)時所需的時間，換句話說，也就是1230 μs。

因爲傳送1460 byte(11680 bit)需要1230 μs，所以Throughput最大理論值就是11680(bit)/1230(μs)=9.50M bit/秒✐，雖然這個數值比圖7的實驗結果還稍微高一點，不過還算是預料中的數字。

同樣地，讓我們也來計算一下IEEE802.11b的Throughput最大理論值，不過，因爲無線區域網路的步驟比較複雜，所以計算方法也會比較繁複。

使用IEEE802.11b來傳送資料時所使用的訊框的資料部分和乙太網路一樣爲1500 bytes✐，不過，前面所附加的標頭比乙太網路還長，爲32 byte，FCS和乙太網路一樣是4 byte，所以最大長度的訊框1536 byte就能夠以11M bit/秒的速度傳送出去，而傳送所需的時間就變成1117 μs。

無線區域網路未進行通訊時的時間較長

然而，無線區域網路在傳送訊框前，會先傳送Preamble(前序)以及PLCP標頭✐，根據規定傳送兩者所需的時間總共需要192μs。

而無線區域網路在傳送訊框前，必須等待的時間爲訊框之間的Gap時間加上隨機決定的Backoff時間，根據IEEE802.11b的規定前述兩者的時間總計爲360μs✐。

ACK訊框
ACK就是「acknowledgement」的縮寫，就是告知對象端通訊已經成功的訊框。

等待時間
當多個終端裝置同時將資料送出時，為了解決無線特有的問題，也就是不容易檢測出是哪一台裝置送出資料，所以會加入一些等待時間。

GUI
「Graphic user interface」的縮寫，意思就是可以利用畫面上所顯示的視窗或是按鍵來操作軟體的使用者介面(User Interface)。

簡易測試Throughput(傳輸量)的方法

我們經常希望測量一下網路通訊究竟能夠在目前的環境下達到什麼樣的速度，尤其當我們購買新的網路裝置時，如果能夠用簡易的方法測量出網路的Throughput，真是一件再好也不過的事了。

接下來將為各位介紹2種可運用在前述用途的Throughput測量工具，第一種是美國Printing Communications Associate所發表的「PCAUSA Test TCP(PCATTCP)」，另一種則是由RUMA所開發出來的「通訊埠Benchmark測速軟體」(圖A)，兩者皆為免費軟體。

兩者在測量時所使用的基本機制都是一樣的，就是從某一端的PC啓動扮演伺服器角色的軟體，然後再根據和另一台PC之間處理封包時所花費的時間計算出速度。

因為資料處理時只會在PC的記憶體上進行，所以和連線測速網站從FTP伺服器下載檔案的測試方法不同，非但不會受到磁碟存取的影響，而且測量時只要很短的時間就夠了，由於封包大小或是通訊協定可以有各種變化，因此使用者能夠根據各種不同的通訊狀況來設定許多使用方式。

兩種方法之間的不同依實際的使用狀況而異，PCATTCP並未配備GUI ✐，所以必須在Windows命令提示字元(Command Prompt)的環境下操作，所以只要將程式安裝在硬碟中，即可從命令提示字元叫出該程式使用。

而在另一方面，「通訊埠Benchmark測速軟體」使用的是GUI操作畫面，所以可以假設各種通訊狀態，並且執行自動測試模式，使用者能夠依照實際的使用狀況向程式下指令。

不過，從某個角度而言，使用GUI來測試邊界性能的方式有可能會因為PC的CPU能力影響測試結果，所以如果您測試時所使用的PC等級並不是很高的話，最好還是使用PCATTCP的方法比較理想。

圖A 使用工具即可簡易測試出Windows PC的Throughput

其所使用的機制就是由某一端的PC啟動模擬伺服器，然後再測量另一端PC的工具處理資料時所需的時間。

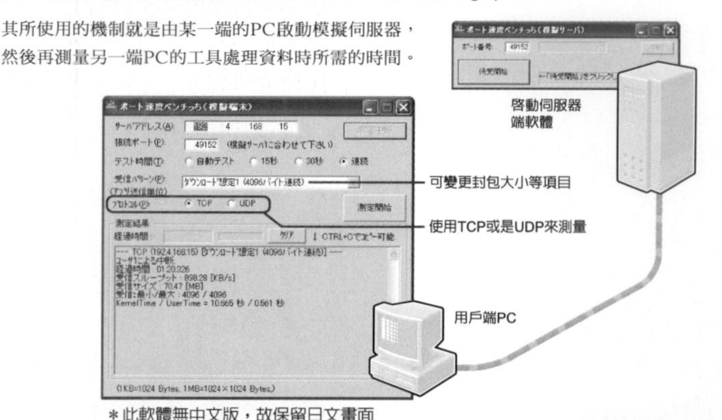

＊此軟體無中文版，故保留日文畫面

而且根據無線區域網路的規定，每當訊框被傳送出去時，對象端會送出一個ACK訊框以確認通訊是否成功，所以PC在收到ACK訊框 ✐ 前不得送出下一個訊框，這一段等待時間總計爲213µs。

換句話說，當無線區域網路要傳送1個訊框時，除了1117µs的資料傳送時間外，還要再加上765µs的等待時間，將兩者加總後就得到1882µs，因此，IEEE802.11b的Throughput最大理論值就是將1882µs除1460 byte(11680 bit)，於是就得到6.21M bit/秒。

相對於資料的傳送時間，必定會發生765µs的等待時間 ✐，這就是無線區域網路的Throughput之所以會降低的最大要因，54M bit/秒的無線區域網路規格IEEE802.11a(g)也是同樣的原理，所以Throughput會比傳送速度低得多。

雖說如此，上述計算值都是假設所有通訊作業順利進行的狀態，無線區域網路不同於有線的乙太網路，容易因爲干擾(noise)的影響而導致傳送失敗的情形發生，如果再加上這些損失(loss)的話，在實際使用環境下的使用速度可能會更慢。

理解重點 bps

IEEE802.11b的速度：11M bit/秒指的是傳送資料時的瞬間值，不過，建立通訊機制時會產生許多Overhead，因此造成Throughput大幅降低。

總結

「bps」有2種面貌

「bps」有2種

「bps」這個單位會因為出現在不同的網路而具備不同的意義，不過「bps」的意義可以大致分為兩種：「傳送速度」及「Throughput」，如果以運送貨物的輸送帶為例，輸送帶移動的速度就是所謂的「傳送速度」，而使用輸送帶來運送貨物時，承載貨物的速度就稱為「Throughput」。

目前爲止我們已經針對許多使用網路的場合介紹過「bps」所代表的實際速度。

雖然從表面看起來這些不同的場合出現的數值，彼此之間好像毫無關係，不過實際上他們卻可以分爲2個組別。

傳送速度及Throughput

第1組就是代表「傳送速度」的數值，也就是表示網路或網路裝置能夠傳送多少個位元的數值，像前面介紹過的乙太網路-10M bit/秒、IEEE802.11b(11M bit/秒)以及ADSL的連線速度等數值就屬於本組，這些數值只是單純地表示每秒可傳送多少位元的資料而已。

傳送速度的數值是一種取決於許多不同情況下的規格或是裝置能力的固定數字，只要數值確定後，就不容易受到測量方法或是環境所影響了。

不過，我們無法根據傳送速度得知使用者可使用的速度爲何，所以這時候需要另一種數值來表示，那就是「Throughput」，比方說連線測速網站的測速結果、寬頻路由器的2種Throughput、或是無線區域網路的實效速度等都屬於第2組。

這些數值大多代表實測值，也就是使用者實際上「已經使用多少位元的資料」，換句話說，是根據測量所得的速度。當作使用者使用裝置的結果，具有一種特性，就是容易因爲使用狀態或測量方法而受到嚴重的影響。

網路就像是輸送帶一樣

這兩組數值彼此息息相關，當我們使用某一種網路裝置來進行通訊時，該裝置的Throughput值並不會超過傳送速度，因爲在傳送過程中存在著各種Overhead，當Overhead愈多，代表Throughput和傳送速度的差距就會愈大。

我們只要用輸送帶運送貨物的例子來想像，就不難理解上述關係之所以會發生的原因，輸送帶的移動速度就是所謂的「傳送速度」，而實際運送貨物的量則是所謂的「Throughput」，我們在裝載貨物時不一定會到達輸送帶的能力極限，因爲在某些狀況下，爲了安全運輸的考量，我們必須同時運送像是包裝材料等多餘的材料才行。

事實上，在本次所介紹的內容當中還有另一種數值，那就是經過紙上計算後，所能得到的Throughput最大理論值，ADSL的規格速度其實就是根據這項理論值，加上使用環境等考量因素後，再由業者訂定出來的一項數字。

如果用輸送帶的例子來看的話，就像輸送帶廠商在型錄規格上所聲稱的「能力值」是一樣的道理。

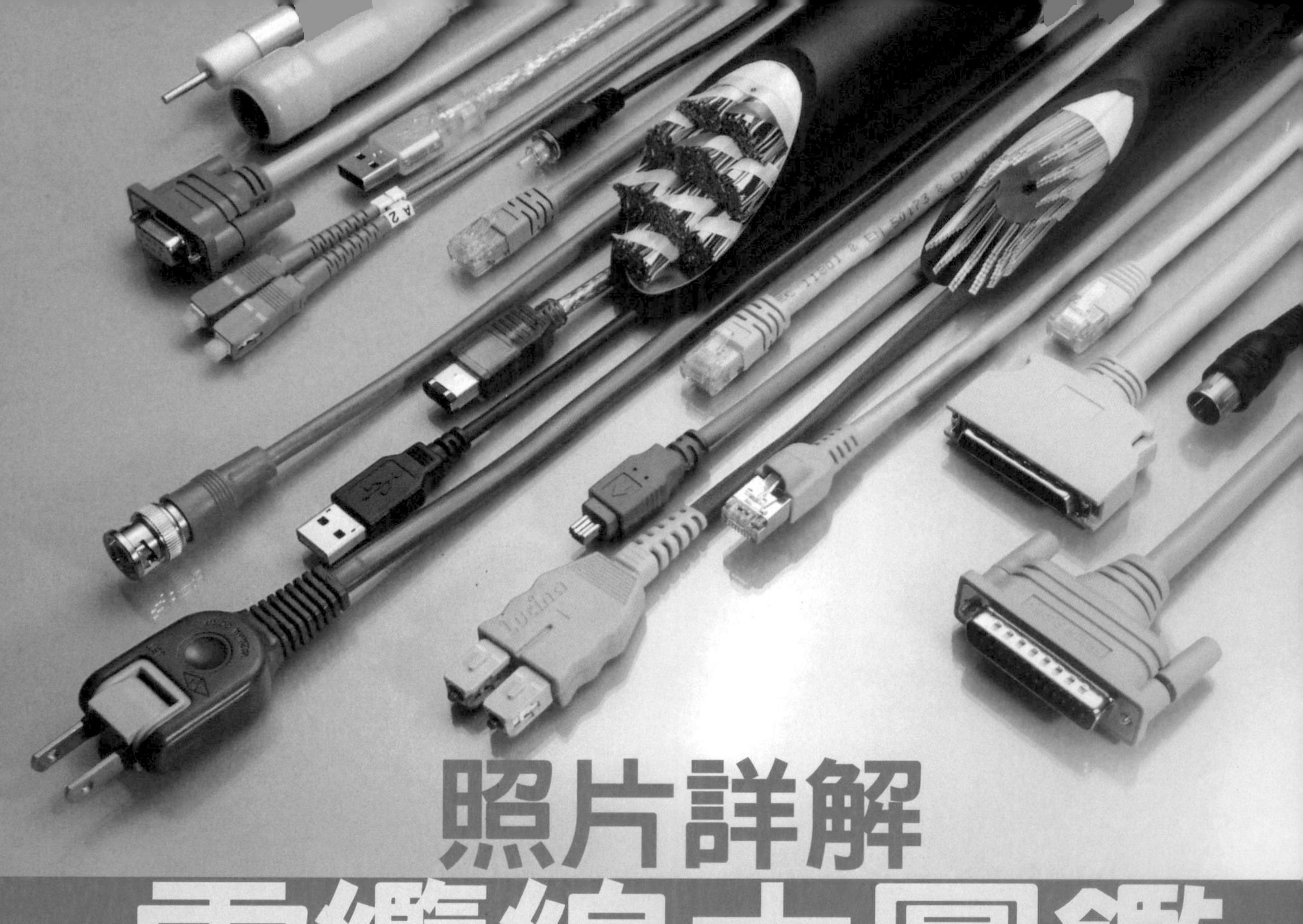

照片詳解 電纜線大圖鑑 從雙絞線到海底電纜

通訊電纜是一種統稱，其實它所包含的種類非常繁多，從我們最熟悉的電話線、區域網路專用的雙絞線，以致於電信公司機房所使用的多芯纜線、海底電纜等各種不同的纜線，他們的形狀、材料、結構等也依產品的不同而異，接下來就讓我們一面介紹通訊電纜的特色，同時帶領各位以圖解的方式徹底瞭解各種纜線。

第一節 通訊電纜應具備的功能

對於網路而言，通訊電纜扮演著不可或缺的角色，我們之所以能夠和世界的任一個區域執行資訊處理工作，可以說是因爲到處佈滿通訊纜線的緣故。

不過，事實上我們從來沒有機會一睹通訊電纜的內部結構，所以本章將爲各位分解各種電纜，從雙絞線到海底電纜等25種電纜，並且一窺他們的內部結構。

這25種電纜無論在外觀上或是內部結構上都各有特色，然而，這一次我們所要介紹的纜線大多具有一個共同的目的，那就是資訊處理，而且資訊必須確實送達既定的目的地才行。

如果將這個共同的目的對照目前的通訊現況時，立刻就能夠瞭解通訊纜線必須符合4項要件，所以在介紹纜線的實際內部構造前，先讓我們來整理一下這些要件吧!

雖然集結3600條線，仍然能夠一手掌握

通訊纜線必須符合4項要件: ① 線徑小、容易拿握 ② 能執行高速通訊 ③ 能夠將資訊傳送至遠端 ④ 成本低廉，其中最受到重視的2項要件就是線徑小以及高速。

首先讓我們來談談線徑小的部分，通訊纜線大多採取星狀配線，像是從電信公司到用戶的住宅、或是從網路交換器到PC等皆屬此類，對於纜線集結的位置而言，纜線的線徑愈小就愈好。

以市內電話線爲例，室內電話線可以將用戶超過1萬人的線路拉到機房，事實上目前電信公司所使用的是包含包覆材爲直徑66mm的纜線，此種纜線可容納3600對用戶線路，每1位用戶的面積小於1平方毫米，作法就是將直徑0.32mm的銅線對絞合在一起(照片A)，當每1位用戶的纜線線徑縮小後，電信公司週遭的電線桿不會再佈滿纜線，而且也不需要再挖掘巨大的隧道來容納用戶線路了。

區域網路線也是同樣的狀況，有許多通訊電纜會連接至網路交換器，如果電纜太粗不容易拿握的話，不但使用者要將纜線插入通訊埠時需要大費周章了，而且每當纜線新增時，還需要進行追加工程，有時候我們會看到有些辦公室或是家庭會讓網路線佈滿地毯下方或是牆上，目的在於希望人踩在上面時不容易發現或是注意到纜線的存在。

不過，對於某些纜線而言，我們並不會在意它的粗細，我們會在路徑當中將1條通訊纜線的訊號分歧，然後採取1對1的方式來連接機房或是裝置，比方說，用於CATV纜線或是過去的乙太網路的10BASE5 ✐ 纜線，會在纜線的中間讓訊號分歧，並且連接至許多終端裝置，採取此種連線類型時，線徑小這項要件並不是非常重要。

只要能傳送訊號的形式即可

然而，從電氣特性上來看，銅線愈粗的話，阻抗愈低，訊號就愈不容易衰減，如果使用的是細銅線的話，電氣訊號就會大幅衰減。不過要將通訊纜線的線徑縮小並不是一件難事，那是因爲當我們在進行通訊時，即使訊號變小也無妨，傳送電能和傳送訊號所必須具備的要件並不相同(p.212的圖1-1)。

當纜線在傳送電力時，如果電能消失的話會讓我們非常困擾，所以我們會設法採取像是將電線的線徑加大等方法，以便能夠盡量減少電能損失，所以電線會變粗也是必然的結果。

像是電力供應網路主幹部分的

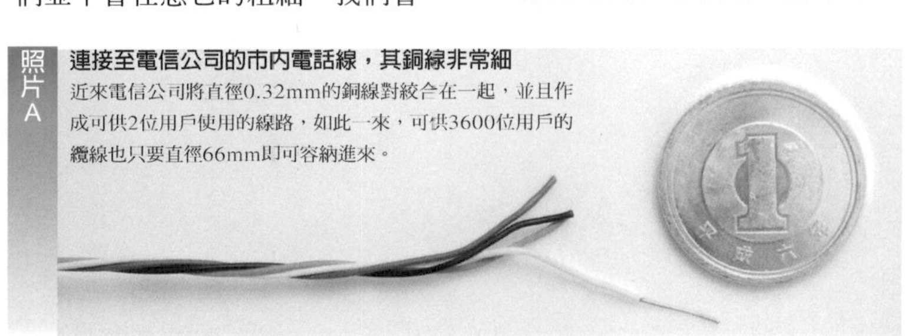

照片A **連接至電信公司的市內電話線，其銅線非常細**
近來電信公司將直徑0.32mm的銅線對絞合在一起，並且作成可供2位用戶使用的線路，如此一來，可供3600位用戶的纜線也只要直徑66mm即可容納進來。

10BASE5
也就是傳送速度為10M bit/秒、傳送距離為500m的乙太網路規格，使用的是同軸電纜，關於10BASE5所使用的纜線請參閱P.227。

約為3萬分之一
直徑為60mm的銅線其直流阻抗約為1km 0.007Ω，相對地，線徑為0.32mm的用戶線路其直流阻抗為1km 200Ω。

交流阻抗
交流電通過時遇到阻抗的單位，又稱為「Impedance」，和直流阻抗一樣，單位為Ω(歐姆)，交流阻抗除了電路的直流阻抗外，還會因為受到以下條件影響，而改變數值，① 電路的電氣儲存特性 ② 當電壓產生後，電流通過電路前所需花費時間的特性，對於被稱為特性阻抗的纜線而言，其交流阻抗並不會因為纜線長度的改變而產生變化。

輸電線，就是使用直徑約爲60mm的粗銅線，長度阻抗和市內電話纜線的銅線相較約爲3萬分之一，如此一來線徑愈粗、阻抗愈小，就能夠讓耗損掉的電能幾近於零。

當通訊電纜的銅線愈細時，電子訊號的衰減就會比電力纜線大得多，不過，對於通訊電纜而言，訊號衰減本身並不會引起太大的問題，通訊電纜會用訊號的形式來傳送資訊，即使訊號變小，只要訊號的形式能夠被傳送給對象端就算是完成任務。

速度愈快、干擾就愈嚴重

不過，事實上要維持訊號的形式將資訊送達對象端，並不是一件容易的事。因爲當電子訊號通過銅線時，銅線會不斷地受到電氣的影響，結果就會讓毫無關係的電流通過，因而發生干擾，並且造成訊號混亂，當干擾大到無法分辨訊號時，這時候就會造成通訊作業無法順利進行。

即便如此，如果在低速通訊的狀態下，是不會造成什麼問題的，因爲在低速傳送時，能夠清楚判別的訊號會被緩慢地傳送出去，所以不容易受到干擾的影響。不過，當傳送速度變快時，就必須將這些差異不大的訊號切換爲高速狀態後再傳送出去，這時候如果因爲干擾使得原本的訊號受到些微的破壞，就會造成資訊無法復原的情形，因此，用於高速通訊的纜線必須具備強大的耐干擾性。

干擾的原因主要來自於內部及外部2種因素(圖1-2)，其中最大的問題就是纜線內部其他的銅線所造成的影響，如果纜線愈靠近干擾源，那麼銅線上的干擾就會變得愈強，所以一旦其他銅線上的訊號因爲電磁誘導的關係而進入其他的銅線時，這時候串音(Crosstalk)的情形就會變得非常嚴重。

高速通訊時特別容易發生串音(Crosstalk)的現象，高速通訊時因爲訊號會被高速切換，當然頻率就會變得愈來愈高，當頻率變高時，容易發生電磁誘導的現象，這時候某條銅線的訊號進入其他的銅線，並且變成干擾的可能性就會增加。高頻率的訊號也容易因爲銅線中交流阻抗的變化而產生反射的情形，而反射的訊號會和原來的訊號互相重疊，因而破壞訊號的形狀，所以只要稍微改變銅線之間的間隔，就會造成干擾發生。

光纖能夠超越銅線的極限

當通過纜線的電子訊號頻率高時，還會出現一種容易衰減的特性，換句話說，高速通訊時除了干擾會變大之外，訊號本身也會變得比低頻率還小，相對地要製作一條能夠將資訊正確地傳送至遠端的纜線也就難上加難了。

爲了要克服這些惡劣的條件，用於高速通訊的纜線必須在許多方面多加改良，像是將銅線對絞合在一起、或是加上電磁遮蔽等，經過改良後，以銅線爲材質的網路對絞線便能夠將1G bit/秒的資料傳送到100m的位置。

不過，使用銅線而且傳送速度超過1G bit/秒的纜線並不實用，目前的高速通訊大多採用光纖。

使用光纖通訊時，光訊號會取代原本的電子訊號方式，將資訊傳送給對象端，通訊裝置及終端裝置會將準

圖1-1 **縮小通訊纜線線徑的原因** 通訊纜線能夠將訊號的形狀傳送出去，除非訊號變小到幾乎無法判讀的地步，否則即使出現有些微的衰減也無妨。

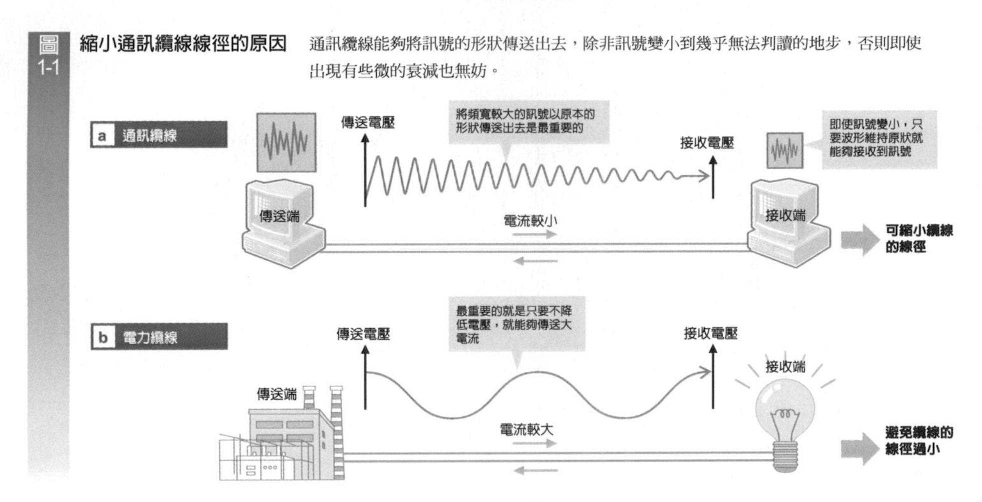

UTP
Unshielded twisted pair的縮寫，中文翻譯為「無遮蔽式雙絞線」，意思就是未配備電磁遮蔽的雙絞線，常用於乙太網路纜線。

IEEE
Institute of Electrical and Electronics Engineers的縮寫，意思就是美國「電子電機工程師協會」，為美國制定乙太網路標準等的標準化機構。

Category
UTP纜線的品質規格，Category後面的數字愈大表示品質愈好。

TIA/EIA
Telecommunications information Networking Architecture Consortium/ Electronic Industries Alliance的縮寫，兩者皆為美國的業界機構，TIA是美國電訊工業協會，而EIA則是美國電子工業協會，負責制定通訊裝置的相關規格。

備傳送的電子訊號先轉換爲光訊號後再傳送出去，而接收端則會把收到的光訊號，再次轉換爲電子訊號，雖然將電子訊號轉換爲光訊號時需要耗費時間，不過光訊號不同於電子訊號，不容易受到電子干擾的影響。

再者，光纖還有另外一項特色，那就是能夠減少訊號衰減的程度，使用光纖的話，就能夠以兆等級(tera)bit/秒的速度將資料傳送到將近100km以外的地方，而光纖本身的線芯也非常細，每條線的線徑大約爲0.1mm強。

圖1-2 干擾的原因分為內部和外部等2種

尤其佔最大比率的就是同一條纜線上的串音(Crosstalk)現象，因此通訊纜線必須設置防止干擾的對策。

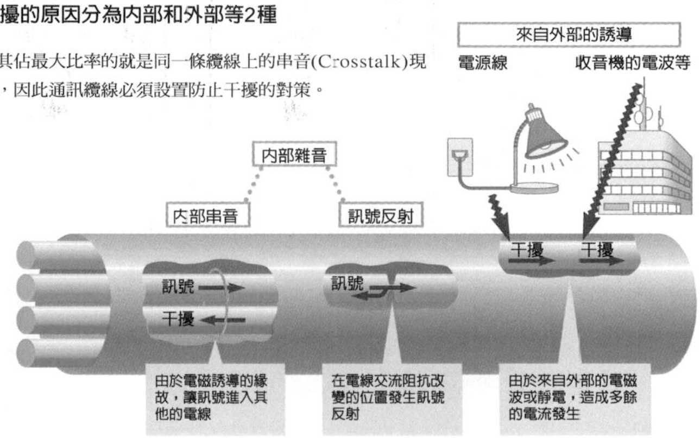

依用途選用適合的纜線，同時考量價格

如果光是考量速度、線徑或是傳送距離的話，無疑地最理想的通訊纜線就是光纖，然而，並不是所有地方都能夠使用光纖，我們必須將操作的方便性、連接介面等因素，以及價格等作通盤考量後，再選用適合的通訊纜線。

例如，以區域網路而言，絕大部分使用的是銅線、非遮蔽式對絞線(UTP ✐)，原因在於操作簡便，而且PC和網路交換器(LAN Switch)的介面部分不需要將電子訊號轉換爲光訊號，所以只要採用簡單的架構即可，而電視電纜線由於需要傳送高頻的電子訊號，所以務必使用在架構上已經多加改良的同軸電纜。

即使電纜線的材質相同，也會因爲所使用的場所不同而改變其架構，同樣是光纖或是銅線，某些場所需要使用1條或2條線，有些場所則需要將多條纜線捆在一起，另外，有時候電纜線還必須配合環境的變化，確保能夠耐受水壓或是外部壓力的強度。

纜線正不斷地演進

目前的纜線除了考量如何取得線徑、速度、距離、價格等項目的均衡外，還不斷地朝更高的目標改善，其中最令人驚艷的是區域網路用的UTP的演進，除了配合IEEE ✐ 制定高速乙太網路技術標準的步調外，還能夠以高速的方式支援Category ✐ 3、Category5、Category5e、Category6等。

1990年由TIA/EIA ✐ 所制定的Category3只適用於乙太網路中的10BASE-T，可傳送的資料量只能達到單向10M bit/秒，而傳送頻率只有16MHz，不過直到Category3出現前，乙太網路只能使用操作十分不易的同軸纜線，乙太網路所使用的纜線從同軸纜線轉換爲線徑又小、又容易操作的對絞線，對於當時的觀念確實造成非常大的衝擊。

接著1995年推出適用於100BASE-TX，而且傳送訊號可達100MHz的Category5，然後又在1999年推出適用於1000BASE-T，而且電氣特性高於Category5的Category5e，2002年則推出傳送頻率可達250MHz的Category6，由此可知，這十幾年來乙太網路的速度已經達到原來的100倍以上。

儘管如此，通訊距離都還是維持原本的100m，而價格方面也幾乎未出現太大的變化，所以100BASE-TX使用Category5e也變成理所當然的一件事了，不僅如此，業界目前還正在檢討將Category 7的纜線用於10G乙太網路。

同樣地，光纖也不斷地在演進，業界持續改良纜線，並且思考如何能夠用1條纜線就達到高速以及長距離的傳送目標，因此我們也可以從市場上看到一些重視易用性的纜線產品。

目前通訊纜線正伴隨著網路頻寬的增加，而穩健踏實地朝更高的品質演進當中。

第二節

徹底分析25種電纜

接下來，就讓我們從這麼多種電纜線當中，逐一來分析他們的結構吧!

不過在分析之前，先讓我們說明一下電纜線的類別，在本節的圖鑑當中，乃是依導體的材質及用途來區分電纜線的，材質共有3種: ① 銅線 ② 光纖 ③ 同軸，用途則共分爲4種: (a)區域網路用(b)廣域網路(WAN)用(c)週邊裝置/家電裝置用(d)電源用等(圖2-1)。

在材質中第 ① 類「銅線」指的是內含2條以上銅線的電纜線，除了經常被用於區域網路的UTP外，撥接電話線、USB線，以及RS-232C控制纜線等也都被納入 ① 的類別中。

第 ② 類「光纖」指的就是透過光訊號來處理資料的電纜線。

第 ③ 類「同軸」電纜指的是中心有一條銅線，週邊被絕緣物料及隔離物(Shield)包圍成同心圓狀的電纜線，同軸電纜不同於使用銅線的其他電纜線，具有能夠傳送高頻訊號的特色，日常生活中最常看到的就屬電視連接線了。

若依使用用途來分類時，幾乎可以對應至最大纜線長度的差異，區域網路線的長度是以100m以下爲主流，不過也有像多模光纖(Multi-mode Fiber)一樣，能夠延長至數公里的類型，以廣域網路纜線而言，除了特殊用途外，其預設的用途大多用在比區域網路線還要長的距離上，像撥接電話線可達數公里，如果是機房之間的中繼纜線的話，傳送距離甚至可達100km左右，而週邊裝置/家電裝置纜線的使用目的是在連接PC和週邊裝置或是家電裝置，因此對於這一類的纜線來說，前提必須能夠傳送數公尺遠，另外，像是電源則歸類爲另一種使用用途。

從下一頁開始，我們將爲各位依序剖析 ① 銅線 ② 光纖 ③ 同軸等每一種電纜線，並且從相同的材質當中，依區域網路、廣域網路、週邊裝置連線等不同的用途分別介紹，接下來就讓我們開始進入正題囉!

圖2-1 本書所收錄的纜線類別
標示說明所在的頁碼

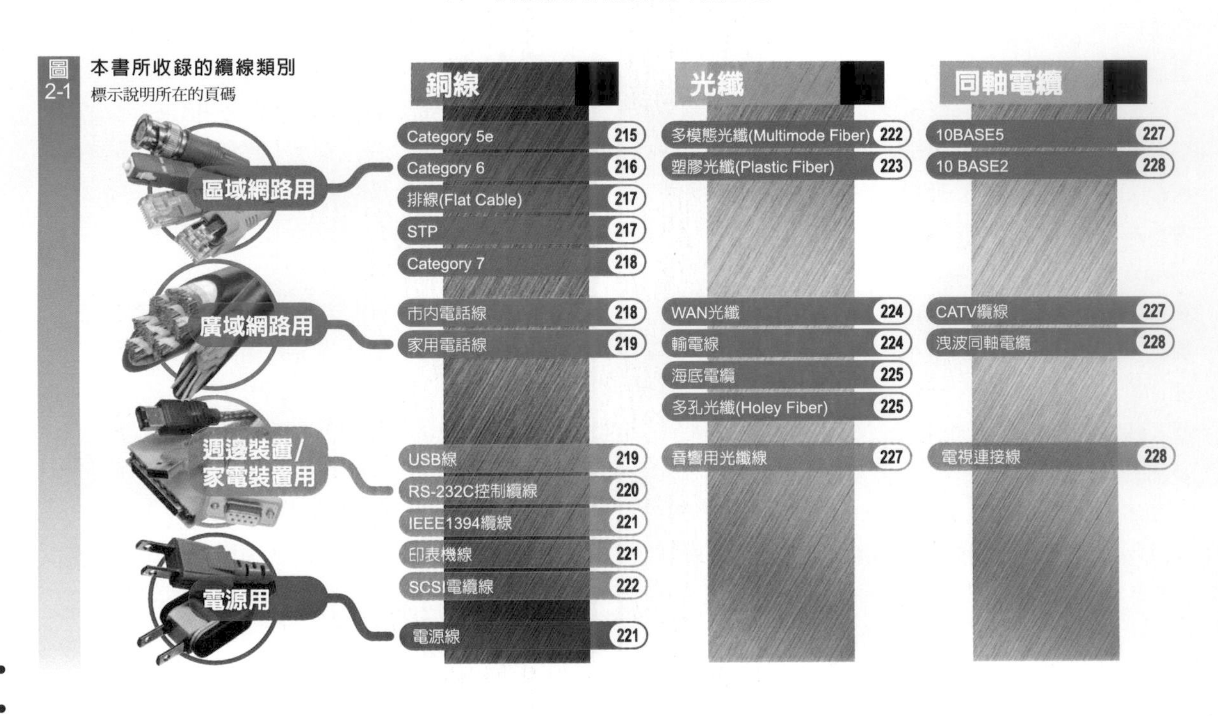

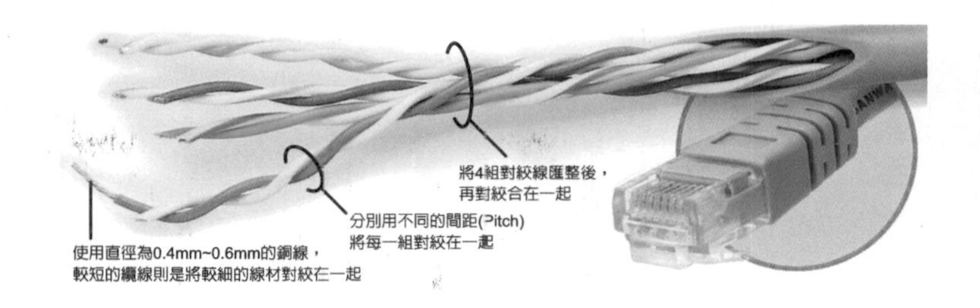

目前最常用於區域網路的纜線，正確名稱爲「Enhanced Category 5e(超5e類)」，雖然Category 5e是在1998年才推出，不過目前已經凌駕下一級規格-Category 3、Category 5的纜線，事實上Category 5e已經成爲區域網路非遮蔽式對絞線(UTP)的代表了。

Category 5e是以2條銅線爲一組對絞後放在纜線中，所以纜線中能夠容納4組銅線，接著再將這4組對絞線稍微捻在一起後放在纜線中，如此一來，便能夠將串音或是外部雜音所造成的影響降至最低後，再傳送訊號(參閱P.215的特別報導)。

Category 5e和Category 5兩者之間的差別就是Category 5e追加了Category 5所未規定的電氣特性基準，如此一來即使使用IEEE所制定的Gigabit Ethernet(千兆乙太網路)規格-「1000BASE-

選擇區域網路線的理由

有許多區域網路線，像是Category 5e的UTP纜線等，會以2條銅線為1組後再對絞合在一起，目的在於希望大幅減少銅線上的干擾所造成的影響(圖A)。

將一對絞線分開，干擾就會增加

一對絞線乃是利用2條銅線間的電位差來傳送資訊，當這一對絞線受到電磁波的影響時，就會讓電流通過每一條銅線，此種電流就是干擾的原形。

銅線上的干擾會因為一對絞線的間隔不同而變大，當一對絞線之間出現間隔時，貫穿間隔的磁力線就會變多，在這一連串變化的過程中，2條銅線會分別產生反方向的干擾，當電磁波和2條對絞線之間的距離愈大時，所造成的干擾就愈大。

此時，只要將2條對絞線放在相同的位置就不會產生上述的干擾了，當2條對絞線位於同樣的位置時，就容易出現相同的微弱電流通過對絞線的特性，而且還無法從電位差看出任何變化，換句話說，這時候的干擾等於零，然而，每一條銅線的外面還有包覆材，所以要完全放在同樣的位置是不可能的，因此，才會將2條銅線對絞在一起。

當我們將銅線扭轉半圈時，干擾的影響就會以反向動作，假如纜線上的電磁波在任何一個位置的強度都是相同的話，那麼只要將銅線扭轉半圈，就能夠解除銅線上的干擾，因此，對絞線的干擾會比平行絞線還小得多。

將銅線對絞的效果不單只有減少外部干擾的影響而已，還能夠降低電磁波從銅線發射到外部的機率，每當銅線被扭轉半圈時，對絞銅線所產生的電磁波方向就會變成反方向，所以只要間隔一段距離，電磁波就會小到幾乎可以忽略的程度。

改變同一條纜線內的對絞間距

UTP或市內電話線大多會在對絞銅線的對絞方式上多加著墨，藉以大幅減少同一條纜線內來自其他對絞線的雜音。

如果所有的對絞線都以同樣的比例(間距)對絞時，這時候因為方向一致，所以無法減少干擾，反之，如果分別改變4對對絞線的間距的話，每一條對絞線的位置關係就會因不同的位置而互相偏移，因此就比較不容易發生干擾的情形。

圖A 對絞的方式比較能耐干擾

根據法拉第定律的說法，當一對銅線之間的磁力線發生變化時就會產生干擾，所以只要將銅線對絞後，即可抵銷干擾。

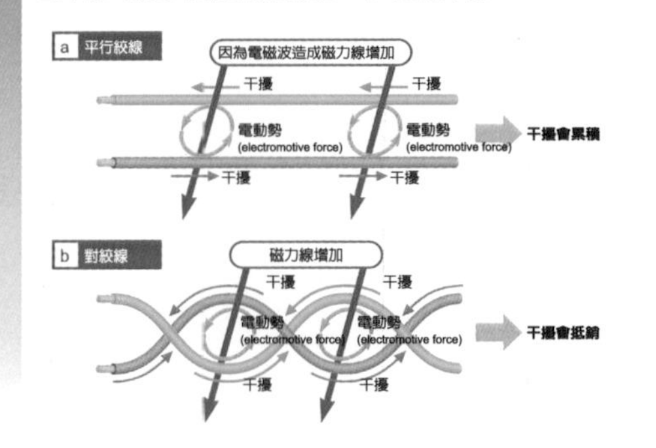

T」，也能夠將資料傳送到100m以外的距離，至於兩者之間的共同點則是傳送頻率皆爲100MHz等。

纜線製造商爲了兼顧易用性和傳送特性，因此將改良的重點放在一些無形的因素上，比方說，市售的產品會依纜線的長度不同而改變銅線的材質，以100m左右的纜線來說，大多會使用傳送特性佳、而且線徑大的1芯線材，而15m以下較短的纜線因爲重點在於易彎性，所以大多會將較細的線材對絞在一起，並且使用1條銅線。

也就是支援Gigabit Ethernet(千兆乙太網路)新規格「1000BASE-TX」的UTP，1000BASE-TX並不是將乙太網路規格標準化的IEEE802委員會所制定的，而是TIA/EIA將之標準化的，雖然目前IEEE802委員會同樣在進行標準化作業，不過尚未進入規格化的階段。

使用1000BASE-T時，1對對絞線能夠以250M bit/秒的速度同時進行上傳/下載，所以4對對絞線總共能夠以1G bit/秒的速度進行全雙工作業，而 1000BASE-TX會分別使用2對對絞線來執行上傳及下載傳送，使用1對對絞線的傳送速度爲500M bit/秒，所以傳送頻寬會達到Category 5的2.5

接地對於遮蔽式纜線而言十分重要

使用鋁箔或是銅線網來包覆通訊銅線，就稱為「遮蔽(Shield)」，纜線只要使用遮蔽材，即可遮斷外部產生的電氣干擾。

不過，遮蔽材必須接地才能發揮功能，否則有時候甚至會因為遮蔽材吸收到電磁波而傳導至內部的銅線。

在干擾較多的環境下，遮蔽式對絞線(STP)等纜線就會發揮其效力，只不過要完全發揮纜線的效率，則需要特別的心思及功夫。

多餘的電流需要出路

當遮蔽材接收到來自干擾源的靜電或電磁波時，就會透過集中靜電，或是讓電流通過的方式來抵銷干擾，不過，像對絞線之類銅線即使用遮蔽材來包覆，抵銷干擾的效果仍然少之又少，如果沒有將遮蔽材接地，電流就會失去出路，因而讓電氣積存在內部，當電流的量變大時，遮蔽材本身就會演變成干擾源，甚至有可能對內部的銅線造成不良的影響。

當我們希望將STP使用於區域網路，並且確實將遮蔽材接地時，必須將纜線插入裝置端金屬材質而且附接地的接頭，而且將該裝置確實接地才行。

將裝置端的通訊埠確實接地

使用遮蔽式纜線時容易出現2項問題(圖B)。

第一項就是裝置端的接頭不一定會附接地，乙太網路裝置的接頭大多沒有附接地，雖然附接地的接頭看起來像是金屬製的，但是實際上有些只不過是在塑膠上鍍上金屬而已。

另一項問題就是即使纜線附有金屬接頭，但是所連接的裝置大多沒有接地，最理想的作法就是遮蔽材使用專用的接地端子，以便能夠和建築物的接地設備互相連接，然而，事實上大部分的網路裝置或是PC並沒有專用的接地端子。

有時候電源插頭的某一側兼具接地的功用，但是有時候則會在配線的過程中將接地和未接地的部分交替使用，如此一來雖然已經接地，但還是不得不使用商用電源的電壓。

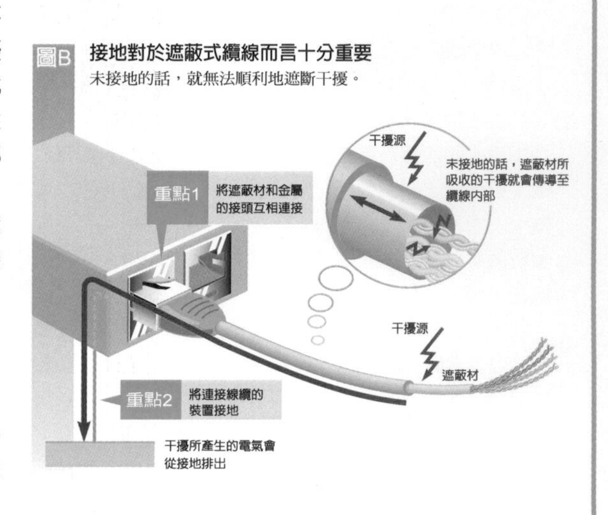

圖B 接地對於遮蔽式纜線而言十分重要
未接地的話，就無法順利地遮斷干擾。

倍，也就是250MHz。

當UTP纜線的傳送頻率愈高時，在製作時就必須對於芯線的對絞間距、對絞線之間的距離等項目更加審慎，因爲高頻的電子訊號容易在傳送過程中發生反射或是串音(Crosstalk)的情形，所以Category6纜線就必須在一些方面多加改良，比方說，讓每一條對絞線的對絞方式更加精密、在纜線中間加上十字型的分隔體，以及讓對絞線之間保持一定的間隔等。

另一方面，和Category 5e相較，Category 6纜線顯得更不容易操作，因爲纜線中間加入一個十字型的分隔體，所以纜線本身就會變粗，而且不容易折彎，爲了彌補這些缺點，於是就有廠商推出了使用柔軟素材作爲十字型分隔體的Category 6纜線。

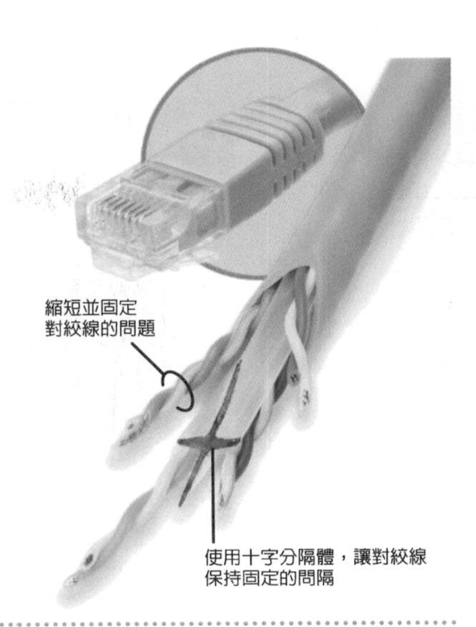

排線 (Flat Cable)

排線是一種又薄、又平坦的UTP纜線，有些機型甚至擁有厚度爲1mm、寬度爲4mm極薄的規格，雖然薄但是並不代表傳送訊號用的銅質芯線就不需要了，排線和其他的UTP纜線一樣，基本規格爲4對8芯的對絞線。

大部分排線的電子特性和Category 5e類似，不過市面上還有幾種規格，像是2對4芯而且只適用於100BASE-TX的Category 5同級纜線，或是相當於Category 6的纜線等。

但是，有許多排線並未嚴格遵守UTP的規格，根據Category各項規格的規定，除了電子特性外，另外還規定用於對絞線的銅線線徑必須爲直徑0.4mm~0.6mm，只不過排線爲了保持更薄的特性，大多使用直徑爲0.2mm左右的銅線，另外，雖然排線會將2條銅線對絞合在一起，但是仍然和一般的UTP只是將4對對絞線平行並列的作法完全不同。

此種爲了讓排線變薄所費心做的一些改良，會讓傳送特性因此變差，市售的產品將纜線的最大長度限制在10~50m左右，藉以保障每一種規格所規範的傳送品質。

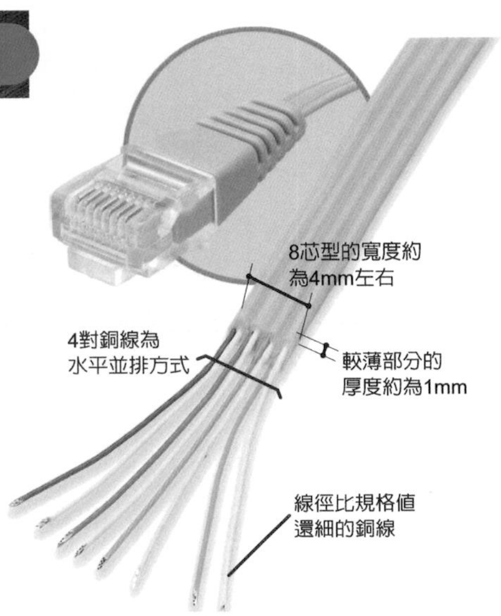

STP

將UTP纜線加上吸收干擾用的遮蔽材(參閱P.216的特別報導)後就成爲STP纜線，因此又稱爲「遮蔽式對絞線」。

纜線兩端RJ-45接頭的表面爲金屬材質，而纜線內部的遮蔽材則和所連接裝置的接地進行電氣連接，此種纜線大多用在像工廠、醫院等外部干擾源較多，而且一旦干擾從纜線外洩時容易引發問題的場所。

不過，以目前的乙太網路而言，並未配備使用STP的規格，所以，相對地像是STP的結構、遮蔽特性等規格也尚未制定完成，有許多STP會用鋁箔來包覆4對對絞線的四周，然後再從上方以細的銅線網來包覆，則爲一般的作法，將能夠有效耐受數個MHz以上干擾的鋁箔，和有效抗10MHz以下干擾的金屬網加以組合後，即可有效率地遮斷頻率較寬的干擾。

不過，STP雖然將4對對絞線束在一起，並且採取上述遮蔽措施，不過仍然無法防止某條對絞線對其他對絞線所造成干擾，因此雖然稱不上是一般的作法，但是也有廠商推出一種將每一對對絞線加上遮蔽材的STP產品。

當裝置端處於未接地的狀況下，STP不但無法發揮效果，甚至可能會出現反效果，所以有廠商推出一種產品，將不需要接地的磁性粉末攙入纜線外皮，以取代原本的遮蔽材，使用此種方式便能夠遮斷高頻率。

又，過去被稱爲「Token Ring」的區域網路規格，其使用的纜線便是STP，不過，由於電氣特性和乙太網路纜線不同，所以即使手邊有「Token Ring」專用的纜線，仍然不適用於乙太網路。

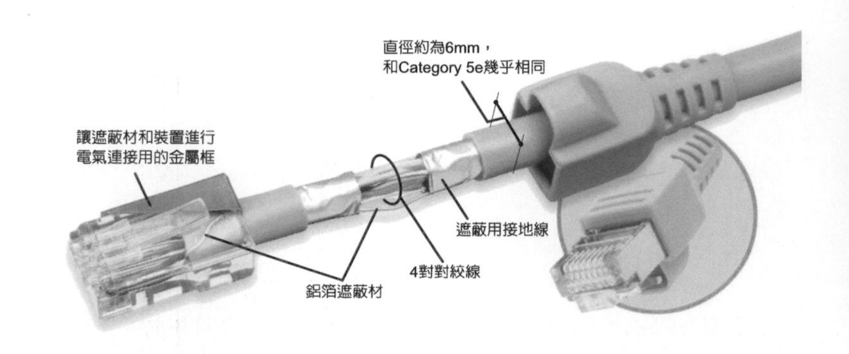

Category 7

Category 7是IEEE802委員會和TIA/EIA目前正在檢討的最新的對絞線規格。

Category 7的目標就是希望能夠以「10 Gigabit Ethernet(千兆乙太網路)」達到100m的傳送目標。

當我們希望利用對絞線來傳送10G bit/秒的資料時，電子訊號必須達到Category 6所能夠傳送的頻率，使用對絞線的10G乙太網路規格「1000BASE-T」是從所處理的電子訊號上著手，以便將頻率控制在62.5MHz，假設10G乙太網路也是採用同樣的方法，那麼傳送速度就能夠增加10倍，甚至連頻率也能夠增加10倍，也就是625MHz，這樣的速度相當於Category 5e的6.25倍，以及Category 6的2.6倍。

因爲Category 7需要如此高頻的訊號，所以不難理解爲何每一條對絞線都需要加上遮蔽材，而且還必須爲4對對絞線全部加上遮蔽材。

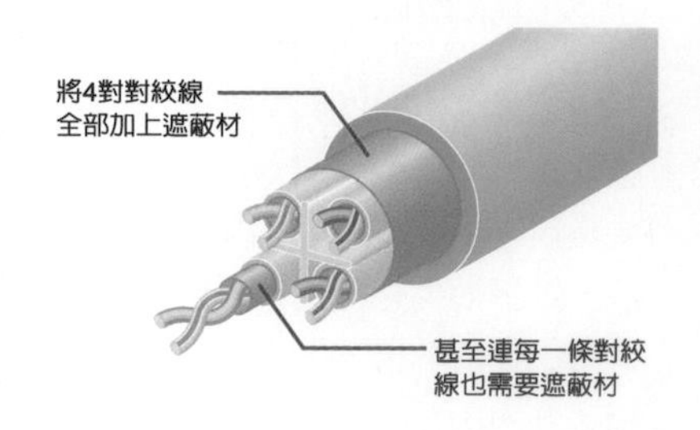

不過，目前爲止10G乙太網路的對絞線尚未被標準化。

市內電話線

像NTT東日本．西日本公司的電話機房拉到用戶住家的纜線便是一例，室內電話線除了用於類比式電話的服務外，還能夠使用在ISDN或是ADSL上。

電話機房和用戶之間的距離最長約爲7km，其間所使用的纜線和區域網路的對絞線相較，傳送訊號的距離甚至多達70倍左右，

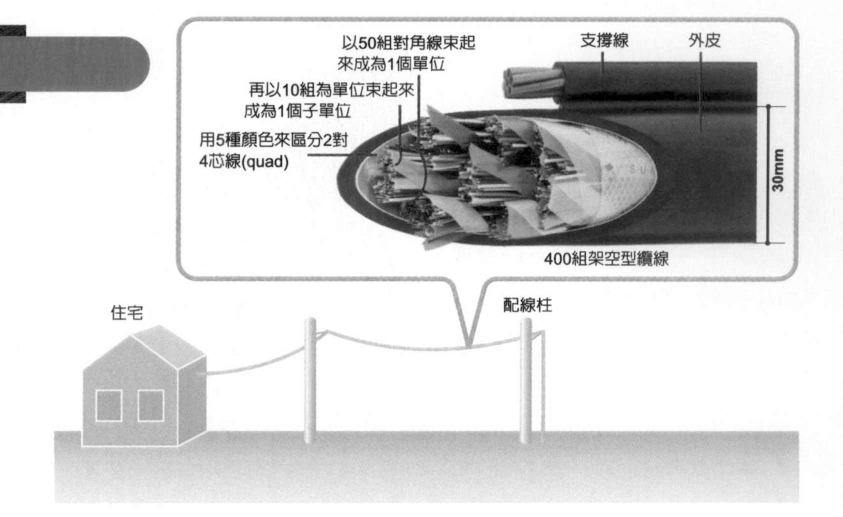

在那些用戶纜線集中的機房附近，也不乏將銅線以1000條為單位捆在一起的架設方式，電話公司會透過類似的方式，進行各式各樣的改良，目的在於讓纜線能夠達成距離長、線徑小的目標。

室內電話線的最小單位就是將2個用戶共4條銅線對絞合在一起，也就是所謂的「Quad(四路)」，將5條Quad束在一起就變成「Subunit」，最後再將「Subunit」匯整為一條纜線，電線桿上的市內電話線有一條鋼製的支撐線，本身的結構能夠支撐市內電話線的重量。

Unit或是Subunit上面纏繞著有色的膠帶，而Subunit內部的Quad則能夠以銅線的顏色來加以區別，此種特別作法的目的在於避免因為途中出現分歧地點，而造成作業錯誤。

市內電話線的芯線愈靠近機房會愈細，愈靠近用戶住家則愈粗，出機房時為0.32mm的銅線經過好幾次的接合後，最後被拉到用戶住家時已經變成0.9mm。

市內電話線原本的目的是傳送3.4kHz以下的類比聲音訊號，所以一旦傳送的訊號頻寬超過1MHz時，就會出現極大的負擔，不過，目前的市內電話線會透過ADSL來傳送3.75MHz以下的訊號，最快可達40M bit/秒的速度。

對於這一類高頻的電子訊號而言，纜線愈長就愈不容易送達，和機房距離愈遠，會讓ADSL速度愈慢的原因就出在用戶的纜線在傳送訊號時，其能力已經達到極限了。

家用電話線

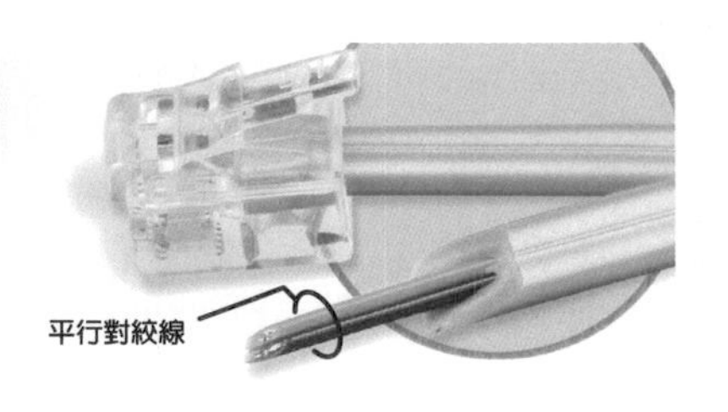

也就是住家電話配線用的纜線，結構極為單純，纜線內部僅平行收納2條銅線。

之所以未將2條銅線對絞的原因是基於「從機房到用戶住家裝置的纜線當中，住家內部所佔的比例非常低，所以幾乎不會造成什麼影響」的判斷思維，不過最近大多改用能夠處理高頻電子訊號的ADSL，在這樣的環境下，甚至會因為住家內部的配線部分出現干擾，而讓傳送速度降低的情形。

因此，市面上就出現了一種清楚標示為「ADSL專用」新的家用電話線產品，此種產品是將2條銅線對絞並加上遮蔽材，藉以增強抗干擾性，而且擴大銅線的線徑，讓訊號更容易通過，另外還有一種排線結構的纜線可供使用者選擇，總之選擇性多樣化為其最大的特徵。

USB線

主要用途在於連接PC與USB(universal serial bus: 通用匯流排)的對應裝置，PC端和週邊裝置端的接頭不同，USB規格雖然分為1.1和2.0等2種，不過，最近大多是以支援USB2.0，也就是最大速度為480M bit/秒的纜線為主流。

纜線的結構是用遮蔽材來包覆4條銅線，其中的2條是傳送資料用的對絞線，主要是負責(請參閱p.220的特別報導)平衡電路的通訊功能，其餘2條的其中一條為直流5V，負責供應電源，另外一條則具備接地功能，這讓我們在使用時可以將1對對絞線作傳送及接收動作的切換。

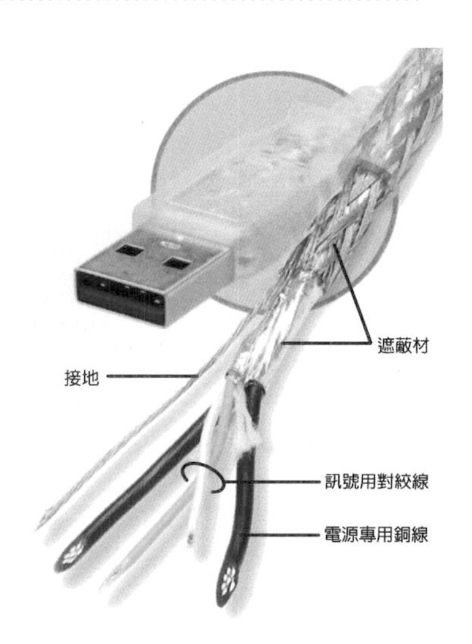

RS-232C控制纜線

RS-232C控制纜線是PC、數據機等終端裝置連接至通訊裝置時所經常使用的纜線，此種纜線會根據所連接的D-sub接頭的pin腳數，來決定究竟能收納25條還是9條銅線，RS-232C纜線的結構是纜線的四周被遮蔽材所包覆，在大部分的情況下，PC所使用的是收納9條銅線的纜線。

在這麼多條銅線當中，負責轉送資料的其實只有2條，各使用1條訊號線來負責傳送及接收的作業，之所以能夠用1條銅線來傳送資料的關鍵就在於「非平衡轉換電路」(請參閱P.220的特別報導)，其餘7條當中的1條為共用的訊號專用接地線，可作為各訊號線的基準電壓，我們可以根據該條訊號專用接地線和傳送、接收用訊號線之間的電位差來判

高速纜線抗干擾性強的原理就是「平衡」

如果我們只考慮減少銅線數量這個因素的話，就可以用1條銅線來傳送單向的訊號，這時候只要用接地端的絕對電位來表示訊號，並且讓回程的電流通過地線(Earth)即可，事實上此種作法已經被運用在19世紀所開發出來的電訊技術了，雖然目前幾乎看不到用1條銅線來傳送1種訊號的作法，不過如果我們依不同的訊號種類來區分所使用的銅線時，就會出現將1條連結共用訊號專用接地線的銅線用於傳送複數種訊號的纜線，此種類型的纜線就稱為「非平衡式纜線」，RS-232C控制纜線即為其代表。

不過，非平衡式纜線幾乎很少用在區域網路或是廣域網路(WAN)上，目前的主流是平衡式纜線，也就是依不同的訊號選用1對銅線負責上傳、下載，由於非平衡式纜線會受到干擾嚴重的影響，因此不容易達到高速化的目標。

輸出電路的瓶頸導致纜線無法高速化

為何非平衡式纜線不容易達到高速化的目標呢？接下來就讓我們和平衡式纜線做個比較吧!

當非平衡式纜線出現干擾時，傳送訊號的波形就會被破壞(圖C)，由於接收端會根據絕對電位來判斷訊號，所以一旦訊號形成後，就無法排除了。

另一方面，平衡式纜線乃是透過2條銅線之間的電位差來表示訊號，即使傳送過程中出現干擾源，2條銅線皆會出現幾乎相同的干擾，所以藉由電壓差來表現的訊號就不會被破壞了。

當相同強度的干擾出現時，只要提高訊號的電壓，即可減少干擾所造成的影響，不過，這時候反而會造成傳送端的電路出現問題，訊號的輸出電路要在瞬間提高電壓是非常不容易的，如果用高電壓來傳送訊號的話，反而因此會浪費許多時間在產生訊號上，所以當我們打算用高速傳送訊號時，就會造成輸出電路無法趕上電壓變化。

如果使用具備抗干擾性的平衡式纜線時，就不需要提高電子訊號的電壓了，訊號電壓愈低，同樣的輸出電路也能夠高速改變電壓，如此一來便能夠實現高速通訊的目標。

非平衡式纜線具備一項優點，那就是能夠用簡便的方式來架構傳送．接收端的電路，最近隨著平衡式纜線電路的價格愈來愈低，使得USB等平衡式纜線更廣為一般人使用。

圖C　非平衡式纜線容易造成干擾

只要看單側的電位即可，因此架構終端裝置非常容易，不過不適用於高速或是長距離通訊。

a 非平衡式纜線
根據基準電位的絕對電位來傳送訊號
雜音
出現雜音時，無法立刻重現訊號
S R G R S G

b 平衡式纜線
根據1對對絞線之間的電位差來傳送訊號
雜音
因為2條銅線會出現相同的雜音，所以電位差不會有太大的變化
S R R S

S 傳送
R 接收
G 訊號專用接地線

斷，如果是+3V以上時為「0」(=ON)，-3V以下時為「1」(=OFF)，其餘6條線則負責彼此傳送終端裝置對於資料傳送的要求或是準備完成等控制訊號。

根據規定纜線長度必須在15m以下，在規格化的階段所預設的資料傳送速度大約為20k bit/秒以下。

雖然過去曾一度流行將終端裝置的電路架構簡單化，並且廣為使用，不過最近似乎此種作法又逐漸式微了。

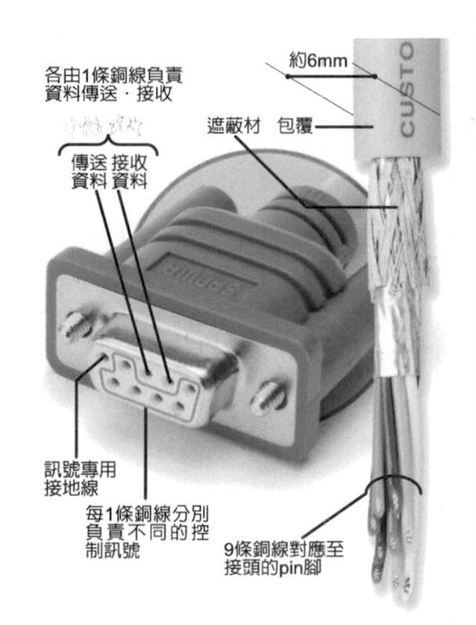

印表機線

亦即將印表機連接至PC時所使用的纜線，原本是1960年代由Centronics Data Computor所制定的規格，目前則變成IEEE1284的標準，一般的作法是PC端使用25 pin的D-sub接頭，而印表機端使用36 pin的Amphenol接頭，在此種情況下，遮蔽式纜線的內部大多會收納25條銅線。

印表機線的特色就是使用8條銅線，而且會一次傳送8 bit的資料，相對於使用1條銅線而且一次傳送1 bit資料的「序列傳送」方式，這一種就稱為「平行傳送」，亦即使用多條銅線而且一次傳送多位元的資料。

印表機線和RS-232C控制纜線

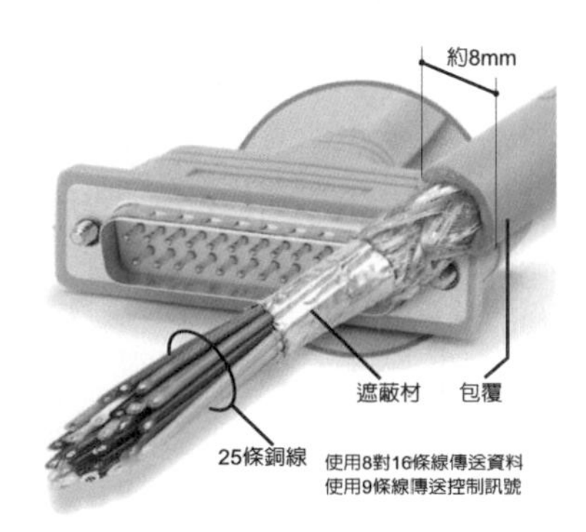

一樣是透過非平衡方式來傳送訊號，不過由於採取平行傳送方式，所以最快能夠達到1.6M bit/秒左右的傳送速度，而傳送距離則約為10m。

IEEE1394纜線

就是IEEE1394介面專用的電纜線，又稱為DV(Digital Video)、FireWire、或是iLink等，除了PC週邊裝置外，IEEE1394纜線也可以用在AV家電等設備上。

IEEE1394纜線屬於遮蔽式纜線，依接頭的pin腳數不同，分為可收納4條、6條、8條銅線等不同的類型，在所有的銅線當中，其中4條(2對)負責資料轉送，而傳送和接收則各使用1對銅線，其餘的銅線為供應電源之用，不同於USB纜線，IEEE1394纜線在PC端和週邊裝置端的接頭形狀並未固定。

傳送速度最快為800M bit/秒，而纜線長度為4.5m以下。

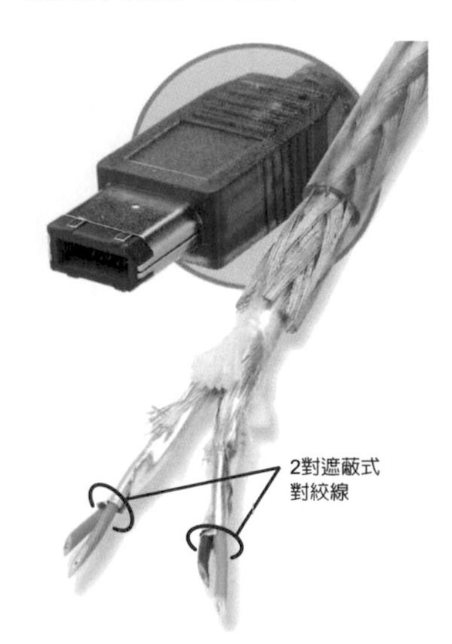

電源線

主要目的為供應電力給家電裝置，電源線會採用100V或200V的電壓，傳送最大為15A的交流電力，因為傳送的電力非常大，所以2對銅線的剖面積大約為Category 5e的10~15倍左右，由於原本設定使用目的並非通訊用途，因此並未將銅線對絞以及採取遮蔽措施。

雖說如此，業界仍然出現將電源線用於通訊的新做法，只不過以通訊纜線的角度來說，電源線的功能並不夠理想，因爲未將銅線對絞的緣故，所以無法避免通訊時發生雜音外洩的情形，於是日本國內將電源線處理的電子訊號頻率限制在10k~450kHz。

另外，我們還必須正視一個問題，那就是當家電連接至外部或是電源纜線時所產生的干擾，將電源線作爲通訊用途的產品會使用類似於無線區域網路的傳送技術，並且做一些改良，即使干擾很強也能夠繼續通訊。

電源線因爲上述理由造成資料通訊的速度無法提昇，以目前實用的階段來說，主要是運用家電產品的控制技術，達到9.6k bit/秒的資料傳送速度，雖然用在查詢家電產品的狀態，或是給予簡單的指示方面已經綽綽有餘了，不過要眞正運用在網路上還無法

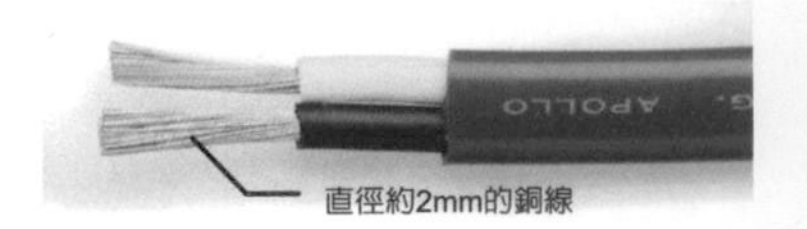

達到讓人滿意的地步。

雖然電源線要達到高速資料通訊的目標，只要排除頻寬的限制即可，不過目前爲止尙未出現任何解決方法。

SCSI電纜線

就是當硬碟等週邊裝置要連接至PC時所使用的纜線，SCSI爲small computer system interface的縮寫，中文翻譯爲「小型電腦系統介面」。

SCSI電纜線爲遮蔽式纜線，內部收納25對50條對絞線，雖然SCSI電纜線包含各式各樣的規格，不過原本的規格是使用8對對絞線，並且採取以8位元爲資料傳送單位的「平行傳送」方式。纜線長度至多爲2m，不過如果透過裝置的話，則可以將纜線的電力延長至25m。

SCSI剛推出的時候是採用非平衡傳送方式，而且速度爲40M bit/秒，接著才漸漸地確立其高速的規格，其中有一種以16 bit爲單位，而且採用「平行傳送」方式的高速化規格，就是使用34對68條銅線，另外，原本採用的是非平衡傳送方式，不過有部分的高

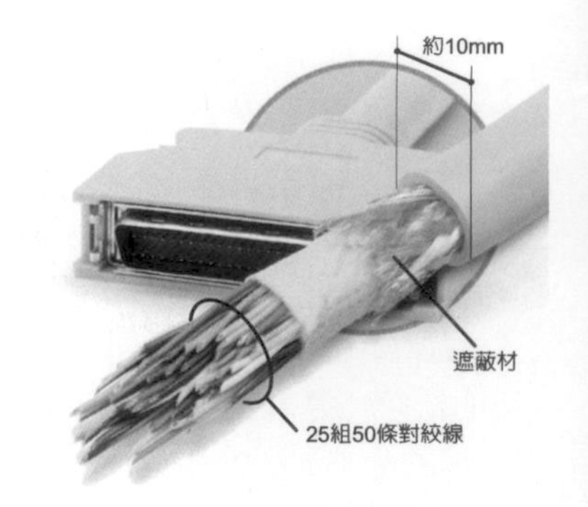

速化規格卻轉而採用平衡傳送方式，最快的規格是採用16 bit的平衡傳送方式，這時候傳送速度可達1.28G bit/秒。

多模態光纖(Multimode Fiber)

被廣爲運用在光乙太網路的就是光纖纜線，其材質主要是石英玻璃，一般來說，光所通過的核心(Core)直徑是50u(100萬分之一)m，而包覆核心的纖殼(Clad)直徑爲125um。

多模態光纖的核心直徑比廣域網路(WAN)所使用的光纖還大，目的在於希望光纖在和裝置連接時能夠更簡便。

不過，核心直徑如果愈大，核心當中光所通過的路徑(稱爲模態:Mode)就會變多，於是光訊號到達目的端時就會出現時間差，當光訊號進入光纖時雖然會出現漂亮的波形，不過在出光纖時波形就會遭到破壞，甚至出現無法辨別其形狀的狀況。

舊型的多模態光纖(稱爲SI型)其核心的曲折率都是一致的，不過目前所使用的多模態光纖(稱爲GI型)則做了一些改良，像是

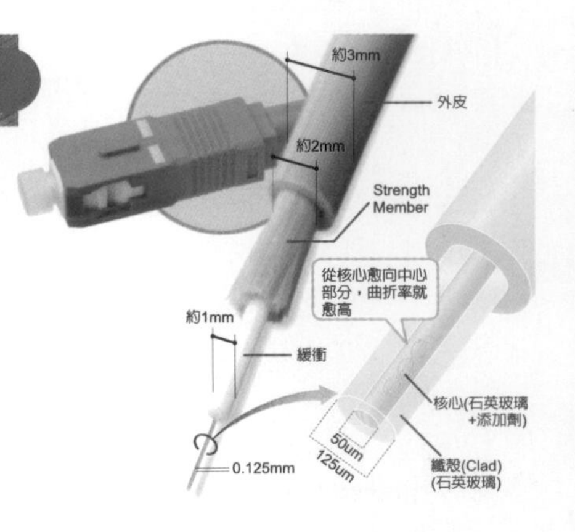

提高核心中心部分的曲折率，降低周圍的曲折率，如此一來就能夠避免光訊號在通過較遠的路徑時，出現到達時間較長的情形。

塑膠光纖(Plastic Fiber)

就是區域網路所使用的光纖纜線的一種，目前在日本國內販售的代表性產品爲旭硝子的「Lucina」，其材質爲氟素樹脂。

塑膠光纖的核心直徑爲120um，和材質爲石英玻璃的多模態光纖相較，大約有6倍之多，因此，當我們要在現場進行光纖的連接作業時會輕鬆得多，而且塑膠光纖還有一項特色那就是彎曲度以及負重性更強，以「Lucina」爲例，Lucina的半徑爲15mm，可彎曲1萬次，而長度爲100mm的部分在負重140kg的情況下，都不會出現任何問題。

因爲塑膠光纖的核心直徑較

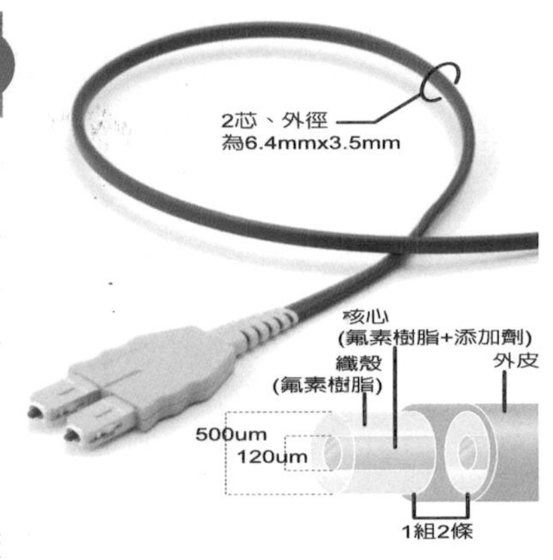

光纖是如何傳送訊號的呢？

銅線是透過電子訊號載送資訊的方式來傳送資料的，相對地，光纖則是使用光傳導的材質來傳送資料，不過，一般來說光具有「直進」的性質，那就是光纖即使是彎曲的，仍然能夠傳送訊號的原因所在。

透過反射的方式讓資料進入線芯

即使光纖是彎曲的，仍然能夠傳送訊號的原因在於利用曲折率，讓光得以被封閉在光纖的線芯部分。(圖D)

光一旦遇到曲折率不同的物質時，就會出現曲折以及反射的特性，尤其是當曲折率高的物質遇到曲折率低的物質時，某個角度以下而且照射在交接面的光就會像碰到鏡子一樣全部反射回來。

因此光纖會讓線芯所接觸到的「核心」部分的曲折率，稍微高於周圍的「纖殼」部分的曲折率，一般來說，核心和纖殼都會使用石英玻璃作為材質，不過核心部分還會再加上鍺(Ge)化合物等添加物，讓曲折率出現些微的變化。

如此一來，當光碰到核心和纖殼交接面的較小角度時，不但會完全被反射回來，並且會向光纖內部繼續前進，而封閉在核心內部的光就能夠確實被傳送到目的端，幾乎不會外洩。

擅長長距離通訊

光纖的訊號衰減也很小，不同於一般的玻璃，光纖所使用的石英玻璃其透明度極高，所以光訊號不太容易衰減，即使使用光纖傳送至10km以外的地方，光的強度至多只會減少1/2。

另外，光纖和傳送電子訊號的纜線不同，幾乎不會出現干擾的情形，光訊號也完全不會受到電磁波及靜電的影響，即使光從光纖的外側射入，也只會曲折通過而已，因此傳送到核心的光訊號不會發生任何改變。

使用光纖便能夠實現電線等通訊纜線所無法做到的100km無中繼傳送的目標，目前除了從機房到用戶之間的電話線之外，其餘的通訊纜線幾乎都已經改用光纖了。

藉由閃爍方式來傳送訊號

光纖和銅線在傳送訊號的波形上也完全不同，銅線是透過電子訊號的波形來傳送資料，相對地，光纖則是藉由閃爍方式來傳送，光纖在傳送光訊號時是透過肉眼看不到的近紅外線，而頻率是Peta(1000兆)Hz等級，因為傳送訊號的速度比銅線快得多，所以不需要調變，傳送方式則比銅線還要單純。

雖說如此，光纖在進行長距離傳送時，有時候仍然會出現一些訊號波形變化的問題，此種現象就稱為「散射(Dispersion)」，所謂「散射(Dispersion)」就是因為光的路徑造成到達目的端的時間出現差異，當情況嚴重時，甚至有可能發生即使傳送閃爍訊號，但是到達目的端時，看起來卻像是隨時亮燈，要解決這個問題的話，長距離專用光纖必須縮小核心直徑，如此一來到達目的端就不會再出現時間差了。

圖D **光纖會將訊號封閉後再傳送**

一旦光訊號進入核心後，幾乎不會再衰減，並且會繼續前進。

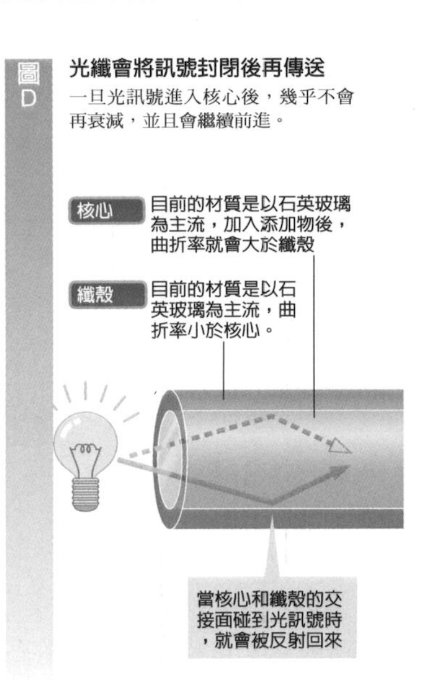

粗，所以和使用石英玻璃作爲材質的多模態光纖相較，訊號到達的時間差有可能會變大，因此，塑膠光纖和目前所使用的多模態光纖採取一樣的作法，就是在核心部分加上添加劑，讓曲折率向中心時能夠緩緩提高，接下來再針對核心直徑較粗的這一點，將曲折率調整爲正確的變化方式，於是就能夠將訊號到達的時間差控制在最小的範圍。

然而，乙太網路並未將塑膠光纖當作預設的規格，所以塑膠光纖只有加上多模態光纖專用的接頭後才能被當作替代品。

WAN光纖

就是從機房到用戶住家之間或是機房之間在進行通訊時所使用的光纖纜線，WAN光纖依所容納的光纖數量不同，分爲各種不同類型的纜線產品。

無論產品類型爲何，皆可容納核心直徑爲10um的單模態光纖，核心直徑較小的單模態光纖因爲可以將傳送光訊號的路徑合而爲一，所以不會像多模態光纖一樣，在訊號到達時出現時間差的情形，如果使用由不同波長的光訊號分別載送並傳送資料的WDM(波長多工)技術時，甚至有可能傳送數T(tera: 1兆)bit/秒的資料。

光纖纜線的內部雖然是多芯線，不過看起來卻非常地清爽，因爲每一條的剖面積大約只有對絞線的1/6左右。

光纖通常是每4條或8條並排，然後使用由紫外線硬化樹脂所固定的光纖膠帶來加工，纜線會將膠帶重疊後再包覆起來，如果是超過40芯的多芯光纖纜線時，膠帶會被嵌入由聚乙烯所製作的模具當中，如果是40芯以下的纜線的話，大多會用切開的繩子包覆起來以保護芯線。

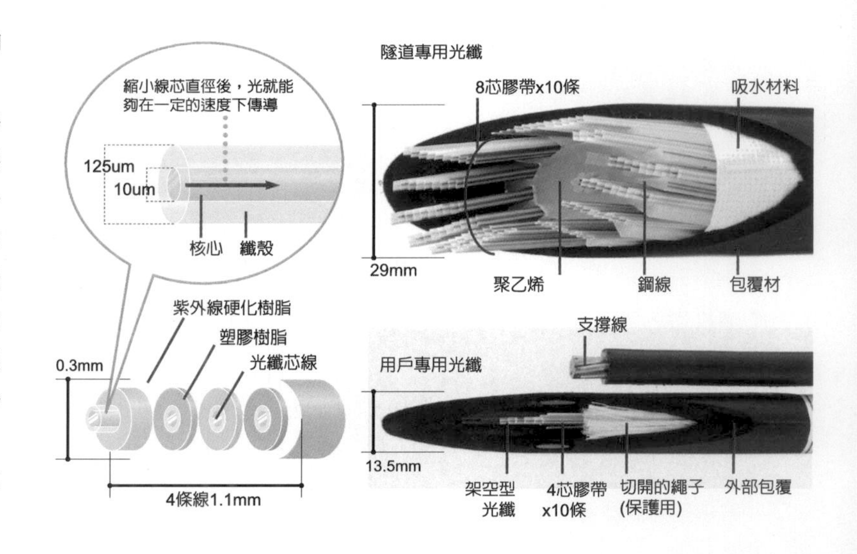

輸電線

從某個電塔到另一個電塔所架設的輸電線當中，有些會埋設著通訊專用的單模態光纖。

一般來說，電塔之間所架設的纜線共有7條，雖然我們看不到光纖，但是事實上其中1條的芯線部分卻埋設著光纖。

埋設光纖的功用是因爲要連接電塔最高位置的避雷針，當雷擊出現時會有大的電流通過，並且發生猛烈的電磁干擾，不過如果使用光纖的話，通訊就完全不會受到影響。

除了電塔之間的輸電線外，海底或是地下所埋設的電力線有時候也會埋設光纖，這一類型光纖大多被運用在配電設備的管理或是通訊事業等用途。

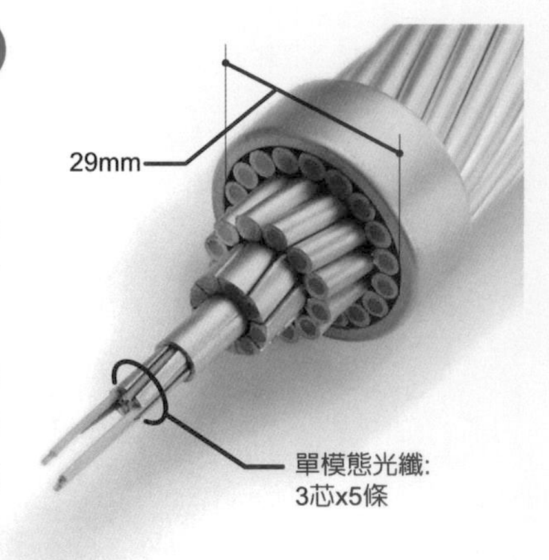

海底電纜

指架設於海底的通訊電纜，目前在國際通訊上扮演主要的角色，橫跨太平洋或大西洋等地區有爲數眾多的海底電纜。

海底電纜甚至可以被架設在深度高達8000m的深海中，爲了保護處於800氣壓條件下的海底電纜內的光纖，廠商使用鐵或聚乙烯，爲2~8芯的光纖提供多重防護。

不過，所有海底電纜的結構並非完全相同，一般來說可以分爲淺海用、中深海用、深海用等，淺海用纜線有可能會因爲被拖網或船錨勾到，或是鯊魚、烏賊等啃咬而造成海底電纜受損，爲了避免類似的災害發生，淺海用纜線會設計得比較粗一些，平均來說，淺海用纜線的直徑大約是40mm~60mm，中深海用纜線大約是30mm，而深海用纜線則大約是20mm。

又，如果是必須橫跨太平洋等距離超過數百公里的海底纜線的話，則必須設置中繼器，目的在於放大通訊過程中減弱的光訊號，爲了供應電力給中繼器，於是海底電纜的內部會被嵌入同心圓狀的銅板。

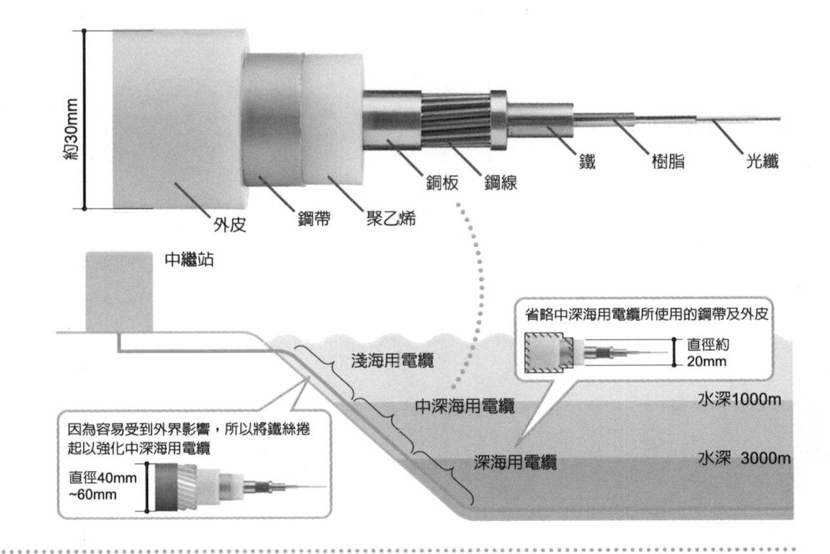

多孔光纖(Holey Fiber)

這是由日本NTT等公司正在開發的下世代光纖，所謂「Holey」就是「開孔」的意思，多孔光纖所能夠傳送的容量完全超越目前光纖的極限。

原有的光纖會讓核心的曲折率大於纖殼部分，並且將光訊號封閉在核心部分，以便達到長距離傳送的目標，相對地，多孔光纖的概念則是在核心周圍打開許多空氣孔，以取代提高核心部分曲折率的作法，光訊號會在空氣孔的交接面反射回來後再繼續前進，接著石英玻璃會產生和空氣不同的曲折率，並且將光封閉在核心部分。

接著取代一般光纖在核心部分加上添加物，增加與纖殼之間的曲折率差異的作法，而是使用空氣來增加核心與纖殼之間的曲折率差異，對於光纖而言，當核心與纖殼之間的曲折率差異愈大，就愈能傳送頻寬更大的光訊號，因此只要使用WDM技術，傳送的資料量就能夠達到原有光纖的100~1000倍。

從表面看起來，光好像會從空氣孔之間外漏，不過如果間隙妥善配置的話，光就會互相重疊，而且不會洩漏至外部，只是對於超高速傳送用的多孔光纖而言，要嚴密地配置空氣孔的間隔是一件非常不容易的事，所以要達到實用階段可能還需要幾年的時間，接近實用階段的多孔光纖就屬在一般單模態光纖周圍加上空氣孔的類型，此種類型是透過大彎角的方式，達到讓漏光返回核心的效果。

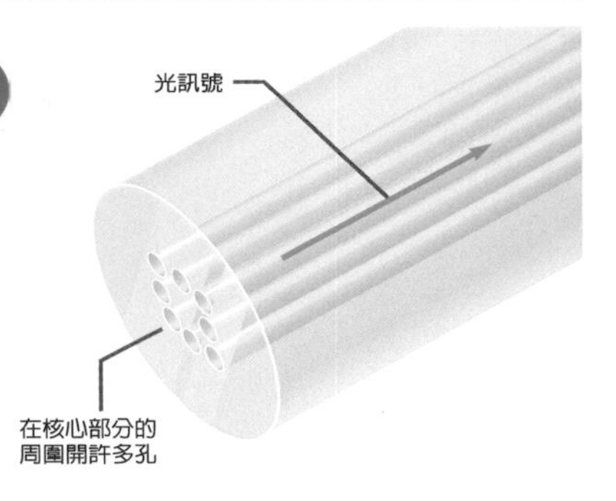

也能夠傳送高頻的同軸電纜

目前家用的纜線當中除了對絞線外，還有一項常見的纜線就是同軸電纜了，對我們而言，最耳熟能詳的是電視線，1970年代之前還曾經將同軸電纜當做機房之間的高速．長距離用途。

事實上，同軸電纜具備適合傳送高頻訊號的結構，即使傳送高頻的訊號時，也不會發生訊號衰減的情形，自從1980年代前半開始，因為光纖推出市場，造成同軸纜線的使用範圍變小，不過即使如此對於CATV、電視而言仍然是不可或缺的一種纜線。

減少干擾並且抑制衰減的發生

同軸電纜的訊號衰減小是因為洩漏至外部的干擾較少的緣故，不單是因為干擾會對其他纜線造成不良的影響，干擾出現會消耗掉電能，相對地也會造成本身的訊號產生衰減的狀況，當所發生的干擾愈小時，傳送距離就會愈長。

如果從同軸纜線的剖面來看的話，中心為銅等金屬所構成的芯線，周圍依序為絕緣體、包覆材(外部導體)、外皮等呈現同心圓的結構(圖E)，訊號電壓是透過中央芯線來傳送的，而遮蔽材雖然會有和芯線逆向的電流通過，不過因為採取接地配置，所以電位不會發生任何變化。

使用同軸電纜來傳送訊號時，芯線和遮蔽材會有電流通過，並且發生電磁波，不過，電磁波並不會洩漏至遮蔽材以外的地方，包圍芯線的絕緣體外側因為遮蔽材所產生的電磁波會和芯線所產生的電磁波互相抵銷，所以外洩的干擾幾近於零，同軸電纜之所以採用同心圓狀的結構，具有抵銷干擾的重大意義，一旦芯線的位置偏移時，絕緣體較薄的地方就會出現較強的干擾，因而造成無法完全抵銷干擾的情形。

當我們從某一端使用對絞線來傳送訊號時，將無法避免2條銅線之間出現干擾，因為沒有一種纜線能夠像同軸纜線一樣能減少干擾的發生，雖然將銅線對絞後能夠得到減少干擾的效果，不過在某些地方仍然會出現銅線位置偏移的情形，所以干擾還是無法減少至零，銅線的附近一定會有干擾外洩。

當同軸電纜的銅線直徑變大後，即可減少訊號衰減的發生，操作起來非常輕鬆，當我們將芯線和絕緣體的遮蔽材按比例變大，並且維持原來的交流阻抗，那麼就能夠用最簡便的方式創造出衰減較小的纜線，因為高頻的訊號會通過纜線的表面，因此即使在芯線的正中央開孔也無妨。

此外，如果再將遮蔽材變大，並且讓絕緣體接觸空氣，那麼只要維持原有的交流阻抗，就能夠縮小纜線的外徑，事實上線徑較大的同軸纜線大多使用內部為銅製或是鋁製的管子。

圖E　**同軸電纜具有極高的耐干擾力**　將銅線完全遮蔽後，即可使用較粗的芯線來傳送高頻的訊號

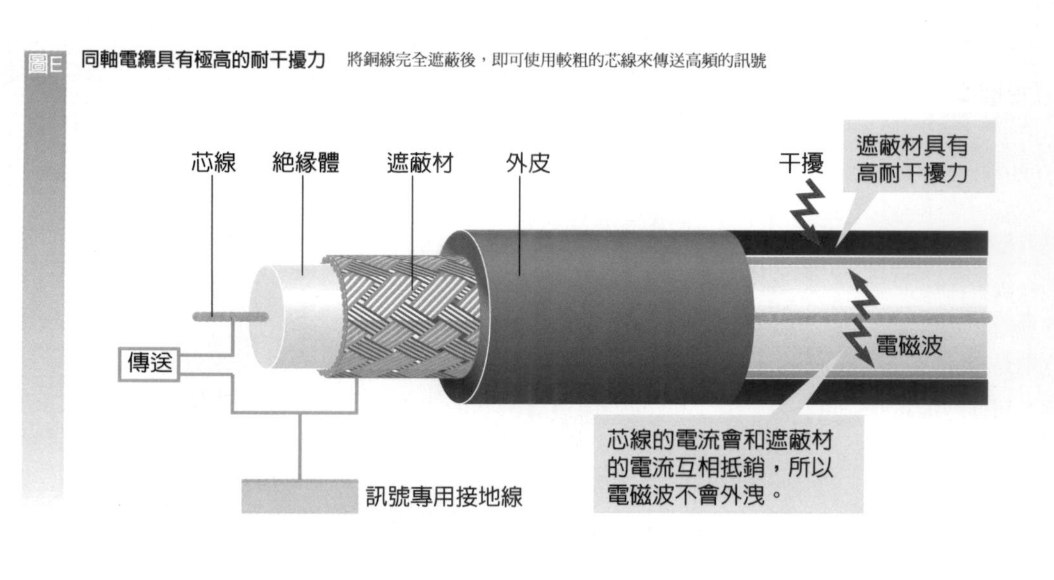

音響用光纖線

就是當音響裝置希望以高品質的方式來處理音樂時所使用的纜線，音響用光纖線是透過LED閃爍來傳送數位化的音樂資料，雖然它也是光纖的一種，不過構造上卻和區域網路或是廣域網路所使用的光纖大異其趣。

音響用光纖線的最大特色就是核心直徑小於1mm，遠比通訊專用的光纖線還粗得多，原因在於音響用光纖線比較重視易用性，除了將纜線折彎時所造成的損失會變大外，還有可能因爲光訊號的路徑造成行進距離出現很大的差異，而且訊號的到達時間也會產生個別差異。

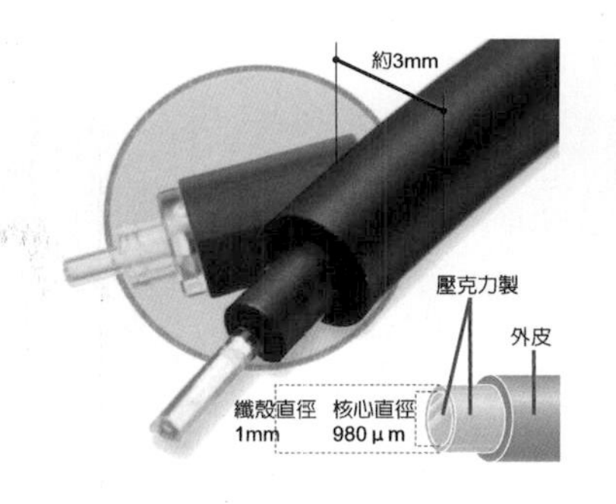

然而，一般而言音響用光纖線的使用距離約在5m以下，所以並不會出現上述問題。

10BASE5

亦即在乙太網路剛推出時扮演極重要角色的纜線，因爲外皮是黃色的，因此又被稱爲「Yellow Cable」。

「Yellow Cable」就是外側覆有遮蔽材的同軸纜線(請參閱p.226的特別報導)，其傳送特性佳，傳送距離最遠可達500m，在那個對絞線能夠高速傳送資料的技術尚未確立的80年代，10BASE5曾經被廣爲使用。

負責處理電子訊號的內部芯線，乃是使用直徑約爲2mm的銅線，在銅線的周圍包覆4層遮蔽材，讓整體的直徑變成10mm，因此就不容易被折彎，和目前的乙太網路相較，10BASE5的纜線配線特別費時費力。

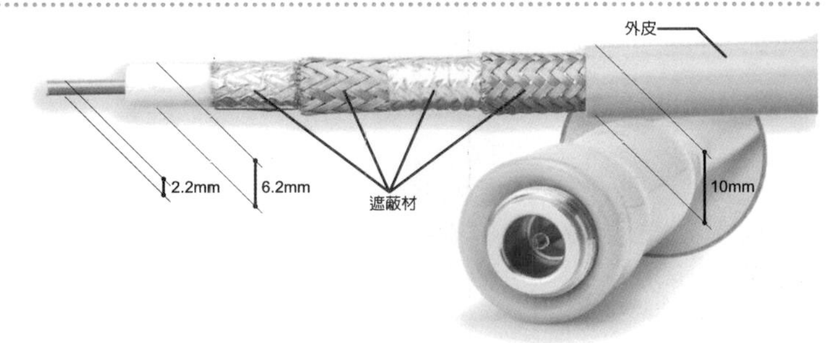

「Yellow Cable」不同於對絞線，無法將終端裝置連接至纜線的兩端後再進行通訊，必須在纜線傳送的路徑上設置一個稱爲「接收器(Transceiver)」的裝置，然後再使用專用纜線連接至終端裝置，其作法就是將接收器的pin腳插入，像是要碰到「Yellow Cable」的線芯一樣，然後再透過這個pin腳來傳送或是接收電子訊號。

隨著操作較簡便的10BASE2、10BASE-T推出市面後，最近幾乎已經很少看到10BASE5的身影了。

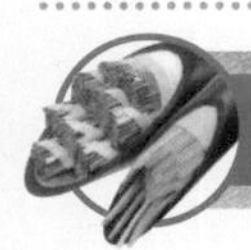

CATV纜線

就是從CATV電視台到收視戶之間所架設的同軸纜線。

之所以將同軸纜線用於CATV是因爲其可傳送的頻寬非常大的緣故，要傳送多頻道的電視傳播訊號，必須具備能夠傳送數百MHz訊號的能力，同軸電纜最適合此種用途也不過了(請參閱p.66的特別報導)。

CATV纜線的芯線線徑爲1.2mm~4.3mm，整體的直徑約爲8mm~22mm，將線徑加大是爲了減少訊號衰減之故，雖然將芯線變粗是一件理所當然的事，不過光是這樣做還不夠，傳送高頻訊號的纜線必須具備一種條件，那就是不可以改變交流阻抗(impedance: 組抗)。

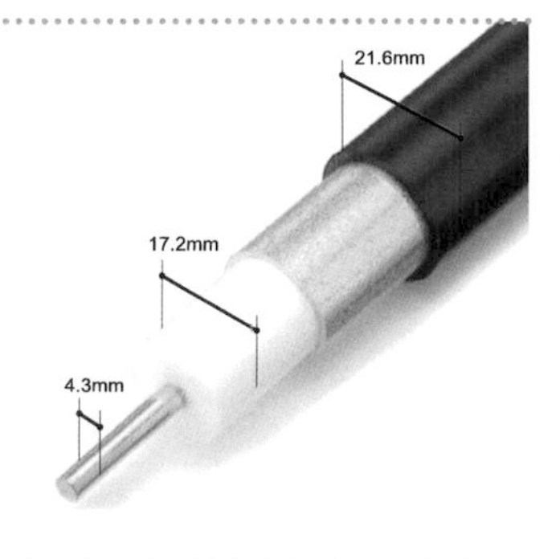

使用同軸電纜來維持阻抗時，最重要的就是要讓芯線線徑和絕緣體厚度的比例一致，所以CATV纜線才會變得比較粗。

10 BASE2

10BASE2是比10BASE5還容易使用的乙太網路專用纜線，又被稱爲「Thin Cable」，雖然和「Yellow Cable」同樣屬於同軸電纜的一種，不過纜線的直徑約爲5mm，只有10BASE5的一半而已。

結構方面也和「Yellow Cable」相異，芯線部分並非使用1條粗的銅線，而是將細的銅線對絞後合在一起，所以10BASE2比「Yellow Cable」更容易彎曲，而兩者之間在終端裝置和纜線的連接方法上也有所不同，10BASE2是將接頭安裝在纜線上，然後再連接至接收器(Transceiver)。

由於線徑較「Yellow Cable」小，相對地電子訊號的衰減就會變大，因此，纜線最大長度爲185m，比10BASE5短得多，不過其和10BASE5一樣，近來愈來愈不容易看到他們的身影了。

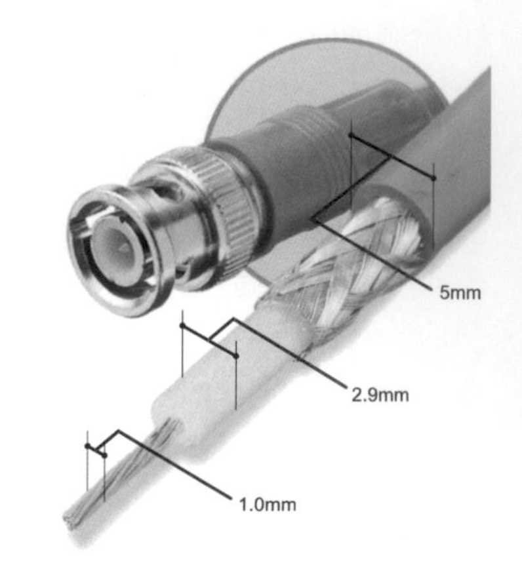

電視連接線

亦即連接電視天線和電視、錄影機等時所使用的同軸纜線，阻抗和CATV專用的同軸纜線相同，不過直徑爲6mm，比CATV纜線還要細得多，原因在於電視連接線不需要將訊號傳送至很遠的地方。

相較於UTP，電視連接線的傳送頻寬比較大，以UTP而言，Category 6頂多也不過是300Hz，相對地，電視連接線的傳送訊號頻寬則接近1GHz左右。

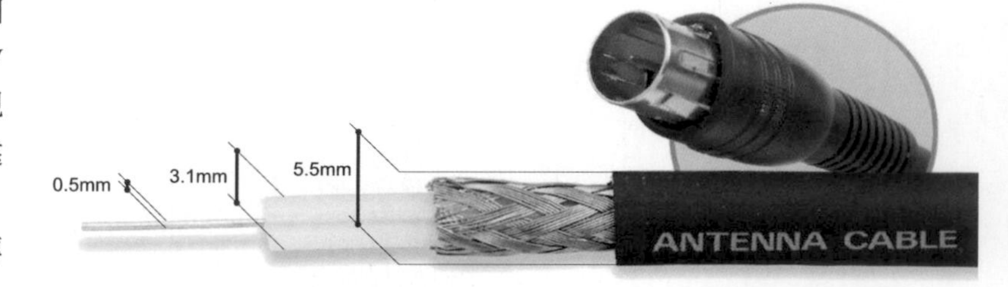

洩波同軸電纜（Leaky Coaxial Cable, LCX）

就是將訊號當作電波洩漏，藉以達到天線效果的同軸電纜，其直徑大約是30mm~50mm，使用洩波同軸纜線是爲了讓旅客能夠在行進間的新幹線通訊，因此會在鐵路沿線架設，或者是爲了在地下街中繼行動電話的電波。

爲了處理纜線的外部及電波，因此會刻意地在固定的間隔將同軸纜線的遮蔽材開一個口，透過開口的大小來調整希望洩漏的電波比例或是頻率等。

洩波同軸纜線的線徑之所以較大是因爲要消耗大電力的緣故，線芯部分使用銅製或是鋁製的管子，遮蔽材的部分則是使用銅或鋁的薄板。

絕緣部分也和普通的同軸纜線不同，普通的同軸纜線會將聚乙烯或發泡聚乙烯埋入芯線和遮蔽材之間，相對地，洩波同軸電纜則是將螺旋狀的聚乙烯屏蔽夾在兩者之間，聚乙烯屏蔽不同於聚乙烯，其具有儲蓄電力的特性，不會造成空氣進入，因此可以當作絕緣體使用，如此一來不但能夠避免外徑變大，同時還能夠減少無謂的衰減發生。

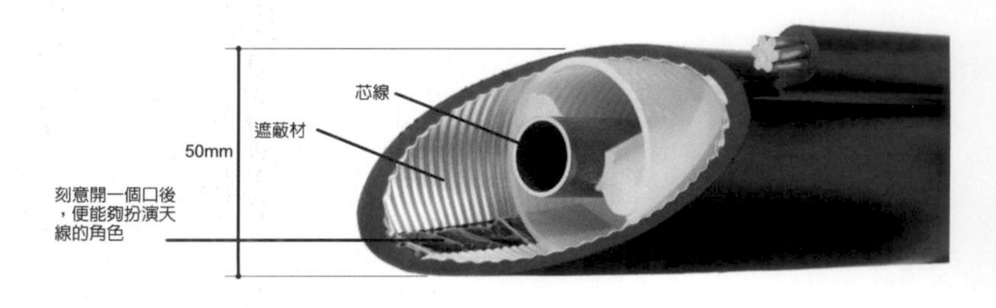

絕對看得懂！
超圖解
網路技術入門

絶對看得懂！

超圖解

網路技術入門

絶對看得懂！
超圖解
網路技術入門

絶對看得懂！
超圖解
網路技術入門